图书在版编目（CIP）数据

工业建筑抗震关键技术/徐建等著. —北京：中国建
筑工业出版社，2018.12
ISBN 978-7-112-22753-2

Ⅰ.①工… Ⅱ.①徐… Ⅲ.①建筑结构-防震设计
Ⅳ.①TU352.104

中国版本图书馆 CIP 数据核字（2018）第 222573 号

本书根据 2017 年度国家科学技术进步奖"工业建筑抗震关键技术研究"的科研成果编写而
成。项目组经过二十多年技术攻关，在工业建筑抗震的基础理论、设计方法、性能评价、性能
提升等方面进行了系统的科学研究和工程实践，解决了工业建筑抗震中的关键技术难题，取得
一系列突破性的创新成果，提升了我国在该领域抗震设计的水平。

本书可作为工业建筑抗震设计的工具书和参考教材，也可供该领域的研究人员、大专院校
的师生参考使用。

责任编辑：刘瑞霞　刘婷婷
责任校对：姜小莲

工业建筑抗震关键技术

徐　建　曾　滨　黄世敏　罗开海　著

*

中国建筑工业出版社出版、发行（北京海淀三里河路 9 号）
各地新华书店、建筑书店经销
北京科地亚盟排版公司制版
天津翔远印刷有限公司印刷

*

开本：787×1092 毫米　1/16　印张：20¼　字数：491 千字
2019 年 1 月第一版　　2019 年 1 月第一次印刷
定价：**68.00** 元
ISBN 978-7-112-22753-2
（32860）

工业建筑抗震关键技术

徐 建 曾 滨 黄世敏 罗开海 著

中国建筑工业出版社

序

工业建筑由于生产工艺的要求，具有厂房空间高大，结构无论平面或立面布局千变万化，更有各类管网穿插其中，互相耦合，互相影响，加上服役环境恶劣，荷载作用从静到动乃至高频冲击无所不包，致使工业建筑的抗震技术变得尤为复杂。历次震害表明，工业建筑破坏较为严重，不仅造成人员伤亡、设备损坏，导致震后停工停产；有的还伴有严重次生灾害，导致巨大经济损失。更有甚者，工业建筑中往往含有大量的隐蔽式构件，一旦遭受地震破坏很难发现，成为工程安全的隐患。随着现代工业的发展，特别是大量高新技术的涌现，工业建筑的类型和功能发生很大的变化，对其抗震技术提出了更新更严苛的要求。

虽然我国已有国家标准《建筑抗震设计规范》做指导，也有一些设计手册和专业书可供参考，但是在许多情况下仍不能满足工程技术的要求。众所周知，国家标准或相应的规范都只是体现国家对业主或设计部门提出的最低要求，现代设计理论都要求设计工程人员在国家标准的指导下，发扬自主创新的精神，设计或建造出更安全更优秀的工程结构和工程体系；其次，凡是列入国家标准的技术和措施必须经过工程反复实践证明是有效的，因此一般来讲国家标准规定的技术相对来说总要滞后实际的科学技术水平；再加上国家标准更需要有经实践证明有效的先进的技术来不断的修订和补充。凡此等等，都说明在工程界，特别是极其复杂的工业建筑抗震界迫切需要有一套能与时俱进地向这个领域的设计施工人员介绍和提供先进的设计理论和处理不断冒出的新鲜科学技术问题的研究成果。

为了解决工业建筑抗震中的关键技术难题，由本书作者领导的《工业建筑抗震关键技术》项目组经过二十年的技术攻关，在工业建筑的抗震理论、抗震设计方法、抗震性能评价、抗震性能提升等方面，取得了一系列重要的创新成果，并将此收集在《工业建筑抗震关键技术》专著中予以出版，必将有效地推进我国工业建筑抗震学科的发展，促进我国工程设计人员自主创新设计和为推动相应的国家标准的修订奠定了基础。

《工业建筑抗震关键技术》作者长期其从事工程结构抗震研究和应用工作，是多部国家标准的主编或主要起草人，在工业建筑抗震领域有丰富的实践经验和丰硕的成果。该书在工业建筑抗震设计方面具有较强的学术性和实用性，相信一定会受到广大工程技术人员的欢迎。

中国工程院院士
中国地震局工程力学研究所名誉所长
2018 年 10 月

前　言

工业是国民经济发展的支柱，工业建筑是安全生产的重要保障。我国历次地震震害表明，工业建筑由于结构形式复杂，荷载环境多变，地震破坏严重，人员伤亡和经济损失巨大，汶川地震东方汽轮机厂直接损失达 70 亿元，生产中断造成的间接损失更大。

为了解决工业建筑抗震的关键技术难题，在科技部、住房城乡建设部等国家部委支持下，中冶建筑研究总院有限公司、中国机械工业集团有限公司、中国建筑科学研究院、宝钢工程技术集团有限公司、中国建筑西北设计研究院有限公司、中国联合工程公司等单位联合组成项目组，历时近 20 年，先后承担并完成了多项国家及部委重大科研项目，通过对国内外工业建筑历次震害的调查分析，针对工业建筑抗震的关键技术问题进行联合攻关，对工业建筑抗震理论、设计方法、性能评价及提升等技术进行了深入研究，取得一系列创新成果：

1. 首次提出了工业建筑抗震性能目标和性能水准的确定方法，建立了工业建筑面向防地震倒塌需求的冗余度设计理论和层次化抗震体系，提出了基于非结构因素的抗震性能目标评价体系，建立了基于动态多目标的性能化抗震理论，填补了工业建筑抗震技术空白。

2. 攻克了生产工艺限制的抗震不利结构、质量和刚度分布不均匀结构及钢结构性能化抗震设计等关键技术难题，首次提出了工业建筑冗余度、性能化抗震设计方法，建立了基于工业建筑功能特征的系统抗震设计技术，解决了多种类工业建筑的复杂抗震设计难题。

3. 首次建立了既有工业建筑抗震性能的多层次评价技术体系，提出了基于劣化程度和不同后续使用年限的性能评价方法；创新了工业建筑全生命周期抗震加固及恢复的关键技术，解决了既有工业建筑抗震性能提升的技术难题。

该项目成果已被《建筑抗震设计规范》《建筑抗震鉴定标准》《构筑物抗震设计规范》《构筑物抗震鉴定标准》《钢结构设计标准》等国家及行业标准所采用。成果已应用于宝钢湛江钢铁基地、中国二重镇江核电容器工程、东方电气汶川地震后异地重建工程、中国一汽工业建筑抗震性能提升工程等，显著提升了我国工业建筑抗震技术水平。

研究成果经住房城乡建设部科技发展促进中心组织鉴定，认为成果总体达到国际先进水平，其中工业建筑抗震性能目标及冗余度评价方法、钢结构工业建筑性能化抗震设计技术、全寿命周期抗震鉴定与加固技术达到国际先进水平。研究成果获 2017 年度国家科技进步二等奖。

本书是对研究成果的系列总结，主要内容包括：工业建筑抗震技术概述、工业建筑场地抗震性能评价与基础设计、工业建筑抗震冗余设计理论、地震作用与结构抗震验算、钢筋混凝土工业建筑抗震空间作用分析技术、钢结构工业建筑抗震优化设计技术、工业构筑物抗震设计技术、工业建筑抗震性能评价技术、工业建筑抗震性能提升技术等。

参加本书编写工作的有：徐建、曾滨、黄世敏、罗开海、李永录、吴耀华、常好诵、幸坤涛、曹雪生、黄伟、许庆、王晓亮、李忠煜、齐娟、母剑平、姚志华。

参加本项目研究工作的还有：岳清瑞、陈炯、徐敏杰、刘大海、李惠、张帆、胡明祎、程绍革、李晓东、路志浩等。

本项目科研及本书编写过程中，得到周福霖院士、谢礼立院士、江欢成院士、张爱林教授、郁银泉设计大师、王立军设计大师、顾青史教高、张友亮教高，以及住房城乡建设部标准定额司、中国工程建设标准化协会、中国勘察设计协会、中国土木工程学会、中国机械工业联合会、中国钢结构协会、中国国际工程咨询协会、中国冶金建设协会等大力支持。编写过程中，还参考了一些专家的著作、论文和科研成果，在此一并致谢！

本书不当之处，请提出宝贵意见。

徐 建 曾 滨 黄世敏 罗开海
2018 年 8 月

目　录

第1章 工业建筑抗震技术概述

1.1 工业建筑的特点及分类

工业建筑是指供人民从事各类生产活动的建筑物和构筑物，18 世纪后期首先出现于英国，随着工业生产的发展和工业革命的兴起，逐渐向欧洲大陆、美国、亚洲等地区漫延。我国在 20 世纪 50 年代开始，随着国民经济的恢复和工业生产的发展，开始大量建造各种类型的工业建筑。从 20 世纪 80 年代开始，随着改革开放和经济建设的不断深入发展，工业建筑的发展亦进入了空前的繁荣期。工业建筑涉及的行业众多，是我国国民经济的支柱产业之一，对于国家的经济发展和社会的繁荣稳定具有十分重要的意义。

工业建筑是工业生产活动的场所，其高度、层数、跨度、结构类型等属性基本上由生产工艺要求决定，因此，工业建筑的类型众多，从不同的角度大致可以有以下分类方法：

1. 按层数分类

工业建筑可以分为：（1）单层厂房，这类厂房的层数只有一层，但高度可能会很大，多用于冶金、重型及中型机械工业；（2）多层厂房，这类厂房的层数一般在二层或二层以上，层高一般不会很大，多用于食品、电子、精密仪器、加工工业等轻工业生产厂房；（3）单多层混合厂房，这类厂房一般是由单层生产区域和多层生产区域混合组成，多用于化工、热电站的主厂房等生产工艺复杂的行业。

2. 按用途分类

工业建筑可以分为：（1）生产厂房，主要用作产品的备料、加工、装配等，为主要生产车间；（2）生产辅助厂房，系为生产厂房服务的厂房，如：修理车间、工具车间等；（3）动力厂房，为全厂提供能源的厂房，如发电站、变电所、锅炉房等；（4）仓储建筑，原材料、半成品、成品存储的房屋；（5）其他建筑，如水泵房、污水处理、水塔、烟囱、厂区内栈桥、筒仓等建（构）筑物。

3. 按跨度的数量和方向分类

工业建筑可以分为：（1）单跨厂房，即横向只有一个跨的厂房；（2）多跨厂房，横向跨度不少于 2 个，车间内彼此相通；（3）纵横相交厂房，由两方向的多跨组合而成，车间内彼此相通。

4. 按生产状况分类

工业建筑可以分为：（1）冷加工车间，常温状态下加工非燃烧物质和材料的生产车间，如机械、修理等；（2）热加工车间，如铸造、锻压、热处理车间等；（3）恒温恒湿车间，如精密仪器、纺织车间等；（4）洁净车间，如药品、集成电路车间等；（5）特种状况车间，如放射性车间、防电磁波干扰车间等。

5. 按结构材料分类

工业建筑又可以分为砖混结构厂房、钢筋混凝土结构厂房、钢结构厂房及组合结构厂房等。

1.2 工业建筑震害特征分析

由于生产工艺的特殊性要求，工业建筑普遍具有结构形式多样、设备建筑耦联、荷载作用复杂、使用环境恶劣的显著特点，使得工业建筑的抗震防灾面临巨大挑战。与民用建筑相比，工业建筑的抗震性能要差得多，历次震害也表明，工业建筑的破坏更为严重。根据汶川地震建筑震害情况的统计分析，工业建筑和学校建筑的震害最为严重，按调查组评估的 110 栋工业建筑样本统计，其中，可以使用、加固后使用、停止使用、立即拆除的数量和比率分别为 19（17％）、51（46％）、5（5％）、35（32％），震害程度明显高于普通民用建筑（图 1.2.1）。

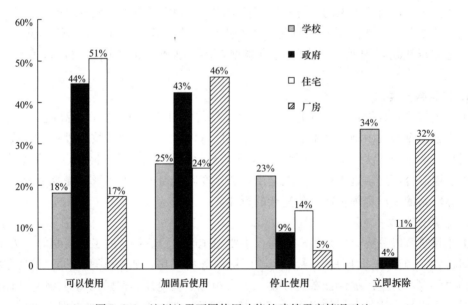

图 1.2.1 汶川地震不同使用功能的建筑震害情况对比

自 1966 年邢台地震以来，经过几代科研和工程技术人员的共同努力，我国的建筑抗震技术不断得到发展和完善，现已形成基本完备的抗震防灾技术标准体系。随着民用建筑抗震技术的发展，我国工业建筑的抗震技术水平也有了一定程度的提高。近期的强烈地震，尤其是 2008 年 5 月 12 日汶川 8.0 级大地震中，工业建筑发生了严重的破坏，进一步凸显了工业建筑的特殊性和抗震防灾任务的艰巨性。

1. 场地选址的特殊性

由于生产规模和工艺流程的限制，工业建筑的选址一般难以避开地震断裂带、滑坡区、液化区等不利地段甚至危险地段。我国工业企业、特别是冶金企业 80％以上位于地震区，全国 20 多个重点骨干钢铁企业 100％位于地震区，有的还位于可能发生中强以上地震的重点监视区。

2. 设计使用年限的特殊性

由于使用功能差异显著，工业建筑的设计使用年限难以完全统一，不能简单地按常规取为 50 年。很多工业建筑，属于工业设备或工艺流水线的附属配套设施，其使用寿命往往取决于设备或工艺寿命，当设备或工艺的使用寿命远低于或远高于 50 年时，配套建筑设施的使用年限仍然按常规的 50 年采用，显然是不合适的。

3. 工业建筑使用环境的特殊性

大多数工业建筑长期遭受高温、高湿、粉尘、腐蚀、疲劳、振动和地震、风、雪等各种不利作用组合，作用效应评估的难度巨大。

4. 工业建筑结构类型的特殊性

工业建筑从本质上讲，属于工业生产流水线的配套附属设施，其结构的类型和形式要服从和服务于生产工艺，所以工业建筑的结构类型多样，而且抗震不利的特种结构较多，如锅炉支架的悬吊结构，高支腿筒仓的倒摆式结构，多层厂房的框排架结构等。

5. 工业建筑形体与布局的特殊性

因生产工艺的需要，工业建筑的外形特征、平面和立面布局均与常规的民用建筑存在巨大差别，普遍存在不规则的楼面开洞、错层、超长、超宽、层高巨大等情况，建筑结构分层、分段情况复杂，地震作用响应复杂，结构抗震计算分析难度大。

6. 工业建筑性能提升的特殊性

工业建筑由于工业生产的连续性要求，性能提升多为在役施工，其抗震性能提升要求考虑快速、高效。另一方面，随着现代工业革命的发展、生产工艺的换代升级以及工业生产的地域转移等，出现了一批工业遗产建筑，需要进行民用化改造，这其中的建筑功能的变更、不同历史时期不同结构材料的共同工作机理等因素，进一步加大了性能提升和改造升级的难度。

由于上述的种种特殊性，导致了工业建筑在场地选址、建筑形体与布局、结构形式与类型、荷载作用、使用环境等多方面存在抗震不利因素，根据近几十年的震害经验，工业建筑的基本震害特征可总结为"小震易损，大震易倒"。

1.3　工业建筑抗震技术发展历程

随着我国工业的发展，工业建筑的材料和结构形式也发生了较大的变化。工业建筑的抗震性能与其他类型建筑相比有其特殊性，如结构跨度大、空间高度高、结构自重大、存在机械设备的振动荷载等，工业建筑的抗震设计方法也经历了不断完善的过程。

我国较早的厂房抗震设计是参照苏联地震区建筑设计规范，对厂房作近似的计算和采取一些构造措施。

20 世纪 60 年代，我国邢台、河间、阳江、通海、东川地震，为单层厂房的抗震设计提供了依据，特别是积累了单层砖柱厂房的震害经验。在此基础上，1974 年正式颁布了我国第一部《工业与民用建筑抗震设计规范（试行）》TJ 11—74。

20世纪70年代，我国相继发生海城地震和唐山地震，大量建筑物遭到破坏，一些20世纪50年代建造的钢筋混凝土柱厂房损坏，使人们更加认识到单层厂房抗震问题的重要性。根据海城地震和唐山地震的震害经验和科研成果，修订颁布了《工业与民用建筑抗震设计规范》TJ 11—78。在单层厂房抗震设计方面，该规范对提高厂房抗震薄弱部位的抗震能力作了明确的规定。

20世纪80年代，我国从事工程抗震的科技工作者围绕单层厂房的抗震，开展了一系列理论和科学试验的专题研究，如单层厂房的横向和纵向空间分析、突出屋面天窗架的水平地震作用、不等高厂房中柱地震作用效应的高振型影响、屋架与柱顶连接节点及柱头的抗震性能、单层厂房整体和钢筋混凝土柱的抗震性能、柱间支撑的抗震性能、不等高厂房支承低跨屋盖柱牛腿的抗震性能等，这些成果为《建筑抗震设计规范》GBJ 11—89（简称"89规范"）单层厂房抗震设计部分的修订奠定了基础。

20世纪90年代以来，我国在工程抗震的科学研究和工程实践中取得了较大的进展，国内发生的澜沧、武定、丽江、伽师、包头、台湾地震，以及国外发生的美国旧金山和洛杉矶地震、日本阪神地震，造成了大量建筑物和工程设施的破坏，取得了新的震害经验。2001年，《建筑抗震设计规范》GB 50011—2001颁布实施。规范在单层厂房抗震设计方面比"89规范"主要有下列改进：（1）结构布置上增加了厂房过渡跨、平台、上起重机铁梯布置和结构形式的要求；（2）补充了屋架和排架结构选型的要求；（3）完善了钢筋混凝土柱厂房的抗震分析方法，修改了大柱网厂房双向水平地震作用时的组合方法；（4）补充了屋盖支撑布置的规定；（5）补充了排架柱箍筋设置要求和大柱网厂房轴压比控制的要求；（6）增加了砖柱厂房纵向简化计算方法；（7）补充了钢结构厂房结构体系的规定；（8）提出了钢结构厂房按平面结构简化计算的条件；（9）修改了钢构件长细比和宽厚比的规定；（10）增补了钢柱脚的抗震设计方法。

2010年，我国现行国家标准《建筑抗震设计规范》GB 50011—2010颁布实施，该标准在工业建筑方面根据材料和结构形式的变化，作了较大的改进，主要改进内容有：

（1）单层钢筋混凝土柱厂房：补充了高低跨厂房的结构布置和对抽柱厂房的要求；改进了屋面梁的屋盖支撑布置要求；增加了柱顶受侧向约束部位的构造要求；调整了厂房可不验算抗震承载力的范围，并增加了设置柱间支撑柱脚的抗震承载力验算要求。

（2）单层砖柱厂房：限制了砖柱厂房在9度区的使用，增补了新型砖砌体材料（页岩砖、混凝土砖）、改善了厂房结构布置的规定，修改了防震缝设置的要求；明确8度时木屋盖不允许设置天窗。

（3）单层钢结构厂房：增加了压型钢板围护的单层钢结构厂房的内容。进一步细化了结构布置的要求；补充了防震缝宽度的规定；明确了屋盖横梁的屋盖支撑布置和纵横向水平支撑布置；调整了柱和柱间支撑的长细比限值、提出了根据框架承载力的高低按性能目标确定梁柱板件宽厚比的方法；增加了阻尼比取值和构件连接的承载力验算要求，修改了柱间支撑的抗震验算要求。

（4）多层钢结构厂房：对厂房结构布置、楼盖布置、支撑布置及其长细比限值、支撑承载力计算、框架板件宽厚比、阻尼比取值等方面作出规定。

（5）新增钢筋混凝土竖向框排架厂房的抗震设计要求，根据设计经验和厂房的结构特征，提出了结构布置、抗震验算和构造措施的要求。

4

1.4 工业建筑抗震研究现状

1.4.1 我国建筑抗震技术发展历程简介

纵观新中国成立后我国抗震防灾技术的发展历程，可以看出，我国现代建筑抗震理论和技术是起源于工业建筑，发展、成熟于民用建筑的。

在1953年开始的第一个"五年计划"期间，我国的156项重点工程是按苏联的抗震设防标准和规范设计的，一般工业建筑是不考虑抗震设防的，当然不会有我国自己的抗震技术标准。以后，在1959年和1964年，我国曾两次编制过包括多种建设工程的《地震区建筑抗震设计规范（草案）》，但未正式颁发，只起指导和参考作用。

1966年邢台地震、1967年河间地震后，随着人们对震害认识的提高和地震经验的积累，1969年3月原国家建委抗震办公室组织中国科学研究院工程力学研究所和北京市建筑设计院编制了《京津地区工业与民用建筑抗震设计暂行规定（草案）》，在京津地区试行，在此基础上1974年正式颁发了面向全国的《工业与民用建筑抗震设计规范（试行）》。

1976年唐山地震造成了近代世界地震史上少有的灾难，也全面推动了抗震防灾技术的发展，形势的发展要求我国的许多抗震技术标准进一步修订或制订，使抗震技术标准提高到了一个新的水平。随着人们对地震震害经验的不断积累和结构地震反应机理的不断深入研究，先后制修订了《建筑抗震设计规范》、《建筑抗震鉴定标准》等以抗震防灾为主要内容的一系列标准，基本形成了相对完善、特点鲜明的抗震防灾技术标准体系。

1.4.2 工业建筑抗震技术的现状及面临的问题

1. 工业建筑抗震技术的发展进程滞后于民用建筑

在我国建筑抗震防灾工作的早期阶段，即20世纪80年代以前，在"地震工作要为保卫大城市和大工业发挥作用"的指示下，工业建筑抗震始终引领着我国建筑抗震技术的发展。当时，工业建筑抗震研究，无论是在人才队伍配备、财政经济投入还是在物资供应上，都要明显超过民用建筑，当然，其研究成果也要领先一步。在20世纪80年代，工业建筑领域就基于震害调查与分析、理论研究和实际测试分析，提出了结构振动三维空间分析技术，这比民用建筑领域要领先10年以上。

唐山地震后，我国抗震防灾工作在全国范围内开展，对象也不再仅仅局限于大城市和大工业，而是逐步扩大到6度及以上地区的所有工业与民用建筑，民用建筑抗震技术迎来了快速发展期。另一方面，随着改革开放的不断深入，国民经济得到快速发展，民用建筑的发展日新月异，新世纪以来，高层、超高层、大跨度、空间异形等民用建筑不断涌现，这又进一步推动了民用建筑抗震理论和技术的飞速发展。目前，已形成性能化设防理论与设计方法、鲁棒性和冗余度理论、防连续倒塌分析与控制对策、基于倒塌风险的抗震设计方法、减隔震理论与技术、建筑抗震韧性的评价技术和控制对策等新理论和新技术。

2. 现有的抗震技术难以满足工业发展的需求

我国建筑抗震规范自"89规范"以来，一直采用"三水准两阶段"的抗震防灾对策，工业建筑也是如此。这一对策的目的，是为了防止建筑在预期的大震下倒塌破坏，保证其中的人员生命安全，然而，随着社会不断发展，人们对房屋建筑的要求不仅仅局限在保障生命安全的需求上，进而提出了多层次的建筑性能要求。

对于工业建筑来说，由于现代工业生产的分工特点决定了其在整个工业生产线中的地位越发突出，仍然采用人员安全的设防目标已经难以完全满足工业生产的需要。近十几年来大震震害显示，按现行抗震规范设计和建造的建筑物，在地震中没有倒塌、保障了生命安全，但是其破坏却造成了严重的直接和间接的经济损失，甚至影响到了社会的发展，而且这种破坏和损失往往超出了设计者、建造者和业主原先的估计。1989 年美国加州地震，震级为 7.1 级，其能量释放仅为 1906 年旧金山地震（8.3 级）的 1/63，伤亡人数 3000（其中死亡 65 人），然而造成的直接经济损失（建筑物破坏重建）80 亿美元，间接经济损失超过 150 亿美元；1994 年 1 月 17 日 Northridge 地震，震级仅为 6.7 级，死亡 57 人，而由于建筑物损坏造成 1.5 万人无家可归，经济损失达 170 亿美元，这是一个震级不大，伤亡人数不多，但经济损失却非常大的地震；1995 年日本阪神（Kobe）地震，震级 7.2 级，直接经济损失高达 1000 亿美元，死亡 5438 人，震后的重建工作花费了两年多时间，耗资近 1000 亿美元；1999 年 9 月 21 日中国台湾集集地震，震级 7.3 级，电力系统的破坏直接导致众多电脑芯片生产厂家停产，间接经济损失极其惨重。

3. 工业建筑抗震的一些基本理论面临工程实践的挑战，需要进一步发展创新

（1）按三水准设防的"小震不坏"原则，要求所有结构在统一的小震作用时基本保持弹性，采用的设计对策是按小震下结构弹性分析所得的地震作用效应基本组合值进行截面强度验算，但验算过程中并未充分考虑结构或构件延性性能差异的响应，这对于中低延性的结构或构件是合适的，对于延性性能较好的结构和构件可能并不经济。比如，对于围护轻型化的现代工业建筑钢结构来说，按照现行抗震规范进行设计，往往会出现构造偏严、用钢量偏大，但整体建筑的抗震安全度并未显著提高，甚至存在抗震安全度不足的情况。

（2）目前，国内外关于构件抗震设计的基本原则，仍然是 20 世纪 70 年代新西兰人 Park 教授提出的以"强柱弱梁"为标志的"四强四弱"原则，尽管历次规范修订时，相关参数的取值会有所变化，但本质上仍是基于强度准则的构件设计。事实上，近几十年大地震表明，即使完全实现了上述的"强柱弱梁"设计，也很难避免柱铰破坏模式的发生，因为实际地震中节点的屈服机制并不直接决定于梁柱的相对强度，而是与梁柱端部的变形能力息息相关。因此，应全面审视和探讨现行的构件设计准则。

4. 工业建筑抗震技术支撑团队残缺不全，理论研究与工程应用脱节

在 2000 年以前，国内从事工程抗震研究的科研团队主要有三个部分，即主要从事基本理论研究的高等院校、主要从事应用技术研究的科研院所和主要从事工程实践的勘察设计单位。目前，国内从事工程抗震研究的多集中于一些高等院校，且进行基础理论研究的人员已经很少了，相关的研究成果过于理想化，工程应用尚有距离。而各勘察、设计单位又忙于工程，无暇顾及实践经验的总结与研究，这样，来自于实践经验的工程技术也基本裹足不前。另一方面，自科研院所"改企"之后，从事工程抗震应用技术研究的机构和人员也逐渐减少，这样，作为理论研究成果和工程实践应用之间联系桥梁的应用技术也就逐渐缺失了，进而造成理论研究与工程应用脱节。

5. 国际建筑抗震设防理念的新动向

（1）设防水准：从固态目标到动态多目标

近现代建筑抗震设防，首先是以保障生命安全、减少人员伤亡为基本出发点。随着建筑抗震理论的不断推进和发展以及人类社会防灾需求的不断提高，在房屋建筑初步具备了预期地震下的抗倒塌能力的前提下，建筑抗震设防的目标或出发点出现了新的变化，由初期的单一水准的生命安全向多水准多目标以及基于性能要求的动态目标演变。

目前，从世界上几本主要的抗震规范来看，基于单一水准（美）和多水准多目标（日、中、欧）抗震设计方法已比较成熟。至于基于动态目标的性能设计方法，则尚处于研究和试行阶段，从国外的应用情况看，主要用于既有建筑的鉴定和加固中，比如美国的ASCE41、ASCE31等[9,10]；国内则主要应用于超限工程的关键部位或关键构件，至于整体项目按性能化要求进行设计的案例并不多见。

（2）防倒塌设计：从概念定性到风险定量

2001年美国的"9.11"事件导致了灾难性后果，但也在世界范围内掀起了一场有关极端条件下建筑结构安全防范措施的大讨论，并就若干理念问题取得了广泛一致的意见。

首先，是建筑结构应具有足够的鲁棒性和必要的冗余度，为此，世界各国的规范开始增加有关结构冗余设计的相关规定，比如美国UFC 4-023-03：2005要求建筑物必须有能力跨越概念上已从结构中移除的、特定的竖向承重构件，即结构必须有较高的冗余度；欧洲规范EN1991-1-7：2006要求，结构要具有较高的冗余度以便于偶然事件发生时荷载作用通过可替代的传递路径转移到其他构件；而ISO 2394—2015（General principles on reliability for structures）则明确提出结构的三级目标要求：使用功能要求、生命安全要求、牢固性要求，并专门增补了有关结构鲁棒性的附录（附录F）。在国内，有关结构鲁棒性、冗余度理论以及抗连续倒塌等领域的研究也取得了长足的进步，成立相关学术机构，编制了《建筑结构抗倒塌设计规范》CECS 392：2014。此外，现行《混凝土结构设计规范》GB 50010—2010、《高层建筑混凝土结构技术规程》JGJ 3—2010中也给出了结构抗连续倒塌设计的基本要求，《建筑抗震设计规范》自89版开始，一直强调结构整体性、层次性对抗震安全的重要作用。

其次，是建筑结构应基于预定风险进行设计。ISO 2394—2015明确提出风险指引设计（Risk-informed design）的概念，要求建筑结构设计应考虑包括人员损失、环境破坏、经济损失等因素在内的总体风险。在建筑抗震领域，美国率先将这种基于风险的设计思想引入到抗震设计中。在2009年以前，美国的建筑抗地震倒塌设计要求是，取50年超越概率2%的地震MCE作为防倒塌的水准；2009年以后的ASCE 7-10等规范则明确要求，50年基准期内建筑物的地震倒塌风险不超过1%。

1.5　工业建筑抗震关键技术要点

由于工业建筑的复杂性和特殊性，存在很多问题亟待研究。2008年5月12日汶川8.0级大地震，工业建筑发生了严重的破坏，进一步凸显了工业建筑抗震防灾任务的艰巨性。由于生产规模和工艺流程的限制，工业建筑的选址一般难以避开地震断裂带、滑坡区、液化区等不利地段甚至危险地段；由于使用功能差异显著，工业建筑的设计基准难以完全统一；使用环境复杂，大多数工业建筑长期遭受高温、高湿、粉尘、腐蚀、疲劳、振动、地震、风、雪等多种不利作用耦合影响，作用效应评估的难度巨大；由于工业建筑种类繁多、生产工艺复杂，且多属于特别不规则结构，与同等规模的民用建筑相比，其抗震性能要差得多。作为工业安全生产重要保障的工业建筑，一旦遭受地震破坏，直接和间接经济损失巨大，社会影响严重。

针对工业建筑抗震的关键技术难题，由中冶建筑研究总院、中国机械工业集团公司、中国建筑科学研究院、宝钢工程技术集团公司、中国建筑西北设计研究院、中国联合工程公司组成项目组，通过二十年的联合攻关，在动态多目标抗震设防理论、防地震倒塌的层次化设计方法、抗震冗余度评价方法、基于等能量原理的抗震优化设计、结构与设备耦联的抗震设计、在役工业建筑的抗震性能评价与提升技术等方面获得了重要突破，对提升我国工业建筑抗震能力起到重要作用。

1.5.1 动态多目标抗震设防理论

从 1906 年美国旧金山地震以来的近现代建筑抗震设防思想和抗震技术标准的演变进程来看，无论是早期单一水准抗震设防技术，还是目前多水准多目标的抗震技术，均是以防止建筑物在预期大地震作用下发生倒塌破坏、保障生命安全为基本出发点。然而，近十几年来大震震害表明，按现行抗震规范设计和建造的建筑物，在地震中没有倒塌、保障了生命安全，但是其破坏却造成了严重的直接和间接的经济损失，甚至影响了社会的发展，这种破坏和损失往往超出了设计者、建造者和业主的预期。

工业建筑是国民经济的重要支柱，地震破坏的后果与影响也随着社会经济的发展呈现越来越严重的趋势，1999 年 9 月 21 日中国台湾集集地震，电力系统的破坏直接导致众多电脑芯片生产厂家停产，一度造成世界范围内计算机市场的动荡，经济损失和社会影响巨大。因此，工业建筑的抗震设防需求也在随着社会经济的发展变化而不断提高，对于一些重要的工业建筑，仅仅按照常规的"小震不坏、中震可修、大震不倒"三水准目标进行设防，已不能满足社会和经济发展的需要。

项目组针对工业建筑抗震设防的多样性需求，兼顾投资效益，建立了一般建筑保人员、重要设备保安全、关键工序保生产、致灾建筑防次生灾害的动态多目标抗震设防理论，创建了集承载力、刚度、延性整体匹配的量化性能指标体系；为现代工业建筑抗震设计提供了理论基础（图 1.5.1、表 1.5.1）。

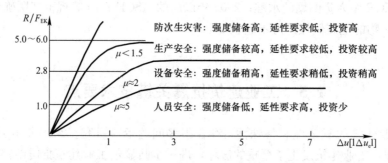

图 1.5.1　工业建筑动态多目标设防简图

设防目标（适用对象）	承载力复核要求	大震变形	延性要求
防次生灾害 （致灾建筑）	大震，设计值	$1.1[\delta_e]$	降低二度，不低于 6 度
生产安全 （关键工序建筑）	中震，设计值 大震，极限值	$2.0[\delta_e]$	降低一度，不低于 6 度
设备安全 （含重大设备建筑）	中震，标准值 大震，0.95 倍极限值	$4.0[\delta_e]$	常规设计
人员安全 （一般建筑）	中震，极限值 大震，0.90 倍极限值	$0.9[\delta_p]$	常规设计

注：$[\delta_e]$、$[\delta_p]$ 分别为现行规范规定的弹性和弹塑性变形限值。

按动态多目标的要求进行结构构件的抗震承载力验算时，应按下式进行：

$$\left.\begin{array}{ll} \gamma_G S_{GE} + \gamma_E S_{Ek} \leqslant R/\gamma_{RE} & \text{设计值} \\ S_{GE} + S_{Ek} \leqslant R_k & \text{标准值} \\ S_{GE} + S_{Ek} < R_u & \text{极限值} \end{array}\right\} \tag{1.5.1}$$

式中，γ_G、γ_E 分别为重力荷载效应和地震作用效应的组合值系数；γ_{RE} 为抗震承载力调整系数；S_{GE}、S_{Ek} 分别为重力荷载效应标准值和地震作用效应标准值；R、R_k、R_u 分别为结构构件的承载力设计值、标准值和极限值，分别按材料强度的设计值、标准值和最小极限值计算。

1.5.2 防地震倒塌的层次化抗震设计方法

由于生产工艺的需要，工业建筑的结构形式多样，往往存在着生产设备与建筑结构耦联、荷载作用复杂、使用环境恶劣等多种抗震不利的情况，进而导致工业建筑"小震易损，大震易倒"的典型震害特征。针对这一问题，项目组基于冗余设计的基本理论，提出了工业建筑结构体系层次化、构件梯次化的抗震设计方法，并分别给出了结构体系层次化和构件梯次化的量化准则，在适当控制工程建设投资的前提下，使工业建筑抗震防灾体系达到了合理优化与配置，大大改善了工业建筑的抗震性能，显著提高了其抗震地震倒塌的能力，解决了工业建筑防地震连续倒塌的技术难题。

首先，在建筑结构布局时，项目组提出了体系层次化的设计路线，即将工业建筑的总体（包括建筑构件和结构构件）作为地震地面运动的作用对象，建筑构件和结构构件遭受地震作用的同时，也会对建筑总体的抗震能力作出贡献，进而提出了工业建筑抗震的建筑防线和结构防线的概念。建筑防线是指利用建筑非结构构件，尤其是围护墙、隔墙和填充墙等作为建筑抗震的第一道防线，要求其先于主体结构损伤或破坏，在主体结构破坏前尽可能多地耗散地震能量，以减轻主体结构的损伤或破坏。

其次，在构建结构防线时，根据构件重要性（相对刚度、承重情况等）的不同，采用区别对待的办法，将结构构件区分为抗侧力体系构件和普通承重构件，分别采用不同的设计目标和对策，使结构体系在强烈地震作用下发生渐进式破坏，而不是同步式破坏。

最后，为了保证强烈地震作用下建筑总体按照"建筑防线—抗侧力体系—普通承重构件"的顺序破坏，对不同层次、不同重要性的构件设置了不同的抗震安全冗余度和相应的设计对策：

（1）对于建筑防线，总体要求是相对刚度大、强度低、延性高，建议工业建筑中的围护墙、隔墙和填充墙等非结构墙体采用少配筋的混凝土墙体，其配筋量可按下式确定：

$$f_y A_{sh} = V_{Ek}/R \qquad (1.5.2)$$

式中，f_y 为钢筋抗拉强度设计值；A_{sh} 为墙体竖向截面的水平钢筋总面积；V_{Ek} 为多遇地震作用下非结构墙体参与整体模型计算所得的剪力标准值；R 为考虑墙体延性的构件性能系数，一般可在 1.5～2.0 取值。

（2）对于结构抗侧力体系，作为结构抗御地震作用的主要承载体，其总体要求是应能承担预期地震动水准下的全部地震作用，并具备一定的安全裕度；在普通承重构件破坏前，不得退出工作，应同时具备必要的延性。因此，对于工业建筑抗侧力体系的构件，其地震作用效应应根据工程具体情况进行适当的放大调整，并加强延性构造。

（3）对于普通承重构件，作为建筑倒塌破坏前的最后一道防线，应具有足够的抗震承载能力，但延性构造要求可适当放宽。构件截面承载力设计时，其地震作用应按下式确定：

$$V_{E,Com} = \frac{K_{Com}}{f \cdot K_{Lat} + K_{Com}} V_0 \qquad (1.5.3)$$

式中，$V_{E,Com}$ 为普通承重构件的地震内力标准值；V_0 为结构底部总地震剪力标准值；K_{Lat}、K_{Com} 分别为抗侧力体系和普通承重构件的侧向刚度，f 为抗侧力体系的刚度折减系数，可在 0.3～0.6 取值。

1.5.3　抗震冗余度评价方法

如果将现行国家标准《建筑抗震设计规范》GB 50011—2010 关于工业建筑的技术要求作为其抗震基本需求，无论是动态多目标的抗震设计，还是层次化的抗震设计，从本质上均是一种抗震冗余设计。而如何评价建筑结构的冗余度一直是学术界和工程界的热点和难点问题。对此，项目组根据结构耗能能力和耗能需求的逻辑关系，首次提出抗震冗余度需求比的概念，并结合工业建筑的动态多目标分别给出了量化分级评价标准，解决了工业建筑抗震冗余度评价难题。

抗震冗余度需求比，反映的是建筑结构在给定水准地震作用下的耗能能力与耗能需求的相对关系，按下式确定：

$$r = \sqrt{E_{DC}/E_{DD}} \qquad (1.5.4)$$

图 1.5.2 所示为建筑结构耗能能力 E_{DC} 和耗能需求 E_{DD} 的计算简图，将各参数的计算方法和公式代入式（1.5.4），可得：

$$r = \frac{2R_s \sqrt{(1-\alpha)(\mu-1)}}{R(\alpha\mu - \alpha + 1)} \qquad (1.5.5)$$

式中，R_s 为建筑结构的实际超强系数；R 为预期地震下的响应修正系数，可取预期地震地面运动峰值加速度与多遇地震峰值加速度的比值；α 为结构实际延性系数；μ 为结构屈服后的弹塑性刚度比。

显然，冗余度需求比 r 计算值不应小于 1.0，否则设计的结构将因不能满足相应罕遇地震作用下的冗余度需求而发生倒塌；同时冗余度需求比 r 值越大则表示结构在罕遇

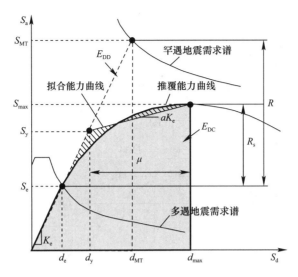

图 1.5.2　结构耗能能力与耗能需求计算简图

地震作用下抗倒塌的能力越强。表 1.5.2 所示为本项目组研究提出的工业建筑不同目标下的冗余度指标限值。

工业建筑的冗余度需求比限值　　　　　　　　　　　　　　表 1.5.2

设防目标	冗余度需求比限值 $[r]$
防次生灾害	2.0
生产安全	1.6
设备安全	1.3
人员安全	1.1

1.5.4　基于等能量原理的钢结构优化设计

与传统的砌体结构和混凝土结构相比，我国钢结构的抗震研究工作开展相对较晚，成果和工程应用也较少，震害经验就更少，因此，我国抗震规范关于钢结构的技术规定相对简略和偏于保守。对于围护轻型化的现代工业建筑钢结构来说，按照现行抗震规范进行设计，往往会出现构造偏严、用钢量偏大、但整体建筑的抗震安全度并未显著提高，甚至存在抗震安全度不足的情况。鉴于此，项目组结合钢结构工业建筑围护结构轻型化的发展趋势开展专题研究，提出了基于等能量原理的钢结构工业建筑抗震优化设计方法。

等能量原理的抗震设计方法，是基于能量平衡原理的抗震设计方法，是指在保持结构构件实际耗能能力相等的前提下，根据构件本身的延性属性采取相应设计对策。图 1.5.3 为构件等能量设计示意简图，对于给定的地震输入能量（即耗能需求），从构件 A 到构件 E 均可满足要求，但由于各构件的延性属性不同，其设计控制对策也不同。

依据上述原理，根据板件宽厚与截面塑性转动变形能力的逻辑关系（图 1.5.4），将钢结构构件的截面划分为 $S_1 \sim S_5$ 共 5 个延性等级（表 1.5.4），并给出了各等级截面的板件宽厚比限值（表 1.5.3）。

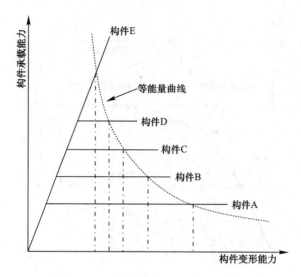

图 1.5.3　构件等能量设计示意简图

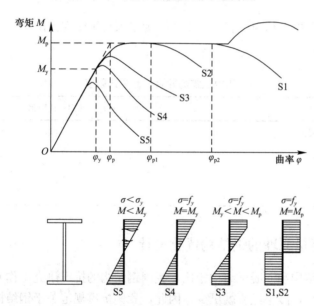

图 1.5.4　截面分类及转动能力示意

各级截面的板件宽厚比限值　　　　　　　　　　　　　　　　表 1.5.3

截面等级	柱				梁	
	H 形		箱形	圆管	工字形截面	
	翼缘 b/t	腹板 h_w/t	翼缘或腹板 b/t	径厚比 D/t	翼缘 b/t	腹板 h_w/t
S_1	$9\varepsilon_k$	$(33+13\alpha_0^{1.3})\,\varepsilon_k$	$30\varepsilon_k$	$50\varepsilon_k^2$	$9\varepsilon_k$	$65\varepsilon_k$
S_2	$11\varepsilon_k$	$(38+13\alpha_0^{1.4})\,\varepsilon_k$	$35\varepsilon_k$	$70\varepsilon_k^2$	$11\varepsilon_k$	$72\varepsilon_k$
S_3	$13\varepsilon_k$	$(42+18\alpha_0^{1.5})\,\varepsilon_k$	$42\varepsilon_k$	$90\varepsilon_k^2$	$13\varepsilon_k$	$93\varepsilon_k$
S_4	$15\varepsilon_k$	$(45+25\alpha_0^{5/3})\,\varepsilon_k$	$45\varepsilon_k$	$100\varepsilon_k^2$	$15\varepsilon_k$	$124\varepsilon_k$
S_5	20	250	—	—	20	250

注：$\varepsilon_k=\sqrt{235/f_{ay}}$，其中，$f_{ay}$ 钢材的名义屈服强度值。

根据等能量原理中构件强度与延性的匹配关系，研究给出了各级截面的强度验算要求，即：

$$\gamma_G S_{GE} + \gamma_{Eh} \Omega S_{Ehk} + \gamma_{Ev} \Omega S_{Evk} \leqslant R/\gamma_{RE} \tag{1.5.6}$$

式中，γ_G、γ_{Eh}、γ_{Ev} 分别为重力荷载效应、水平地震作用和竖向地震作用效应的组合值系数；γ_{RE} 为抗震承载力调整系数；S_{GE}、S_{Ehk}、S_{Evk} 分别为重力荷载效应、水平地震作用和竖向地震作用效应的标准值；R 为结构构件的承载力设计值；Ω 为地震作用效应的延性调整系数，按表 1.5.4 取值。

截面等级及地震作用效应调整系数取值　　　　　　　　　表 1.5.4

截面等级	性能	地震作用效应调整系数 Ω
S_1（塑性转动截面）	全截面塑性，塑性铰具有塑性设计要求的转动能力，且在转动过程中承载力不降低	$\leqslant 1$
S_2（塑性强度截面）	全截面塑性，由于局部屈曲，塑性铰转动能力有限，称为二级塑性截面	1
S_3（弹塑性截面）	翼缘全部屈服，腹板可发展不超过 1/4 截面高度的塑性	1.5
S_4（弹性截面）	边缘纤维可达屈服强度，由于局部屈曲而不能发展塑性	2.0
S_5（薄壁截面）	在边缘纤维达屈服应力前，腹板可能发生局部屈曲	$\geqslant 2.0$

当地震作用效应延性调整系数取值为 1 时，式（1.5.6）即为《建筑抗震设计规范》GB 50011—2010 的截面验算表达式。因此，本项目研究提出的基于等能量原理的系列钢结构抗震设计方法是对现行规范的继承、发展和补充，极大地弥补了现行规范的若干不足，进一步完善了钢结构抗震设计方法。

该项成果理顺了钢结构抗震设计中的刚度、强度和延性三者之间的逻辑匹配关系，理论背景完备，逻辑严密，结论合理。项目组提出的系列钢结构抗震设计方法已成功应用于宝钢湛江钢铁基地等大型工业建筑群中，既保证了工程结构的抗震安全性，又取得了良好的经济效果，有效地破解了抗震钢结构经济性差的困局，相关成果分别被《建筑抗震设计规范》GB 50011—2010 和《钢结构设计标准》GB 50017—2017 修订时采纳。

1.5.5 结构与设备耦联的抗震设计

与民用建筑抗震设计相比，工业建筑抗震的显著的难点在于设备—结构耦联效应的分析与控制对策。由于工艺要求，工业建筑内通常会布置大量设备及物料，而且质量很大。这些重载设备会对结构的地震响应产生明显的影响，甚至会显著改变整体建筑的动力特性。因此，在工业建筑抗震设计过程中，必须对设备—结构耦联效应进行合理的分析，并采取相应的设计对策。

考虑设备耦联效应后，除质量、刚度外，对分析过程影响最大的是设备阻尼引入导致的非经典阻尼问题。但是，非经典阻尼问题的常用理论分析方法，比如复阻尼理论、复模态分析法、矩阵摄动法、子结构模态分析方法、Laplace 变换法等均有一定的局限性，而且工程适用性和可操作性普遍较差。鉴于上述原因，项目组研究提出了设备—结构耦联效应简化设计方法，并基于试验研究成果给出了考虑耦联作用的界限指标。

1. 设备—结构耦联效应的简化设计方法

对于有大型设备的工业建筑，考虑耦联效应抗震分析时，一般会采用时程分析法进行结构抗震计算，但由于需要考虑所有设备进行整体建模，不仅需要耗费大量的时间，而且对于不同的工程则需要重复建模，不利于在抗震设计中直接使用，设计效率大为降低。

由于反应谱法的广泛性以及简便性，简化方法也以反应谱法为基础，根据设备与结构的质量比、阻尼比等变量相关参数对反应谱法计算出的结构响应（包括水平地震剪力以及层间位移）进行调整，以此来反映耦联效应对于结构地震响应的影响。

简化方法是通过对模型采用简化反应谱法或时程分析来进行。简化模型包括主体框架结构以及内部设备简化模型，其中设备模型采用多自由度模型，可以修改质量、刚度以及阻尼特性等。在控制其他因素不变的条件下，改变设备的质量，计算在不同的设备—结构的质量比，结构地震响应的时程分析结果与反应谱法结果的比值，分析不需要考虑耦联效应时设备质量应满足的条件，并建立质量比与结果比值的关系曲线，得到与质量比相关的调整系数的计算曲线。同理可以分别得到与频率比、阻尼比、所在楼层高度等相关参数的调整系数计算曲线，并形成 $F_i' = k_1 k_2 k_3 F_i$，$\Delta_i' = k_1 k_2 k_3 k_4 \Delta_i$ 形式的计算公式。同时得出需要考虑耦联效应的边界条件，形成具有大型设备工业建筑的抗震简化设计方法。

2. 设备—结构耦联效应的试验研究

工业建筑中设置的储料设备如常压立式储罐和筒仓等，储罐里面主要以储液为主，筒仓内以水泥、煤粉、矿料等散粒体为主。通过模型试验和现场测试，对不同储液或散粒材料的对比分析，得到了储料在地震作用下的耗能特性，并进行了定量研究，为便于设计，在基于一定保证率的条件下，提出了简化计算方法。

对于工业建筑中的烧结设备、粉碎机和压缩机等，通过结构—设备耦合体系空间模型弹性动力时程分析及模型试验，不同的设备与结构的质量比、频率比以及连接方式可能会影响结构的破坏过程和模式；在频率比不变的情况下，随着质量比的增加，结构平台处的相对位移和动力放大系数都有所增加，设备的相对位移和动力放大系数有变小的趋势，根据设备系统与工业建筑的质量比、频率比的变化，对体系的整体频率和相对位移的影响程度及规律，确定了考虑设备耦联作用的界限指标。

对于不同工业建（构）筑物如筒仓与运料通廊之间的相互作用，高炉框架与送料通廊及下降管之间的相互作用等，经整体分析可知二者之间产生较大的扭转效应，通过大量计算和震害经验分析，基于经济性和便于设计考虑，通过规定细部构造措施加以处理。

1.5.6 在役工业建筑抗震性能评价关键技术

既有建筑进行抗震性能评价或鉴定时，首要问题是根据建筑的后续使用功能要求确定合适的后续使用年限，依据后续使用年限对其抗震性能作出合适的评价。在役工业建筑抗震性能评价的流程也是如此。但在役工业建筑由于受生产工艺的功能制约，其后续使用年限往往是长短不一，很难做到像普通民用建筑那样的统一要求。因此，在役工业建筑抗震性能评价首先要解决的问题是其变化的后续使用年限与固化的设计基准期之间的矛盾。

针对这一问题，项目组提出了基于目标使用年限的抗震性能评价技术，依据我国"89规范"以来的地震危险性研究成果，建立了重现期峰值加速度和调整系数确定方法，攻克了工业建筑特定后续使用年限的抗震性能评价关键技术难题。

唐山地震以来，我国地震工程方面进行了大量的概率地震危险性分析与研究，取得了丰富的成果。根据已有的研究成果，我国各地的地震烈度 I 大致符合极值Ⅲ型概率分布[式 (1.5.7)]，地震地面运动峰值加速度 A_{max} 的概率分布大致符合式 (1.5.8)：

$$\lg\{-\ln[1-P(I \geqslant i)]\}+0.9773 = k\lg\left(\frac{\omega-i}{\omega-I_0}\right) \tag{1.5.7}$$

$$\lg\{-\ln[1-P(I \geqslant i)]\}+0.9773 = k\lg\left(\frac{1.5-\lg A_{max}}{1.5-\lg A_{max}^{10}}\right) \tag{1.5.8}$$

式中，$P(I \geqslant i)$ 为50年内地震烈度超过 i 的概率；i 为烈度；ω 为烈度上限值，一般取12.0；I_0 为50年内超越概率10%对应的基本烈度；k 为形状参数。

后续使用年限不等于50年时，尚需将其 t 年内的超于概率 P' 按下式换算为50年内的超越概率 P：

$$P = 1-(1-P')^{50/t} \tag{1.5.9}$$

表1.5.5为上述研究成果给出的不同后续使用年限各水准地震地面运动峰值加速度 A_{max} 值。

不同后续使用年限地震峰值加速度 A_{max} 取值（gal）　　　　　　　表 1.5.5

后续使用年限（年）	设防水准	设防烈度			
		6	7	8	9
30	小　震	13	26	51	101
	中　震	40	80	162	326
	大　震	93	181	336	519
40	小　震	15	30	60	120
	中　震	45	91	183	367
	大　震	103	200	368	570
50	小　震	18	35	70	140
	中　震	50	100	200	400
	大　震	125	220	400	620

1.5.7　在役工业建筑抗震性能提升技术

工业建筑由于工业生产的连续性要求，性能提升多为在役施工，其抗震性能提升要求考虑快速、高效。

工业建筑具有大层高、大跨度的特征，采用消能减震技术具有很大的难度，基于目标位移的消能减震设计方法在实际工程中具有很强的可操作性。项目组通过阻尼比优化控制研究，确定了适用于复杂工业建筑的消能支撑性能指标，研发了消能装置与结构的复杂群锚连接技术；确立了高效合理的设计方法，并通过了振动台试验验证，系统地解决了消能减震技术在复杂工业建筑性能提升中应用的难题。

工业建筑中的某些特种设备，不仅具有高耸、柔性特点，还具有荷重比大、荷载幅变宽、设备结构耦联等专属特征。针对特殊荷载条件下结构抗震性能提升技术，项目组开发了随生产流程变化的质量可调 TMD 减震系统，有效提升了抗震性能，解决了时变荷载、作用复杂的工业建筑消能减震技术难题。

高温、高湿、强腐蚀的工业环境，导致工业建筑抗震性能提升技术更为复杂，项目组研发了呋喃树脂材料、酚醛树脂材料、环氧树脂材料、钠水玻璃材料、磷酸耐酸材料系列特种功能材料，在役工业建筑预应力加固工艺，解决了特殊工业环境下快速加固的技术难题。

第 2 章 工业建筑场地抗震性能评价与基础设计

地震造成建筑物的破坏，情况是多种多样的。其一，是由于地震时的地面强烈运动，使建筑物在振动过程中，因丧失整体性或强度不足，或变形过大而破坏；其二，是由于水坝坍塌、海啸、火灾、爆炸等次生灾害所造成的；其三，是由于断层错动、山崖崩塌、河岸滑坡、地层陷落等地面严重变形直接造成的。前两种情况可以通过工程措施加以防治；而后一种情况，单靠工程措施很难达到预防目的，或者所花代价昂贵。因此，选择工程场址时，应该进行详细勘察，搞清地形、地质情况，挑选对建筑抗震有利的地段；尽可能避开对建筑抗震不利的地段；任何情况下均不得在抗震危险地段上，建造可能引起人员伤亡或较大经济损失的建筑物。

建筑地基作为场地的一个组成部分，既是地震波的传播介质，又支撑着上部结构传来的各种荷载，具有明显的双重作用。作为地震波的传播媒介，土层条件将影响地震地面运动的大小和特征，即通常所说的放大效应和滤波作用。在很多情况下，这种场地效应是抗震设计的主要组成部分，目前在抗震设计中一般通过场地分类和设计反应谱加以考虑。作为上部结构物的地基，承受上部结构传来的动的和静的水平、竖向荷载以及倾覆力矩，并要求不致产生过大的沉降或变形，保证上部结构在地震后能够正常使用。

2.1 场地地基的典型震害

2.1.1 地表断裂

断裂是地质构造上的薄弱环节。从对建筑危害的角度来看，断裂可以分为发震断裂和非发震断裂。所谓发震断裂，是指具有一定程度的地震活动性，其断裂属于抗震设防所应考虑地震的地层断裂。全新世活动断裂中，近期（近 500 年来）发生过震级 M≥5 级地震的断裂，可定义为发震断裂或发震断裂。所谓非发震断裂，是指除发震断裂以外的地层断裂，在确定抗震设防烈度或进行地震危险性分析时，不认为其在工程设计基准期内会有活动的断裂。所谓全新世活动断裂，是指在全新世地质时期（1 万年）内有过地震活动或近期正在活动、今后 100 年可能继续活动的断裂。

发震断裂的突然错动，要释放能量，引起地震动。强烈地震时，断裂两侧的相对移动还可能出露于地表，形成地表断裂。1976 年唐山地震，在极震区内，一条北东走向的地表断裂，长 8km，水平错位达 1.45m。1999 年中国台湾集集地震，地震破裂长度超过 80km，最大错动约 6.5m，断层所过之处，建筑物严重破坏（图 2.1.1、图 2.1.2）。2008 年 5 月 12 日的汶川大地震，断层长度更是达到 300km，位于断层之上的映秀镇几乎被夷为平地（图 2.1.3），小渔洞镇断层穿过的建筑物全部倒塌（图 2.1.4）。上述事例说明，发震断裂附近地表，地震时很可能产生新的错动，其上若有建筑物，将会遭到严重破坏。此种危险性应该在工程场址选择时加以考虑。

对于非发震断裂，应该查明其活动情况。国家地震局工程力学研究所曾对云南通海地震以及海城、唐山地震中，相当数量的非活动断裂对建筑震害的影响进行了研究。对正好位于非活动断裂带上的村庄，与断裂带以外的村庄，选择震中距和场地土条件基本相同的进行了震害对比。大量统计数字表明，两者房屋震害指数大体相同。表明非活动断裂本身对建筑震害程度无明显影响。所以，工程建设项目无须特意远离非活动断裂。不过，在建筑物具体布置时，不宜将建筑物横跨在断裂或破碎带上，以避免地震时可能因错动或不均匀沉降带来的危害。

图 2.1.1　1999 年中国台湾集集地震，断层切过万佛寺，庙宇毁损，仅留七丈高药师佛像

图 2.1.2　1999 年中国台湾集集地震，某中学三层教室被断层通过全倒

图 2.1.3　2008 年汶川地震断层之上的映秀镇几乎被夷为平地

图 2.1.4　2008 年汶川地震，小渔洞镇断层穿过的建筑物全部倒塌

2.1.2　山体崩塌

陡峭的山区，在强烈地震的震撼下，常发生巨石滚落、山体崩塌。1932 年云南东川地震，大量山石崩塌，阻塞了小江。1966 年再次发生的 6.7 级地震，震中附近的一个山

头，一侧山体就崩塌了近 $8\times10^5\mathrm{m}^3$。1970 年 5 月秘鲁北部地震，也发生了一次特大的塌方，塌体以每小时 20～40km 的速度滑移 1.8km，一个市镇全部被塌方所掩埋，约两万人丧生。1976 年意大利北部山区发生地震，并连下大雨，山体在强余震时崩塌，掩埋了山脚村庄的部分房屋。2008 年汶川地震中大量的山体崩塌，北川县城几乎被滑坡体掩埋（图 2.1.5），山体崩塌产生的巨大滚石，直接造成了建筑的破坏（图 2.1.6）。所以，在山区选址时，经踏勘，发现有山体崩塌、巨石滚落等潜在危险的地段，不能建房。

图 2.1.5　2008 年汶川地震中大量的山体崩塌，北川县城几乎被滑坡体掩埋

图 2.1.6　2008 年汶川地震中山体崩塌产生的巨大滚石，造成了建筑的破坏

2.1.3　边坡滑移

　　1971 年云南通海地震，山脚下的一个土质缓坡，连同上面的一座村庄向下滑移了 100 多米，土体破裂、变形，房屋大量倒塌。1964 年美国阿拉斯加地震，岸边含有薄砂层透镜体的黏土沉积层斜坡，因薄砂层的液化而发生了大面积滑坡，土体支离破碎，地面起伏不平（图 2.1.7）。1968 年日本十胜冲地震，一些位于光滑、湿润黏土薄层上面的斜坡土体，也发生了较大距离的滑移。1971 年 2 月 9 日的 San Fernando 地震使 Lower Van Norman 大坝内部发生液化，几乎导致大坝漫顶（图 2.1.8），对人口密集的 San Fernando 流域居住在大坝下游的成千上万居民造成了威胁。

图2.1.7　1964年Alaska大地震引起Turnagain高地　　　图2.1.8　1971年San Fernando地震后
产生滑坡，长度约1.5英里，宽度为1/4~1/2英里　　　　　　Lower Van Norman大坝

　　1966年邢台地震、1975年海城地震、1976年唐山地震和2008年汶川地震中均可以发现，河岸地面出现多条平行于河流方向的裂隙，河岸土质边坡发生滑移（图2.1.9），坐落于该段河岸之上的建筑，因地面裂缝穿过破坏严重。另外，在历次地震震害调查中还发现，位于台地边缘或非岩质陡坡边缘的建筑，由于避让距离不够，地震时边坡滑移或变形引起建筑的倒塌、倾斜或开裂（图2.1.10）。

(a)　　　　　　　(b)

　　图2.1.9　2008年汶川地震北川县城　　　图2.1.10　2008年汶川地震某住宅楼
　　　　　　河岸边坡滑移　　　　　　　　　因边坡避让距离不足导致的开裂破坏
　　　　　　　　　　　　　　　　　　　（a）距离陡坡不足2m；（b）内部墙体裂缝

2.1.4　地面下陷

　　地下煤矿的大面积采空区，特别是废弃的浅层矿区，地下坑道的支护，或被拆除，或因年久损坏，地震时的坑道坍塌可能导致大面积地陷，引起上部建筑毁坏（图2.1.11），也应视为抗震危险地段，不得在其上建房。

2.1.5　土壤液化

　　地震中的土壤液化会导致土壤强度或刚度的损失，从而使结构产生沉降，使土坝产生滑坡、突然破坏，或引起其他形式的灾害。据观察，土壤液化在疏松的饱和沉积砂土上发生最频繁。

图 2.1.11　2008 年汶川地震，地面塌陷引起的
建筑物倒塌

图 2.1.12　1964 年日本 Niigata 地震，由于液化
造成地基承载能力丧失，建筑物整体倾覆

图 2.1.13　1999 年土耳其 Kocaeli 地震，一座五层楼房
因液化引起的承载能力丧失及下沉，底层大部分沉入地下

图 2.1.14　1999 年中国台湾集集地震，
一座三层住房因液化引起倾斜

在强烈的地震振动过程中，疏松的饱和沉积砂土压紧密实，体积减小。若砂土中的水不能迅速排出，则孔隙水压力增加。沉积砂土中的有效应力为上覆压力与孔隙水压力之差，随着振动的延续，孔隙水压力持续增大，直至与上覆压力相等，由于无黏性土的剪切强度与有效应力成正比，所以此时砂土不具有任何剪切强度，处于液化状态。地震中若地面出现"砂沸"现象即表明液化已发生。

当支撑房屋的上部土壤未考虑液化效应时，有可能造成重大的甚至破坏性的后果：（1）建筑物下沉或整体倾斜（图 2.1.12～图 2.1.14）；（2）地基不均匀下沉造成上部结构破坏；（3）地坪下沉或隆起；（4）地下竖向管道的弯曲变形；（5）房屋基础的钢筋混凝土桩折断。所以，当建筑地基内存在可液化土层时，对于高层建筑，应该采取人工地基，或采取完全消除土层液化性的措施。当采用桩基础时，桩身设计还应考虑水平地震力和地基土下层水平错位所带来的不利影响。

2.2　场地的抗震设计

2.2.1　场址选择

1. 选址的原则

地震造成建筑的破坏，除地震动直接引起结构破坏外，还有场地条件的原因，诸如：

地震引起的地表错动与地裂，地基土的不均匀沉陷、滑坡和粉、砂土液化等。因此，选择有利于抗震的建筑场地，是减轻场地引起的地震灾害的第一道工序，抗震设防区的建筑工程宜选择有利的地段，应避开不利的地段并不在危险的地段建设。对此，《建筑抗震设计规范》专门规定，选择建筑场地时，应根据工程需要和地震活动情况、工程地质和地震地质的有关资料，对抗震有利、一般、不利和危险地段作出综合评价。对不利地段，应提出避开要求；当无法避开时应采取有效的措施。对危险地段，严禁建造甲、乙类的建筑，不应建造丙类的建筑。

2. 地段类别的划分

场地地段的划分，是在选择建筑场地的勘察阶段进行的，要根据地震活动情况和工程地质资料进行综合评价。《建筑抗震设计规范》GB 50011—2010 第 4.1.1 条给出划分建筑场地有利、不利和危险地段的依据，即选择建筑场地时，应按表 2.2.1 划分对建筑抗震有利、一般、不利和危险的地段。

有利、一般、不利和危险地段的划分　　　　　　　　　表 2.2.1

地段类别	地质、地形、地貌
有利地段	稳定基岩，坚硬土、开阔、平坦、密实、均匀的中硬土等
一般地段	不属于有利、不利和危险的地段
不利地段	软弱土，液化土，条状突出的山嘴，高耸孤立的山丘，陡坡，陡坎，河岸和边坡的边缘，平面分布上成因、岩性、状态明显不均匀的土层（含故河道、疏松的断层破碎带、暗埋的塘浜沟谷和半填半挖地基），高含水量的可塑黄土，地表存在结构性裂缝等
危险地段	地震时可能发生滑坡、崩塌、地陷、地裂、泥石流等及发震断裂带上可能发生地表位错的部位

关于有利、不利和危险地段的划分，现行《建筑抗震设计规范》GB 50011—2010 仍然沿用历次规范的规定，即综合考虑地形、地貌和岩土特性多种因素的影响加以评价：

（1）有利地段，一般是指位于开阔平坦地带的坚硬场地土、密实均匀的中硬场地土或稳定的基岩。

（2）不利地段，就地形而言，一般是指条状突出的山嘴，孤立的山包和山梁的顶部，高差较大的台地边缘，非岩质的陡坡，河岸和边坡的边缘；就场地土质而言，一般指软弱土，易液化土，高含水量的可塑黄土，故河道，断层破碎带，地表存在的结构性裂缝，暗埋塘浜沟谷或半挖半填地基等；在平面分布上，成因、岩性、状态明显不均匀的地段。

（3）危险地段，一般是指地震时可能发生滑坡、崩塌、地陷、地裂、泥石流等地段，以及发震断裂带上可能发生地表位错的地段。

（4）一般地段，不属于上述有利、不利和危险地段的其他地段。

需要注意的是，不存在饱和砂土和饱和粉土时，不需要进行液化判别；对于饱和砂土和饱和粉土，当按《建筑抗震设计规范》第 4.3.3 条进行判别结果为不考虑液化时，不属于不利地段；对于无法避开的不利地段，要在详细查明地质、地貌、地形条件的基础上，提供稳定性评价报告和抗震措施。

3. 断裂的工程影响及避让要求

《建筑抗震设计规范》GB 50011—2010 第 4.1.7 条规定，场地内存在发震断裂时，应对断裂的工程影响进行评价，并应符合下列要求：

（1）对符合下列规定之一的情况，可忽略发震断裂错动对地面建筑的影响：

1）抗震设防烈度小于 8 度；

2）非全新世活动断裂；

3）抗震设防烈度为 8 度和 9 度时，隐伏断裂的土层覆盖厚度分别大于 60m 和 90m。

（2）对不符合本条（1）款规定的情况，应避开主断裂带。其避让距离不宜小于表 2.2.2 对发震断裂最小避让距离的规定。在避让距离的范围内确有需要建造分散的、低于三层的丙、丁类建筑时，应按提高一度采取抗震措施，并提高基础和上部结构的整体性，且不得跨越断层线。

发震断裂的最小避让距离（m）　　　　　　　　　　　　　　　　表 2.2.2

烈度	建筑抗震设防类别			
	甲	乙	丙	丁
8	专门研究	200m	100m	—
9	专门研究	400m	200m	—

关于断裂对工程影响的评价问题。长期以来，不同学科之间存在着不同看法，经过近些年来的不断研究与交流，认为需要考虑断裂影响。地表位错是指发震断裂地震时与地下断裂构造直接相关的地表地裂位错带，亦即地震时老断裂重新错动直通地表，在地面产生的位错。对建在位错带上的建筑，其破坏是不易用工程措施加以避免的。因此规范中划为危险地段应予避开。地表应力裂缝是与发震断裂间接相关的受应力场控制所产生的地裂（如分支及次生地裂）。根据唐山地震时震中区地裂的实际探查及地面建筑破坏调查结果（唐山强震区工程地质研究，1981，中国建筑科学研究院），认为此类地裂带，对经过正规设计建造的工业与民用建筑影响不大，地裂缝遇到此类建筑不是中断就是绕其分布，仅对埋藏很浅的排污渠道及农村民房有一定影响，而且可以通过工程措施加以解决，并不是所有地裂均需考虑避开。

关于断裂时限。自从抗震设计规范提出发震断裂的概念后，在地震及地质界曾提出凡是活动断裂均可能发生地震。经过不断交流协商，工程中的发震断裂主要为可能产生 $M \geqslant 5$ 级以上的地震断裂这种看法取得了一致，岩土工程勘察规范也给出明确定义，但对活动断裂来讲有一个什么时间活动过，工程上才需考虑的问题。经过不断深入研究交流看法，在活动断裂时间下限方面已取得了一致意见：即对一般工业与民用建筑只考虑 1.0 万年（全新世）以来活动过的断裂，在此地质期以前活动过的断裂可不予考虑，对于核电，水电等工程则考虑 10 万年以来（晚更新世）活动过的断裂，晚更新世以前活动过的断裂亦不予考虑。

关于小于 8 度不考虑断裂影响。目前我国抗震设计规范的设防均是按概率水平考虑的，如：考虑小震时的超越概率为 63% 左右，考虑遭遇到中震时超越概率 10%，考虑罕遇地震时超越概率 3% 左右。说明按设防水平进行设计时，当遭遇到地震时仍可能有少量建筑超出设防水平的破坏，并不是保证 100% 都不会遭到破坏；也可以理解为设防水准线并不是统计中的外包线，这是根据我国经济状况决定的。同样考虑不同烈度出现地表地裂对建筑有无影响的地震强度界线时，也应按出现的概率大小确定。根据工程地质学报（工程地震专利，1998.3，Vol.6，No.1）蒋溥研究员的统计资料表明：中国大陆地震断错形变—震级概率分布图，可以明显地看出当 $M=6.5$ 级时有 95% 的断裂不会出现地表地震断错形变，仅有个别地震才有可能出现。1989年编制中华人民共和国国家标准《岩土工程勘察规范》时，也曾对13个国家的历史地震资料做了统计分析，从分析结果可以明显地看出仅有在8度或8度以上时才会出现地表地裂。新中国地震烈度表在地表现象一栏的描述中明确提出：当地震烈度8度或8度以上时地表才会出现明显的裂缝。因此，根据大量地震实例综合分析结果确定，在地震烈度为8度及8度以上时才需考虑地表位错对工程建筑影响是较为适宜的。

关于隐伏断裂上覆土层厚度。目前尚有看法分歧的是关于隐伏断裂的评价问题，在基岩以上覆盖土层多厚，是什么土层，地面建筑就可以不考虑下部断裂的错动影响。根据我国近年来的地震宏观地表位错考察，学者们看法不够一致。有人认为30m厚土层就可以不考虑，有些学者认为是50m，还有人提出用基岩位错量大小来衡量，如土层厚度是基岩位错量的25～30倍以上就可不考虑等。唐山地震震中区的地裂缝，经有关单位详细勘查研究证明，不是沿地下岩石错动直通地表的构造断裂形成的，而是由于地面振动，表面应力形成的表层地裂。这种裂缝仅分布在地面以下3m左右，下部土层并未断开（挖探井证实），在采煤巷道中也未发现错动，对有一定深度基础的建筑物影响不大。为了更深入地研究问题，由北京市勘察设计研究院在原建设部抗震办公室申请立项，开展了发震断裂上覆土层厚度对工程影响的专项研究。此项研究主要采用大型离心机模拟实验，可将缩小的模型通过提高加速度的办法达到与原型应力状况相同的状态；为了模拟断裂错动，专门加工了模拟断裂突然错动的装置，可实现垂直与水平两种错动，其位错量大小是根据国内外历次地震不同震级条件下位错量统计分析结果确定的；上覆土层则按不同岩性、不同厚度分为数种情况。试验时的位错量为1.0～4.0m，基本上包括了8度、9度情况下的位错量；当离心机提高加速度达到与原型应力条件相同时，下部基岩突然错动，观察上部土层破裂高度，以便确定安全厚度。根据试验结果，考虑一定的安全储备和模拟试验与地震时震动特性的差异，安全系数取为3，据此提出了8度、9度地区上覆土层安全厚度的界限值。应当说这是初步的，可能有些因素尚未考虑。但毕竟是第一次以模拟试验为基础的定量提法，跟以往的分析和宏观经验是相近的，有一定的可信度。2001版抗震规范根据搜集到的国内外地震断裂破裂宽度的资料提出了避让距离，这是宏观的分析结果，随着地震资料的不断积累将会得到补充与完善。

关于避让距离问题。由于强烈的地震中位于断裂破裂线上建筑物破坏的严重性和受力情况的复杂性，各国的抗震规范对发震断层区大多有避让和控制使用的要求，在断裂带内重要建筑一般都是严格禁止建造的，但是具体的避让距离的规定和对建设工程的限制程度则各不相同，避让距离从破裂线数米到几百米不等。造成各国规定不一致的原因可能有以下几个方面：①缺乏现代建筑经受断裂震害的实际资料；②对断裂破坏作用的研究尚不充分；③由于对发震断层的位置和破裂错动方式难以正确估计，在实施过程中往往会遇到很大的困难。《建筑抗震设计规范》GB 50011—2001在国内外历史地震不同错动方式（如走滑型、倾滑型）情况下的地面破裂宽度统计资料的基础上，结合模拟试验，明确要求：场地岩土工程勘察应对断裂的工程影响进行评价，提出了可忽略断裂错动对地面建筑影响的情况，规定了较为严格的避开主断裂破裂线的最小避让距离。2010版规范修订时，进一步收集了新的断裂震害的实例[1-4]并进行了详细的归纳总结，给出了建筑物抗断裂设计的概念：

（1）减少房屋的层数。

（2）采用整体式的基础，避免采用独立基础（图2.2.1a）。在跨越断层破裂线情况下，不同层数的建筑物在刚性和柔性土层上的相互作用和震后的变形状态虽然有所不同，但采用刚性基础都能产生比较好的效果。相反，如果采用独立的柱基础，将会造成严重的破坏。层数不高时，柱基础上下的连梁也能提高基础的刚度，减轻上部结构的破坏；但在软地基上，采用独立的柱基和地基梁的效果如何值得怀疑。

（3）增强上部结构整体性。在设置刚性基础的情况下，跨断裂线的建筑物的地基、基础和上部结构在地震中可能出现不同的支承和受力状态。图2.2.1（b）、（c）所示为两层房屋震后发生倾斜，结构支承在断裂形成的陡坎上的不同支承和受力状态，基础底板和梁应针对这两种不同的支承情况进行设计。在有悬挑的情况下除了考虑上部结构的竖向荷载以外，还需要考虑两端部分悬挑引起的弯矩（图2.2.1d）。建筑物两端搁置在地震形成的陡坎上下端时，由于中部悬空，基础板和梁呈简支状态，跨中的弯矩最大（图2.2.1e）。

（4）严格控制建设规模，采取避让措施。对于错断危险性不是很高的断裂，在避让区内不是绝对不能建房，在满足规范的条件下可允许分散地建设小型房屋，并采用整体性好的基础和上部结构形式。

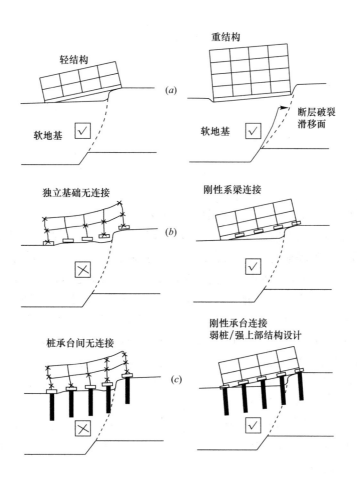

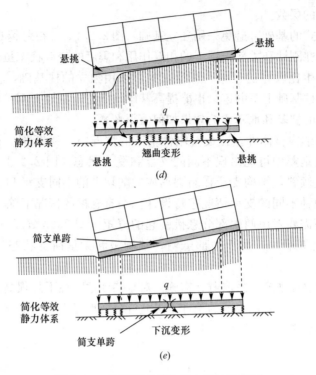

图 2.2.1　跨断裂建筑物概念设计示意图

2.2.2　场地地震效应

1. 场地类别

场地类别是建筑抗震设计的重要参数,《建筑抗震设计规范》GB 50011—2010 第 4.1.6 条依据覆盖土层厚度和代表土层软硬程度的土层等效剪切波速,将建筑的场地类别划分为四类。波速很大或覆盖层很薄的场地划为 Ⅰ 类,波速很低且覆盖层很厚的场地划为 Ⅳ 类;处于二者之间的相应划分为 Ⅱ 类和 Ⅲ 类。

需要注意的是,覆盖层厚度和等效剪切波速都不是严格的数值,有 ±15% 的误差属于勘察工作的正常范围,当上覆盖层厚度和等效剪切波速处于上述误差范围时,允许勘察报告说明该场地界于两类场地之间,以便设计人员通过插入法确定工程设计用的特征周期。

当有可靠的波速和覆盖层数据时,允许按图 2.2.2 插值确定特征周期,一般为等间距插入。对于不等间距的范围:Ⅱ 类场地中,波速 150～250m/s 的间距按线性增大规律确定,小值与 150m/s 以下协调,大值与 250m/s 以上协调;覆盖层厚度 d_{ov} 为 5～50m 的间距,两端小中间大,小端取值分别与覆盖层 5m 以下和 50m 以上协调。在 d_{ov} 轴线上,3～65m 的间距宜 15m 分两段按不同比例的线性增大规律确定,小值与 3m 以下协调,15m 两侧也各自协调。

场地在平面和深度方向的尺度与地震波波长相当,比建筑物地基的尺度要大得多。场地类别的划分时所考虑的主要是地震地质条件对地震动的效应,关系到设计用的地震影响系数特征周期 T_g 的取值,也即影响到场地的反应谱特征。采用桩基或用搅拌桩(水泥固化剂桩,类似 CFG 桩)处理地基,只对建筑物下卧土层起作用,对整个场地的地震地质特性影响不大,因此不能改变场地类别。

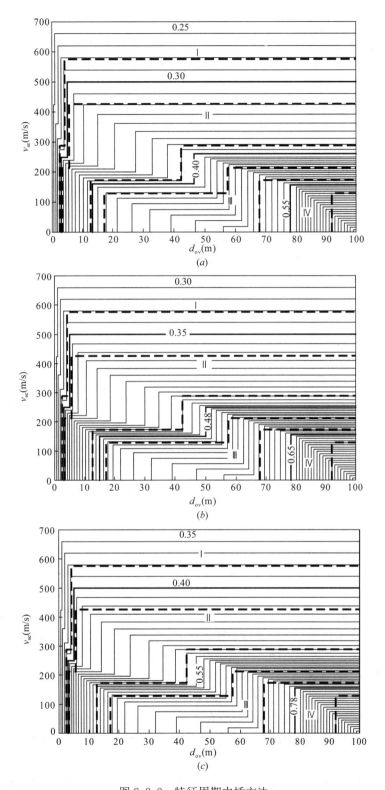

图 2.2.2　特征周期内插方法

（a）适用于设计特征周期一组；（b）适用于设计特征周期二组；（c）适用于设计特征周期三组

2. 剪切波速的测量与计算

《建筑抗震设计规范》GB 50011—2010 第 4.1.3 条对剪切波速测试作了详细的规定，《岩土工程勘察规范》GB 50021—2001 第 10.10.2 条也对剪切波速的测试作了有关规定，主要内容包括：

（1）剪切波速是场地类别划分依据的基础数据，应有相应的可靠性。

（2）波速测孔的位置应能代表整个场地的基本特性。

（3）波速测孔的数量，按三种情况分别满足最小要求：初勘阶段，不少于 3 个；详勘阶段，单幢建筑不少于 2 个，密集的高层建筑群中每幢不少于 1 个；丁类和丙类多层建筑，可根据岩土名称和性状，利用当地经验估计土层的剪切波速。

（4）波速测试的深度，不小于 20m；当覆盖层厚度小于 20m 时，可相应减少，但应超过覆盖层的埋深，以判断覆盖层的厚度。

（5）波速测试采样点的竖向间距应根据土层的情况确定：每个不同的土层均应采集，除很薄的夹层（如小于 0.5m）外不得并层采样；同一土层的最大间距不大于 3m。

（6）波速测试可采用跨孔法或单孔检层法，测试技术较好时，二者差异不大，均能满足岩土勘察的 ±15% 误差要求。

3. 覆盖层厚度的确定

（1）覆盖层厚度的确定方法

1）方法一：一般情况下，覆盖层厚度 d_{ov} 应按地面至剪切波速大于 500m/s 的土层顶面的距离 s_1 确定。

2）方法二：当地面 5m 以下存在剪切波速大于其上部各土层剪切波速 2.5 倍的土层，且该层及其下卧岩土的剪切波速均不小于 400m/s 时，覆盖层厚度 d_{ov} 可按地面至该土层顶面的距离 s_2 确定。

3）最终确定的覆盖层厚度 d_{ov} 可取上述两种方法的较小值：

$$d_{ov} = \min(s_1, s_2) \tag{2.2.1}$$

（2）几点注意事项

1）采用方法一确定覆盖层厚度时，当首次遇到大于 500m/s 的土层时，就确定覆盖层厚度而忽略规范对其以下各土层的要求，在实际应用时易发生错误，规范要求下部所有土层均大于 500m/s。

某工程场地地层剖面如图 2.2.3 所示，根据地层剖面各层土波速，有些报告在计算场地类别时将覆盖厚度取为 21m，忽略了卵石层下面还分布有波速小于 500m/s 的砂层而使场地类别判断错误。该场地正确的覆盖层厚度应取为 58m。

2）采用方法二确定覆盖层厚度时，遇到相邻上下薄土层的剪切波速相差 2.5 倍，即按地面至该土层顶面的距离确定覆盖层厚度，忽略了上、下部所有土层的关系。2010 版规范在修订时明确要求：当地面 5m 以下存在剪切波速大于其上部各土层剪切波速 2.5 倍的土层，且该层及其下卧岩土的剪切波速均不小于 400m/s 时，方可按地面至该土层顶面的距离确定。

某工程场地地层剖面如图 2.2.4 所示，在圆砾层波速 420m/s，下部各土层均大于该波速值，而圆砾层上部各土层波速都满足 2.5 倍的要求时，覆盖层厚度才可定为 22m。

3）剪切波速大于 500m/s 的孤石和硬土透镜体，应视同周围土层。

地层深度(m)	岩土名称	地层柱状图	剪切波速度v_s(m/s)
2.5	填土		120
5.5	粉质黏土		180
7.0	黏质粉土		200
11.0	砂质粉土		220
18.0	粉细砂		230
21.0	粗砂		290
48.0	卵石		510
51.0	中砂		380
58.0	粗砂		420
60.0	砂岩		800

图 2.2.3 柱状图 A

地层深度(m)	岩土名称	地层柱状图	剪切波速度v_s(m/s)
6.0	填土		130
12.0	粉质黏土		150
17.0	粉细砂		155
22.0	粗砂		160
27.0	圆砾		420
51.0	卵石		450
55.0	砂岩		780

图 2.2.4 柱状图 B

4）土层中的剪切波速大于500m/s的火山岩硬夹层，应视为绝对刚体，其厚度应从覆盖土层中扣除。注意，这种硬夹层一般较薄，厚度不超过5m；当火山岩层的厚度超出5m时，应结合当地的工程经验和宏观地质资料，具体分析确定。

2.2.3 局部地形的影响

关于局部地形条件的影响，情况比较复杂，从国内几次大地震的宏观调查资料来看，岩质地形与非岩质地形有所不同。但对于岩石地基的高度达数十米的条状突出的山脊和高耸孤立的山丘，由于鞭梢效应明显，振动有所加大，震害加剧仍较为显著。从宏观震害经验和地震反应分析结果所反映的总趋势，大致可以归纳为以下几点：①高突地形距离基准面的高度愈大，高处的反应愈强烈；②离陡坎和边坡顶部边缘的距离愈大，反应相对减小；③从岩土构成方面看，在同样地形条件下，土质结构的反应比岩质结构大；④高突地形顶面愈开阔，远离边缘的中心部位的反应是明显减小的；⑤边坡愈陡，其顶部的放大效应相应加大。

震害调查发现，位于局部孤立突出地形的村庄一般较平地上严重。表2.2.3列出历次地震中孤突山梁、山丘、山嘴和高大台地边缘等局部地形影响的震害比较。

局部地形震害加重情况汇总　　　　　　　　　　　　　　　　　　表 2.2.3

地震	年代	震级	震害差异描述	高差（m）	烈度差
海原	1920	8.5	渭河谷地冲积黄土的姚庄，7度；相距2km黄土山嘴的牛家山庄，场地土质相似，烈度9度	100	2
海原	1920	8.5	天水东柯河谷中的中街亭，不到8度；附近黄土山梁的北堡子、王家沿沱、何家堡子，9度	150	1

地震	年代	震级	震害差异描述	高差（m）	烈度差
邢台	1966	7.2	宁晋上安村，位于黄土台地前缘，1/3房屋倒塌；附近平地的村庄，同类房屋倒塌少于5%	50～100	1
通海	1970	7.7	建水曲溪，位于平缓山坡的马王寨，房屋倒塌31%；紧邻的位于山嘴上的大红坡，房屋倒塌91%	>60	2
海城	1975	7.3	他山铺，山脚平缓地形基岩上房屋，震害指数0.20；山梁中、上部基岩陡坡的房屋，震害指数0.27	40	0.5
唐山	1976	7.8	迁西景中，山顶庙宇严重倒塌，9度；山脚7个村庄，6度	300	3

强震观测表明地震加速度有明显增大。1975年辽宁海城地震中，在大石桥盘龙山获得的强余震观测记录表明，高差58m的山顶比山脚的加速度明显增大（表2.2.4）。美国帕柯依玛坝坝址的强震记录也表明，地形影响可使加速度峰值增大30%～50%。

局部地形强震记录的水平加速度比值　　　　　　　　　　　表2.2.4

发震时间	2月22日	2月24日	2月26日	平均
震级	4.2	4.5	4.4	1.84
比值	1.42	2.71	1.40	

因此，当需要在条状突出的山嘴、高耸孤立的山丘、非岩石的陡坡、河岸和边坡边缘等不利地段建造丙类及丙类以上建筑时，除要求保证岩土在地震作用下的稳定性外，尚要求估计局部地形对地震动可能产生的放大作用：结构抗震设计的地震影响系数最大值应乘以增大系数。

根据不同地形条件和不同岩土所进行的二维地震反应计算结果的综合分析，《建筑抗震设计规范》第4.1.8条的条文说明给出了根据台地的坡角、高度和建筑场址离台地边缘距离等因素选取增大系数的方法：以突出地形的高差 H，坡降角度的正切 H/L 以及场址距突出地形边缘的相对距离 L_1/H 为参数，归纳出岩质和非岩质的各种地形，包括山包、山梁、悬崖、陡坡的地震力放大系数 λ 如下：

$$\lambda = 1 + \xi\alpha \qquad (2.2.2)$$

式中　λ——局部突出地形顶部的地震影响系数的放大系数；

　　　α——局部突出地形地震动参数的增大幅度，按表2.2.5采用。

　　　ξ——附加调整系数，与建筑场地离突出台地边缘的距离 L_1 与相对高差 H 的比值有关。当 $L_1/H<2.5$ 时，ξ 可取为1.0；当 $2.5 \leqslant L_1/H<5$ 时，ξ 可取为0.6；当 $L_1/H \geqslant 5$ 时，ξ 可取为0.3。L、L_1 均应按距离场地的最近点考虑。

局部突出地形地震影响系数的增大幅度　　　　　　　　　　表2.2.5

突出地形的高度 H（m）	非岩质地层	$H<5$	$5 \leqslant H<15$	$15 \leqslant H<25$	$H \geqslant 25$
	岩质地层	$H<20$	$20 \leqslant H<40$	$40 \leqslant H<60$	$H \geqslant 60$
局部突出台地边缘的侧向平均坡降（H/L）	$H/L<0.3$	0	0.1	0.2	0.3
	$0.3 \leqslant H/L<0.6$	0.1	0.2	0.3	0.4
	$0.6 \leqslant H/L<1.0$	0.2	0.3	0.4	0.5
	$H/L \geqslant 1.0$	0.3	0.4	0.5	0.6

2.3 地基基础的抗震设计

2.3.1 一般要求

地基基础的抗震设计，与上部结构一样，也包括计算分析和抗震措施两大部分。然而，地基基础的抗震设计要比上部结构粗糙得多，主要还是经验性的估计和判断。

（1）地震对建筑物的破坏作用是通过场地、地基和基础传递给上部的结构体系的。场地、地基在地震时起着传递地震波和支承上部结构的双重作用，因此，对建筑结构的抗震性能具有重要影响。由于地基在地震下变形和失效所造成的上部结构破坏，不同于地面震动作用，其主要特点是：

1）饱和砂性土液化，土体丧失承载力，使上部结构大幅度的沉降或不均匀震陷，导致结构和设施严重破坏。

2）软弱黏性土在地震中产生震陷，加剧上部结构倾斜或破坏。

3）原有的水坑、低洼地用杂填土等回填形成的松软填土地基，地震中沉陷导致结构开裂。

4）古河道、边坡、半填半挖等不均匀地基，地震前上部结构已发现裂缝，地震中不均匀沉陷或地裂导致上部结构破坏。

5）桩基埋深不足或桩身剪断，导致上部结构开裂破坏。

（2）在建筑结构抗震设计时，主要依靠场地条件选择和地基抗震措施加以考虑，还需要有合理的基础选型，减少地基变形引起的破坏，包括：

1）同一结构单元，避免设置在性质截然不同的地基土层上。

2）同一结构单元不宜部分采用天然地基部分采用桩基；在高层建筑中，当主楼和裙房不分缝的情况下难以满足时，需仔细分析不同地基在地震下变形的差异及上部结构各部分地震反应差异的影响，采取相应措施。

3）选择有利的基础类型，验算时考虑结构、地基、基础相互作用的影响，尽可能反映地基基础的实际工作状态。

4）对水平的液化土层，一般按地基液化等级和建筑的抗震设防类别采取措施，从全部消除液化影响、部分消除液化影响到上部结构的基础处理等，还可以考虑上部结构重力对液化危害的影响，根据液化震陷估计调整液化处理措施；在部分消除液化影响时，地基处理宽度应超过基础下处理深度的1/2且不小于基础宽度的1/5；对倾斜液化土层，要求采取防止土体滑动或结构开裂的措施。

5）对主要持力层存在软弱黏性土的地基，要合理选择地基承载力设计值，将地震附加应力限制在可接受的水平内，保证足够的安全贮备。可以选择合适的基础埋置深度；调整基础底面积，减少基础偏心；加强基础的整体性和刚度，如采用箱基、筏基或钢筋混凝土交叉条形基础，加设基础圈梁等；减轻荷载，增强上部结构的整体刚度和均匀对称性，合理设置沉降缝，避免采用对不均匀沉降敏感的结构形式等。所谓对液化敏感有两种情况：一是沉陷可能导致结构破坏，二是沉陷可能使结构不能正常使用。

6）对杂填土地基，因其堆填方法不同、疏松程度不同、厚薄不一，不应作为持力层，应进行必要的处理，如换土分层碾压夯实，或地基加固处理。

7）对土质明显不均匀的地基，要求详细勘察，根据具体情况，从上部结构和地基共同作用出发，对建筑体型、荷载、结构类型、地质条件、设防烈度等进行综合分析，采取合理布局和有效的抗震措施。

8）对隐伏的发震断裂，抗震规范根据最新研究成果规定，抗震设防烈度小于8度，或非全新世活动断裂，或抗震设防烈度为8度和9度时隐伏断裂的土层覆盖厚度较大，均可不考虑发震断裂影响；其他情况的隐伏发震断裂，明确规定了最小避让距离。

（3）针对山区房屋选址和地基基础设计，《建筑抗震设计规范》在2008年局部修订时提出明确的抗震要求，工程应用时需注意把握以下两点：

1）有关山区建筑距边坡边缘的距离，参照《地基基础设计规范》GB 50007第5.4.1、第5.4.2条计算时，其边坡坡角需按地震烈度的高低修正——减去地震角，滑动力矩需计入水平地震和竖向地震产生的效应。

2）挡土结构抗震设计稳定验算时有关摩擦角的修正，指地震主动土压力按库伦理论计算时：土的重度除以地震角的余弦，填土的内摩擦角减去地震角，土对墙背的摩擦角增加地震角。地震角的范围为1.5°～10°，取决于地下水位以上和以下，以及设防烈度的高低，见表2.3.1。

挡土结构的地震角   表2.3.1

类别	7度		8度		9度
	0.1g	0.15g	0.2g	0.3g	0.4g
水上	1.5°	2.3°	3°	4.5°	6°
水下	2.5°	3.8°	5°	7.5°	10°

2.3.2 抗震验算范围

我国多次强烈地震的震害经验表明，在遭受破坏的建筑中，因地基失效导致的破坏，相对而言，比上部结构本身因强度、变形能力不足而导致的破坏要少；而且，这些地基主要由饱和松砂、软弱黏性土和成因岩性状态严重不均匀的土层组成。大量的一般的天然地基都具有较好的抗震性能。因此，我国的《建筑抗震设计规范》自89版开始就规定了天然地基可以不验算的范围。

2010版《建筑抗震设计规范》在延续前几版规范要求的基础上，进一步作了如下修订：（1）对可不进行天然地基和基础抗震验算的框架房屋的层数和高度作了更明确的规定；（2）考虑到砌体结构也应该满足2001规范条文第二款中的前提条件，即地基主要受力层范围内不存在软弱黏性土层，因此，将其由2001规范的第3款并入第2款；（3）限制使用黏土砖以来，有些地区改为建造多层的混凝土抗震墙房屋，当其基础荷载与一般民用框架相当时，由于其地基基础情况与砌体结构类同，故也可不进行抗震承载力验算。需要注意的是，所谓的"主要受力层"，是指地基土持力层以下的所有压缩层。

2.3.3 验算的原则和方法

1. 地基抗震承载力的调整

地基土在有限次循环动力作用下的动强度，一般比静强度略高，同时地震作用下的结构可靠度容许比静载下有所降低，因此，在地基抗震验算时，除了按《建筑地基基础设计规范》GB 50007 的规定进行作用效应组合外，对其承载力也应有所调整。一般情况下，地基抗震承载力应按下式计算：

$$f_{aE} = \zeta_a f_a \tag{2.3.1}$$

式中　f_{aE}——调整后的地基抗震承载力；

　　　ζ_a——地基抗震承载力调整系数，应按表 2.3.2 采用；

　　　f_a——深宽修正后的地基承载力特征值，应按现行国家标准《建筑地基基础设计规范》GB 50007 采用。

地基抗震承载力调整系数　　　　　　　　表 2.3.2

岩土名称和性状	ζ_a
岩石，密实的碎石土，密实的砾、粗、中砂，$f_{ak} \geq 300$ 的黏性土和粉土	1.5
中密、稍密的碎石土，中密和稍密的砾、粗、中砂，密实和中密的细、粉砂，$150 \leq f_{ak} < 300$ 的黏性土和粉土，坚硬黄土	1.3
稍密的细、粉砂，$100 \leq f_{ak} < 150$ 的黏性土和粉土，可塑黄土	1.1
淤泥，淤泥质土，松散的砂，杂填土，新近堆积黄土及流塑黄土	1.0

2. 地基基础设计的荷载组合

地基材料有其特殊性，其强度与基础宽度、埋深等有密切关系，实测的地基承载力指沉降急骤增大，或 24 小时内沉降不稳定，或本级沉降量大于前一级的 5 倍等，即依据沉降量确定的，不同于上部结构构件确定承载力的方法，因此，《建筑地基基础设计规范》第 3.0.4 条规定的组合如下：

（1）按地基承载力确定基础底面面积和埋深以及桩数时，采用正常使用极限状态的标准组合。

（2）计算地基变形时，不应计入风荷载和地震作用，采用正常使用极限状态的准永久组合。

（3）计算挡土墙压力、地基或斜坡稳定时，采用荷载分项系数 1.0 的承载能力极限状态的基本组合。

（4）确定基础构件，如基础或承台高度、支挡结构截面、基础或支挡结构的配筋和材料强度时，采用具有相应分项系数的承载能力极限状态的基本组合。

（5）验算基础裂缝时，采用正常使用极限状态的标准组合。

3. 地基基础的抗震验算要求

地基基础的抗震验算，一般采用所谓"拟静力法"，此法假定地震作用如同静力，然后在这种条件下验算地基和基础的承载力及稳定性，所列的公式主要是参考《建筑地基基础设计规范》等相关规范的规定提出的。因此，基础压力的计算应采用地震作用效应标准组合，即各作用分项系数均取 1.0 的组合；但地基的承载力特征值需乘以"地基抗震承载力调整系数"

地基的抗震承载力是在静力设计的承载力特征值基础上进行调整，而静力设计的承载力特征值应按《建筑地基基础设计规范》GB 50007 作基础深度和宽度的修正，因此，不可先作抗震调整后再进行深度和宽度修正。

验算天然地基地震作用下的竖向承载力时，按地震作用效应标准组合的基础底面平均压力和边缘最大压力应符合下列各式要求：

$$p \leqslant f_{aE} \tag{2.3.2}$$

$$p_{max} \leqslant 1.2 f_{aE} \tag{2.3.3}$$

式中 p——地震作用效应标准组合的基础底面平均压力；

　　　 p_{max}——地震作用效应标准组合的基础边缘的最大压力。

高宽比大于 4 的高层建筑，在地震作用下基础底面不宜出现脱离区（零应力区）；其他建筑，基础底面与地基土之间脱离区（零应力区）面积不应超过基础底面面积的 15%。

4. 地基基础构件的抗震验算要求

地基基础构件的抗震验算，包括天然地基的基础高度、桩基承台、桩身等，与《建筑地基基础设计规范》协调，仍采用地震作用效应基本组合进行构件的抗震截面验算。

基础构件截面抗震验算的表达式按《建筑抗震设计规范》第 5.4.1、第 5.4.2 条规定执行，其中，基础构件的抗震承载力调整系数 γ_{RE} 应根据受力状态按照规范表 5.4.2 采用。

2.4　液化土和软土地基

2.4.1　基于人工神经网络的液化势估计

1. 概述

1964 年日本新潟地震和同年美国阿拉斯加地震出现了大面积的喷砂冒水、建筑物、构筑物毁坏和岸坡大规模的滑移等灾难。从此人们对地震时砂土液化现象给予了空前的关注，开展了大量的研究工作，且至今方兴未艾。在众多的研究中美国 Seed 等人的工作或许最具有代表性，他们提出了判别液化的简化方法，为全世界广泛采用。

40 多年来世界上相继发生了多次大地震，出现大面积液化灾害，既为人们提供了大量的数据，也为人们提供了不少教训，促进了土液化工程诸多领域的进步，尤其在液化势的评估方面的研究，新的更合理的途径不断出现，这些途径大致分为以下三类：

（1）半经验的确定性方法

液化判别标准往往掺有制定者的工程经验判断，Seed 的简化方法、Youd 等人所建议的方法和我国 2001 抗震规范的基准值方法等都属于这类。

（2）液化条件概率法

此类方法是在给定地震动危险水平下对液化势作概率估计；如 Liao（1988）等人利用 binary-logistic 模型建立概率循环强度曲线，类似的概率曲线也相继出现（Toprak 等人 1999）；Juang 等人（2000）应用人工神经网络方法建立极限状态循环阻力比曲线，并基于可靠度方法估计液化势。Cetin 等人（2004）用 Bayesian 的参数估计方法，给出地震时土的初始液化的概率估计。

（3）全概率或性态的液化危险方法

综合地震危险的概率分析和液化势的概率分析，考虑所有的地震冲击和对每个冲击水平贡献的震级分布，其结果可以用安全危险曲线来表示，因而能够比常规的方法更合理地说明一个场址实际液化的可能性。如 Kramer，S. L.（2005，2007），Mayfield，M.（2010）等人的性态方法估计液化势；Hawang 等人（2005）用 Monte Carlo 模拟途径进行全概率的液化分析。

在 1964 年日本新潟地震后两年，1966 年我国河北邢台地震也出现了大面积的液化，引起了国人的关注，通过实地调查、实验研究以及参考国外有关研究成果，在 20 世纪 70 年代初期我国研究者提出了基于液化标准贯入基准值概念的液化判别方法，判别式独特简单实用，也合理地反映了震害，并为 1974 年《工业与民用建筑抗震设计规范》TJ 11—74 所采用；1975 年的海城地震和 1976 年的唐山地震再次出现了大面积的液化，引发了大规模的灾害。这两次地震也为土工工程师提供了大量的资料和教训，基本证实了我国液化判别方法的可行性，同时也提出了粉土液化判别的新课题，经过大量深入的研究，1989 年《建筑抗震设计规范》GBJ 11—89 考虑了粉土的液化判别；为了减少勘察的工作量，引入初始液化判别概念；为了考虑震级的大小和震中距的影响，对液化判别式中的基准值改为按近震和远震分别取值；对土层埋深水位系数作了微调；规定了液化危害程度的划分方法及对应的抗液化措施。2001 年《建筑抗震设计规范》GB 50011—2001 中有关土液化的条文基本上与"89 规范"相一致，标准贯入基准值按设计地震分组取值，将液化判别深度由 15m 推广到 20m，土层埋深水位的影响采用折线来表示。

在此期间，我国在土液化工程方面的研究和工程实践都有很多进展，但是从上面所述可以看到我国规范中的判别式近 20 多年几乎没有实质上的变化。实际上，液化判别标准和地震震级的关系及其相应的液化风险水平都需进一步明确；液化临界锤击数与土层埋深、水位的非线性关系用折线来表示也不尽合理，值得改进。

在本节中，将利用人工神经网络 BP 模型，对我国砂土和粉土及部分国外砂土的液化和未液化现场观测数据进行分析，确定极限状态时的抗液化阻力比函数；利用结构系统的可靠度理论对实测值进行分析，获得液化概率 P_L 与安全系数 F_s 的映射函数；通过计算可得到给定震级、水位、埋深和不同概率水平的液化标准贯入锤击数临界值 $N_{cr,2,3}$，为了对不同震级和土层中任一点进行液化判别，引入震级和土层埋深水位修正系数，建立了简化的液化条件概率法；选定其中一个液化概率水平的 $N_{cr,2,3}$ 值作为判别液化的基准值 N_0，可对液化势进行确定性的估计；为便于我国工程使用，讨论了确定性方法在地震分组中的应用。可以用图 2.4.1 来说明上述途径建立的流程。

2. 土的液化及液化势

通常把地震时的喷砂冒水现象称为液化，当然没有喷砂冒水，场址下面的土层不见得没有发生液化。在土工上所谓液化就是饱和砂性土体在循环地震剪应力（或剪应变）作用下，孔隙水压力上升，有效应力减少，导致土体由固体变为液态。孔隙水压力的产生是由于颗粒材料受到循环剪应力的作用有压密或体积减小的趋势。地震时由于冲击时间不长，不足以允许排水，土体变成为重流体，导致完全液化。液化时土体的强度和刚度减小。液化可能导致很大的水平向位移和垂直向下沉，建筑物倾斜或倒塌，埋设管道上浮，铁路公路损坏。

土体液化势与地震荷载和土的条件等诸多因素有关。

地震动强度（地面加速度）越大及其持时越长越容易液化。地震动的持时与震级大小

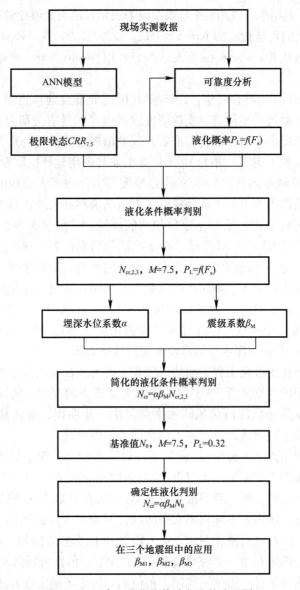

图 2.4.1　建立液化势估计方法的流程图

有关，震级越大有效振动次数越多。试验表明，饱和砂的液化强度与振动次数有关，振动荷载循环次数越多土的强度越低，因而越容易液化。所以通常液化阻力比曲线都标上震级大小的字样。

　　就土的条件而言：主要决定于相对密度，相对密度与土的类型和孔隙比有关。越松的砂越容易液化；级配均匀的较级配良好的容易液化；细砂较粗砂更易液化；地下水位高的较低的易液化。

　　一个场址土出现液化的可能性由地震引起的循环剪应力和引起初始液化的需求剪应力或设计上不可接受的剪应力（或剪应变）相比较来估计，可用下式来表示：

$$F_s = \frac{CRR_{7.5}}{CSR/MSF} \tag{2.4.1a}$$

或 $$F_s \cdot CSR - MSF \cdot CRR_{7.5} = 0 \tag{2.4.1b}$$

式中，F_s 为安全系数；$CRR_{7.5}$ 为震级 $M=7.5$ 的抗液化阻力比；CSR 为地震引起的循环剪应力比；MSF 为考虑不同震级持时的影响系数。从物理意义上说当 $F_s \leqslant 1.0$ 时认为土体可能发生液化，但在工程上却不然，往往视工程的重要性或结构对液化引起沉陷的敏感性而规定不同的 $F_s > 1.0$ 的值作为判别液化的依据。在确定方法中，一般认为 $F_s = 1.1 \sim 1.3$ 时就有一定的抗液化能力；而条件概率法以给定的地震危险水平的液化概率来估计其液化势；全概率法一般用地震液化危险曲线来表示液化势。

（1）地震剪应力比 CSR 的估计

对于水平或基本水平的土层，地震动主要是由竖直传上的水平向剪切波引起的。地面或土层中任一点的地震动反应，包括水平向的剪应力，可用各种分析方法软件输入多种运动对各种土层剖面进行计算，给出最大剪应力 $\tau_{max,d}$ 沿土层深度的分布。为了简化这种方法 Seed[1] 把土体设为刚体，求出相应的土层剖面单位面积土柱底面的最大剪应力（图 2.4.2）。

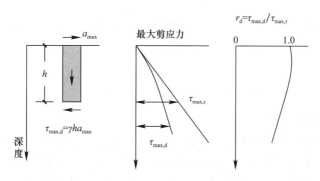

图 2.4.2 地震剪应力最大值及折减系数

$$\tau_{max,r} = \frac{a_{max}}{g} \gamma \cdot h \tag{2.4.2}$$

式中，γ 为土的单位容重；g 为重力加速度；h 为土层深度。然后计算它们的比值：
$$r_d = \tau_{max,d} / \tau_{max,r}$$
通过统计分析可得到应力折减系数随深度（d_s）的变化（图 2.4.2）：
$$r_d = 1.0 - 0.015 d_s \tag{2.4.3}$$
Youd（2001）等人将上式调整为：
$$r_d = 1.0 - 0.00765 d_s \quad d_s \leqslant 9.15\text{m} \tag{2.4.4a}$$
$$r_d = 1.174 - 0.0267 d_s \quad 9.15\text{m} < d_s < 23\text{m} \tag{2.4.4b}$$
因为地震时实际剪应力时程是非均匀的，所以地震时土层等效均匀的剪应力比表示为：
$$CSR = 0.65 r_d \sigma / \sigma'(a_{max}/g) \tag{2.4.5}$$
式中，σ'、σ 分别为有效正压应力和总正压应力。

（2）抗液化阻力比

抗液化阻力比最初由试验确定。但是，取原状砂土试样进行室内试验是很困难的，也很昂贵。较为实际的方法就是利用现场液化和未液化的标准贯入试验、静力触探试验或土层剪切波速等来估计抗液化阻力比。当前用标准贯入试验方法较为普遍，一般是在地震应力 CSR 和标准贯入锤击数 $(N_l)_{60}$ 的坐标中，将液化和未液化点对应数据标在图上，然后在液化点和未液化点之间找出合理的分界线，即抗液化阻力比曲线。下面将讨论如何得到该曲线。

3. 极限状态时饱和砂土抗液化阻力比函数

半经验的确定性液化势估计方法所用的抗液化阻力比曲线，往往不一定是极限状态时土的液化强度，而且也不清楚它们之间的关系。需要指出，正确标定极限状态时的液化强度是正确估计液化势的基础。本节介绍如何确定极限状态时的抗液化阻力比，即式（2.4.1）中的 $CRR_{7.5}$。本文利用现场实测的液化和未液化数据训练人工神经网络模型，然后采用 Juang 所建议的方法确定极限状态时的液化应力比函数。

（1）人工神经网络模型

现场实测的 SPT 基本数据一般不都属于同一震级，需要将这些数据规准化。通常是将各震级的地震应力规准为 $M=7.5$ 的地震应力，其规准系数 MSF 可用下式来表示：

$$MSF = \left(\frac{M_i}{7.5}\right)^{-2.56} \tag{2.4.6}$$

式中，M_i 为实际震级。为了考虑震级的影响和计算方便，将地震应力比写为：

$$CSR = \left(\frac{\sigma}{\sigma'}\right)A_{\mathrm{M}} \tag{2.4.7}$$

$$A_{\mathrm{M}} = 0.65\left(\frac{a_{\max}}{g}\right)r_{\mathrm{d}}/MSF \tag{2.4.8}$$

式中，A_{M} 称为折算加速度。

砂土的抗液化阻力比主要决定于它的密实度（通常用标准贯入锤击数 N 或触探阻力或土层剪切波速表示）、黏粒含量 ρ 和有效正压应力 σ'_{v} 等。本文将仿照 2001 版抗震规范考虑黏粒含量对抗液化阻力影响的方法，对于现场实测标准贯入数据可先按式（2.4.9）将标准贯入锤击数 N 转换为砂的规准标准贯入锤击数 N_1：

$$N_1 = (100/\sigma')^{0.5}N/(3/\rho)^{0.5} \tag{2.4.9}$$

当黏粒含量 $\rho\leqslant 3$ 时 $\rho=3$；σ' 为有效正应力，单位为 kPa。

因此，根据前面分析液化势函数可表示为：

$$L = f(N_1,\sigma,\sigma',A_{\mathrm{M}}) \tag{2.4.10}$$

人工神经网络是模仿人脑神经细胞的结构和功能的一种信息处理数学模型。它模拟神经元三个基本功能：①对每个信号进行处理，以确定其强度；②确定所有信号的组合；③确定其输出（转移特性）。人工神经网络模型有很多种，本文采用前馈 BP 网络模型，可由多层组成，一般在输入层和输出层之间加设中间层，也称隐层。隐层可以由几层组成，本文只用一层。这样，模型总共有三层。液化势与 4 个因素有关，所以输入层设 4 个神经元；输出层有一个神经元，液化时期望值为 1，未液化时为 0；隐层神经元的数量没有严格的限制，本文采用 5 个神经元，如图 2.4.3 所示。每一层的每一个神经元只与下层的每一个神经元相连接。输入信号通过输入层传递给下一层，它们之间的权值决定了相连接的神经元间的影响大小和性质。经过加权和输入信号通过传递函数传递至下一层，同样，该层将其输出信号作为下一层的输入传给另外一层，直至输出。而输出的信号可能与期望值有差别，则需通过误差回传分析变更权值，再从输入层输入信号重新对信号进行处理，反复迭代直到满足一定的精度为止。

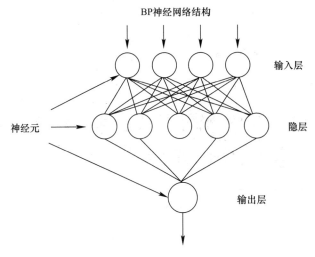

图 2.4.3　神经网络模型

人工神经网络的输入向量为：

$$X = (N_1, \sigma', \sigma, A_M)^T \tag{2.4.11}$$

而输出的期望值，当液化时为 $y=1$，非液化时为 $y=0$。神经网络的实际输出用下式表示：

$$y = f_2 \left\{ b_2 + \sum_{k=1}^{5} \left[w_k f_1 \left(b_1 + \sum_{i=1}^{4} w_{ik} X_i \right) \right] \right\} \tag{2.4.12}$$

式中，f_2 为输出层的传递函数，本文采用线性函数；b_2 为输出层的偏置（阈值）；w_k 为隐层和输出层神经元连接权；f_1 为隐层神经元的传递函数（激活函数），本文用 S 型函数；b_1 为隐层的偏置；w_{ik} 为输入层至隐层的权；X_i 为 i 输入向量。

模型的训练采用 BP 算法，用来训练模型的 255 个液化和未液化数据绝大部分为我国实测数据，其中砂土数据 137 个，粉土数据 118 个，震级 $M=5.5\sim7.9$。计算表明，不到 2000 次的迭代就可达到误差在 5％以内。然后用其余的数据对模型进行检测，检测结果表明成功率在 90％以上。

（2）极限状态时抗液化阻力比函数

用实测数据来训练神经网络模型的目的是使得模型具有足够的精度预测液化势，然后就可用它来确定各个实测点极限状态时的 CSR-N_1 数据对，将这些数据对做回归分析获得抗液化阻力比：

$$CRR_{7.5} = 0.0003N_1^2 + 0.0036N_1 + 0.02 \tag{2.4.13}$$

由该式所得曲线与 ANN 模型中所用的实际测点比较如图 2.4.4 所示，可以看到该曲线合理地区分了液化和未液化点的分布。

图 2.4.5 所示为本文的极限状态函数与抗震规范及其他液化阻力比曲线。由图可以看出，本文的极限状态函数曲线在诸曲线中间偏下，有一定的合理性。

4. 液化概率函数

在液化可靠度分析时，Juang 等人采用了 Bayesian 定理标定液化概率。本文没有考虑模型的不确定性，直接采用 Ditlevsen 的公式计算可靠度指数。研究表明，只要在计算时

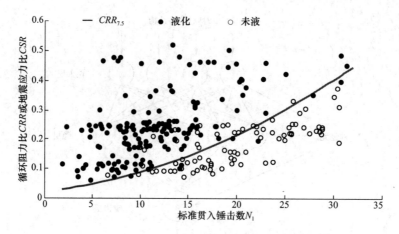

图 2.4.4　实测液化、未液化点与极限状态函数的比较

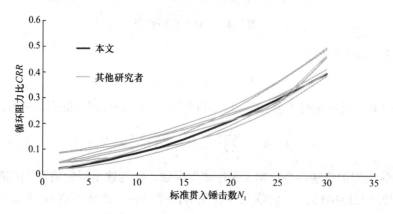

图 2.4.5　各种液化应力比公式的比较

对于各随机变量的变异系数取值恰当，也能得到满意的结果。Ditlevsen 的可靠度指数 β 公式为：

$$\beta = \min_{X \in F} \sqrt{(X-\mu)^{\mathrm{T}} C^{-1} (X-\mu)} \qquad (2.4.14)$$

式中，X 为一组服从正态分布的随机变量矢量，否则需做正态当量变换；μ 为随机变量的平均值；将式（2.4.5）和极限状态函数式（2.4.13）代入下式可得破坏面 F 方程。

$$CSR - MSF \cdot CRR_{7.5} = 0 \qquad (2.4.15)$$

C 为随机变量协方差矩阵，用下式表示：

$$C = \begin{bmatrix} \sigma_1^2 & \rho_{12}\sigma_1\sigma_2 & \rho_{13}\sigma_1\sigma_3 & \cdots & \rho_{1n}\sigma_1\sigma_n \\ \rho_{21}\sigma_1\sigma_2 & \sigma_2^2 & \rho_{23}\sigma_2\sigma_3 & \cdots & \rho_{2n}\sigma_2\sigma_n \\ \cdot & \cdot & \cdot & \cdots & \cdot \\ \cdot & \cdot & \cdot & \cdots & \cdot \\ \rho_{n1}\sigma_1\sigma_n & \rho_{n2}\sigma_2\sigma_n & \rho_{n3}\sigma_3\sigma_n & \cdots & \sigma_n^2 \end{bmatrix}$$

式中，σ_i 为变量 x_i 的标准差，σ'、σ、N 和 A_{M} 为各随机变量的变异系数，分别为：0.15、0.1、0.2 和 0.35；σ' 和 σ 的相关系数为 $\rho_{i,j} = 0.95$，其他变量互不相关。由正态分布函数可得液化概率 P_{L}：

$$P_{\mathrm{L}} = f(-\beta) \qquad (2.4.16)$$

按上述方法，对大量的液化和未液化场地标准贯入试验实测数据点求出其可靠度指数和相应的液化概率后，通过回归分析可得到以安全系数 F_{s} 表示的液化概率函数：

$$P_{\mathrm{L}} = \frac{1}{1 + (F_{\mathrm{s}}/0.96)^{3.48}} \qquad (2.4.17)$$

将该函数和实际的数据点表示于图 2.4.6，从图上可以看到该函数和实际数据有较好的一致性。

根据上述液化极限状态 $CRR_{7.5}$ 函数、地震剪应力比 CSR/MSF 及液化概率函数[式（2.4.17）]可以估计给定地震危险水平出现液化的可能性大小。

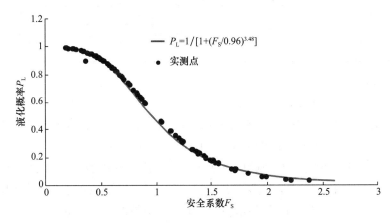

图 2.4.6　液化概率函数

5. 简化的液化势估计方法

为便于工程应用，借助 2001 版抗震规范中的液化标准贯入锤击数基准值（即地下水位 $d_{\mathrm{w}}=2\mathrm{m}$，土层埋深 $d_{\mathrm{s}}=3\mathrm{m}$ 处的现场液化标准贯入锤击数）的概念，可以将上述液化条件概率判别方法进行简化，并在此基础上给出确定性方法。

（1）液化标准贯入锤击数基准值的确定

将地震应力比式（2.4.5）和抗液化阻力比式（2.4.9）代入方程（2.4.1b），可得到标准贯入锤击数 N_1 的 2 次代数方程：

$$0.0003N_1^2 + 0.0036N_1 + \left[0.02 - 0.65F_{\mathrm{s}}r_{\mathrm{d}}\frac{\sigma}{\sigma'}\cdot\frac{a}{g}\cdot\frac{1}{MSF}\right] = 0 \qquad (2.4.18)$$

给定其他参数可对上式求解，并将所求得的 N_1 值换成现场 N 值，可得到当地下水位 $d_{\mathrm{w}}=$ 2m 时土层埋深 $d_{\mathrm{s}}=3\mathrm{m}$ 处饱和砂土在不同震级、不同地面加速度和不同概率水平（用 F_{s} 表示）下的液化标准贯入锤击数临界值 $N_{\mathrm{cr},2,3}$，其中震级 $M=7.5$ 时各概率水平的液化标准贯入锤击数临界值 $N_{\mathrm{cr},2,3}$ 值如表 2.4.1 所示。

为了确定其他震级以及当土层埋深和水位不是上述规定值时的液化临界锤击数，分别引入系数 β_{M} 和 α，同时考虑黏粒含量对液化的影响，则得水位以下任一点的液化临界锤击数 N_{cr}：

$$N_{\mathrm{cr}} = \alpha\beta_{\mathrm{M}}N_{\mathrm{cr},2,3}\sqrt{3/\rho_{\mathrm{c}}} \qquad (2.4.19)$$

式中，$N_{\mathrm{cr},2,3}$ 为表 2.4.1 的液化标准贯入锤击数；当现场测得的锤击数 $N \leqslant N_{\mathrm{cr}}$ 时判为可能

发生液化。下面讨论系数 α 和 β_M。

计算得液化标准贯入锤击数临界值 $N_{cr,2,3}$（$M=7.5$，$d_s=3m$，$d_w=2m$）　　表 2.4.1

F_s ╲ $A_{max}(g)$	0.10	0.15	0.20	0.25	0.30	0.35	0.40
1.00	5.89	8.37	10.43	12.22	13.84	15.32	16.69
1.10	6.43	9.02	11.17	13.05	14.76	16.29	17.73
1.15	6.69	9.33	11.53	13.45	15.17	16.76	18.23
1.20	6.95	9.64	11.88	13.84	15.60	17.22	18.72
1.25	7.20	9.94	12.22	14.22	16.02	17.67	19.20
1.30	7.44	10.23	12.56	14.59	16.43	18.12	19.67
1.35	7.68	10.52	12.89	14.96	16.83	18.54	20.13
1.40	7.91	10.80	13.21	15.32	17.22	18.96	20.58

（2）土层埋深水位影响系数

对于给定的震级、地面加速度和安全系数（$F_s=1.0$），由方程（2.4.19）计算得到不同土层埋深和水位的液化标准贯入锤击数临界值 N_{cr} 后，可计算这些值和对应深度 $d_s=$ 3m，水位 $d_w=2m$ 时液化临界锤击数 $N_{cr,2,3}$ 的比值 $\alpha=N_{cr}/N_{cr,2,3}$。对 4 个震级（$M=6.5$、7.0、7.5 和 8.0），每个震级 3 个地面加速度（0.1g、0.2g 和 0.4g），6 种地下水位（$d_w=0$、1.0、2.0、3.0、4.0 和 5.0m），土层深度为 0～20m 所计算得的比值 α 共 1272 个（不包括水位以上的点）。将土层埋深 d_s 和水位 d_w 作为 α 函数的两个变量，对这些数据可按下面三种方法进行分析给出函数 α。

1）按震级和地面加速度进行统计分析

当按震级和地面加速度分析时，可分别得到各震级和地面加速度在 20m 深的范围内土层埋深水位系数 α 的公式，如表 2.4.2 所示。

土层埋深水位影响系数 α 公式　　表 2.4.2

M	$a_{max}(g)$	土层埋深水位系数 α
6.5	0.1	$\alpha_1=0.98\ln(2+d_s)-0.1d_w-0.25$
	0.2	$\alpha_2=0.92\ln(2+d_s)-0.05d_w-0.31$
	0.4	$\alpha_3=0.9\ln(2+d_s)-0.03d_w-0.34$
7	0.1	$\alpha_4=0.96\ln(2+d_s)-0.08d_w-0.28$
	0.2	$\alpha_5=0.91\ln(2+d_s)-0.04d_w-0.32$
	0.4	$\alpha_6=0.89\ln(2+d_s)-0.03d_w-0.34$
7.5	0.1	$\alpha_7=0.94\ln(2+d_s)-0.07d_w-0.29$
	0.2	$\alpha_8=0.91\ln(2+d_s)-0.04d_w-0.33$
	0.4	$\alpha_9=0.89\ln(2+d_s)-0.03d_w-0.34$
8	0.1	$\alpha_{10}=0.93\ln(2+d_s)-0.06d_w-0.31$
	0.2	$\alpha_{11}=0.91\ln(2+d_s)-0.04d_w-0.36$
	0.4	$\alpha_{12}=0.89\ln(2+d_s)-0.03d_w-0.35$

这些公式的对应曲线在一个窄带内变化，为了工程使用方便可忽略震级和地面加速度及安全系数对埋深和水位系数 α 的影响，可以采用一条曲线来近似。特别是地下水位较深

时这样处理的误差更小。

2）不分震级和加速度一起进行统计分析

当对 1272 个数据不分震级和地面加速度一起进行统计分析时，可得到土层埋深水位系数 α 的公式：

$$\alpha_0 = 0.92\ln(2+d_s) - 0.05d_w - 0.32 \qquad (2.4.20)$$

相关系数 $R^2 = 0.97$，标准差 $\sigma = 0.11$。这个式子介于表 2.4.2 中 α_7 和 α_8 两式之间，这是合理的。该公式可以进一步简化为：

$$\alpha_{01} = \ln(b + cd_s) - 0.05d_w \qquad (2.4.21)$$

式中，b、c 为待定常数。令该式和式（2.4.20）相等得：

$$c = \left(\frac{(2+d_s)^{0.92}}{\exp(0.32)} - b \right) \cdot \frac{1}{d_s} \qquad (2.4.22)$$

设不同的 b 值，在 20m 深的范围内求 c 的平均值，则得新的土层埋深水位系数公式。当与式（2.4.20）的偏差为最小时的 b 和 c 值，就为我们所求的简化公式的系数，得

$$\alpha_{01} = \ln(1.5 + 0.55d_s) - 0.05d_w \qquad (2.4.23)$$

当 $d_w = 1.0$m 时，相关的统计点与 α_0，α_{01} 两式对应曲线表示于图 2.4.7，看来三者相当一致。

3）水位变量 d_w 的系数为 0.1 的统计分析

从表 2.4.2 可以看到系数 α 中与水位变量有关的系数随震级及地面加速度的增加而变小，当震级为 $M = 6.5$，地面加速度 $a = 0.1g$ 时系数为 0.1；而当震级为 $M = 8$，地面加速度 $a = 0.4g$ 时，系数最小，为 0.03。我国 1974 年、1978 年的建筑抗震设计规范中液化判别式的水位系数是 0.05，后来又认为水位系数 0.05 偏小，并将其改为 0.1。这样一来规范中液化判别公式得到了进一步的简化。在 1989 年以来的抗震设计规范中都采了这样的简化判别公式，并已为工程届接受。为此，我们同时也将水位修正系数设定为 0.1，对前面计算得的 1272 个比值 α 采用下述方法进行回归分析。即令：

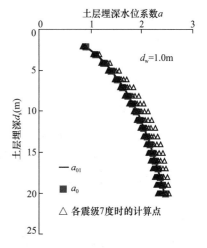

图 2.4.7　统计点与回归式的比较

$$y_i = \alpha_i + 0.1d_{w_i} \qquad (2.4.24a)$$

$$x_i = \ln(2 + d_{s_i}) \qquad (2.4.24b)$$

式中，α_i 为上面所计算得的第 i 个 α 值。和上面一样进行回归分析得：

$$y = 0.96\ln(2 + d_s) - 0.32 \qquad (2.4.25)$$

或写为

$$\alpha_y = 0.96\ln(2 + d_s) - 0.1d_w - 0.32 \qquad (2.4.26)$$

y 的相关系数 $R^2 = 0.94$，标准差 $\sigma = 0.11$。显然，其相关性不如式（2.4.20），与表 2.4.2 中小震级小加速度的 α_1 系数接近。为了工程使用方便，与前面一样对此式作进一步的简化得：

$$\alpha_{02} = \ln(1.5 + 0.65d_s) - 0.1d_w \qquad (2.4.27)$$

图 2.4.8 中表示了当水位 $d_w = 1.0$m 和 5.0m 时前面三类土层埋深水位系数公式的对应曲线，从该图可以看到，当水位为 1.0m 时，α_{01}，α_{02} 曲线都属于 $\alpha_1 \sim \alpha_{12}$ 曲线族，但当水位为 5.0m 时，α_{02} 曲线和曲线族分离，而且偏小，也就当水位较深时如采用 α_{02}，液化势的估计会偏于不安全。还需要指出，由于在 2001 版建筑抗震设计规范中，土层埋深和水位变量都采用了同样的 0.1 系数（符号相反），结果造成填土对液化锤击数临界值的计算值没有任何影响，这与实际不符。

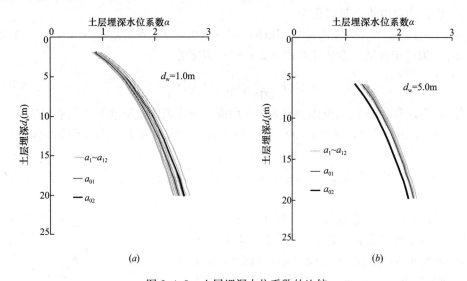

图 2.4.8　土层埋深水位系数的比较

（3）系数 β_M 的确定

基准值震级修正系数 β_M 定义为给定震级 M 和地面加速度 a 的液化临界锤击数 $N_{0,a,M}(d_w = 2.0\text{m}, d_s = 3.0\text{m})$ 和震级 $M = 7.5$ 相应液化临界锤击数 $N_{0,a,7.5}(d_w = 2.0\text{m}, d_s = 3.0\text{m})$ 的比值。

$$\beta_M = \frac{N_{0,a,M}}{N_{0,a,7.5}} \tag{2.4.28}$$

通过计算可得到各给定地面加速度（0.1g、0.2g、0.4g）、各概率水平（$F_s = 1.0$、1.1、1.2、1.3）和各震级的液化临界锤击数分别与同一地面加速度下 $M = 7.5$ 的液化临界锤击数的比值 β_M，对这些数据进行统计分析，其结果表明，β_M 值与地面加速度和 F_s 值关系不大，主要与震级有关，系数 β_M 与震级的关系为（相关系数 $R^2 = 0.97$，标准差 $\sigma = 0.02$）：

$$\beta_M = 0.252M - 0.887 \tag{2.4.29}$$

式中，震级大小可由给定重现期的平均震级或各震级对场址地震动贡献的分布来确定。

（4）简化的条件概率法和确定性法

如果土层埋深水位系数采用 α_{01}，则式（2.4.19）成为：

$$N_{cr} = \beta_M N_{cr,2,3} \left[\ln(1.5 + 0.55d_s) - 0.05d_w \right] \sqrt{3/\rho_c} \tag{2.4.30}$$

因为各类建筑由于液化引发的地震灾害所产生的后果不同，可接受的风险水平应当有所差异，需要采用不同概率水平的液化标准贯入锤击数临界值作为设计的依据。例如，一个场址重现期为 475 年的地面加速度 $a_{\max}=0.2g$，平均震级 $M=7.0$，对不同类型的建筑可采用不同概率水平的 $N_{cr,2,3}$ 值（见表 2.4.1），由式（2.4.30）可得到不同概率水平的 N_{cr} 设计值，如图 2.4.9 所示。

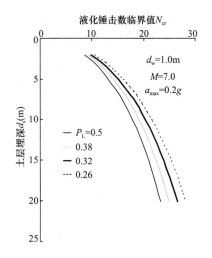

图 2.4.9 不同概率水平的 N_{cr} 值随深度的变化

但是，目前在工程上还不易于做到这一点。本文基于液化风险水平以及与 2001 版抗震规范延续性的考虑，选取表 2.4.1 中 $F_s=1.2$（相应概率水平 32%）的标准贯入锤击数临界值并取整作为液化判别标准贯入锤击数基准值 N_0（以下简称基准值），如表 2.4.3 所示，并以此作为常规工程液化判别的基本依据，因而上述简化的液化条件概率法现在就成了确定性方法，公式（2.4.30）变为：

$$N_{cr} = \beta_{M} N_0 \big[\ln(1.5+0.55d_s)-0.05d_w\big]\sqrt{3/\rho_c} \qquad (2.4.31)$$

建议的标准贯入锤击数基准值 N_0 表 2.4.3

地面加速度（g）	0.10	0.15	0.20	0.30	0.40
液化判别标准贯入锤击数基准值	7	10	12	16	19

为检验上述液化判别公式（2.4.31）的效果，采用 Cetin 等人 2004 年所发表的部分砂土震害数据进行检验。砂土液化点的数据 49 个，未液化数据点 35 个，加速度 $a_{\max}=0.1g\sim0.6g$，震级 $M=6.7\sim8.0$。此外，还利用唐山地震 $M=7.8$ 砂土液化资料（唐山地震砂土液化现场勘察资料研究报告，唐山地震砂土液化联合研究小组）中 355 个数据（不包含地震烈度为 10 度的资料）对液化判别公式进行了检验，其检验结果如表 2.4.4 所示。这些检验结果在某种程度上说明，选取 $P_L=0.32$ 所对应的液化临界锤击数作为基准值有一定的安全度，稍偏保守。

液化判别式检验结果 表 2.4.4

Cetin 数据			唐山地震数据		
液化成功率%	未液化成功率%	总的成功率%	液化成功率%	未液化成功率%	总的成功率%
96	86	82	89	68	83

6. 液化判别式在三个地震组中的应用

我国 2001 版抗震规范规定按地震分组进行抗震设计，地震分组既涉及震级的大小又考虑震中的远近，每个地震分组与多种震级相对应，但一般又不知道它们的震级分布，如何将上述液化判别式（2.4.31）应用于设计地震分组情形就成为一个难题。人们通常认为 2001 版抗震规范的液化判别标准基本上合理地反映了各地震组液化震害情况。为了使式（2.4.31）的判别结果与 2001 版抗震规范基本相一致，令式（2.4.31）与 2001 版抗震规范各地震组的判别式相等，得：

$$\beta_{M} = \frac{N_0'[0.9+0.1(d_s-d_w)]}{N_0[\ln(1.5+0.55d_s)-0.05d_w]} \qquad (2.4.32)$$

式中，N_0' 为2001版抗震规范给定地震组地震烈度的基准值；N_0 为2001版规范给定地震烈度的基准值（表2.4.3）。对水位 $d_w = 0 \sim 5.0\text{m}$，土层埋深 $d_s = 0 \sim 15\text{m}$，地面加速度为 $0.1g$、$0.15g$、$0.2g$、$0.3g$ 和 $0.4g$ 的情况，分别计算一、二地震组的 β_M 值，然后对两个地震组的 β_M 值分别进行统计分析，计算结果列于表2.4.5，可见第二地震组的离散性较第一地震组大。

β_M 的统计计算结果

表2.4.5

数值类别	第一组	第二组
平均值	0.77	0.94
标准差	0.08	0.12
最大值	1.19	1.59
最小值	0.61	0.71

鉴于2001版抗震规范二、三地震组采用相同的液化判别标准的不尽合理，根据上述统计计算结果，同时出于震级大小覆盖范围的考虑，现将第二地震组的 β_M 值约增加10%作为第三地震组的 β_M 值，则得三个地震组 β_M 值：

$$\beta_{M1} = 0.77; \quad \beta_{M2} = 0.94; \quad \beta_{M3} = 1.04$$

按式（2.4.29），这些 β_M 值所对应的三个地震组的等效震级分别为 $M_1 = 6.7$，$M_2 = 7.3$，$M_3 = 7.6$。从这些震级的大小来看基本上与震害相符，所对应的三个地震组的 β_M 值有一定的合理性。

为了将式（2.4.31）与2001版抗震规范进行比较，对水位 $d_w = 1.0\text{m}$ 和 5.0m，土层埋深 $d_s = 0 \sim 20\text{m}$，地面加速度 $a_{max} = 0.1g$、$0.2g$ 和 $0.4g$ 的情况，分别计算一、二地震组的液化标准贯入锤击数临界值，计算结果如图2.4.10和图2.4.11所示。可以看到，除地下水位较深时两者差别稍大外，基本上是相一致的。

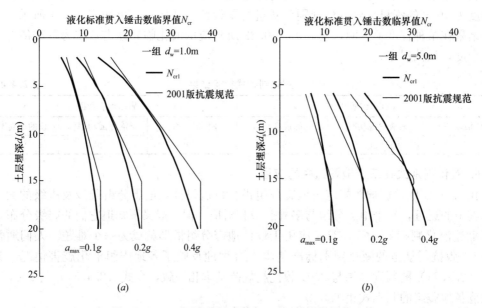

图2.4.10　一组液化锤击数与2001版抗震规范比较

（a）$d_w = 1.0\text{m}$；（b）$d_w = 5.0\text{m}$

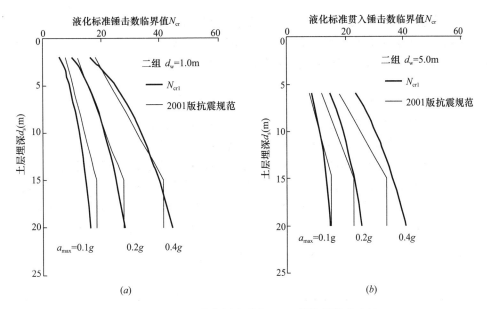

图 2.4.11 二组液化锤击数与 2001 版抗震规范比较

(a) d_w＝1.0m；(b) d_w＝5.0m

2.4.2 液化危害评价与处理原则

1. 液化危害评价

宏观震害调查和理论研究表明，土体液化具有双重性，液化对场地、地基及结构的破坏程度主要取决于液化土层的埋深、厚度和密实程度以及所遭遇的地震强度。一般来说，液化土层埋藏越浅、厚度越大、土质越松散、震级越大，其造成的危害也就越大。目前，工程界对液化的危害性评估主要采用两种分析方法——液化指数法和液化沉降法。液化指数法在工程设计中应用较早，也积累了不少经验，目前我国大多数规范均采用此方法评价液化土层的危害性，但美欧等国甚至最早使用此方法的日本也很少再采用此分析方法，它们已转向采用物理概念更明确的液化沉降法。

（1）液化指数法

1980 年，岩崎—龙岗等提出用液化指数 P_L 来定量评价液化场地的危害性，他们定义液化指数 P_L 为：

$$P_L = \int_0^{20} (1 - F_L(z))W(z)\mathrm{d}z \qquad (2.4.33)$$

式中 z——计算点深度（m）；

$F_L(z)$——深度 z 处的抗液化安全系数；

$W(z)$——按倒三角形图形分布的权函数（m^{-1}），z＝0m 时，$W(0)$＝10；z＝20m 时，$W(20)$＝0。

乔太平、刘惠姗根据我国判别液化的习惯做法，借用岩崎—龙岗计算液化指数的概念，建议采用标准贯入击数与临界标贯数之比 N/N_{cr} 代替公式（2.4.33）中的抗液化安全系数来计算液化指数，并根据我国海城和唐山地震的震害资料建立了相应的权函数和液化等级分类标准。我国建筑抗震设计规范采用了这一建议，并根据新的研究成果不断对其进行修改与完善，2010年版的抗震设计规范对液化危害性评价作了如下规定：

当地基中存在液化的砂土层和粉土层时，需要探明各液化土层的厚度与埋深，地基的液化指数 I_{lE} 按式（2.4.34）计算，液化等级按表2.4.6进行综合划分：

$$I_{lE} = \sum_{i=1}^{n} \left[1 - \frac{N_i}{N_{cri}} \right] d_i W_i \qquad (2.4.34)$$

式中 n——判别深度范围内每个钻孔的标准贯入试验点总数；

N_i、N_{cri}——i 点标准贯入锤击数的实测值和临界值。当 $N_i > N_{cri}$ 时，令 $N_i = N_{cri}$；

d_i——i 点所代表的土层厚度（m），可采用与该标准贯入试验点相邻的上、下两标准贯入试验点深度差的一半，但上界不高于地下水位深度，下界不低于液化深度；

W_i——i 土层单位土层厚度的层位影响权函数值（m^{-1}）。当 $d_i \leqslant 5m$ 时，$W_i = 10$；当 $d_i = 20m$ 时，$W_i = 0$；$5m < d_i < 20m$ 时，W_i 按线性内插法取值。

液化等级与液化指数的对应关系　　　　　　　　　　　　表 2.4.6

液化等级	轻微	中等	严重
液化指数 I_{lE}	$0 < I_{lE} \leqslant 6$	$6 < I_{lE} \leqslant 18$	$I_{lE} > 18$

表2.4.6所列出的液化等级是基于地震中液化所造成场地、地基和建筑宏观破坏程度而划分的，它们所对应的震害情况大致为：

轻微：地面没有喷水冒砂，或仅洼地、河边有零星的喷冒点；液化沉降危害性小，一般建筑物不会出现明显震害。

中等：地面多出现喷水冒砂，从轻微到严重喷冒均有，但多数为中等喷冒；液化沉降危害性较大，可造成高达200mm的不均匀沉降，引起结构开裂，构件变形，高重心建筑倾斜。

严重：地面喷水冒砂严重，出现地裂、塌陷等；液化沉降危害性很大，不均匀沉降常常达到300~400mm，一般结构出现倾斜，高重心建筑倾斜严重。

（2）体积应变法

液化引起的地面沉降和不均匀变形，通常是由于液化后超静孔隙水压力消散，土体发生再固结所造成的。目前，计算液化沉降的理论支撑点主要基于对液化土体可能产生体积应变大小的认识，美欧日等国的工程界在计算地基液化沉降时采用的分析方法主要有两种，Tokimatsu Seed法和Ishihara-Yashimine法。

1987年，Tokimatsu和Seed提出了根据归一化标准贯入锤击数（N_1）$_{60cs}$计算砂土液化沉降的分析方法，他们建议采用图2.4.12计算液化土的体应变，并假设水平场地条件下土体只发生竖向变形，水平方向的变形为零。

图2.4.12是针对地震 $M_w = 7.5$ 时建立的，若用到其他震级则需要按下式对地震等效循环剪应力进行修正。

$$CSR_{7.5} = CSR_M / r_m \qquad (2.4.35)$$

式中 $CSR_{7.5}$——地震矩震级为7.5级时的循环应力比；

CSR_M——场地设计地震作用时的循环应力比；

r_m——等效循环剪应力修正系数，与震级相关，见表2.4.7。

Ishihara和Yashimine基于室内试验研究结果，在1992年提出了根据抗液化安全系数计算体应变的分析方法，并通过与震害对比分析给出了相应的计算简图和地面破坏程度与液化沉降大小的定性对应关系，分别见图2.4.13和表2.4.8。与图2.4.12一样，体应变

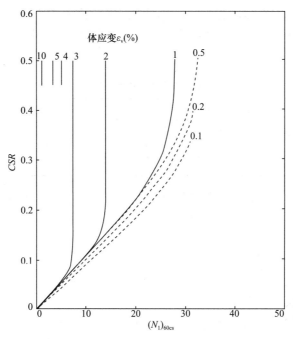

图 2.4.12 等效循环应力比与液化土体应变的关系

等效循环剪应力修正系数 表 2.4.7

震级 M_W	5.25	6.0	6.75	7.5	8.5
修正系数 r_m	1.5	1.32	1.13	1.0	0.89

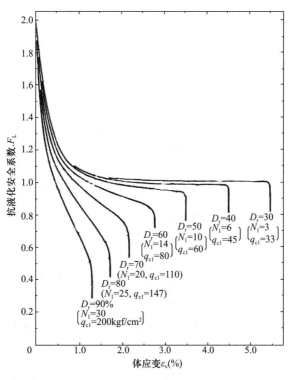

图 2.4.13 抗液化安全系数与液化土体应变的关系

计算图 2.4.13 也是针对纯净砂建立的，若用于其他类型的砂土地基则需要进行修正。此外，图中的 N_1 是按日本试验方法得到的、上覆有效应力为 100kPa 时的标准贯入击数值，它近似等于 1.2 倍 $(N_1)_{60cs}$。

地面破坏与震陷值的关系   表 2.4.8

破坏程度	震陷值（cm）	破坏现象
无震害到轻微	0～10	微小裂缝
中等	10～30	小裂缝，冒砂
严重	30～70	大裂缝，喷水冒砂，不均匀沉降明显，横向位移

求得液化土的体应变后，可按分层总和法计算液化地基的沉降量大小，计算时地基中非液化砂层的体应变可按下式进行估计：

$$s_E = \sum \varepsilon_{vi} d_i \tag{2.4.36}$$

式中　s_E——地基液化沉降量；

　　　d_i——i 点所代表的土层厚度，其规定见式（2.4.34）；

　　　ε_{vi}——i 点土层的体应变。

建筑结构可以承受的液化沉降量，目前工程界还没有统一的认识。建筑的允许沉降量与其结构形式、使用功能要求密切相关，如我国《建筑地基基础设计规范》的一些规定。谢君斐等在震害调查的基础上通过数值分析认为，对于一般的 6 层及以下的民用建筑，当计算的地震沉降量小于 40mm 时，地基无明显震害，液化等级可视为轻微；当沉降量位于 40～80mm 时，建筑有开裂、不均匀沉降和倾斜现象，液化等级为中等；当沉降量大于 80mm 时，建筑开裂、不均匀沉降和倾斜严重，液化等级为严重。

2. 地基液化处理原则

判别砂土液化，计算液化指数，确定地基液化等级和计算液化沉降量大小，其目的是为合理地选择抗液化措施提供理论依据。根据宏观地震震害调查结果，对于非坡岸场地，液化造成的建筑破坏主要是沉降或不均匀沉降过大、地坪隆起与开裂、地下结构上浮等，造成倒塌的事例较少。按照"小震不坏，中震可修，大震不倒"的抗震设计原则，对液化地基的处理可根据建筑的重要性分别采取不同的对策。我国《建筑抗震设计规范》规定，对于液化土层分布均匀的地基，可根据建筑抗震设防类别和地基液化危害等级按表 2.4.9 建议的原则确定地基抗震措施。对于坡岸场地，防止边坡发生液化流滑和出现过大侧向扩展是抗震设计的基本要求，也是处理此类液化地基首先要解决的问题。

液化地基抗震加固原则   表 2.4.9

建筑类别	地基液化等级		
	轻微	中等	严重
乙类	部分消除液化沉陷，或对基础和上部结构处理	全部消除液化沉陷，或部分消除沉陷且对基础和上部结构处理	全部消除液化沉陷
丙类	基础和上部结构处理，亦可不采取措施	基础和上部结构处理，或更高要求的措施	全部消除液化沉陷，或部分消除液化沉陷且对基础和上部结构处理
丁类	可采取措施	可不采取措施	基础和上部结构处理，或其他经济的措施

（1）全部消除液化沉陷的措施，应符合下面的要求：

1）采用桩基时，桩端伸入液化深度以下稳定土层中的长度（不包括桩尖部分），应按计算确定，且对碎石土，砾、粗、中砂，坚硬黏性土和密实粉土尚不应小于 0.5m，对其他非岩石土尚不宜小于 1.5m。

2）采用深基础时，基础底面应埋入液化深度以下的稳定土层中，其深度不应小于 0.5m。

3）采用加密法（如振冲、振动加密、挤密碎石桩、强夯等）加固时，应处理至液化深度下界；振冲或挤密碎石桩加固后，桩间土的标准贯入锤击数不宜小于液化判别标准贯入锤击数临界值。

4）用非液化土替换全部液化土层。

5）采用加密法或换土法处理时，在基础边缘以外的处理宽度，应超过基础底面下处理深度的 1/2 且不小于基础宽度的 1/5。

（2）部分消除液化沉陷的措施，应符合卜面的要求：

1）处理深度应使处理后的地基液化指数减少，其值不宜大于 5；大面积筏基、箱基的中心区域，处理后的液化指数可比上述规定降低 1；对独立基础和条形基础，尚不应小于基础底面下液化土特征深度和基础宽度的较大值。

2）采用振冲或挤密碎石桩加固，桩间土的标准贯入锤击数不宜小于液化判别标准贯入锤击数临界值。

3）基础边缘以外的处理宽度，应符合全部消除液化沉陷措施中的第 5）款要求。

（3）减轻液化影响的基础和上部结构处理，可综合采用下列各项措施：

1）选择合适的基础埋置深度。

2）调整基础底面积，减少基础偏心。

3）加强基础的整体性和刚度，如果采用箱基、筏基或钢筋混凝土交叉条形基础，加设基础圈梁等。

4）减轻荷载，增强上部结构的整体刚度和均匀对称性，合理设置沉降缝，避免采用对不均匀沉降敏感的结构形式等。

5）管道穿过建筑处应预留足够尺寸或采用柔性接头等。

3. 液化的横向扩展影响与处理对策

根据对阪神地震的调查，在距水线 50m 范围内，水平位移及竖向位移均很大；在 50～150m 范围内，水平地面位移仍较显著；大于 150m 以后水平位移趋于减小，基本不构成震害。上述调查结果与我国海城、唐山地震后的调查结果基本一致：海河故道、滦运河、新滦河、陡河岸波滑坍范围约距水线 100～150m，辽河、黄河等则可达 500m。

根据日本阪神地震后对受害结构的反算结果，侧向流动土体对结构的侧向推力规律如下：

（1）非液化上覆土层施加于结构的侧压相当于被动土压力，破坏土楔的运动方向是土楔向上滑而楔后土体向下，与被动土压发生时的运动方向一致。

（2）液化层中的侧压相当于竖向总压的 1/3。

（3）桩基承受侧压的面积相当于垂直于流动方向桩排的宽度。

鉴于上述原因，对于液化等级为中等或严重液化的故河道、现代河滨、海滨，当有液化侧向扩展或流滑可能时，在距常时水线约 100m 以内不宜修建永久性建筑，否则应进行抗滑动验算、采取防土体滑动措施或结构抗裂措施。

2.4.3 软弱土的液化与震陷

1. 低塑性粉质黏土的液化判别

软弱饱和的少黏性土在遭到强烈震动时会出现液化破坏，已被国内外多次大地震的震害现象所证实。关于少黏性土的地震液化与判别，目前尚有不同的意见，但在工程实践中我国学者汪闻韶提出的判别方法被广泛应用，国外将汪闻韶的方法称之为中国标准。汪闻韶通过宏观地震调查和室内试验研究发现，含水量接近液限或液性指数大于 0.75 的饱和少黏性土，在地震作用时有出现液化破坏的可能，建议当饱和少黏性土满足下列条件时，可判为液化：

$$w_s \geqslant 0.9 w_L, \quad 或 \quad I_L \geqslant 0.75 \tag{2.4.37}$$

式中 w_s——饱和时的含水量；

w_L——液限含水量；

I_L——液性指数。

需要指出，汪闻韶所说的少黏性土为塑性指数小于 15 的细粒土。按照我国现行《岩土工程勘察规范》和《建筑地基基础设计规范》的规定，塑性指数小于 15 的细粒土包含了粉土和部分粉质黏土，也就是说，按我国建筑行业的分类标准除粉土外，塑性指数小于 15 的饱和粉质黏土地震时也可能会发生液化破坏。基于汪闻韶的这一发现以及实际工程应用情况和国内外大地震的震害资料，在 2010 版《建筑抗震设计规范》中增加了关于饱和粉质黏土的条款，并规定满足式（2.4.37）条件的塑性指数小于 15 的饱和粉质黏土，当场地设计地震加速度不小于 0.3g 时可判为震陷性软土，需要采取工程措施进行处理。

2. 软土震陷

在滨河场地，软弱性黏土（简称为软土）是造成地基及上部结构地震破坏的主要原因之一。地震岩土工程界，通常将符合下列指标特征的黏性土定义为软土：

（1）液性指数 $I_L \geqslant 0.75$；

（2）无侧限抗压强度 $q_u \leqslant 50$kPa；

（3）标准贯入试验击数 $N \leqslant 4$；

（4）灵敏度 $S_t \geqslant 4$。

我国《建筑抗震设计规范》对软弱性黏土的定义更具体、更有针对性。抗震设计规范在定义软土时与抗震设防烈度联系在一起，将 7、8 和 9 度地震作用时地基承载力特征值分别小于 80kPa、100kPa 和 120kPa 的黏性土定义为软弱性黏土即软土。

软土造成地基和结构地震破坏的直接表征是地面过大的沉降（震陷）或发生泥流。震陷或泥流属于土的地震永久变形问题，目前对软土的地震永久变形计算与分析尚处于研究阶段。工程界对软土造成的地基地震破坏，也没有相对成熟的、简便的分析方法，目前主要参照软土场地和地基的宏观震害资料，根据震陷可能产生的危害大小进行定性评估与处理。例如，我国《构筑物抗震设计规范》GB 50191 规定，7 度时，一般可不考虑地基中软土震陷的影响；8 度和 9 度时，当基础底面下非软土层的厚度小于表 2.4.10 所规定的数值时，则需要采取措施以消除软土震陷可能产生的影响。表 2.4.10 中，非软土层的厚度指的是基础底面到软土层顶面之间的距离，B 为基础底面宽度。

基础底面下非软土层的厚度 表 2.4.10

烈度	非软土层的厚度（m）
8	$\geqslant B$，且$\geqslant 5$
9	$\geqslant 1.5B$，且$\geqslant 8$

2.5 桩基础的抗震设计

与天然地基相比，桩基具有较好的抗震性能。归纳起来，桩基的震害主要表现在以下几个方面：

（1）水平场地，在非液化土和非软弱土中，桩头部位因剪、压、拉和弯的作用而出现破坏；在液化土和软弱土中，桩基因土体强度降低或震陷而产生过大下沉或倾斜。

（2）坡岸场地，因土体侧向扩展引起侧向推力增加，导致桩受弯破坏；土体流滑造成水平推力过大，导致桩受弯破坏。

目前，桩基的抗震设计理论还不成熟、还不完善，设计方法主要依赖工程经验。解决地震荷载作用下桩基响应的核心问题，是如何将上部结构的作用荷载合理地分布到土体中。地震时，虽然桩基在三个方向会同时受到力和扭矩的作用（图 2.5.1），但由于桩的水平抗震能力主要取决于场地 5～10 倍桩径深度范围内表层土的工程性质，为计算分析简便，工程设计时通常将桩的竖向承载力和水平向的分开考虑，分析方法可采用拟静力法和地震反应分析方法。在评价桩基的抗震性能时，通常水平抗震能力以允许变形为条件，竖向抗震能力则以桩的压拔承载力为标准。此外，在桩基的抗震计算中，通常需要考虑桩与承台的协同作用，特别是在验算水平抗力时，已有研究表明，在承台周围回填土密实的情

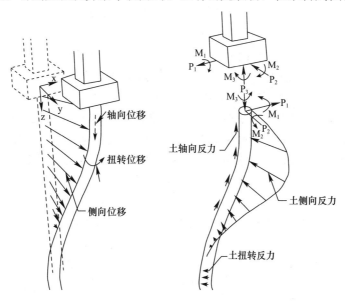

图 2.5.1 桩基三维受力图

况下，桩承台所承担的水平力可占到总力的 30%～50%。

2.5.1 单桩抗震承载力

如何确定单桩的抗震承载力，目前意见尚不统一，工程实践中，常常是根据静承载力的大小来计算桩的抗震能力。与天然地基的情况相类似，由于地震作用时间短暂为有限循环动力作用，考虑到安全性和经济性，人们对桩基的抗震安全系数要求也要比静力状态下的低。例如，我国现行的《建筑桩基技术规范》JGJ 94—2008 规定，地震时单桩承载力特征值可比静载时提高 25%，单桩承载力安全系数取 2，这意味着地震时桩的安全系数为1.6。我国《建筑抗震设计规范》GB 50011—2010 对单桩抗震承载力的规定与桩基规范相同，规定在进行桩基抗震验算时抗震承载力可比非抗震时提高 25%。

2.5.2 非液化土中桩基的抗震验算

1. 可不进行抗震验算的桩基

通过大量震害调查，人们发现对以承受竖向荷载为主的低承台桩，当承台周围无淤泥、淤泥质土和承载力特征值不小于 100kPa 的填土时，下列建筑的桩基地震时性能表现良好，设计时可不进行桩基抗震验算。对于不需要进行抗震验算的桩基，《建筑桩基技术规范》JGJ 94—2008 规定的更加宽泛，它规定除下列建筑的桩基外，位于抗震有利地段的建筑桩基也可不进行抗震验算：

（1）砌体房屋；

（2）6 度区的非甲类的一般建筑；

（3）7 度和 8 度区的一般单层厂房和单层空旷房屋；

（4）与高度不超过 24m 的一般民用框架房屋基础荷载相当的多层框架厂房。

2. 承载力抗震验算

我国《建筑桩基技术规范》规定，地震时桩基所承受的荷载应满足下列要求：

$$\text{轴心竖向力作用下} \quad N_{Ek} \leqslant 1.25R \tag{2.5.1}$$

$$\text{偏心竖向力作用下} \quad N_{Ek,max} \leqslant 1.5R \tag{2.5.2}$$

$$\text{水平向力作用下} \quad H_{ik} \leqslant 1.25H_h \tag{2.5.3}$$

式中　N_{Ek}、$N_{Ek,max}$——地震作用时桩基承受的平均竖向力和最大竖向力，分别按式（2.5.4）和式（2.5.5）确定；

　　　R——基桩竖向承载力特征值，根据荷载试验或经验法确定；

　　　H_{ik}——地震作用时第 i 根桩桩顶处水平力，按式（2.5.6）确定；

　　　H_h——基桩水平承载力特征值，根据荷载试验或经验法确定。

$$N_{Ek} = \frac{F+G}{n} \tag{2.5.4}$$

$$N_{Ek,max} = \frac{F+G}{n} + \frac{M_x y_i}{\sum\limits_{j=1}^{n} y_j^2} + \frac{M_y x_i}{\sum\limits_{j=1}^{n} x_j^2} \tag{2.5.5}$$

$$H_{ik} = \frac{H}{n} \tag{2.5.6}$$

式中　F——作用于承台顶面的竖向力；

G——承台及其填土的重量；

M_x、M_y——作用在承台底面的绕群桩几何形心 x 轴和 y 轴的力矩；

H——作用在承台底面的水平力；

n——桩数。

2.5.3 液化土中桩基的抗震验算

液化土中桩基抗震能力的计算仍处于不断发展与完善的阶段。随着人们对液化土认识的逐步深入，液化土中桩基的设计理念也在悄然改变，桩基的抗震验算从最初将液化土层的侧摩阻力视为零，发展到目前按土的残余强度来考虑。近 20 年来，我国工程界对液化土中桩基的抗震验算通常按两阶段进行控制，即对主震期和主震后的情况分别进行验算，这种设计方法既考虑了主震和液化可能不同步，又考虑了不同液化危害程度的土所具有的强度特征，其主要思想借鉴了日本公路桥梁设计规范的理念。目前，我国各行业关于液化土中桩基抗震验算的规定大体上一致，其中《建筑抗震设计规范》GB 50011—2010 的规定具有一定的代表性。《建筑抗震设计规范》对存在液化土层的低承台桩基的抗震验算，作了如下规定：

当桩承台底面上、下分别有厚度不小于 1.5m 和 1.0m 的非液化土层或非软弱土层时，可按下列两种情况进行桩的抗震验算，并按不利情况设计。

（1）桩承受全部地震作用，桩的抗震承载力特征值按 1.25 倍的非抗震时的取用，但液化土的桩周摩阻力及桩水平抗力需要根据其液化危害程度进行折减（表 2.5.1）。

土层液化影响折减系数   表 2.5.1

实际标贯锤击数/临界标贯锤击数	深度 d_s（m）	折减系数
≤0.6	$d_s \leq 10$	0
	$10 < d_s \leq 20$	1/3
>0.6～0.8	$d_s \leq 10$	1/3
	$10 < d_s \leq 20$	2/3
>0.8～1.0	$d_s \leq 10$	2/3
	$10 < d_s \leq 20$	1

（2）地震作用按水平地震影响系数最大值的 10% 考虑，桩的抗震承载力特征值仍取非抗震时的 1.25 倍，但要扣除液化土层的全部摩阻力及桩承台下 2m 深度范围内非液化土的桩周摩阻力，即要求计算承载力时把液化土和承台下 2m 深度范围内的土的强度均视为零。

对于打入式预制桩及其他挤土桩，《建筑抗震设计规范》认为可以考虑打桩对土的加密作用和桩基对液化土变形限制的有利影响。并建议当平均桩距为 2.5～4 倍桩径且桩数不少于 5×5 时，如果桩间可液化土因打桩加密作用成为了不液化土，则在抗震验算时单桩的承载力可不再进行折减。需要指出的是，由于这种加密作用对桩基外的土影响有限，出于安全考虑，规范规定在进行桩尖持力层强度校核时，桩群外侧的应力扩散角取为零。

2.5.4 坡岸场地桩基的抗震验算

与平坦场地相比，坡岸场地上桩基的地震响应更为复杂。在计算分析坡岸场地上桩基的抗震性能时，除了要像平坦场地那样考虑上部结构施加的地震作用外，尚需分析地震荷载作用下场地产生的永久变形对桩基的作用和影响。对于非液化坡岸场地，地震产生的永久变形可根据 Newmark 滑块变形理论进行计算，对于存在液化的坡岸场地，工程界还没有相对成熟、可靠的分析方法，目前对液化坡岸的地震永久变形估计多基于经验。

坡岸液化侧向扩展对桩基的推拽作用，日本公路协会的高速公路桥梁抗震技术规范建议按下列规定进行简化与计算。需要指出，由于岸坡的侧向流动主要发生在地震停止以后，在计算侧向扩展对桩基的推拽作用时，通常不需要再考虑地震的作用效应。图 2.5.2 为目前美日工程界广泛采用的计算桩基在侧向扩展作用下的受力简图，其计算假定为：

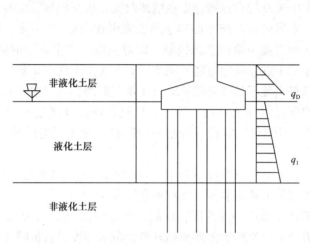

图 2.5.2　土体侧向扩展的土压力计算示意图

（1）液化土上的非液化土层随液化土一起滑动；
（2）非液化土层滑动产生的推力按被动土压力考虑；
（3）液化土层作用在桩基的侧压力按 0.3 倍的土层平均垂直应力计算；
（4）滑动土体作用于桩基上的宽度按边桩外缘间的距离取值。

第3章 工业建筑抗震冗余设计理论

3.1 动态多目标抗震设计理论

3.1.1 建筑抗震设防思想的概念及其演化进程

1. 建筑抗震设防思想的概念

本质上讲，建筑抗震设防思想是一个哲学问题，包括建筑抗震设防的基本原则和根本目的等，它解决的是建筑抗震设防的一些根本性问题，即为什么要进行抗震设防、进行什么样的抗震设防以及如何进行抗震设防等。这些问题是建筑抗震设防技术对策或技术标准的根本出发点，也是落脚点，是抗震防灾技术标准的思想和灵魂；另一方面，抗震防灾技术对策服务于抗震设防思想，为实现抗震设防思想的宗旨而工作。抗震设防思想不同，相应的抗震防灾技术标准必然不同。因此，评价一个国家和地区的抗震防灾技术标准先进与否，首先应看它的抗震设防理念亦即抗震设防思想是否先进；其次是考察它的抗震设防思想落实情况，即，考察它的抗震防灾技术对策能否实现抗震设防思想的预期目标；最后，才是具体的抗震技术是否先进，即实现抗震设防目标的技术手段是否先进和"漂亮"等。

2. 近现代建筑抗震设防思想的演化进程

近现代建筑抗震设防思想的演变，是与地震灾害的特点以及人类社会对抗震设防需求的变化紧密相连的。历史上，地震给人类社会造成的灾难莫过于人员的损失，尤其是像我国这样人口相对稠密、内陆型地震频繁的国家，一旦发生陆地地震或城市直下型地震，往往造成人员的大量伤亡。正是基于这样的地震灾害实事，近现代建筑抗震设防首先是以保障生命安全、减少人员伤亡为基本出发点。随着建筑抗震理论的不断推进和发展，以及人类社会防灾需求的不断提高，在房屋建筑初步具备了预期地震下的抗倒塌能力的前提下，建筑抗震设防的目标或出发点出现了新的变化，由初期的单一水准的生命安全向多级水准的多目标以及基于性能要求的动态目标演变。因此，近现代建筑抗震设防思想的演变大致可以分为以下三个阶段：

（1）单一目标阶段（20世纪初期～80年代）

在20世纪80年代以前，国际上，建筑抗震设防的基本理念就是防止建筑物在未来预期的地震中倒塌，避免因房屋建筑倒塌造成人员的直接伤亡。这一阶段的主要标志是日本与美国建筑抗震设防理念的提出与工程实施。

在日本，1915年佐野利器根据1906年美国旧金山地震的经验与教训提出了水平震度法。1924年，基于关东大地震的震害教训，日本发布了《市街地建筑物法》，要求建筑物考虑抗震，采用震度法进行设计，取 $k=0.1$。1950年，日本发布了《建筑基准法》，一直沿用到 1981 年。在 1981 年新建筑基准法之前，日本的建筑抗震设防一直是以防止地震中建筑倒塌，避免人员的直接伤亡为宗旨的。

在美国，1929 年第一版 UBC 规范（Uniform Building Code）附录中以非强制性条文的形式，给出了第一套综合性抗震设计方法，包含了地震区划、结构细部设计以及侧向抵抗力等今天仍然使用的基本概念。1933 年 Long Beach 地震后，加州采取了 Field 法案和 Riley 法案，对建筑抗震提出了强制性要求。之后，随着建筑抗震理论与技术的不断发展，美国的主要建筑规范也不断进行更新，但是直到 2009 年为止，美国建筑规范的抗震设防思想一直未发生实质性的变化，均是以防止建筑倒塌作为设防目标。

（2）多水准多目标阶段（20 世纪 80～90 年代）

从 20 世纪 50 年代开始，国际建筑抗震设防理念开始发生了一些变化。随着民用核能的发展，基于核电站的安全考虑，提出了二级设计思想：要求小震下核电站不停止运转使用，大震下可安全地停止运转，且不容许破坏。这种多级设防思想首先由核电站抗震设计提出，继而在其他重大工程中得到发展和应用，最后，到 20 世纪 80 年代开始在民用建筑工程中全面实施，其主要标志是日本 1981 年新建筑基准法和中国 1989 年建筑抗震设计规范的发布和实施。

1）日本的二级设计方法

日本 1981 年新建筑基准法的最主要特色之处在于采用了二级设计方法：首先将结构物按类型和高度分为 4 类，第 4 类是高度大于 60m 的结构物，其设计应作专门研究。所谓专门研究指的是更详细的分析研究，通常要进行弹塑性时程分析，设计结果要由日本建筑中心超高层建筑结构审查委员会审查，再经建设省特批；第 1 类是高度小于 31m 的最普通的建筑结构形式，其中包括有较多剪力墙的矮房屋。日本对此类房屋有丰富的抗震经验，按第一级设计即可保证足够的抗震能力，故不要求进行第二级设计；其他两类房屋，要求进行二级设计。

所谓二级设计，是要求对建筑物先后进行两级设计。第一级是常规设计或使用极限状态设计，与日本过去所用的抗震设计方法相同，取地震力系数 $k=0.2$，其作用在于要求建筑物有足够强度，以保证小震不坏；第二级设计是倒塌极限状态设计，取地震力系数 $k=1.0$，按倒塌极限状态计算地震反应，其作用在于使结构物有足够的极限强度和极限变形能力，以保证大震不倒。

2）中国的三水准两阶段设计方法

按大小很不相同的两种地震动分别进行结构设计，要求结构处于弹性状态或不倒塌，以保证"小震不坏、大震不倒"意图的实现。如前所述，这种方法不是日本首创，但日本"81 规范"规定的更为详细明确，具体充实，更具有工程实践的可操作性。之后，我国在"89 规范"的编制过程中，也借鉴了这种二级设计思想以及美国 ATC3-06 的研究成果，并结合我国的震害经验和科研成果，进行了适当的发展和补充，形成了我们自己的三水准两阶段设计方法，即：在遭受本地区规定的基本烈度地震影响时，建筑（包括结构和非结构部分）可能有损坏，但不致危及人民生命和生产设备的安全，不需修理或稍加修理即可恢复使用；在遭受较常遇到的、低于本地区规定的基本烈度的地震影响时，建筑不损坏；在遭受预估的、高于基本烈度的地震影响时，建筑不致倒塌或发生危及人民生命财产的严重破坏。上述三点规定可概述为"小震不坏，中震可修、大震不倒"这样一句话，即"89

规范"以来，我国建设工程界秉承的抗震设防思想。

按照上述抗震设防思想，从结构受力角度看，当建筑遭遇第一水准烈度地震（小震）时，结构应处于弹性工作状态，可以采用弹性体系动力理论进行结构和地震反应分析，满足强度要求，构件应力完全与按弹性反应谱理论分析的计算结果相一致；当建筑遭遇第二水准烈度地震（中震）时，结构越过屈服极限，进入非弹性变形阶段，但结构的弹塑性变形被控制在某一限度内，震后残留的永久变形不大；当建筑遭遇第三水准烈度地震（大震）时，建筑物虽然破坏比较严重，但整个结构的非弹性变形仍受到控制，与结构倒塌的临界变形尚有一段距离，从而保障了建筑内部人员的安全。

（3）动态多目标的性能化设计理念兴起与初步发展阶段（20世纪90年代至今）

现行的各国抗震规范，无论是基于单一设防目标的，还是基于多水准多目标，其基本目的都是保障生命安全，然而近十几年来大震震害却显示，按现行抗震规范设计和建造的建筑物，在地震中没有倒塌、保障了生命安全，但是其破坏却造成了严重的直接和间接的经济损失，甚至影响到了社会的发展，而且这种破坏和损失往往超出了设计者、建造者和业主原先的估计。例如1994年1月17日Northridge地震，震级仅为6.7级，死亡57人，而由于建筑物损坏造成1.5万人无家可归，经济损失达170亿美元，这是一个震级不大，伤亡人数不多，但经济损失却非常大的地震；1995年日本阪神（Kobe）地震，震级7.2级，直接经济损失高达1000亿美元，死亡5438人，震后的重建工作花费了两年多时间，耗资近1000亿美元。

另一方面，随着经济和现代化城市的发展，城市人口密度加大，城市设施复杂，地震造成的损失和影响会越来越大，社会和公众对建筑抗震性能的需求也逐渐呈现出层次化和多样化的趋势，不再仅仅满足于固定的设防目标要求。

基于上述两个方面的原因，20世纪90年代初期美国的一些科学家和工程师首先提出了动态多目标的基于性能（Performance-Based）的建筑抗震设计理念，随后引起了我国、日本和欧洲等国家和地区同行的极大兴趣，纷纷开展多方面的研讨。目前地震工程界已经公认它将是未来抗震设计的主要方向，很多国家都积极探求如何把性能设计的概念纳入他们的结构设计规范中。

3.1.2 动态多目标抗震设计的基本流程与主要内容

理论上，基于动态多目标的性能化抗震设计大致包括以下几个步骤，即性能目标的确定、建筑方案的选择、抗震措施与计算分析方法的选择、结构构件的详细设计以及目标评价等，图3.1.1所示为建筑结构性能化抗震设计的基本流程框图。以下就动态多目标抗震设计的关键要点进行简要介绍。

1. 建筑抗震性能目标的确定

（1）基本性能目标

所谓性能目标是指建筑结构在遭遇不同的地震水准时，建筑结构所需要达到的预期性能水准。它是按照多级设防原则，由地震水准和性能水准组合而成的一个目标系列。由图3.1.1可知，建筑抗震性能目标的确定，需要综合考虑地震动风险水平、建筑性能水准、业主关于建筑性能的要求以及行政主管部门的意见等多种因素的影响。

地震地面运动水准不同，或者建筑性能水准不同，将得到不同的性能目标。但是，对

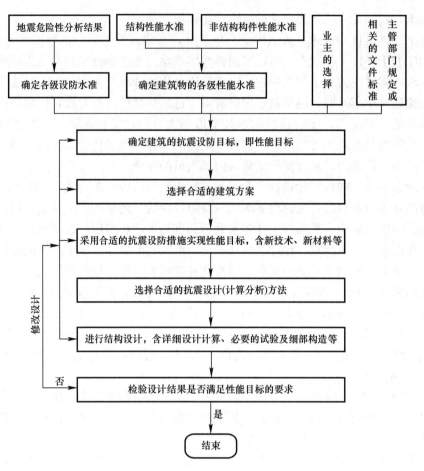

图 3.1.1　建筑结构基于性能抗震设计的基本流程框图

于基于性能的抗震设计标准来说，还是应该规定一些基本的性能目标要求来作为建筑抗震设防的最低标准。从规范的延续性以及我国工程设计人员的设计习惯考虑，确定建筑抗震的基本性能目标时，应充分考虑现行规范的三水准设防思想和不同重要性建筑抗震设防的区别对待对策。表 3.1.1 所示为各类建筑基本性能目标。

各类建筑的基本性能目标　　　　　　　　　　　表 3.1.1

地震动水准	建筑抗震设防分类			
	甲类	乙类	丙类	丁类
常遇地震（63.2%/50 年）	充分运行 1-A	充分运行 1-A	充分运行 1-A 基本运行 1-B	生命安全 3-C
基本地震（10.0%/50 年）	充分运行 1-A	基本运行 1-B	生命安全 3-C	防止倒塌 5-D
罕遇地震（2%～3%/50 年）	充分运行 1-A	生命安全 3-C	防止倒塌 5-D	—

（2）更高性能目标的确定方法

表 3.1.1 基于我国现行《建筑抗震设计规范》的三水准设防目标，即通常所说的"小震不坏、中震可修、大震不倒"，同时考虑建筑重要性的差别，给出了不同建筑抗震的基本性能目标。当然，我们也应该考虑到建筑的业主或当地行政主管部门会提出比表 3.1.1

更高的性能要求。对于这个问题，我们可以采用以下两种方法进行解决：

方法一：设定地震动水准不变，相应提高建筑的性能水准，或二者同时提高。

这一方法，不需要重新确定地震动参数，只需相应提高建筑性能水准即可，简便易操作，其缺点是可能会造成设防目标不太明确，不能直接从抗震性能目标上判断出防止倒塌等基本性能要求的概率水平。表 3.1.2 所示为按本方法确定的丙类建筑高等级性能目标组合。

本方法也是我国《建筑抗震设计规范》GB 50011—2010（2016 年版）第 3.10 节"建筑抗震性能化设计"采用的方法，表 3.1.3 所示该规范给定的预期性能目标描述。

按方法一确定的丙类建筑高等级性能目标组合 **表 3.1.2**

地震动水准	基本性能水准	可选择的高等级性能水准
常遇地震（63.2%/50 年）	充分运行 1-A、基本运行 1-B	1-A
基本地震（10.0%/50 年）	生命安全 3-C	3-B、2-D、2-C、2-B、2-A、1-C、1-B、1-A
罕遇地震（2%～3%/50 年）	防止倒塌 5-D	5-C、4-D、4-C、3-D、3-C、3-B、2-D、2-C、2-B、2-A、1-C、1-B、1-A

《建筑抗震设计规范》GB 50011—2010（2016 年版）给定的预期性能目标描述 **表 3.1.3**

地震水准	性能目标 1	性能目标 2	性能目标 3	性能目标 4
多遇地震	完好	完好	完好	完好
设防地震	完好，正常使用	基本完好，检修后继续使用	轻微损坏，简单修理后继续使用	轻微至接近中等损坏，变形＜$3[\Delta u_e]$
罕遇地震	基本完好，检修后继续使用	轻微至中等破坏，修复后继续使用	其破坏需加固后继续使用	接近严重破坏，大修后继续使用

方法二：设定建筑性能水准不变，相应提高地震动水准，或二者同时提高。

此方法的优点是保持建筑的基本性能水准不变，提高相应的地震动水准，设防目标明确，基本性能目标的设防概率含义清晰，其缺点就是需要重新确定相应概率水准的地震动参数，而要做到这一点就必须充分了解工程所在地的地震危险性特征。表 3.1.4 所示为按本方法确定的丙类建筑高等级性能目标示例。

按方法二确定丙类建筑高等级性能目标的示例 **表 3.1.4**

基本地震动水准	更高地震动水准	基本性能水准
常遇地震（63.2%/50 年）	20%/50 年	充分运行 1-A、基本运行 1-B
基本地震（10.0%/50 年）	5.0%/50 年	生命安全 3-C
罕遇地震（2%～3%/50 年）	1.0%/50 年	防止倒塌 5-D

2. 建筑结构方案与抗震设防措施

如图 3.1.1 所示，一旦选定了建筑抗震性能目标以后，就需要根据既定的目标来选择合适的建筑方案，确定采用适当的抗震设防措施来保证建筑性能目标的实现。从广义角度来说，为了使建筑物能达到既定的性能目标，可以采用以下三种措施：

（1）增加结构的强度和刚度，提高结构的抗震能力

这是比较传统的抗震设防措施，其要领在于"抗"，即通过增加结构构件断面面积、

增加构件配筋量等措施，提高结构的抗震能力。图 3.1.2 所示为两个丙类建筑的结构性能曲线，由图可知，结构 1 的弹性自振周期为 $T=1.91\mathrm{s}$，尽管它的能力谱曲线与我国现行规范 GB 50011—2001 中 7 度和 8 度小震的需求谱均能相交，但在 8 度小震（$\alpha_{\max}=0.16$）作用下结构 1 已进入后屈服状态，不能满足丙类建筑小震下的性能目标（充分运行 1-A 或基本运行 1-B）的要求；而结构 2 的自振周期为 1.08s，与结构 1 相比，刚度要大得多，在 8 度小震对于普通的建筑来说，由于其性能目标要求不太高，建筑结构体形相对比较简单，采用这种措施很容易满足选定的性能目标，而且结构造价也不会太高。但是，对于一些复杂的、重要的、特殊的建筑，由于其建筑结构体形复杂，性能目标要求不再是"小震不坏，中震可修，大震不倒"，而是要求"中震基本运行（不坏）、大震生命安全（可修）"，甚至于大震情况下要求建筑能够充分运行。这种情况下，仅仅采用加大截面、加强配筋等传统的抗震措施，已很难满足建筑物的性能目标要求，而且会造成经济上的极大浪费。此时就必须采用其他更为有效的措施，如基底隔震、消能减震等。

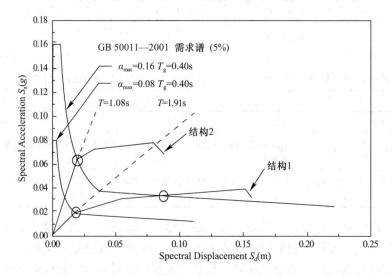

图 3.1.2　结构刚度对结构性能的影响

（2）采取隔震措施，减少地震能量输入

采取隔震措施就是在建筑结构的底部与基础之间设置一层隔震元件（如橡胶隔震垫等），从而使上部结构与底部隔震层形成一套完整的隔震体系。在地震作用下，隔震体系产生的变形中，绝大部分都集中在隔震层，而上部结构在隔震层上面近似于刚体平动，只产生很少的变形；同时，隔震元件还具有很好的耗能能力。因此，采用隔震措施可以大幅度地减少上部结构的地震能量输入，从而使上部结构得到有效的保护，达到性能目标的要求。正是如此，隔震技术经常在高烈度地区以及重要的工程中得到越来越广泛的运用。

图 3.1.3 所示为 9 度地区刚性建筑物进行基底隔震和未采用隔震措施的性能曲线，由图可知，未采用隔震措施时，结构的需求谱的阻尼比为 5%，尽管结构的性能曲线可以与 9 度小震（$\alpha_{\max}=0.32$）5% 阻尼需求谱相交，但此时结构已经进入后屈服状态，不能满足结构保持弹性的要求。采用隔震措施后，整个结构体系（包括隔震层）的自振周期由 0.67s 增大为 1.72s，结构变柔，而且整个结构体系的阻尼增大，一般可达 20% 左右，此

时结构需求谱的阻尼比可取为20%。由图示可知，采用隔震措施后，在9度小震作用下结构仍能保持弹性状态，满足相应的性能目标要求。

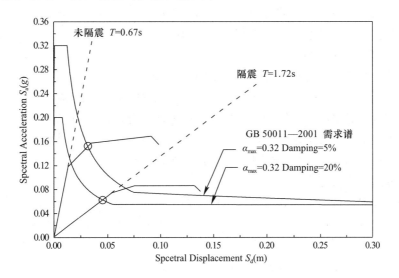

图3.1.3　隔震措施对结构性能的影响

一般来说，隔震技术在刚度相对较大、高度较低、质量较大的工程中应用是特别有效的，而对于一些质量较轻的柔性结构，其效果要差得多。

（3）采取消能减震措施，减小结构地震反应

采用消能减震措施，就是在结构中安装一些附加的能量耗散装置，地震过程中，通过这些装置来消耗地震输入的能量，增加结构体系的阻尼，从而减小结构的地震反应，使结构的整体侧移等指标满足相应的性能目标要求。图3.1.4所示为我国现行规范GB 50011—2001不同阻尼比的地震影响曲线之间的比值，由图可知，随着结构阻尼比的增加，规范规定的加速度反应谱曲线逐渐降低，结构所受的地震作用逐渐减小，因而，结构的层间位移角等性能指标更容易满足规范限值的要求。

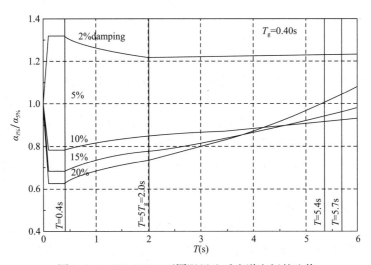

图3.1.4　GB 50011不同阻尼比反应谱之间的比值

一般情况下，由于消能减震技术的应用，这类结构都具有一些弹塑性变形的能力；而且，通常情况下，耗能装置是作为支撑框架的构件进行安装的。因此，在对这类结构进行计算分析时，除了要考虑耗能装置的耗能能力（阻尼）外，还应根据耗能装置的力学特性在结构分析模型中考虑其刚度（静力刚度或动力刚度）贡献。

3. 结构分析方法的选择

如前所述，在确定了建筑性能目标后，采用什么样的计算方法进行结构地震反应分析，就成为基于性能要求抗震设计的关键环节。不同性能水准的结构，它们的性能状态是不一样的，结构完好水准下，结构构件仍然保持弹性状态；在生命安全阶段下，结构已经进入了后屈服状态，具有明显的弹塑性特征。因此，对于建筑的不同性能目标要求，应该采用能够充分反映结构性能状态的计算方法进行结构分析。

（1）充分运行或完好水准

在这一水准中，结构构件和非结构构件均处于弹性状态，满足弹性设计的要求，可采用线性分析方法进行结构计算，计算过程中应考虑填充墙等非结构构件对建筑抗震的有利影响。具体方法可参照我国规范 GB 50011—2010（2016 年版）常遇地震下的结构分析方法，即基底剪力法、振型分解反应谱法以及弹性时程分析法等。

（2）基本运行水准

在这一水准中，结构构件处于弹性状态，部分非结构构件开始屈服或开裂，但结构构件仍满足弹性设计的要求，可采用线性分析方法进行结构计算。计算过程中，由于填充墙等非结构构件已开始屈服或开裂而逐步退出工作状态，不应再考虑其对建筑抗震的有利影响。具体方法可参照我国规范 GB 50011—2010（2016 年版）常遇地震下的结构分析方法，即基底剪力法、振型分解反应谱法以及弹性时程分析法等。

（3）生命安全水准

在这一水准中，主体结构处于后屈服状态，大部分非结构构件退出了工作状态。由于部分结构构件已经处于弹塑性状态，不满足弹性设计要求，应采用非线性分析方法进行结构计算。具体方法可参照 FEMA356、ATC-40 等规范的完全非线性时程分析方法以及简化的非线性静力方法（包括能力谱方法、位移系数方法以及割线刚度方法）等。当建筑结构的需能比（Demand-Capacity Ratios，DCRs）及规则性满足一定要求时，可以采用基于结构延性的等效线性分析方法进行结构计算。

（4）防止倒塌水准

在这一水准中，主体结构处于倒塌的边缘，绝大部分非结构构件退出了工作状态。由于部分结构构件已经处于弹塑性状态，不满足弹性设计要求，应采用非线性分析方法进行结构计算。具体方法可参照 FEMA356、ATC-40 等规范的完全非线性时程分析方法以及简化的非线性静力方法（包括能力谱方法、位移系数方法以及割线刚度方法）等。当建筑结构的需能比（Demand-Capacity Ratios，DCRs）及规则性满足一定要求时，可以采用基于结构延性的等效线性分析方法进行结构计算。

4. 抗震性能目标的评价与检验

如图 3.1.1 所示，在对结构进行设计以后，就需要对设计结果进行检验，以验证这样的结构是否能满足相应的性能目标要求。当然，建筑的性能目标要求可以有多种指标，比如构件应力、结构位移、结构延性、结构耗能指标以及非结构的破坏程度等，但是考虑到设计的可操作性以及相关设计理论的发展程度，目前绝大多数规范或相关文献仍然是采用结构位移作为评价结构性能的主要技术指标。

要对结构性能进行评价，就必须要有相应的评价标准，即必须有与结构性能水准相应的技术指标限值。而实际上，结构性能水准指标限值的确定，需要进行大量的试验研究、理论分析和统计工作，特别是地震震害的调查、统计工作。可以说，这已成为是目前阻碍基于性能要求抗震设计方法广泛使用的瓶颈之一。

ATC-40 在对试验结果和地震震害资料统计分析的基础上，以层间位移角为指标给出了混凝土结构各性能水准的整体指标限值（表 3.1.5），而 FEMA356 则根据结构材料、结构类型以及分析方法的不同，直接给出了结构构件在不同性能水准下可以接受的标准。

我国《建筑抗震设计规范》在 2010 版修订时，基于国内超限高层的审查经验，给出了性能化抗震设计的原则规定。为了便于设计人员的操作和实施，GB 50011—2010（2016年版）在条文说明中进一步给出了结构竖向构件对应于不同破坏状态的最大层间位移角的参考控制指标（表 3.1.6）。

ATC-40 混凝土结构各级性能水准的层间位移角限值　　　表 3.1.5

层间位移角	性能水准（Performance Level）			
	Immediate Occupancy	Damage Control	Life Safety	Structural Stability
最大总位移角	0.01	0.01～0.02	0.02	$0.33V_i/P_i$
最大弹塑性位移角	0.005	0.005～0.015	不限	不限

注：V_i 为第 i 层的总剪力，P_i 为第 i 层的总重力。

GB 50011—2010 竖向构件对应于不同破坏状态的最大层间位移角参考控制目标　表 3.1.6

结构类型	完好	轻微损坏	中等破坏	不严重破坏
钢筋混凝土框架	1/550	1/250	1/120	1/60
钢筋混凝土抗震墙、筒中筒	1/1000	1/500	1/250	1/135
钢筋混凝土框架-抗震墙、板柱-抗震墙、框架-核心筒	1/800	1/400	1/200	1/110
钢筋混凝土框支层	1/1000	1/500	1/250	1/135
钢结构	1/300	1/200	1/100	1/55
钢框架-混凝土内筒、型钢混凝土框架-混凝土内筒	1/800	1/400	1/200	1/110

3.1.3　工业建筑动态多目标设计的实用方法

工业建筑是国民经济的重要支柱，地震破坏的后果与影响也随着社会经济的发展呈现越来越严重的趋势，1999 年 9 月 21 日中国台湾集集地震，电力系统的破坏直接导致众多的电脑芯片生产厂家停产，一度造成世界范围内计算机市场的动荡，经济损失和社会影响巨大。因此，工业建筑的抗震设防需求也在随着社会经济的发展变化而不断提高，对于一些重要的工业建筑，仅仅按照常规的"小震不坏、中震可修、大震不倒"三水准目标进行设防，已不能满足社会和经济发展的需要。

针对工业建筑抗震设防的多样性需求，兼顾投资效益，基于前文所述的动态多目标抗震设防理，建立了工业建筑适用的一般建筑保人员、重要设备保安全、关键工序保生产、致灾建筑防次生灾害的动态多目标抗震设防理论，并创建了集承载力、刚度、延性整体匹配的实用设计方法，现阐述如下。

1. 可供选择的性能目标

基于动态多目标的抗震性能化设计，要想在工程实践中得到推广和应用，就必须具备可操作性，即必须具有相对定量的预期地震水准、可量化的结构破坏状态，以及实现预期目标的可实施手段。

（1）关于预期地震水准的量化

鉴于地震具有很大的不确定性，性能化设计首先需要估计在结构设计使用年限内可能遭遇的各种水准的地震影响，通常可取规范所规定的三个水准的地震影响，在必要时还需要考虑近场地震的影响。结构设计使用年限是国务院发布的《建设工程质量管理条例》规定的在设计时考虑施工完成后正常使用、正常维护情况下不需要大修仍可完成预定功能的保修年限，国内外的一般建筑结构均取 50 年。结构抗震设计的基准期是抗震规范确定地震作用取值时选用的统计时间参数，也取为 50 年，即地震发生的超越概率是按 50 年统计的。对于设计使用年限不同于 50 年的结构，其地震作用需要适当调整，取值经专门研究提出并按规定的权限批准后确定。当缺乏当地的相关资料时，可参考《建筑工程抗震性态设计通则（试用）》的附录 A，其调整系数的范围大体是：设计使用年限 70 年，取 1.15～1.2；100 年取 1.3～1.4。

（2）关于结构破坏状态的量化

建筑结构遭遇各种水准的地震影响时，其可能的损坏状态和继续使用的可能，通常采用与"89 规范"配套的《建筑地震破坏等级划分标准》（建设部 90 建抗字 377 号）作为评判的依据。该文件已经明确划分了多类房屋（普通砖房、混凝土框架、底层框架砖房、单层工业厂房、单层空旷房屋等）的地震破坏分级和地震直接经济损失估计方法，总体上可分为表 3.1.7 所示的五级，与此后国外标准的相关描述不完全相同。

建筑地震破坏等级划分简表

表 3.1.7

名称	破坏描述	继续使用的可能性	变形参考值
基本完好（含完好）	承重构件完好；个别非承重构件轻微损坏；附属构件有不同程度破坏	一般不需修理即可继续使用	$<[\Delta u_e]$
轻微损坏	个别承重构件轻微裂缝（对钢结构构件指残余变形），个别非承重构件明显破坏；附属构件有不同程度破坏	不需修理或需稍加修理，仍可继续使用	$1.5\sim2[\Delta u_e]$
中等破坏	多数承重构件轻微裂缝（或残余变形），部分明显裂缝（或残余变形）；个别非承重构件严重破坏	需一般修理，采取安全措施后可适当使用	$3\sim4[\Delta u_e]$
严重破坏	多数承重构件严重破坏或部分倒塌	应排险大修，局部拆除	$<0.9[\Delta u_p]$
倒塌	多数承重构件倒塌	需拆除	$>[\Delta u_p]$

注：1. 个别指 5%以下，部分指 30%以下，多数指 50%以下。
2. 中等破坏的变形参考值，大致取规范弹性和弹塑性位移角限值的平均值，轻微损坏取 1/2 平均值。

（3）工业建筑的可选性能目标

对于每个预期水准的地震，结构的破坏和可否继续使用的情况均可参照上述等级加以划分，结合具体工程抗震防灾需求差异，工业建筑在不同地震水准下可供选择的性能目标可大致归纳为表 3.1.8 所示的四个性能目标。

地震水准	设防目标（适用对象）			
	防次生灾害（致灾建筑）	生产安全（关键工序建筑）	设备安全（含重大设备建筑）	人员安全（一般建筑）
多遇地震	完好	完好	完好	完好
设防地震	完好，正常使用	基本完好，检修后继续使用	轻微损坏，简单修理后继续使用	轻微至接近中等损坏，变形<3[Δu_e]
罕遇地震	基本完好，检修后继续使用	轻微至中等破坏，修复后继续使用	其破坏需加固后继续使用	接近严重破坏，大修后继续使用

表 3.1.8 中有关完好、基本完好、轻微损坏、中等破坏和接近严重破坏相应的构件承载力和变形状态可描述如下：

完好，即所有构件保持弹性状态，各种承载力设计值（拉、压、弯、剪、压弯、拉弯、稳定等）满足规范对抗震承载力的要求 $S<R/\gamma_{RE}$，层间变形（以弯曲变形为主的结构宜扣除整体弯曲变形）满足规范多遇地震下的位移角限值 [Δu_e]。显然，这是各种预期性能目标在多遇地震下的基本要求——多遇地震下必须满足规范所规定的承载力和弹性变形的要求。

基本完好，即构件基本保持弹性状态，各种承载力设计值基本满足规范对抗震承载力的要求 $S\leqslant R/\gamma_{RE}$（其中的效应 S 不含抗震等级的调整系数），层间变形可能略微超过弹性变形限值。

轻微损坏，即结构构件可能出现轻微的塑性变形，但不达到屈服状态，按材料标准值计算的承载力大于作用标准组合的效应。

中等破坏，部分结构构件出现明显的塑性变形，但总体上控制在一般加固即可恢复使用的范围。

接近严重破坏，结构多数关键的竖向构件出现明显的残余变形，部分水平构件可能失效需要更换，经过大修加固后可恢复使用。

2. 动态多目标的设计对策

为实现上述性能目标，需要落实到具体设计指标，即各个地震水准下构件的承载力、变形和细部构造的指标。仅提高承载力时，安全性有相应提高，但使用上的变形要求不一定满足；仅提高变形能力，则结构在小震、中震下的损坏情况大致没有改变，但抗御大震倒塌的能力提高。因此，性能设计目标往往侧重于通过提高承载力推迟结构进入塑性工作阶段并减少塑性变形，必要时还需同时提高刚度以满足使用功能的变形要求，而变形能力的要求——抗震延性构造可根据结构及其构件在中震、大震下进入弹塑性的程度加以调整（表 3.1.9）。例如：

工业建筑动态多目标设计对策　　　　　　　　　　　　　　表 3.1.9

设防目标（适用对象）	承载力复核要求	大震变形	延性要求
防次生灾害（致灾建筑）	大震，设计值	1.1[δ_e]	降低二度，不低于 6 度
生产安全（关键工序建筑）	中震，设计值；大震，极限值	2.0[δ_e]	降低一度，不低于 6 度
设备安全（含重大设备建筑）	中震，标准值；大震，0.95 倍极限值	4.0[δ_e]	常规设计
人员安全（一般建筑）	中震，极限值；大震，0.90 倍极限值	0.9[δ_p]	常规设计

注：[δ_e]、[δ_p] 分别为现行规范规定的弹性和弹塑性变形限值。

（1）对于防次生灾害目标，结构构件在预期大震下仍基本处于弹性状态，则其细部构造仅需要满足最基本的构造要求，工程实例表明，采用隔震、减震技术或低烈度设防且风力很大时有可能实现；条件许可时，也可对某些关键构件提出这个性能目标。

（2）对于生产安全目标，结构构件在中震下完好，在预期大震下可能屈服，其细部构造需满足低延性的要求。例如，某6度设防的核心筒-外框结构，其风力是小震的2.4倍，风荷载下的层间位移是小震的2.5倍。结构所有构件的承载力和层间位移均可满足中震（不计入风载效应组合）的设计要求；考虑水平构件在大震下损坏使刚度降低和阻尼加大，按等效线性化方法估算，竖向构件的最小极限承载力仍可满足大震下的验算要求。

（3）对于设备安全目标，在中震下已有轻微塑性变形，大震下有明显的塑性变形，因而，其细部构造需要满足中等延性的构造要求。

（4）对于人员安全目标，结构总体的抗震承载力仅略高于一般情况，因而，其细部构造仍需满足高延性的要求。

3. 设计计算的注意事项

抗震性能化设计时，计算分析的主要工具是结构的弹塑性分析。一般情况，应考虑构件在强烈地震下进入弹塑性工作阶段和重力二阶效应。鉴于目前的构件弹塑性参数、分析软件对构件裂缝的闭合状态和残余变形、结构自身阻尼系数、施工图中构件实际截面、配筋与计算取值的差异等的处理，还需要进一步研究和改进，当预期的弹塑性变形不大时，可利用等效阻尼等模型简化估算。为了判断弹塑性计算结果的可靠程度，建议借助于理想弹性假定的计算结果，从下列几方面进行工程上的综合分析和判断：

（1）结构弹塑性计算所采用的计算模型，一般可以比结构在多遇地震下反应谱计算时的分析模型有所简化，但二者在弹性阶段的主要计算结果应基本相同。即，从工程所允许的误差程度看，两种模型的嵌固端、主要振动周期、振型和总地震作用应一致。若计算得到的结果明显异常，则计算方法或计算参数存在问题，需仔细复核、排除。

（2）弹塑性阶段，结构构件和整个结构实际具有的抵抗地震作用的承载力是客观存在的，在计算模型合理时，不因计算方法、输入地震波形的不同而改变。整个结构客观存在的、实际具有的最大受剪承载力（底部总剪力）应控制在合理的、经济上可接受的范围，不需要接近更不可能超过按同样阻尼比的理想弹性假定计算的大震剪力，如果弹塑性计算的结果超过，则该计算的方法、弹塑性计算参数等需认真检查、复核，判断其合理性。

（3）进入弹塑性变形阶段的薄弱部位会出现某种程度的塑性变形集中。由于薄弱楼层和非薄弱楼层之间的塑性内力重分布，在大震下结构薄弱楼层的层间位移（以弯曲变形为主的结构宜扣除整体弯曲变形）应大于按同样阻尼比的理想弹性假定计算的该部位大震的层间位移；如果明显小于此值，则该位移数据需认真检查、复核，判断其合理性。需要注意，由于薄弱楼层和非薄弱楼层之间的塑性内力重分布，大震下非薄弱层的层间位移要小于按理想弹性假定计算的层间位移，使结构顶点弹塑性位移随结构进入弹塑性程度而变化的规律，与薄弱层弹塑性层间位移的上述变化规律是不相同的，结构顶点的弹塑性位移一般明显小于按理想弹性假定计算的位移。

（4）薄弱部位可借助于上下相邻楼层或主要竖向构件的屈服强度系数（其计算方法参

见抗震规范第5.5.2条的说明）的比较予以复核。结构弹塑性时程分析表明，不同的逐步积分方法、不同的波形，尽管彼此计算的承载力、位移、进入塑性变形的程度差别较大，但发现的薄弱部位一般相同——屈服强度系数相对较小的楼层或部位。

（5）影响弹塑性位移计算结果的因素很多，现阶段，其计算值的离散性，与承载力计算的离散性相比较大。注意到常规设计中，考虑到小震弹性时程分析的波形样本数量较少，而且计算的位移多数明显小于反应谱法的计算结果，需要以反应谱法为基础进行对比分析；大震弹塑性时程分析时，由于阻尼的处理方法不够完善，波形的数量也较少（建议尽可能增加数量，如不少于7条；数量较少时宜取包络），不宜直接把计算的弹塑性位移值视为结构实际弹塑性位移，建议借助小震的反应谱法计算结果进行分析。例如，按下列方法确定其层间位移参考数值：用同一软件、同一波形进行小震弹性和大震弹塑性的计算，得到同一波形、同一部位弹塑性位移（层间位移）与小震弹性位移（层间位移）的比值，然后将此比值取平均或包络值，再乘以反应谱法计算的该部位小震位移（层间位移），从而得到大震下该部位的弹塑性位移（层间位移）的参考值。

4. 抗侧力构件基于不同目标的实用设计方法

结构构件在地震中的破坏程度，可借助构件的变形和承载力的状态予以适当的定量化，作为性能设计的参考指标。

（1）关于变形验算

中等破坏时竖向构件变形的参考值，大致可取为规范弹性限值和弹塑性限值的平均值；构件接近极限承载力时，其变形比中等破坏小些；轻微损坏，构件处于开裂状态，大致取中等破坏的一半。不严重破坏，大致取为规范不倒塌的弹塑性变形限值的90%。

不同性能要求的位移及其延性要求，对于非隔震、减震结构参见图3.1.5。从中可见：防次生灾害目标，在罕遇地震时层间位移可按线性弹性计算，约为［Δu_e］，震后基本不存在残余变形；生产安全目标，震时位移小于2［Δu_e］，震后残余变形小于0.5［Δu_e］；设备安全目标，考虑阻尼有所增加，震时位移约为（4～5）［Δu_e］，按退化刚度估计震后残余变形约［Δu_e］；人员安全目标，考虑等效阻尼加大和刚度退化，震时位移约为（7～8）［Δu_e］，震后残余变形约2［Δu_e］。

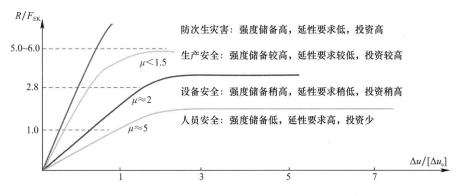

图3.1.5　工业建筑动态多目标设防简图

地震作用下构件弹塑性变形计算时，必须依据其实际的承载力——取材料强度标准值、实际截面尺寸（含钢筋截面）、轴向力等计算，考虑地震强度的不确定性，构件材料动静强度的差异等因素的影响，从工程允许的误差范围看，构件弹塑性参数可仍按杆件模型适当简化，参照 IBC 的规定，建议混凝土构件的初始刚度至少取短期刚度，一般按 $0.85E_cI_0$ 简化计算。

结构的竖向构件在不同破坏状态下层间位移角的参考控制目标，若依据试验结果并扣除整体转动影响，墙体的控制值要远小于框架柱。从工程应用的角度，参照常规设计时各楼层最大层间位移角的限值，若干结构类型变形最大的楼层中竖向构件最大位移角限值参见表 3.1.6。

（2）关于延性构造措施

从抗震能力的等能量原理，当承载力提高一倍时，延性要求减少一半，故构造措施所对应的抗震等级大致可按降低一度的规定采用。延性的细部构造，对混凝土构件主要指箍筋、边缘构件和轴压比等构造，不包括影响正截面承载力的纵向受力钢筋的构造要求；对钢结构构件主要指长细比、板件宽厚比、加劲肋等构造。

（3）关于承载力验算

实现不同性能要求的构件承载力验算表达式，分为设计值复核、标准值复核和极限值复核。其中，中震和大震均不再考虑地震效应与风荷载效应的组合。

1）设计值复核，计算公式如下：

$$\gamma_G S_{GE} + \gamma_E S_{Ek}(I,\lambda,\zeta) \leqslant R/\gamma_{RE} \tag{3.1.1}$$

式中 I——表示不同水准的地震动，隔震结构可包含水平向减震影响；

λ——表示抗震等级的地震效应调整系数，不计入时取 1.0；

ζ——考虑部分次要构件进入塑性的刚度降低或消能减震结构附加的阻尼影响。

该公式需计入作用分项系数、抗力的材料分项系数、承载力抗震调整系数，当计入和不计入不同抗震等级的内力调整系数时，其安全性的高低略有区别。

2）标准值复核，计算公式如下：

$$S_{GE} + S_{Ek}(I,\zeta) \leqslant R_k \tag{3.1.2}$$

式中 R_k——按材料强度标准值计算的承载力。

该公式不计入作用分项系数、承载力抗震调整系数和内力调整系数，且材料强度取标准值。对于地震作用标准值效应，当考虑双向水平地震和竖向地震的组合时，双向水平地震作用效应按 1∶0.85 的平方和方根组合，水平与竖向的地震作用效应按 1∶0.4 组合（大跨空间结构的屋盖按 0.4∶1 组合）。

3）极限值复核，计算公式如下：

$$S_{GE} + S_{Ek}(I,\zeta) < R_u \tag{3.1.3}$$

式中 R_u——按材料强度最小极限值计算的承载力。

该公式不计入作用分项系数、承载力抗震调整系数和内力调整系数，但材料强度取最小极限值。即，钢材强度的最小极限值 f_u 按《钢结构设计标准》的说明采用，约为钢材屈服强度 f_{ay} 的 1.35～1.5 倍，不同的钢种有所差异；钢筋强度的最小极限值参照标准，取钢筋屈服强度标准值 f_{yk} 的 1.3 倍；混凝土强度最小极限值参照《混凝土结构设计规范》4.1.3 条的说明，考虑实际结构混凝土强度与试件混凝土强度的差异，取立方强度的 0.88 倍，约为混凝土抗压强度标准值 f_{ck} 的 1.3 倍。

3.2 层次化抗震设计理论

3.2.1 "9·11事件"及建筑结构冗余度理论的兴起

在2001年"9·11"事件之前，关于建筑结构的冗余理论研究很少，这种状况在"9·11"事件后才有所改观。"9·11"事件后，美国、日本率先开始了建筑结构领域关于冗余度的广泛讨论与研究，认为冗余度应该成为结构设计中必须考虑的概念之一。

1. "9·11"事件及世贸中心倒塌原因分析

纽约世贸中心是纽约市曼哈顿岛南端一组建筑群的总称，它汇集了各种类型的从事国际贸易的私人公司和公共机构。世贸中心由7幢建筑组成，包括2幢110层的高层建筑、4幢8～22层建筑，以及1幢大街对面的47层高的建筑。这个建筑群的地下室深达6层。工程始建于1966年，于1973年竣工。

2001年9月11日，美国航空公司（American Airline）11号航班的波音767飞机遭到劫持，于早晨8：45几乎水平地撞上了世贸中心的北楼（WTC 1）侧面，撞击部位位于94～98层。18分钟后，联合航空（United Airline）175号航班的波音767飞机沿对角方向撞上了世贸中心南楼的（WTC 2）东面，撞击部位为78～82层。早晨9：50，南楼受冲击层的上部开始倾斜，随后上部向下部的坍塌引起了连续性坍塌。早晨10：28，北楼的天线倒塌后，上部向下部的坍塌也引起了连续性坍塌。这两幢楼倒塌所造成的破坏不仅影响了世贸中心区域，也殃及了周边建筑。

根据美国政府的调查报告（FEMA报告），喷气机燃料在撞击发生后燃烧了数分钟，由于燃料因重力作用向低层流动，点燃了多处物体，使得若干层楼都发生了火灾。报告指出，受影响楼层中的家具、器皿、文档和其他物品长时间的燃烧所产生的火和热是导致世贸中心倒塌的直接原因。

从结构角度而言，首先，撞击导致外框筒柱和内框筒柱的破坏，同时伴随着楼层的坍塌；其次，以角钢做弦杆、圆钢做腹杆的楼面桁架受热膨胀，发生悬链线形的较大挠曲，并开始坍塌；同时，内外框筒柱受到高温影响，其材料的杨氏弹性模量和强度降低；接下来，由于楼板的坍塌，原先以楼板为水平支承保持稳定的柱子由于失去了支承导致无约束长度增大，从而失去了承受竖直荷载的能力；最后，已遭受冲击的上部楼层跌落数米至更低楼层上，而该楼层无法承受其上所有荷载，导致结构发生了连续性的坍塌。

世贸中心两幢塔楼的上部均有刚度很大的巨型伸臂桁架，该桁架有6层楼高，沿内筒平面共计4樘，从而大大增强了核心框架与外围结构的整体性。由于采用了外围密柱抗弯框架结构和巨型伸臂桁架结构，使得结构由局部坍塌到整体逐步倒塌的时间大大延长了。

自从世贸中心倒塌以后，不仅仅在美国，在日本也引起了关于结构冗余度的广泛讨论，认为冗余度应该成为结构设计中必须考虑的概念之一。世贸中心的两幢楼（WTC 1和WTC 2）在受到撞击以后持续站立了1小时的事实说明，这两幢楼具有足够的冗余度。但是，两幢楼在经历了长时间的燃烧后以自由降落的方式倒塌的情形是一种连续性的倒塌，又不是典型的具有充分冗余度的建筑的特征。

街区对面的 WTC 7 是一个在低层部位安放发电设备、燃料储藏设备和电力传输设备的建筑。它最终的倒塌是由结构物起火伴随屋内设施的燃烧，以及事发后长达 7 小时内没有得到灭火救助等多方面的因素造成的。发电设备用房采用的是大跨度框架结构，其巨型转换梁支承着上部结构的柱子。该框架由于长时间处于高温环境中，从而丧失了承载能力，并导致整个建筑物的连续性倒塌。WTC 7 由于持续时间长达数小时的大规模火灾而倒塌震惊了相关领域的专家。

2. 建筑结构冗余度理论的兴起

美国"9·11"事件的政府调查报告在研究了世贸中心的倒塌过程后，针对"9·11"事件灾难后果，从房屋建筑角度提出了 17 个防范措施和观点，其中位列第一的就是结构具有鲁棒性和冗余度的重要性。而纽约市建筑署所辖的美国世贸中心建筑规范特别行动小组，则根据世贸中心倒塌研究结果，于 2003 年提出了对结构设计和施工的若干建议，其中关于结构设计方面的建议有 11 条，前三条分别为：发布针对结构连续性破坏的结构强度设计指南、禁止在高度超过 75 英尺（约 23m）的新建高层商业建筑中采用空腹桁架、在楼梯间以及电梯井道采用抗冲击的材料。

"9·11"事件导致了灾难性后果，但另一方面也促进了冗余度理论在建筑结构领域的快速发展。2002 年，受"9·11"事件影响，日本钢结构协会（JSSC）设立了"高层建筑钢结构冗余度研究委员会"，开始对钢结构房屋冗余度进行研究，并在日本钢铁联盟（JISF）指导和美国高层建筑和城市住宅理事会（CTBUH）协助下完成了《高冗余度钢结构倒塌控制设计指南》一书，反映了日本在此专题领域的最新研究成果。该书提供了评价高层结构冗余度的方法，并探讨了如何在最大程度节省费用的前提下提高结构的冗余度。

在欧美各国的现行规范中，也开始有关于结构冗余度的规定。美国统一设施准则UFC 4-023-03：2005 中规定，建筑物必须有能力跨越概念上已从结构中移除的、特定的竖向承重构件，即结构必须有较高的冗余度。美国公共事务管理局连续倒塌的分析与设计导则（GSA Progressive Collapse Analysis and Design Guidelines）中强调，结构应具有高冗余度和多传力途径。欧洲规范 EN1991-1-7：2006 中规定，结构要具有较高的冗余度以便于偶然事件发生时荷载作用通过可替代的传递路径转移到其他构件。

2008 年汶川大地震造成了重大灾难性后果，引起了国内学者对强烈地震下建筑结构的抗倒塌能力的研究和关注，进一步推动了冗余度理论在工程抗震领域的发展和应用。

3.2.2 建筑抗震冗余度的基本概念及冗余设计的必要性

1. 抗震冗余度的基本概念

一般来说，基于事物安全需要而设置的冗余度，一般包含两层意思，一是事物承载体具有超出基本安全需求的富余度，比如为了确保建筑结构在未来地震中的安全性，将建筑结构的实际抗震承载能力人为提高至相关规范要求以上的某个水平，即确保建筑抗震承载能力具有足够的富余度；二是事物承载体的备份或替代，比如，为了减少或避免大地震建筑结构倒塌造成人员伤亡，在建筑抗侧力体系之外，人为设置额外的抗侧力构件以便在主要的抗侧力体系遭受损伤或破坏后，接替抵抗地震作用，延长建筑倒塌破坏的时间，确保人员安全撤离。

因此，建筑抗震冗余度包含两个方面的内容：一是建筑抗震承载能力的冗余度，即建筑抗震承载能力的安全储备；二是建筑结构抗侧力体系的备份和替代，即通常所谓的多道防线概念。

2. 建筑抗震冗余设计的必要性

对于建筑抗震设计来说，防止倒塌是我们的最低目标，也是最重要和必须要得到保证的要求。因此，从防止房屋建筑的地震倒塌角度来说，增加建筑抗震的冗余度是十分必要的。如上所述，增加建筑抗震冗余度大致有两种途径：

途径一： 大幅度提高建筑抗震承载能力的安全储备。比如由小震弹性设计提高为中震弹性，甚至大震弹性等。但是，这种做法会全面提高建筑抗震体系的设计标准，经济代价较高，而且也只是针对既定的或预期的地震动水准而言，一旦实际地震强度超出预期地震动水准（设计标准），房屋建筑倒塌的概率会大幅度增加。

途径二： 设置多层次的抗侧力体系。充分利用房屋建筑中建筑构件和结构构件设置多层次的抗侧力体系，使房屋建筑具备多道抗震防线，在较小的经济代价下，可大幅度提高房屋建筑的防地震倒塌能力。

一次巨大地震产生的地面运动，能造成建筑物破坏的强震持续时间，少则几秒，多则几十秒，有时甚至更长（比如汶川地震的强震持续时间达到 80 秒以上）。如此长时间的震动，一个接一个的强脉冲对建筑物产生往复式的冲击，造成积累式的破坏。如果建筑物采用的是仅有一道防线的结构体系，一旦该防线破坏后，在后续地面运动的作用下，就会导致建筑物的倒塌。特别是当建筑物的自振周期与地震动卓越周期相近时，建筑物会由此而发生共振，更加速其倒塌进程。如果建筑物采用的是多层次的抗侧力体系，第一道防线的抗侧力构件破坏后，后备的第二道乃至第三道防线的抗侧力构件立即接替，抵挡住后续的地震冲击，进而保证建筑物的最低限度安全，避免倒塌。在遇到建筑物基本周期与地震动卓越周期相近的情况时，多道防线就显示出其良好的抗震性能。当第一道防线因共振破坏后，第二道接替工作，建筑物的自振周期将出现大幅度变化，与地震动的卓越周期错开，避免出现持续的共振，从而减轻地震的破坏作用。因此，设置合理的多层次抗侧力体系，是增加建筑抗震冗余度、提高建筑抗震能力、减轻地震破坏的必要手段，也是可行的技术措施。

3.2.3 工业建筑抗震冗余设计方法

1. 建筑抗震冗余设计的主要内容

如前所述，建筑冗余度设置的目的是基于建筑抗震安全，为延缓或推迟建筑结构在预期的大地震作用下的倒塌进程，进而达到保护人员生命安全、减轻财产损失的目的而设置。归纳起来，建筑抗震冗余度大致包含以下两个方面的内容：

第一，抗震承载能力的冗余度，是指抗侧力体系应具有足够的抗震安全裕度。对于预期的地震动水准，抗侧力体系的抗震承载能力不应低于相应的承载需求。具体到工程设计时，抗侧力体系的设计内力应在计算分析数值的基础上，考虑安全冗余度进行适当放大调整。

第二，抗震体系的冗余度，是指建筑结构应具有多层次的抗震体系，当上一层次的抗震体系遭受损伤或破坏而刚度退化（或退出工作）时，下一层次的抗震体系可以接替工作，抵御后续的地震作用，避免房屋建筑过早的破坏或倒塌。

73

因此，从总体上看，建筑抗震冗余设计包含了两个层面的内容：（1）建筑结构布局层面，做好建筑结构的刚度布局，构建多层次的建筑结构灾害防御体系；（2）构件层面，为不同层次构件匹配相应的抗震强度，即根据构件在防御体系中的层级不同，设置不同的强度设计标准，保证多层次防御体系的实现。图3.2.1所示为建筑抗震冗余设计的基本层次框图。

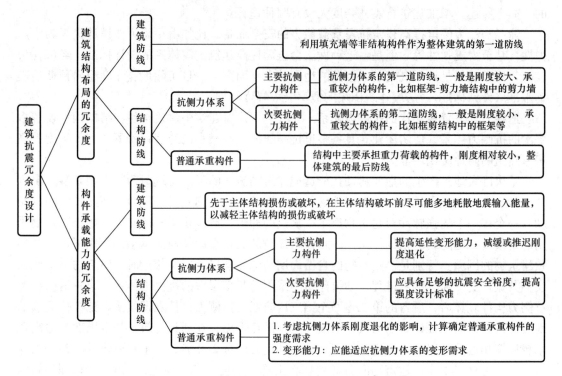

图3.2.1　建筑抗震冗余设计的基本层次框图

2. 工业建筑抗震防线的层次布局

在建筑结构布局层面，应充分利用工业建筑的围护墙等非结构构件，同时，结合使用功能优化结构布局，使建筑结构的地震灾害防御体系层次化、梯队化。

（1）建筑防线的设置

进行建筑结构布局时，结构工程师应与建筑师密切配合，充分利用建筑非结构构件，尤其是建筑的围护墙、隔墙和填充墙等，在对其自身及与主体结构连接的抗震性能改善后，将其作为建筑抗震的第一道防线（梯队）。该道防线主要是对建筑非结构构件进行"废物化利用"处理，因此，称之为建筑防线，其主要作用是先于主体结构损伤或破坏，在主体结构破坏前尽可能多地耗散地震输入能量，以减轻主体结构的损伤或破坏。

鉴于大地震中砌体填充墙的大量破坏（图3.2.2）及其导致的主体结构破坏情况（图3.2.3），建议采用现浇的、少配筋混凝土墙作为混凝土结构的填充墙，这样做的好处是：①可有效减少填充墙体的破坏情况和破坏程度；②减轻或改善填充墙对主体结构的不利影响；③增加建筑结构的地震灾害防御体系的层次。这也是目前日本钢筋混凝土框架结构填充墙的通行做法。图3.2.4所示为近期强震中日本框架结构中非结构墙体的破坏情况，虽然损伤破坏严重，但并未出现填充墙大量倒塌、堵塞逃生通道的现象；与此同时，由于现浇配筋填充墙的损伤、破坏，消耗了大量地震输入能量，避免了主体结构的严重破坏。而且，与砌体填充墙相比，此类填充墙的震后修复也要简单、容易得多，修复代价要小得多。

图 3.2.2　汶川地震中，大量的非结构构件倒塌破坏

(a)　　　　　　　　　　　　　　　(b)

图 3.2.3　填充墙不当布置导致的主体结构构件破坏
(a) 填充墙不合理砌筑导致短柱破坏；(b) 填充墙导致柱上端冲剪破坏

图 3.2.4　2011 年日本"3·11"地震中框架结构非结构墙体的地震破坏情况

（2）结构防线的布局与构建

目前，我国工程界一个比较重要的设计理念是将结构的所有竖向构件均作为抗侧力构件，采用相同或相近的设计标准，各构件的抗震能力与抗震需求的比值基本是一样的，亦

即结构各构件之间的抗地震破坏能力基本无差别。因此，建筑结构在强烈地震下一旦出现损伤，就有可能出现大量的破坏部位，进而导致结构的抗震能力衰减过快，易损性高。事实上，依据建筑抗震冗余度理论，对于结构构件可以采取区别对待的办法，根据构件的重要性不同采用不同的设计对策，加大各组构件之间抗地震破坏能力的差别，进而为建筑抗震安全留设足够的冗余度。具体来说，可按下述方法实现之。

1）结构构件的差异化处置，构建合理的结构防线层次体系

构置结构防线时，首先应根据刚度相对大小、重力荷载的承担情况等对结构构件其次应采取区别对待的对策，根据分组的不同采取用不同的设计目标和对策，借以实现结构防线的层次化。

对于采用现浇或装配整体式钢筋混凝土楼盖等刚性楼盖的建筑结构，可将承担重力荷载较小、刚度较大的构件分为一组，作为结构的主要抗侧力构件，组成结构的抗侧力体系，原则上，要求承担全部楼层地震作用；其余构件作为结构的普通承重构件，即次要抗侧力构件，不考虑其对整体结构抗震能力的贡献，但要求其能够适应适应抗侧力体系的变形需求，同时，在主要抗侧力体系损伤退化或退出工作后，仍具有足够的竖向承载能力和抗震能力。比如，对于钢筋混凝土框架结构，可将其中承担重力荷载较小的若干榀框架，设置为结构的抗侧力构件，进而组成结构的抗侧力体系，由其承担结构的全部地震作用；其余框架作为普通的承重框架，核定整体建筑的抗震能力时，该部分框架的抗震能力不计入，但这些框架应能适应适应抗侧力体系的变形需求，同时，具有足够的竖向承载能力和抗震能力。对于钢筋混凝土抗震墙结构来说，可将其中若干承重较小、刚度较大的墙段作为主要抗侧力构件，组成结构的抗侧力体系，承担结构的全部地震作用；其余承重较大或强度较小的墙段，以及个别柱子等构件作为普通承重构件。对于钢筋混凝土框架-抗震墙结构、框架-核心筒结构来说，可将其中承重相对较小的若干榀框架以及刚度较大的抗震墙（核心筒）等构件作为结构的主要抗侧力构件，组成结构的抗侧力体系——框架-抗震墙体系（或框架-核心筒体系）；其余框架为普通承重构件。

对于采用木楼盖等柔性楼盖的建筑结构，其地震作用主要按抗侧力构件从属面积上的重力荷载代表值的比例分配，承担重力荷载较大的构件同时也是主要的抗侧力构件。对于此类建筑，前述的抗震体系层次化原则仍然是适用的，只是相应的构件设计目标和对策需要进行针对性调整：①承担重力荷载较大的构件同时也是主要的抗侧力构件，在结构体系中居于主要地位，是结构抗震体系的最后一道防线，其设计要点在于强度设计，即尽可能提高此类构件的抗震强度储备，一般情况下要求此组构件能够承担结构的全部地震作用，同时，还应适当加大构件截面尺寸，以降低竖向构件的承重负担（轴压比），并严格控制地震作用下的变形，以控制结构在预期罕遇地震作用下的损伤程度；②承重较小的一组构件分担的地震作用也相对较小，在结构体系中处于次要地位，工程设计时可按照抗震次要构件进行设计，要求其在主要承重构件之前进入屈服状态，其设计要点在于延性设计，即尽可能地改善和提高构件的弹塑性变形能力，至于强度只需满足计算的地震作用需求即可，这样处理的目的是保证地震时该组构件首先达到屈服状态，且在主要承重构件达到屈服极限之前不丧失承载能力。

工业建筑中量大面广的是层高较高、跨度较大、屋盖刚度较小的各类单层工业厂房，此类建筑的地震作用分配方式与上述柔性屋盖建筑类似，抗震冗余度设计方法可参照柔性

屋盖建筑执行。

2）抗侧力体系的优化配置，形成延性屈服机制

对于结构的抗侧力体系而言，同样可以基于冗余度理论进行层次化布局与控制。工程操作时，可通过采取适当的措施来控制其中构件或杆件的屈服破坏顺序，使抗侧力体系的破坏过程层次化、渐进式发展，进而实现延性屈服机制，增加结构的冗余度。

对于混凝土框架结构，其抗侧力体系是由抗侧力构件——框架组成，实际工程设计时，可通过"强柱弱梁""强剪弱弯""强节点弱杆件"等一系列设计和构造措施，实现"先梁后柱"的整体屈服机制，使抗侧力体系的破坏过程按照梁-柱-柱脚的顺序发展，延长结构的倒塌破坏时间。

对于混凝土抗震墙结构，其抗侧力体系是由各抗震墙段组成，工程设计时，可以在保持抗震墙段的抗剪承载能力不变、即整体结构抗震能力不变的前提下，通过采取连梁刚度折减等手段，适当降低连梁的抗震承载能力，相应增加墙肢的抗震能力，进而使抗震墙段实现连梁先屈服、墙肢后屈服的破坏机制，增加结构的冗余度。

对于混凝土框架-抗震墙结构和框架-核心筒结构，其抗侧力体系是由框架和抗震墙段组成的双重体系。其中，抗震墙段一般刚度较大，且重力荷载相对较小，是该体系抗震能力的主要贡献者，一般可作为该体系的第一道防线；框架刚度相对较小，且承重较大，抗震能力相对较小，一般作为该体系的第二道防线使用。这类结构抗侧力体系中的框架和抗震墙段尚应分别按上述框架和抗震墙段的设计措施进行设计，进一步增加结构的倒塌冗余度。

3. 不同层次构件的控制标准与设计方法

在构件设计层面，应针对不同层次、不同重要性的构件设置不同的抗震安全冗余度（即地震内力调整系数），并进行构件截面设计。

（1）建筑防线的构件设计

建筑防线的主要作用是先于主体结构损伤或破坏，在主体结构破坏前尽可能多地耗散地震输入能量，以减轻主体结构的损伤或破坏，因此，其抗震设计标准应低于主体结构构件，设计时可不参与结构计算分析，设计措施以构造为主。

对于工业建筑的围护墙、隔墙和填充墙，可考虑采用厚度较薄的钢筋混凝土墙体，这样处理的益处在于：①相较于普通的砌体填充墙，钢筋混凝土非结构墙体本身的刚度、强度和延性都要好得多，作为建筑的第一道防线，既可以增加房屋的整体抗震性能，又可先于主体结构损伤、破坏，进而更好地消耗地震输入能量达到保护主体结构的目的；②钢筋混凝土填充墙本身抗震性能优越，地震破坏时不会整体垮塌，震后修复工作简单易行；③主体结构计算时，RC填充墙可参与整体计算，便于设计师更好地发现填充墙对结构整体抗震性能的影响，以避免填充墙的不利布置对整体结构造成的不利影响；④现浇钢筋混凝土非结构墙体相对较薄，既可有效增加建筑内部使用空间，又可以减少现场砌筑，节省人工成本等。

为了保证钢筋混凝土非结构墙体能够真正发挥第一道防线的作用，相应的设计措施应能保证非结构墙体先于主体结构进入屈服状态，因此，非结构墙体的竖向钢筋可按构造配置，一般情况下可按 $\phi 8@200\sim300$ 配置，水平钢筋可按下式计算确定：

$$f_y A_{sh} = (0.5 \sim 0.8) V_{Ek} \tag{3.2.1}$$

式中　f_y——钢筋抗拉强度设计值；

A_{sh}——墙体竖向截面的水平钢筋总面积；

V_{Ek}——多遇地震作用下非结构墙体参与整体模型计算所得的剪力标准值。

（2）结构防线的构件设计

1）抗侧力构件的截面强度验算

抗侧力体系是结构抗御地震作用的主要承载体，应能承担预期地震动水准下的全部地震作用。考虑到设计地震的不确定性以及结构设计、施工、使用过程中的种种不确定性，进行抗侧力体系的强度设计时，在预期水准地震作用计算的基础上，尚应考虑安全裕度设置一定的安全储备。实际工程设计时，一般可在结构构件截面强度验算时，对荷载组合的地震作用效应进行适当放大处理，即乘上大于1.0的地震作用效应组合系数。

一般情况下，抗侧力构件中各杆件的截面抗震验算，应按下式进行：

$$S \leqslant R/\gamma_{\text{RE}} \tag{3.2.2}$$

式中 S——抗侧力构件中杆件控制界面的内力组合设计值，按式（3.2-3）计算；

γ_{RE}——考虑结构材料动强度的承载力抗震调整系数，一般小于1.0；

R——结构构件承载力设计值。

抗侧力构件中，杆件控制界面的地震作用效应和其他荷载效应的基本组合按下式计算：

$$S = \gamma_G S_{\text{GE}} + \gamma_{\text{Eh}} S_{\text{Ehk}} + \gamma_{\text{Ev}} S_{\text{Evk}} + \psi_w \gamma_w S_{\text{wk}} \tag{3.2.3}$$

式中 S——结构构件内力组合的设计值，包括组合的弯矩、轴向力和剪力设计值等；

γ_G——重力荷载分项系数，一般情况应采用1.2，当重力荷载效应对构件承载能力有利时，不应大于1.0；

γ_{Eh}、γ_{Ev}——分别为水平、竖向地震作用分项系数，应按表3.2.1采用；

γ_w——风荷载分项系数，应采用1.4；

S_{GE}——重力荷载代表值的效应

S_{Ehk}——水平地震作用标准值的效应；

S_{Evk}——竖向地震作用标准值的效应；

S_{wk}——风荷载标准值的效应；

ψ_w——风荷载组合值系数，一般结构取0.0，风荷载起控制作用的建筑应采用0.2。

地震作用分项系数　　　　　　　　　　　　　　　　表3.2.1

地震作用	γ_{Eh}	γ_{Ev}
仅计算水平地震作用	1.3	0.0
仅计算竖向地震作用	0.0	1.3
同时计算水平与竖向地震作用（水平地震为主）	1.3	0.5
同时计算水平与竖向地震作用（竖向地震为主）	0.5	1.3

2）抗侧力构件的屈服机制控制

对各类抗侧力体系，尚应根据层次化布局的要求，对不同层级的杆件或构件采用不同抗震设计对策，以保证实现预期的屈服顺序。

① 框架

对于混凝土框架和钢框架来说，其合理的屈服顺序应该是"梁-柱-柱脚"，而各杆件自身的破坏状态，工程设计时一般期望的是弯曲破坏先于剪切破坏，因此，对于"梁先柱后"的屈服机制，实际上需要控制的是梁的弯曲破坏先于柱的弯曲破坏，即梁铰机制。

所谓的"梁铰机制"，是指梁柱节点各构件中，梁先于柱进入屈服状态，从变形角度看，随着结构侧向变形的逐步增加，梁端首先达到屈服转角的临界状态，而柱端的实际转角尚未达到屈服转角的程度，即

$$\begin{cases} \theta_b^i \geqslant \theta_{yb}^i \\ \theta_c^j < \theta_{yc}^j \end{cases} \tag{3.2.4}$$

式中　θ_b^i、θ_c^j——分别为地震作用下第 i 梁端、第 j 柱端的实际转角，表示地震作用下梁端和柱端的转动需求；

　　　θ_{yb}^i、θ_{yc}^j——分别为第 i 梁端、第 j 柱端的屈服转角，表示梁端和柱端的实际转动能力。

理论上，式（3.2.4）是控制梁铰机制的最终手段，但由于梁柱端部转动能力与转动需求的计算非常复杂，不便于工程操作，因此，实际工程多以节点处梁柱节点的实际抗弯强度来控制，即

$$\sum M_{cua} \geqslant \eta \sum M_{bua} \tag{3.2.5}$$

式中　M_{cua}、M_{bua}——分别为柱端和梁端的实际抗弯强度；

　　　η——强柱系数，欧洲、美国取 1.3，在我国，一级混凝土框架取 1.2，钢结构一级取 1.15，二级取 1.10，三级取 1.05。

对于钢筋混凝土结构，由于楼板影响、钢筋超强以及地震本身的复杂性等原因，难以通过精确的强度计算来实现式（3.2-5），为此，我国自"89规范"开始，采用增大系数的方法依据梁端的抗弯强度需求（组合弯矩设计值）或抗弯能力（实际抗弯承载力）来确定柱端的抗弯需求（组合弯矩设计值），即、一、二、三、四级框架的梁柱节点处，除框架顶层和柱轴压比小于 0.15 者及框支梁与框支柱的节点外，柱端组合的弯矩设计值应符合下式要求：

$$\sum M_c = \eta_c \sum M_b \tag{3.2.6}$$

一级的框架结构和 9 度的一级框架可不符合式（3.2.6）要求，但应符合下式要求：

$$\sum M_c = 1.2 \sum M_{bua} \tag{3.2.7}$$

式中　$\sum M_c$——节点上下柱端截面顺时针或反时针方向组合的弯矩设计值之和，上下柱端的弯矩设计值，可按弹性分析分配；

　　　$\sum M_b$——节点左右梁端截面反时针或顺时针方向组合的弯矩设计值之和，一级框架节点左右梁端均为负弯矩时，绝对值较小的弯矩应取零；

　　　$\sum M_{bua}$——节点左右梁端截面反时针或顺时针方向实配的正截面抗震受弯承载力所对应的弯矩值之和，根据实配钢筋面积（计入梁受压筋和相关楼板钢筋）和材料强度标准值确定；

　　　η_c——框架柱端弯矩增大系数；对框架结构，一、二、三、四级可分别取 1.7、1.5、1.3、1.2；其他结构类型中的框架，一级可取 1.4，二级可取 1.2，三、四级可取 1.1。

对于底层柱根，一、二、三、四级框架结构的柱下端截面组合的弯矩设计值，应分别乘以增大系数 1.7、1.5、1.3 和 1.2。

　　② 抗震墙

对于混凝土抗震墙，理想的屈服顺序应该是"连梁-底部加强区墙肢"。

为了实现先连梁、后墙肢的屈服顺序，应在保持抗震墙段的抗剪承载能力不变的前提下，适当降低连梁的抗震承载能力，相应增加墙肢的抗震能力，进而，使抗震墙段实现连梁先屈服、墙肢后屈服的破坏机制。实际工程操作时，可按下述方法和步骤执行：

第1步：采用连梁弹性刚度（不折减）计算结构地震作用以及结构刚度验算（位移计算）；

第2步：计算杆件（连梁、墙肢）的地震内力时，将连梁的刚度进行适当折减，折减系数一般不应小于0.50；

第3步：按第2步计算所得构件内力进行连梁和墙肢的配筋计算。

为了保证抗震墙的塑性铰区出现在墙肢的底部加强部位，应通过调整墙肢截面的组合弯矩设计值来实现。图3.2.5所示为抗震墙截面组合弯矩设计值调整示意图，底部加强部位墙肢的弯矩设计值不调整，底部加强部位以上墙肢截面的组合弯矩设计值应进行适当放大，增大系数取1.2；一般部位弯矩增大后，抗剪承载力相应增大。

③ 双重抗侧力体系的控制

对于混凝土框架-抗震墙结构和框架-核心筒结构、钢结构的框架-支撑结构等双重抗侧力体系，其抗侧力体系是由框架和抗震墙段（或支撑框架等）组成的双重体系。该类体系的第一道防线——抗震墙段或支撑框架，承担了结构的大部分地震作用，地震时会首先遭到破坏；第二道防线——框架实际承担的地震作用有限，但承担了重力荷载较大。对于此类双重抗侧力体系，其工程设计的着重点在于根据各道防线的角色不同而采取不同的设计对策：

对于第一道防线，承载力不宜超强太多，确保第一道防线首先屈服；延性应尽可能改善，以减缓或推迟第一道防线（抗震墙段或支撑框架）的刚度退化。因此，该类体系中抗震墙段的抗震措施应比抗震墙结构严格一些，即应采用相对较高的抗震等级。

对于第二道防线，强度不能太低，以保证结构在第一道防线破坏后仍然具有足够的安全裕度，为此，对于钢筋混凝土框架-抗震墙结构和框架-核心筒结构，要求任一层框架部分的抗剪承载能力应满足：

$$V_{\mathrm{fua}} \geq \min(0.20V_0, 1.5V_{\mathrm{f,max}}) \quad (3.2.8)$$

式中　V_{fua}——框架部分的抗剪承载能力；

V_0——结构底部总地震剪力；

$V_{\mathrm{f,max}}$——框架部分计算的最大层剪力。

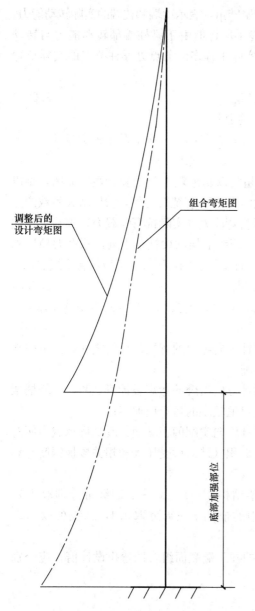

组合弯矩图

调整后的
设计弯矩图

底部加强部位

图3.2.5　抗震墙截面组合弯矩的调整示意图

对于钢框架-支撑结构，其框架部分的抗剪承载能力应满足：

$$V_{fua} \geqslant \min(0.25V_0, 1.8V_{f,max}) \tag{3.2.9}$$

由于对第二道防线的强度已经进行了实质性的提高，因此，对于其延性要求进行适当放松，相对同等条件下的框架结构而言，该类体系中框架的抗震等级可稍低一些。

3）普通承重构件

根据建筑抗震的冗余度理论，普通承重构件的抗震承载能力不计入建筑整体抗震能力，而是作为建筑抗震的安全储备对待。但是，由于普通承重构件承担的竖向荷载较大，而且是建筑倒塌破坏前的最后一道防线，因此，基于生命安全的考虑，普通承重构件的抗震能力不宜太小。

理论上，普通承重构件的抗震承载能力应考虑结构抗侧力体系刚度退化的影响，即当抗侧力体系的刚度退化到一定程度时，普通承重构件开始进入抗震工作状态。《建筑抗震设计规范》GB 50011—2010 关于底部框架-抗震墙砌体房屋中底部框架柱剪力设计值规定，框架刚度不折减，混凝土墙体刚度折减 0.30，砌体抗震墙刚度折减 0.20。根据顾祥林等人的研究，钢筋混凝土梁开裂后和钢筋屈服后的有效刚度分别为初始刚度的 0.3～1.0 倍和 0.2～0.6 倍，确切数值与梁的纵向配筋率有关，配筋率越大，数值越大，即配筋率越大，刚度退化越慢；钢筋混凝土柱的抗弯刚度退化具有相似的规律。

根据上述资料，本文建议普通承重构件的地震内力标准值按各结构构件的有效侧向刚度比例分配确定；有效侧向刚度的取值，普通承重构件不折减；抗侧力体系可乘以折减系数 0.60。当按上述方法确定的地震内力值大于结构整体计算分析数值的 2.0 倍时，普通承重构件的地震内力标准值按计算分析数值的 2.0 倍采用，即：

$$S_{E,Com} = V_0 \cdot f(0.6K_{Lat}, K_{Com}) \leqslant 2.0S_{E0,Com} \tag{3.2.10}$$

式中　$S_{E,Com}$——普通承重构件调整后的地震内力标准值；

　K_{Lat}、K_{Com}——分别为抗侧力体系和普通承重构件的侧向刚度；

　$S_{E0,Com}$——普通承重构件的地震内力计算值。

3.3　冗余度抗震评价方法

如果将现行国家标准《建筑抗震设计规范》GB 50011—2010 关于工业建筑的技术要求作为其抗震基本需求，则无论是动态多目标的抗震设计，还是层次化的抗震设计，从本质上均是一种抗震冗余设计。而如何评价建筑结构的冗余度一直是学术界和工程界的热点和难点问题。对此，本节根据结构耗能能力和耗能需求的逻辑关系，提出抗震冗余度需求比的概念，并结合工业建筑的动态多目标分别给出了量化分级评价标准，解决了工业建筑抗震冗余度评价难题，现介绍如下。

3.3.1　冗余度评价指标的研究现状

由于各研究者对于冗余度的认知的差异，相关研究成果给出的冗余度评价指标也存在较大差别。总体来说，目前国内外学者提出的冗余度评价指标主要有以下三类。

（1）第一类指标：基于承载力的冗余度指标

这一类指标主要以结构的承载能力为考察对象来计算结构的安全裕度，根据计算方式的不同又分为以下几种：

① 强度储备比（Reserve Strength Ratio），即结构极限承载力与设计承载力的比值：

$$RSR = \frac{V_u}{V_d} \tag{3.3.1}$$

式中　V_u——完整结构的极限承载力；

　　　V_d——结构的设计承载力。

在工程抗震领域中，该比值一般称为超强系数（Overstrength Factor），即结构实际的抗震承载力与其设计地震作用的比值。

② 残余或损伤强度比（Residual or Damaged Strength Ratio），即损伤结构的极限承载力与设计承载力的比值：

$$RSR = \frac{V_r}{V_d} \tag{3.3.2}$$

式中　V_r——损伤结构的承载力。

③ 残余影响系数（Residual Influence Factor），即损伤结构极限承载力与完整结构极限承载力的比值：

$$RIF = \frac{V_r}{V_u} \tag{3.3.3}$$

对比可知，残余影响系数其实是强度储备比与残余强度比的比值，即 $RIF = DSR/RSR$。

④ 冗余强度系数（Strength Redundancy Factor），其表达式为：

$$SRF = \frac{V_u}{V_u - V_r} = \frac{RSR}{RSR - DSR} = \frac{1}{1 - RIF} \tag{3.3.4}$$

其判断结构是否发生连续倒塌的准则为：当 $DSR>1$，或 $RIF>1/RSR$，或 $SRF>RSR/(RSR-1)$ 时，损伤结构在遭遇原设计荷载时不会发生连续倒塌，否则将发生连续倒塌。

（2）第二类指标：基于灵敏度的冗余度指标

这一类指标依赖于结构构件的灵敏度/重要性分析结果，将构件的灵敏度或重要性系数作为评价结构构件冗余度的参数。

Pandey 等基于结构构件的灵敏度给出了结构构件的广义冗余度：对于给定的一个结构和相应的荷载工况，结构的广义冗余度与结构构件的不敏感系数成正比（与敏感系数成反比），即

广义冗余度（Generalized redundancy）$\propto \dfrac{1}{\text{敏感系数（Response sensitivity）}}$

具体计算公式如下：

$$\left. \begin{array}{l} GR_j = \dfrac{1}{V} \displaystyle\sum_{i=1}^{n_e} \left[\dfrac{V_i}{S_{ij}} \right] \\[3mm] GNR_j = \dfrac{GR_j}{\max(GR_1, GR_2, \cdots, GR_n)} \end{array} \right\} \tag{3.3.5}$$

式中　GR_j、GNR_j——分别为结构第 j 个损伤参数的广义冗余度和标准化广义冗余度；

V_i——第 i 个构件的体积；

V——结构的总体积；

S_{ij}——第 i 个构件对第 j 个损伤参数的灵敏度；

n_e——结构的构件总数。

柳承茂、刘西拉等将冗余度定义为构件的冗余约束程度，从刚度的角度分析构件在结构中的重要性，并以平面桁架和平面刚架为例，研究给出了构件重要性与结构冗余度之间的数量关系：

$$\begin{cases} \sum_{i=1}^{n}(1-\alpha_i) = r & （平面网架） \\ \sum_{i=1}^{n}(3-\alpha_i) = r & （平面刚架） \end{cases}$$

式中 α_i——结构构件的重要性系数；

r——结构的冗余度。

日本钢结构协会将该指标应用于多高层钢框架和大跨空间结构，提出了基于结构构件反应灵敏度的一般分析方法，并将失效后导致结构承载能力下降过大的构件定义为关键构件。

（3）第三类指标：基于可靠度的冗余度指标

这一类指标主要依据建筑结构可靠度理论，对建筑结构的失效概率或可靠度等的富余程度进行研究，进而给出相应的评价指标。

20 世纪 80 年代，Frangopol 等根据结构损伤前后体系失效概率的变化，给出了基于失效概率的冗余度指标（Redundancy Index）：

$$RI = \frac{P_{f,d} - P_{f,0}}{P_{f,0}} \tag{3.3.6}$$

式中 $P_{f,d}$、$P_{f,0}$——分别为损伤结构和完整结构的失效概率，该指标的取值范围为 1～∞，取值越小表明结构体系的冗余度越高。

同时，Frangopol 等给出了基于可靠度指标的冗余度指标 β_R：

$$\beta_R = \frac{\beta_0}{\beta_0 - \beta_d} \tag{3.3.7}$$

式中 β_d、β_0——分别为损伤结构和完好结构的可靠指标，该指标的取值范围为 0～∞，取值越大表明结构体系的冗余度越高。

Liao 等人给出了一个定量描述结构抗震冗余性的一致风险冗余度系数 R_{R0}（Uniform-Risk Redundancy Factor）：

$$R_{R0} = \begin{cases} 1 & P_{ic} \leqslant P_{ic}^{all} \\ S_a^{ic} / S_a^{all} & P_{ic} > P_{ic}^{all} \end{cases} \tag{3.3.8}$$

式中 R_{R0}——一致风险冗余度系数；

P_{ic}——结构发生倒塌的实际失效概率；

P_{ic}^{all}——允许的倒塌概率；

S_a^{ic}、S_a^{all}——分别为结构发生倒塌和允许倒塌时所对应的弹性谱加速度。

Husain 和 Tsopelas 提出以冗余度强度指标和冗余度变异系数两个指标来度量结构的冗余度，即：

$$r_s = \frac{\bar{S}_u}{\bar{S}_y}$$

$$r_v = \sqrt{\frac{1+(n-1)\bar{\rho}}{n}} \tag{3.3.9}$$

$$\bar{\rho} = \frac{1}{n(n-1)}\sum_{\substack{i,j=1 \\ i\neq j}}^{n}\rho_{ij}$$

式中　r_s、r_v——分别为冗余度强度指标和冗余度变异系数；

$\bar{S}_u$、$\bar{S}_y$——分别为结构极限承载力和屈服承载力的平均值；

n——结构发生倒塌时的塑性铰数目；

$\bar{\rho}$——构件间相关系数的平均值；

ρ_{ij}——结构 i、j 构件间的强度相关系数。

3.3.2　基于能力谱法的冗余度评价方法

能力谱法（Capacity-Spectrum Method）是结构基于性能化抗震设计的重要方法之一。它以等效线性化方法（Equivalent Linearization Method）为理论基础，将结构基底剪力 V_b 与结构顶点位移 u^{roof} 之间的关系曲线（称为结构的能力曲线或推覆曲线），转换为等效单自由度体系谱加速度 S_a 与谱位移 S_d 的关系曲线，即能力谱（Capacity Spectrum）。ATC-40 建议的转换公式如下：

$$S_a = \frac{V_b}{a\sum_{i=1}^{N}m_i g} \qquad a = \frac{\left(\sum_{i=1}^{N}m_i\phi_i\right)^2}{\left(\sum_{i=1}^{N}m_i\right)\left(\sum_{i=1}^{N}m_i\phi_i^2\right)}$$

$$S_d = \frac{u^{\text{roof}}}{\gamma\phi^{\text{roof}}} \qquad \gamma = \frac{\sum_{i=1}^{N}m_i\phi_i}{\sum_{i=1}^{N}m_i\phi_i^2} \tag{3.3.10}$$

式中　m_i——结构第 i 楼层的质量；

ϕ_i、ϕ^{roof}——分别为结构第 i 楼层和顶层的变形向量；

a——模态质量系数（Modal Mass Coefficient）；

γ——振型参与系数。

需求谱曲线（Acceleration-Displacement Response Spectrum，ADRS）可采用地震弹性反应谱或设计弹性反应谱的谱加速度 S_a 和谱位移 S_d 的关系转换得到：

$$S_d = \frac{T^2}{4\pi^2}S_a \tag{3.3.11}$$

式中　T——结构的自振周期。

在美国，ATC 将反应谱修正系数 R（Response Modification Factor）划分为三个部分，即：

$$R = R_s R_\mu R_R \qquad\qquad (3.3.12)$$

式中 R_s——强度系数（Strength Factor）;

R_μ——延性系数（Ductility Factor）;

R_R——冗余度系数（Redundancy Factor）。

在能力需求谱坐标 S_a 和 S_d 上给出的强度系数如图 3.3.1 所示。图中，S_e 为转换的推覆能力曲线与多遇地震需求谱交点谱加速值；K_e 为拟合能力曲线的初始刚度，取为能力谱曲线与多遇地震需求谱曲线交点的割线刚度；S_y 为按等能量拟合的能力曲线基底剪力屈服值转换的谱加速度值；S_{MT} 为与 S_e 同周期的罕遇地震谱加速度值；S_{max} 为基底剪力峰值转换的谱加速度值；d_e、d_{MT} 分别为 S_e、S_{MT} 对应的谱位移值；d_y、d_{MT} 分别为 S_y 和 S_{max} 相应顶点位移转换的谱位移值；α 为拟合能力曲线屈服后刚度与初始刚度 K_e 的比值；μ 为等效结构的延性。

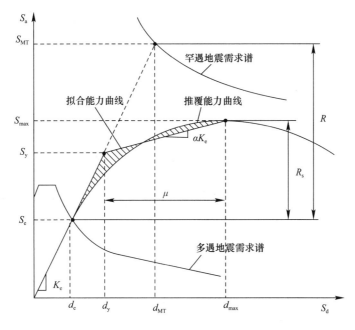

图 3.3.1　强度系数示意图

反应谱修正系数 R 通常也称为强度折减系数，它将罕遇地震作用下的弹性地震作用力折减为多遇地震作用水平；强度系数 R_s 即为等效结构的超强系数（Overstrength Factor），如图 3.3.1 所示；延性系数 R_μ 即为等效结构的延性在反应谱修正系数 R 上的贡献，一般认为它是结构延性 μ、自振周期 T 及阻尼比 ζ 的函数。如 Krawinkler 和 Nassar 给出的表达式为（$\zeta = 5\%$）：

$$\left.\begin{aligned} R_\mu &= \left[c(\mu - 1) + 1\right]^{\frac{1}{c}} \\ c(T, \alpha) &= \frac{T^a}{1 + T^a} + \frac{b}{T} \end{aligned}\right\} \qquad (3.3.13)$$

式中 α——结构屈服后刚度与初始刚度的比值；

a、b——与 α 相关的系数，当 $0 \leqslant \alpha \leqslant 0.1$ 时，$a = 1.00$；$0.29 \leqslant b \leqslant 0.42$。

结构在地震作用下是通过滞回耗能消散地震的输入能量。根据图 3.3.1 和图 3.3.2 中的相似关系，则有：

$$R = R_s R_\mu R_R = \frac{S_{MT}}{S_e} = \sqrt{\frac{E_{MT}}{E_e}} \left.\vphantom{\frac{\sqrt{E_{MT}/E_e}}{R_s R_\mu}}\right\}$$
$$R_R = \frac{\sqrt{E_{MT}/E_e}}{R_s R_\mu}$$

(3.3.14)

式中 E_{MT}、E_e——分别为单自由度体系按完全弹性设计在罕遇地震和多遇地震往复作用下的滞回能量，也就是相应地震作用下的输入能量。

实际的结构体系并非按完全弹性设计，需要通过体系弹塑性变形的滞回能量 E_D（图 3.3.2）耗散地震输入能量，故将 E_D 代入式（3.3.14）即可求得实际结构的冗余度系数 R_r：

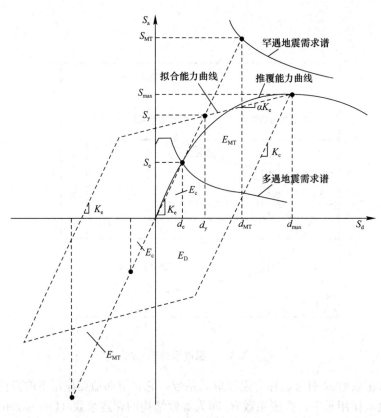

图 3.3.2　冗余度需求指标计算简图

$$R_r = \frac{\sqrt{E_D/E_e}}{R_s R_\mu}$$

(3.3.15)

若将结构的冗余度系数 R_r 与反应谱冗余度系数 R_R 的比值，称之为冗余度需求比 r，则结构冗余度的评价指标可表示为：

$$r = \frac{R_r}{R_R} = \sqrt{\frac{E_D/E_e}{E_{MT}/E_e}} = \frac{\sqrt{E_D/E_e}}{R}$$

(3.3.16)

又从图 3.3.2 中可得到以下关系：

$$\left. \begin{array}{l} E_e = \dfrac{S_e^2}{K_e} \\[2mm] E_D = 4S_y \left(\dfrac{S_y}{K_e} + \dfrac{S_{max} - S_y}{\alpha K_e} - \dfrac{S_{max}}{K_e} \right) \\[2mm] \mu = \dfrac{d_{max}}{d_y} = 1 + \dfrac{S_{max} - S_y}{\alpha S_y} \\[2mm] R_s = \dfrac{S_{max}}{S_e} \end{array} \right\} \tag{3.3.17}$$

将式（3.3.17）代入式（3.3.16）中，可得到结构冗余度评价指标的最终形式为：

$$r = \frac{2R_s \sqrt{(1-\alpha)(\mu-1)}}{R(\alpha\mu - \alpha + 1)} \tag{3.3.18}$$

显然，冗余度需求比 r 计算值不应小于 1，否则，设计的结构将因不能满足相应罕遇地震作用下的冗余度需求而发生倒塌；同时，冗余度需求比 r 值越大则表示结构在罕遇地震作用下抗倒塌的能力越高。

由式（3.3.18）可知，对于某一结构，其超强系数 R_s、延性 μ 以及屈服后刚度比 α 可通过图 3.3.2 所示的拟合能力曲线求得，因此，只要得知罕遇地震反应谱修正系数 R 的数值，冗余度需求比 r 也就相应确定。表 3.3.1 所示为工业建筑不同目标下的冗余度需求比限值的建议方案。

工业建筑的冗余度需求比限值建议方案　　　　　　　　　　表 3.3.1

设防目标	冗余度需求比限值 $[r]$
防次生灾害	2.0
生产安全	1.6
设备安全	1.3
人员安全	1.1

3.3.3　典型单跨多层厂房抗震冗余设计方案研究

历次大地震的建筑震害表明，单跨框架结构具有明显的抗震不利因素，强烈地震作用下，易因侧向刚度过小、位移过大而造成部分框架柱失稳破坏，继而导致结构整体倾覆倒塌。鉴于此，2008 年汶川地震后，《建筑抗震设计规范》进行局部修订时规定：高层建筑不应采用单跨框架结构，多层建筑不宜采用单跨框架结构；此后，抗震规范在进行 2010 版修订时又进一步规定：甲、乙类建筑以及高度大于 24m 的丙类建筑，不应采用单跨框架结构。

对于相当一部分工业建筑来说，由于工艺流程的要求，结构布局时很难避免单跨框架结构体系，而且，这类建筑的层高一般也比较高；另一方面，考虑其在防灾减灾中的地位以及灾害后果的严重性，这类建筑的抗震设防类别多为重点设防类（乙类）。因此，按规定是不能采用单跨框架结构体系的。

本节结合全国各地反馈的工程实践情况，以典型的多层单跨厂房为例，根据冗余度理论，从不同角度构建了 5 类共计 10 个结构方案进行设计，并对各方案设计结果的技术经济指标、抗震性能等进行比较分析，以期能对单跨框架结构的抗震设计提供有价值的参考。

1. 结构布局方案及基本设计参数

针对典型的多层单跨厂房或多层单跨通廊的建筑布局情况设置了 5 种结构布局（图 3.3.3），分别为布局 A：双向框架体系；布局 B：双向框架＋横向翼墙体系；布局 C：双向框架＋纵向翼墙体系；布局 C＊：双向框架＋纵向翼墙体系（其中，带翼墙的横向框架作为主框架，承担全部地震力，其余次框架作为第二道防线）；布局 D：双向框架＋双向翼墙体系。在上述结构布局的基础上，根据设计标准（即承载能力的冗余度）的不同，共构建了 10 个结构设计方案，如表 3.3.2 所示。

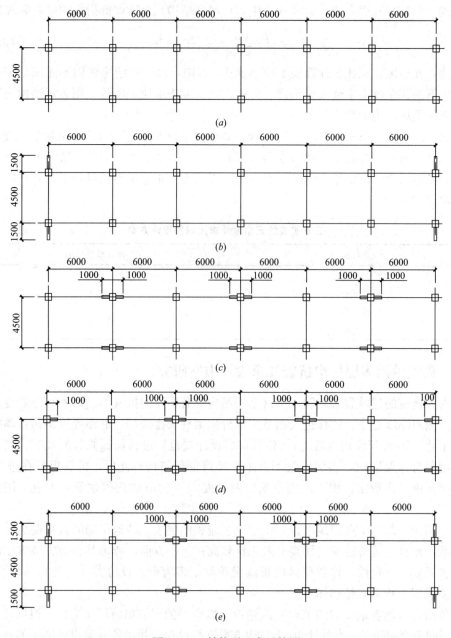

图 3.3.3　结构平面布局简图

（*a*）布局 A；（*b*）布局 B；（*c*）布局 C；（*d*）布局 C＊；（*e*）布局 D

		建筑结构布局的冗余度设置情况				承载能力的冗余度设置情况 （设计标准）
编号	布局	建筑 防线	结构防线			
			抗侧力体系		普通承重构件	
			一道防线	二道防线		
A-1	A	无	纵向：框架 横向：框架	无	无	按现行规范设计，不考虑单跨框架的限制
A-2	A	无	纵向：框架 横向：框架	无	无	中震弹性设计
A-3	A	无	纵向：框架 横向：框架	无	无	柱大震弹性、梁中震弹性
B-1	B	无	纵向：框架 横向：翼墙	纵向：无 横向：框架	无	框架：按少墙框架设计； 墙体：按框剪的剪力墙设计
B-2	B	无	纵向：框架 横向：翼墙	纵向：无 横向：框架	无	框架：按少墙框架设计； 墙体：按构造要求设计
C-1	C	无	纵向：翼墙 横向：框架	纵向：框架 横向：无	无	框架：按少墙框架设计； 墙体：按框剪的剪力墙设计
C-2	C	无	纵向：翼墙 横向：框架	纵向：框架 横向：无	无	框架：按少墙框架设计； 墙体：按构造要求设计
C-3	C*	无	纵向：翼墙 横向：主框架	纵向：框架 横向：无	纵向：无 横向：次框架	横向主框架：承担全部地震剪力； 其余框架：按少墙框架标准设计； 墙体：按构造要求设计
D-1	D	无	纵向：翼墙 横向：翼墙	纵向：框架 横向：框架	无	框架：按少墙框架设计； 墙体：按框剪的剪力墙设计
D-2	D	无	纵向：翼墙 横向：翼墙	纵向：框架 横向：框架	无	框架：按少墙框架设计； 墙体：按构造要求设计

各方案的冗余度设置情况及设计标准　　　　　　表 3.3.2

　　该工程的基本设计参数如下：混凝土强度等级均为 C30；结构地上 4 层，层高均为 4.5m，地坪下 100mm 设双向拉梁；抗震设防烈度为 7 度（0.15g），第二组，Ⅱ类场地，特征周期为 0.40s，抗震设防类别为乙类；楼面附加恒载 3.0kN/m²，活载 3.5kN/m²；屋面附加恒载 4.0kN/m²，活载 2.0kN/m²；走廊栏板荷载 2.1kN/m，女儿墙 1.5kN/m。

2. 主要设计结果及技术经济指标分析

　　表 3.3.3 所示为各结构方案的主要构件尺寸和每建筑平方米材料用量，以及结构造价估计结果。其中，结构造价估计时，混凝土按每立方米 400 元计，钢筋按每吨 4000 元计。

　　从表 3.3.3 可以看出，按中震弹性设计的方案 A-2，其梁柱截面尺寸普遍较 A-1 方案增大，混凝土和钢筋的用量分别增加 21% 和 65%，结构造价增加 45%；方案 A-3 的柱截面进一步增大，混凝土和钢筋的用量较 A-1 分别增加 88% 和 177%，结构造价增加 138%。B、C、D 系列方案是在 A-1 的基础上增设部分翼墙而形成的，设计标准没有显著改变，混凝土和钢筋的用量较 A-1 增加幅度分别为 8%～33% 和 6%～35%，结构造价增加幅度在 7%～35%。

各结构方案的主要构件尺寸和每建筑平方米材料用量及结构造价估计结果　表3.3.3

编号	主要构件尺寸（mm）				每建筑平方米材料用量及结构造价估计*		
	柱	横向梁	纵向梁	墙体	混凝土（m³）	钢筋（kg）	造价（元）
A-1	500×500	250×500	200×400	—	0.24（1.00）	31（1.00）	220（1.00）
A-2	600×600（1、2层） 500×500（3、4层）	300×600	300×500	—	0.29（1.21）	51（1.65）	320（1.45）
A-3	1000×1000（1层） 900×900（2层） 800×800（3、4层）	300×600	300×500	—	0.45（1.88）	86（2.77）	524（2.38）
B-1	500×500	250×500	200×400	200	0.26（1.08）	34（1.10）	240（1.09）
B-2	500×500	250×500	200×400	200	0.26（1.08）	33（1.06）	236（1.07）
C-1	500×500	250×500	200×400	200	0.28（1.17）	36（1.16）	256（1.16）
C-2	500×500	250×500	200×400	200	0.28（1.17）	36（1.16）	256（1.16）
C-3	主框架：500×700 次框架：500×500	400×700 250×500	200×400	200	0.32（1.33）	42（1.35）	296（1.35）
D-1	500×500	250×500	200×400	200	0.31（1.29）	39（1.26）	280（1.27）
D-2	500×500	250×500	200×400	200	0.31（1.29）	38（1.23）	276（1.25）

*注：（　）内的数值为材料用量或造价的相对比值。

3. 抗震性能分析

（1）自振周期与层间位移

表3.3.4所示为各方案的基本自振周期以及多遇地震下结构最大层间位移角的计算结果。从结构基本自振周期看，在连廊横向（即单跨方向）上，A-1之外的各结构方案均有所改进，其中，A-3方案周期减小的幅度最大，A-2和C-3、B系、D系方案相当，周期减小幅度次之，C-1、C-2方案周期减小的幅度最小。从层间位移反应的计算结果看，也是A-3效果最好，A-2和C-3、B系、D系次之，C-1、C-2效果不太明显。

各结构方案的自振周期以及多遇地震下结构最大层间位移角　表3.3.4

编号	基本自振周期（s）			多遇地震下最大层间位移角*（Rad）	
	X向	Y向	扭转	X向	Y向
A-1	0.97	0.91	0.85	1/784（2）	1/849（2）
A-2	0.70	0.72	0.67	1/1156（3）	1/1110（3）
A-3	0.54	0.55	0.51	1/1418（3）	1/1386（3）
B-1、B-2	0.99	0.71	0.58	1/763（3）	1/1128（3）
C-1、C-2	0.68	0.87	0.80	1/1162（3）	1/885（2）
C-3	0.67	0.69	0.60	1/1203（3）	1/1150（2）
D-1、D-2	0.65	0.72	0.57	1/1198（3）	1/1125（3）

*注：（　）内的数值为最大层间位移角所在的楼层。

（2）静力弹塑性分析及抗震性能评价

为进一步考察和评估上述各结构方案的抗震性能，借助于静力弹塑性分析方法对各结构方案的设计结果进行Push-over分析。静力弹塑性分析采用MSC.MARC软件进行，其中梁、柱构件采用纤维单元，墙、板构件采用壳单元，混凝土及钢筋的本构关系按《混凝土结构设计规范》GB 50010—2010 附录 C 取值，侧向分布荷载采用倒三角模式。

1）能力曲线

图 3.3.4 所示为各结构方案的 Y 向推覆曲线，从中可以看出：①与 A-1 相比，其他结构方案的 Y 向抗震性能均有所提高；②相对而言，A-3 方案的抗震性能最好，A-2 方案次之，这表明，提高结构设计的性能目标要求可显著改善结构抗震性能的有效手段；③横向增设少量墙体的 B 系、D 系方案以及 C-3 方案，其抗震性能较 A-2 方案稍差，但明显优于 A-1 方案，这表明，在设计性能目标不变的前提下，通过调整结构布局，也可以大大提高结构的抗震性能；④仅纵向增设部分墙体的 C-1、C-2 系方案，抗震性能较 A-1 方案有所改善，但改进效果并不明显。从 B、C、D 系方案看，增设的少量墙体的设计标准对整体结构抗震性能的影响不大，在实际工程中可忽略不计。

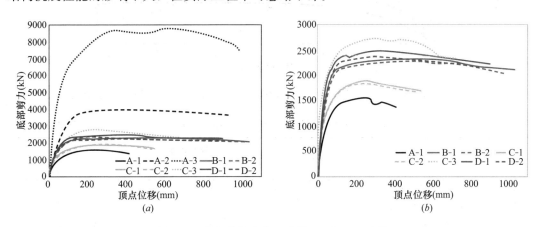

图 3.3.4　各结构方案 Y 向的 Push-over 曲线

(a) 全部；(b) 部分

2）变形需求及变形能力评价

各方案在预期地震水准下的变形（位移）需求，即目标位移，采用 FEMA273 推荐的位移系数法来确定：

$$\delta_t = (C_0 C_1 C_2 C_3) \frac{T_{eq}^2}{4\pi^2} S_{ae} \tag{3.3.19}$$

式中　T_{eq}——等效单自由度体系的自振周期，$T_{eq} = T_i \sqrt{\dfrac{K_i}{K_e}}$

　　　T_i——按弹性动力分析得到的基本周期；

　　　K_i——结构弹性侧向刚度；

　　　K_e——结构等效侧向刚度，取曲线上 0.6 倍屈服剪力处的割线刚度；

　　　C_1——非弹性位移相对线性分析弹性位移的修正系数，$T_{eq} > T_g$ 时，取 1.0；

　　　C_2——考虑滞回曲线形状的捏拢效应的修正系数，取 1.0～1.2；

　　　C_3——考虑 $P\text{-}\Delta$ 效应的修正系数，对正屈服刚度的结构，取 1.0。

图 3.3.5 所示为各结构方案在 7 度（0.15g）罕遇地震和 8 度（0.30g）罕遇地震下的目标位移点，相应的变形需求列于表 3.3.5。各结构方案的变形能力采用图 3.3.6 所示的变形指标及相应的位移延性能力系数进行评价，各结构方案的变形需求及变形能力指标见表 3.3.5。

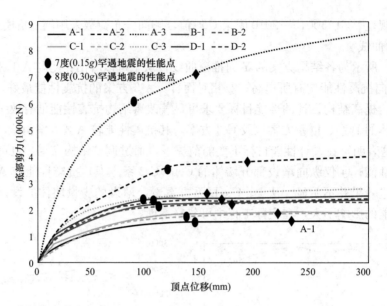

图 3.3.5　各结构方案在 7 度（0.15g）罕遇地震和 8 度（0.30g）罕遇地震下的目标位移点

各结构方案变形需求及变形能力指标（mm）　　　　　　表 3.3.5

		结构方案									
		A-1	A-2	A-3	B-1	B-2	C-1	C-2	C-3	D-1	D-2
变形需求	7 度（0.15g）罕遇地震 δ_t	142	117	88	108	109	133	136	94	103	105
	8 度（0.30g）罕遇地震 δ_t	237	196	146	180	181	222	226	157	171	175
变形能力	屈服位移 δ_y	40	53	58	36	35	40	40	35	36	34
	极限位移 δ_p	255	450	645	374	360	270	270	300	360	360
	最大允许位移 δ'_p	406	960	966	1029	945	524	510	590	879	847
	延性能力 $\mu_c = \delta'_p / \delta_y$	10.2	18.1	16.7	28.6	27.0	13.1	12.8	16.9	24.4	24.9

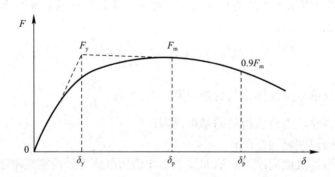

图 3.3.6　结构屈服变形和最大允许变形

　　由表 3.3.5 可以看出，相对于 A-1 方案，其他方案的变形需求均有所减少，变形能力均有明显提高，因而，抗震能力均有明显改善。

　　从结构延性能力角度看，B 系、D 系方案的延性系数最大，达到 24～29；A-2、A-3 和 C-3 方案的延性系数次之，在 17.0 左右；C-1、C-2 方案仅较 A-1 稍好，在 13.0 左右。这表明在框架平面内增设部分墙体可显著改善结构延性，提高抗震能力，其效果甚至要好于简单地提高设计标准的方案。

4. 结构方案的综合评价分析

（1）为直观地对各方案抗震性能进行比较分析，采用变形能力与变形需求的比值，即变形的能需比 CDR（Capacity-Demand Ratio）作为性能评价指标对各方案进行比较。同时，为了考虑不同方案之间造价与成本的差别，引入性能价格比的概念，按表3.3.3中各方案造价的相对比例对上述的变形能需比 CDR 进行修正调整。表3.3.6所示为各方案的变形能需比 CDR 以及经价格调整后的 CDR，从中可以看出：

各结构方案的变形能需比 CDR 以及经价格调整后的 CDR 表3.3.6

		结构方案									
		A-1	A-2	A-3	B-1	B-2	C-1	C-2	C-3	D-1	D-2
CDR	7度（0.15g）罕遇地震	2.9	8.2	11.0	9.5	8.7	3.9	3.8	6.3	8.6	8.1
	8度（0.30g）罕遇地震	1.7	4.9	6.6	5.7	5.2	2.4	2.3	3.8	5.1	4.8
价格调整后 CDR	7度（0.15g）罕遇地震	2.9	5.6	4.6	8.7	8.1	3.4	3.3	4.7	6.8	6.5
	8度（0.30g）罕遇地震	1.7	3.4	2.8	5.2	4.9	2.1	2.0	2.8	4.0	3.8

1）单纯从变形的能力需求比角度看，柱按大震弹性设计 A-3 方案相对最好，达到 A-1 方案的3.8倍；其次是按中震弹性设计 A-2 方案和面内设有横向翼墙的 B 系、D 系方案，是 A-1 方案的2.8～3.4倍；第三是纵向增设翼墙，横向按主次框架设计 C-3 方案，达到 A-1 方案的2.2倍；最后是仅纵向增设翼墙的 C-1、C-2 方案，约为 A-1 方案的1.4倍。

2）综合考虑各方案的抗震性能与投资造价来看，仅横向增设少量翼墙的 B 系方案最好，双向增设翼墙的 D 系方案次之，之后依次为中震弹性设计的纯框架方案 A-2、纵向增设翼墙并按主次框架设计的方案 C-3、柱大震弹性设计的方案 A-3、纵向增设翼墙的 C-1 和 C-2 方案。

（2）本节以典型的多层单跨厂房为例，对单跨框架结构的抗震设计方案进行设计分析，并从技术经济指标、抗震性能等角度对各方案进行了比较分析，所得结论如下：

1）横向（单跨方向）增设翼墙的方案能有效的提高结构的刚度和强度，且建筑造价与单跨框架结构基本相当，但对整体建筑布局有一定影响，条件允许时，可以优先采用。

2）纵向增设翼墙并按主次框架进行设计的方案，其结构概念清晰，多道防线明确，抗震性能较普通框架方案有明显提升，且投资增大不大，对整体建筑布局的影响较小，是实际工程中较为合理的方案。

3）通过性能设计方法，提高设计性能目标，可有效提高整体结构的抗震性能，但建筑造价会大幅度增加，甚至成倍增加，整体方案的性价比不高，而且整体结构抗震防线偏少、冗余度不足的弊端并未根本性改善，但该方案对整体建筑布局没有影响，实际工程中可酌情使用。

4）仅纵向增设翼墙的方案，横向抗震性能有所改善，但并不明显，投资效益相对较差，对于单跨多层厂房来说不建议采用。

5）翼墙的设计标准对整体结构抗震能力的影响不大，实践中，翼墙可按构造配筋。

第4章 地震作用与结构抗震验算

4.1 地震作用计算

4.1.1 基本原则

由于地震发生地点是随机的，对某结构物而言地震作用的方向是随意的，而且结构的抗侧力构件也不一定是正交的，这些在计算地震作用时都应注意。另外，结构物的刚度中心与质量中心不会完全重合，这必然导致结构物产生不同程度的扭转。最后还应提到，震中区的竖向地震作用对某些结构物的影响不容忽视，为此，《建筑抗震设计规范》GB 50011—2010 及其他专门的技术规程对地震作用的计算作了明确的规定。

1. 水平地震作用的计算方向

一般情况下，应至少在建筑结构的两个主轴方向分别计算水平地震作用，各方向的水平地震作用应由该方向抗侧力构件承担。

对有斜交抗侧力构件的结构，当相交角度大于 15°时，应分别计算各抗侧力构件方向的水平地震作用。

需要注意的是，斜向地震作用计算时，结构底部总剪力以及楼层剪力等数值一般要小于正交方向计算的结果，但对于斜向抗侧力构件来说，其截面设计的控制性内力和配筋结果却往往取决于斜向地震作用的计算结果，因此，当结构存在斜交构件时，不能忽视斜向地震作用计算。

此外，还需要注意斜交构件与斜交结构的差别。"有斜交抗侧力构件的结构"指结构中任一抗侧力构件与结构主轴方向斜交时，均应按规范要求计算各抗侧力构件方向的水平地震作用，而不是仅指斜交结构。

2. 水平地震作用的扭转效应

《建筑抗震设计规范》GB 50011—2010 规定，质量和刚度分布明显不对称的结构，应计入双向水平地震作用下的扭转影响；其他情况，应允许采用调整地震作用效应的方法计入扭转影响。

需要注意的是，对于质量和刚度分布明显不对称的结构，进行双向水平地震作用下的扭转耦联计算时不考虑偶然偏心的影响，但当双向耦联的计算结果小于单向偏心计算结果时，应按后者进行设计，即此类结构应按双向耦联不考虑偏心和单向考虑偏心两种计算结果的较大值进行设计。对于其他相对规则的结构，可按《建筑抗震设计规范》5.2.3条第1款的规定，采用边榀构件地震作用效应乘以增大系数的简化方法。

"质量和刚度分布明显不对称的结构"，一般指的是扭转特别不规则的结构，但规范未给予具体的量化，在实际工程中有一定的困难，一般应根据工程具体情况和工程经验确定，当无可靠经验时可依据楼层扭转位移比的数值确定，当不满足下列要求时可确定为"质量和刚度分布明显不对称的结构"：

（1）对 B 级高度高层建筑、混合结构高层建筑及复杂高层建筑结构（包括带转换层的结构、带加强层的结构、错层结构、连体结构、多塔楼结构等）不小于 1.3。

（2）其他结构不小于 1.4。

偶然偏心距的取值，一般取为垂直地震作用方向的建筑物总长度的 5%。理论上，偶然偏心距在各楼层的偏移方向是随机的，从工程安全角度考虑，应按偶然偏心距沿竖向最不利分布进行结构计算分析和后续的构件设计。然而，这样的"精确"处理会大大增加工程技术人员的工作量，而且计算结果的可信度也往往遭到质疑。因此，目前的实际工程操作是将每层质心沿主轴的同一方向（正向或负向）偏移。

3. 竖向地震作用的计算

《建筑抗震设计规范》GB 50011—2010 规定，8、9 度时的大跨度和长悬臂结构及 9 度时的高层建筑，应计算竖向地震作，其中，大跨度和长悬臂结构可按表 4.1.1 界定。

大跨度和长悬臂结构   表 4.1.1

设防烈度	大跨度	长悬臂
8 度	≥24m	≥2.0m
9 度	≥18m	≥1.5m

4.1.2 计算模型

建筑结构的计算分析模型应根据结构实际情况确定，所选取的分析模型应能较准确地反映结构中各构件的实际受力状况。

1. 楼盖刚性和计算模型的选择

《建筑抗震设计规范》GB 50011—2010 规定，结构抗震分析时，应按照楼、屋盖的平面形状和平面内变形情况确定为刚性、分块刚性、半刚性、局部弹性和柔性等的横隔板，再按抗侧力系统的布置确定抗侧力构件间的共同工作并进行各构件间的地震内力分析。对质量和侧向刚度分布接近对称且楼、屋盖可视为刚性横隔板的结构，可采用平面结构模型进行抗震分析；其他情况，应采用空间结构模型进行抗震分析。

根据《建筑抗震设计规范》GB 50011—2010 相关条款的解释，所谓刚性、半刚性、柔性横隔板分别指在平面内不考虑变形、考虑变形、不考虑刚度的楼、屋盖。需要说明的是：这样的定义只是一种定性的解释，并非明确的定量界定，具体工程中楼盖的刚性认定还主要依赖于设计人员的经验判断。因此，抗震规范在后续的相关条款中，分别给出了楼盖长宽比、抗震墙间距、楼盖厚度及构造等详细要求。

从理论分析上看，楼盖的刚性决定着水平地震剪力在竖向抗侧力构件之间的分配方式，因此，反过来，也可以从水平力在竖向抗侧力构件之间的分配方式来判定楼盖的刚性：

（1）刚性楼盖：如果水平力是可按各竖向抗侧力构件的刚度分配，楼板可看作是刚性楼板，这时楼板自身变形相对竖向抗侧力构件的变形来说比较小。

（2）柔性楼盖：如果水平力的分配与各竖向抗侧力构件间的相对刚度无关，楼板可看作是柔性楼板，此时楼板自身变形相对竖向抗侧力构件的变形来说比较大。柔性楼板传递水平力的机理类似于一系列支撑于竖向抗侧力构件间的简支梁。

（3）半刚性楼盖：实际结构的楼板既不是完全刚性，也不是完全柔性，但为了简化计算，通常情况下是可以这样假定的。但是，如果楼板自身变形与竖向抗侧力构件的变形是同一个数量级，楼板体系不可假定为完全刚性或柔性，而为半刚性楼板。

通常情况下，现浇混凝土楼盖、带有叠合层的预制板楼盖、浇筑混凝土的钢板楼盖被看作是刚性楼盖，而不带叠合层的预制板楼盖、不浇筑混凝土的钢板楼盖以及木楼盖被视为柔性楼盖。一般情况下，这样分类是可以的，但在某些特殊场合，应注意楼板体系和竖向抗侧力体系之间的相对刚度，否则，会导致计算结果的误差大大超过工程设计的容许范围，进而造成设计结果存在安全隐患。因此，《建筑抗震设计规范》和《高层建筑混凝土结构技术规程》对抗侧力构件（抗震墙或剪力墙）间楼盖的长宽比、抗侧力构件间距以及楼盖的构造措施提出了明确的规定，目的是保证楼盖的刚度符合刚性假定。

关于楼盖刚性与柔性的界定，美国的 ASCE7-05 规范给出了明确的规定，我国工程设计人员在进行结构计算时可以参考使用：当两相邻抗侧力构件之间的楼板在地震作用下的最大变形量超过两端抗侧力构件侧向位移平均值的 2 倍时，该楼板即定义为柔性楼板（图 4.1.1）。

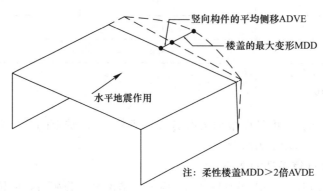

图 4.1.1　美国 ASCE7 规范关于柔性楼盖的定义

2. P-Δ 效应

建筑结构在外力作用下发生变形，结构质量位置发生变化，会产生二阶的倾覆力矩，因为这一倾覆力矩的数值等于层总重量 P 与层侧移 Δ 的乘积，所以一般被称为 P-Δ 效应，现今有关规范统称之为重力二阶效应。

《建筑抗震设计规范》GB 50011—2010 第 3.6.3 条依据上述基本概念规定，当结构产生的附加的二阶倾覆力矩大于不考虑 P-Δ 效应的倾覆力矩的 10% 时，应考虑几何非线性，即重力二阶效应的影响。

$$\theta_i = \frac{M_a}{M_0} = \frac{\sum G_i \cdot \Delta u_i}{V_i \cdot h_i} > 0.1 \tag{4.1.1}$$

式中　　θ_i——稳定系数；

$\sum G_i$——i 层以上全部重力荷载计算值；

Δu_i——第 i 层楼层质心处的弹性或弹塑性层间位移；

V_i——第 i 层地震剪力计算值；

h_i——第 i 层层间高度。

由前述的基本概念可知，影响重力二阶效应有两个关键因素，即结构的侧向刚度和结构的重力荷载，因此，《高层建筑混凝土结构技术规程》对结构的弹性刚度和重力荷载的相互关系给出了规定，当结构的刚度与重力荷载的相对比值（即通常所谓的刚重比）满足一定条件时，可不考虑重力二阶效应的影响。

刚重比指的是结构刚度与重力荷载的比值，它是检查判断结构重力二阶效应的主要参数，也是控制结构整体稳定性的重要因素。根据《高层建筑混凝土结构技术规程》的相关规定，刚重比可定义为：

$$R = \begin{cases} \dfrac{EJ_d}{H^2 \sum\limits_{i=1}^{n} G_i} & \text{（剪力墙结构、框架-剪力墙结构、筒体结构）} \\ \dfrac{D_i}{\sum\limits_{j=i}^{n} G_j / h_i} \quad (i = 1, 2, \cdots, n) & \text{（框架结构）} \end{cases} \tag{4.1.2}$$

（1）当刚重比的计算值 R 不小于 2.7（剪力墙结构、框架-剪力墙结构、筒体结构）或 20（框架结构）时，结构的稳定性满足要求，同时，可不考虑二阶效应。

（2）当刚重比的计算值 R 介于 1.4～2.7 之间（剪力墙结构、框架-剪力墙结构、筒体结构）或 10～20 之间（框架结构）时，结构的稳定性满足要求，但需要按《高层建筑混凝土结构技术规程》第 5.4.3 条的规定考虑二阶效应。

（3）当刚重比的计算值 R 小于 1.4（剪力墙结构、框架-剪力墙结构、筒体结构）或 10（框架结构）时，结构的稳定性不满足要求，需要对建筑结构的整体布局进行调整。

4.1.3 重力荷载及设计反应谱

1. 重力荷载

计算地震作用时，建筑的重力荷载代表值应取结构和构配件自重标准值和各可变荷载组合值之和。各可变荷载的组合值系数，应按表 4.1.2 采用。

组合值系数　　　　　　　　　　　　　　　　　　　　　　　　　　　　表 4.1.2

可变荷载种类		组合值系数
雪荷载		0.5
屋面积灰荷载		0.5
屋面活荷载		不计入
按实际情况计算的楼面活荷载		1.0
按等效均布荷载计算的楼面活荷载	藏书库、档案库	0.8
	其他民用建筑	0.5
起重机悬吊物重力	硬钩吊车	0.3
	软钩吊车	不计入

注：硬钩吊车的吊重较大时，组合值系数应按实际情况采用。

需要注意的是，计算建筑的重力荷载代表值时，可不考虑按等效均布计算的楼面消防

97

车荷载。因为根据概率原理，当建筑工程发生火灾、消防车进行消防作业的同时，本地区发生 50 年一遇地震（多遇地震）的可能性是很小的。因此，对于建筑抗震设计来说，消防车荷载属于另一种偶然荷载，计算建筑的重力荷载代表值时，可不予以考虑。实际工程设计时，等效均布的楼面消防车荷载可按楼面活荷载对待，参与结构设计计算，但不参与地震作用效应组合。

2. 设计反应谱

（1）地震影响系数的含义 α

《建筑抗震设计规范》中地震影响系数 α，取单质点弹性结构在地震作用下的最大加速度反应与重力加速度比的平均值。因此，α 是由地震动最大加速度 a_{max} 与结构地震反应放大倍数 β 组成，即：

$$\alpha(T) = a_{max} \cdot \beta(T)/g = k\beta(T) \tag{4.1.3}$$

式中　T——结构自振周期；

　　　k——地震系数，随设防水准不同，取值也不同，如表 4.1.3 所示。

地震系数 k 取值　　　　　　　　　　　　　　　　表 4.1.3

设防水准	设防烈度			
	6	7	8	9
	k			
多遇地震 50 年超越概率 63.2%	0.018	0.035（0.055）	0.07（0.11）	0.14
设防烈度地震 50 年超越概率 10%	0.05	0.10（0.15）	0.20（0.30）	0.40
罕遇地震 50 年超越概率 2%～3%	0.125	0.22（0.31）	0.40（0.51）	0.62

由表 4.1.3 可见，相当于设防烈度的 k 值，同《中国地震动峰值加速度区划图》GB 18306—2001 中的地震动峰值加速度和设计基本地震加速度值相一致，多遇地震和罕遇地震的地震系数值 k，同《建筑抗震设计规范》规定的时程分析所用地震加速度时程的最大值相一致。

（2）地震影响系数最大值 α_{max}

$$\alpha_{max} = k \cdot \beta_{max} \tag{4.1.4}$$

式中　β_{max}——结构地震反应放大倍数最大值，同结构的阻尼比有关，当阻尼比为 0.05 时，β_{max} 取 2.25。

地震影响系数的最大值随设防水准与设防烈度不同按表 4.1.4 取值。

地震影响系数最大值 α_{max}　　　　　　　　　　　表 4.1.4

设防烈度	6	7	8	9
第一阶段设计值	0.04	0.08（0.12）	0.16（0.24）	0.32
第二阶段设计值	0.28	0.50（0.72）	0.90（1.20）	1.40

（3）地震影响系数随结构自振周期 T 的变化

按《建筑抗震设计规范》反应谱法计算时，基本振型和高阶振型的地震影响系数 α，均随结构振型周期而变（图4.1.2）。

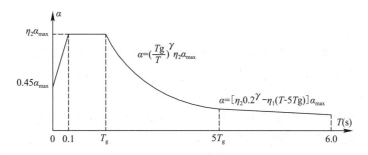

图4.1.2 地震影响系数曲线

1）直线上升段，周期0～0.1s的区段；
2）水平段，自0.1s～T_g的区段，取最大值α_{max}；
3）曲线下降段，自T_g～$5T_g$区段，衰减指数取0.9；
4）直线下降段，自$5T_g$～6.0s区段，下降调整系数为0.02，阻尼调整系数为1。

（4）设计特征周期T_g值

特征周期值 T_g（s） 表4.1.5

设计地震分组	场地类别				
	I_0	I_1	II	III	IV
第一组	0.20	0.25	0.35	0.45	0.65
第二组	0.25	0.30	0.40	0.55	0.75
第三组	0.30	0.35	0.45	0.65	0.90

注：计算罕遇地震作用时，设计特征周期宜增加0.05s。

（5）地震影响系数随结构阻尼比的变化

1）曲线下降段的衰减指数应按下式确定：

$$\gamma = 0.9 + \frac{0.05 - \zeta}{0.3 + 6\zeta} \qquad (4.1.5)$$

式中 γ——曲线下降段的衰减指数；

ζ——阻尼比。

2）直线下降段的下降斜率调整系数η_1应按下式确定：

$$\eta_1 = 0.02 + \frac{0.05 - \zeta}{4 + 32\zeta} \qquad (4.1.6)$$

式中 η_1——直线下降段的下降斜率调整系数，小于0时取0。

3）阻尼调整系数η_2应按下式确定：

$$\eta_2 = 1 + \frac{0.05 - \zeta}{0.08 + 1.6\zeta} \qquad (4.1.7)$$

式中 η_2——阻尼调整系数，当小于0.55时，应取0.55。

4.1.4 计算方法

1. 底部剪力法

底部剪力法是计算规则结构水平地震作用的简化方法，按照弹性地震反应谱理论，结构底部总地震剪力与等效的单质点的水平地震作用相等，由此，可确定结构总水平地震作用及其沿高度的分布。计算时，各层的重力荷载代表值集中于楼盖处，在每个主轴方向可仅考虑一个自由度。

（1）适用范围

底部剪力法，一般适用于高度不超过 40m、以剪切变形为主且质量和刚度沿高度分布比较均匀的结构，以及近似于单质点体系的结构。

（2）总水平地震作用标准值

采用底部剪力法时，各楼层可仅取一个自由度，结构的水平地震作用标准值，应按下列公式确定（图 4.1.3）：

$$F_{Ek} = \alpha_1 G_{eq} \tag{4.1.8}$$

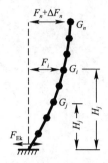

图 4.1.3 结构水平地震作用计算简图

式中　F_{Ek}——结构总水平地震作用标准值；

　　　α_1——相应于结构基本自振周期的水平地震影响系数值，应按《建筑抗震设计规范》第 5.1.4、第 5.1.5 条确定，多层砌体房屋、底部框架砌体房屋，宜取水平地震影响系数最大值；

　　　G_{eq}——结构等效总重力荷载，单质点应取总重力荷载代表值，多质点可取总重力荷载代表值的 85%。

（3）水平地震作用沿高度分布

$$F_i = \frac{G_i H_i}{\sum_{j=1}^{n} G_j H_j} F_{Ek} (1 - \delta_n) \quad (i = 1, 2, \cdots, n) \tag{4.1.9}$$

$$\Delta F_n = \delta_n F_{Ek} \tag{4.1.10}$$

式中　F_i——质点 i 的水平地震作用标准值；

　G_i、G_j——分别为集中于质点 i、j 的重力荷载代表值；

　H_i、H_j——分别为质点 i、j 的计算高度；

　　　δ_n——顶部附加地震作用系数，多层钢筋混凝土和钢结构房屋可按表 4.1.6 采用，其他房屋可采用 0.0；

　　　ΔF_n——顶部附加水平地震作用。

顶部附加地震作用系数　　　　　　　　　　　　　　　　　　　**表 4.1.6**

T_g（s）	$T_1 > 1.4 T_g$	$T_1 \leqslant 1.4 T_g$
$T_g \leqslant 0.35$	$0.08 T_1 + 0.07$	
$0.35 < T_g \leqslant 0.55$	$0.08 T_1 + 0.01$	0.0
$T_g > 0.55$	$0.08 T_1 - 0.02$	

注：T_1 为结构基本自振周期。

2. 平动的振型分解反应谱法

平动的振型分解反应谱法是无扭转结构抗震分析的基本方法。它把结构同一方向各阶平动振型作为广义坐标系，每个振型是一个等效单自由度体系，可按反应谱理论确定每一个振型的地震作用并求得相应的地震作用效应（弯矩、剪力、轴向力和位移、变形等），再根据随机振动过程的遇合理论，用平方和平方根的组合（SRSS）得到整个结构的地震作用效应。

（1）结构反应的振型分解

一般情况下，描述结构在某个方向的运动，只需事先了解结构固有的 n 个自振周期的相应的振型，结构任一点的地震反应是 n 个等效单自由度体系地震反应和相应振型的线性组合，这就是振型分解的概念。

结构固有的自振周期和振型，是结构在不受任何外力作用时振动（称自由振动）的固有特性。将重力荷载代表值集中于楼层或质点之处，对应于自由振动的频率方程可写为：

$$-\omega^2[m]+[K]=0 \tag{4.1.11}$$

表示结构的自振周期和振型取决于结构的质量分布 $[m]$ 和刚度分布 $[K]$。

这个方程数学上称为特征方程。特征方程的特征根对应于自振周期 T_g，特征方程的特征向量对应于体系的振动形状，也就是振型 X_{ji}。因而，结构各阶自振周期和振型的计算多由计算机完成。

（2）各阶振型的地震作用标准值

结构 j 振型 i 质点的水平地震作用标准值，应按下列公式确定：

$$F_{ji}=\alpha_j\gamma_j X_{ji}G_i \quad (i=1,2,\cdots,n;\ j=1,2,\cdots,m) \tag{4.1.12}$$

$$\gamma_j=\sum_{i=1}^{n}X_{ji}G_i \Big/ \sum_{i=1}^{n}X_{ji}^2 G_i \tag{4.1.13}$$

式中　F_{ji}——j 振型 i 质点的水平地震作用标准值；

　　　α_j——相应于 j 振型自振周期的地震影响系数；

　　　X_{ji}——j 振型 i 质点的水平相对位移；

　　　γ_j——j 振型的参与系数，表示结构振动时 j 振型所占的比重。

（3）各阶振型地震作用效应的组合

确定每个振型的水平地震作用标准值后，就可按弹性力学方法求得每个振型对应的地震作用效应 S_j（弯矩、剪力、轴向力和位移、变形），然后按平方和平方根法（SRSS）加以组合。得到地震作用效应的计算值 S：

$$S_{Ek}=\sqrt{\sum S_j^2} \tag{4.1.14}$$

式中　S_{Ek}——水平地震作用标准值的效应；

　　　S_j——j 振型水平地震作用标准值的效应，可只取前 2～3 个振型，当基本自振周期大于 1.5s 或房屋高宽比大于 5 时，振型个数应适当增加。

需要注意的是，地震作用效应（内力和变形）的组合不同于水平地震作用的组合，不可用 $F_i=\sqrt{\sum F_{ji}^2}$ 作为 i 质点的水平地震作用，再按弹性力学方法求得地震内力和位移。

3. 扭转耦联的振型分解反应谱法

（1）扭转耦联的振型分解反应谱法

是不对称结构抗震分析的基本方法，它与平动的振型分解反应谱法不同之处是：

1）扭转耦联振型有平移分量也有转角分量；

2）各阶振型地震作用效应的组合，需采用完全二次项平方根法组合（CQC 法）。

（2）结构的扭转耦联振型

该振型的主要特点详见表 4.1.7。

扭转耦联振型的主要特点 表 4.1.7

项目	主要特点
频率 方程	（1）刚度矩阵 $[K]$ 包含屏东刚度和绕质心的转动刚度； （2）质量矩阵 $[m]$ 包含几种质量和绕质心的转动惯性矩

项目	主要特点
振型	(1) 每个振型的平移分量和转角分量耦联，不出现单一分量的振动形式； (2) 扭转效应较小时，当某分量所占比重很大，可近似得到该分量的振动形式
楼层位移参考轴	即使每个楼层只考虑质心处两个正交的水平移动和一个转角共三个自由度，楼层其他点的位移也不相同。因而，任选某竖向参考轴计算，虽然各振型的自振周期相同，但所得到的振型不同。为此，要以各楼层质心连成的参考轴作为扭转振型的基准

(3) 各阶扭转振型的地震作用标准值

按扭转耦联振型分解法计算时，各楼层可取 2 个正交的水平位移和 1 个转角共 3 个自由度，并应按下列公式计算结构的地震作用和作用效应。

j 振型 i 层的水平地震作用标准值：

$$F_{xji} = \alpha_j \gamma_{tj} X_{ji} G_i$$
$$F_{yji} = \alpha_j \gamma_{tj} Y_{ji} G_i \quad (i = 1, 2, \cdots, n; \quad j = 1, 2, \cdots, m) \tag{4.1.15}$$
$$F_{tji} = \alpha_j \gamma_{tj} r_i^2 \varphi_{ji} G_i$$

式中 F_{xji}、F_{yji}、F_{tji}——分别为 j 振型 i 层的 x 方向、y 方向和转角方向的地震作用标准值；

X_{ji}、Y_{ji}——分别为 j 振型 i 层质心在 x、y 方向的水平相对位移；

φ_{ji}——j 振型 i 层的相对扭转角；

r_i——i 层转动半径，可取 i 层绕质心的转动惯量除以该层质量的商的正二次方根；

γ_{tj}——计入扭转的 j 振型的参与系数，可按下列公式确定：

当仅取 x 方向地震作用时

$$\gamma_{tj} = \sum_{i=1}^{n} X_{ji} G_i / \sum_{i=1}^{n} (X_{ji}^2 + Y_{ji}^2 + \varphi_{ji}^2 r_i^2) G_i \tag{4.1.16}$$

当仅取 y 方向地震作用时

$$\gamma_{tj} = \sum_{i=1}^{n} Y_{ji} G_i / \sum_{i=1}^{n} (X_{ji}^2 + Y_{ji}^2 + \varphi_{ji}^2 r_i^2) G_i \tag{4.1.17}$$

当取与 x 方向斜交的地震作用时

$$\gamma_{tj} = \gamma_{xj} \cos\theta + \gamma_{yj} \sin\theta \tag{4.1.18}$$

式中 γ_{xj}、γ_{yj}——由式（4.1.12）、式（4.1.13）求得的参与系数；

θ——地震作用方向与 x 方向的夹角。

(4) 各阶扭转振型地震作用效应的组合

确定每个扭转振型在 x 方向、y 方向和转角方向的水平地震作用标准值之后，同样用弹性力学方法求出每个振型对应的地震作用效应，但要采用完全二次项平方根法（CQC）加以组合，得到地震作用效应的计算值 S。

1) 单向水平地震作用下的扭转耦联效应，可按下列公式确定：

$$S_{Ek} = \sqrt{\sum_{j=1}^{m} \sum_{k=1}^{m} \rho_{jk} S_j S_k} \tag{4.1.19}$$

$$\rho_{jk} = \frac{8 \sqrt{\zeta_j \zeta_k} (\zeta_j + \lambda_T \zeta_k) \lambda_T^{1.5}}{(1 - \lambda_T^2)^2 + 4\zeta_j \zeta_k (1 + \lambda_T^2) \lambda_T + 4(\zeta_j^2 + \zeta_k^2) \lambda_T^2} \tag{4.1.20}$$

式中 S_{Ek}——地震作用标准值的扭转效应；

S_j、S_k——分别为 j、k 振型地震作用标准值的效应，可取前 9～15 个振型；

ζ_j、ζ_k——分别为 j、k 振型的阻尼比；

ρ_{jk}——j 振型与 k 振型的耦联系数；

λ_T——k 振型与 j 振型的自振周期比。

2）双向水平地震作用下的扭转耦联效应，可按下列公式中的较大值确定：

$$S_{Ek} = \sqrt{S_x^2 + (0.85 S_y)^2} \qquad (4.1.21)$$

或

$$S_{Ek} = \sqrt{S_y^2 + (0.85 S_x)^2} \qquad (4.1.22)$$

式中 S_x、S_y——分别为 x 向、y 向单向水平地震作用按式（4.1.16）计算的扭转效应。

4. 时程分析法

时程分析法是由建筑结构的基本运动方程，输入对应于建筑场地的若干条地震加速度。

记录或人工加速度波形（时程曲线），通过积分运算求得在地面加速度随时间变化期间内结构内力和变形状态随时间变化的全过程，并以此进行构件截面抗震承载力验算和变形验算。时程分析法亦称数值积分法、直接动力法等。

（1）基本方程及其解法

任一多层结构在地震作用下的运动方程是：

$$[m]\{\ddot{u}\} + [C]\{\dot{u}\} + [K]\{u\} = -[m]\{\ddot{u}_g\} \qquad (4.1.23)$$

式中 $\ddot{u}_g$——地震地面运动加速度波。

计算模型不同时，质量矩阵 $[m]$、阻尼矩阵 $[C]$、刚度矩阵 $[K]$、位移向量 $\{u\}$、速度向量 $\{\dot{u}\}$ 和加速度向量 $\{\ddot{u}\}$ 有不同的形式。

地震地面运动加速度记录波形是一个复杂的时间函数，方程的求解要利用逐步计算的数值方法。将地震作用时间划分成许多微小的时段，相隔 Δt，基本运动方程改写为 i 时刻至 $i+1$ 时刻的半增量微分方程：

$$[m]\{\Delta\ddot{x}\}_{i+1} + [C]_i^{i+1}\{\Delta\dot{x}\}_i^{i+1} + [K]_i^{i+1}\{\Delta x\}_i^{i+1} + \{Q\}_i = -[m]\{\ddot{u}_g\}_{i+1}$$

$$\{Q\}_i = \{Q\}_{i-1} + [K]_{i-1}^i\{\Delta x\}_{i-1}^i + [C]_{i-1}^i\{\Delta\dot{x}\}_{i-1}^i \qquad (4.1.24)$$

$$\{Q\}_0 = 0$$

然后，借助于不同的近似处理，把 $\{\Delta\ddot{x}\}$、$\{\Delta\dot{x}\}$ 等均用 Δx 表示，获得拟静力方程：

$$[K]_i^{i+1}\{\Delta x\}_i^{i+1} = \{\Delta P^*\}_i^{i+1} \qquad (4.1.25)$$

求出 $\{\Delta x\}_i^{i+1}$ 后，就可得到 $i+1$ 时刻的位移、速度、加速度及相应的内力和变形，并作为下一步计算的初值，一步一步地求出全部结果——结构内力和变形随时间变化的全过程。

在第一阶段设计计算时，用弹性时程分析，$[K]_i^{i+1}$ 保持不变；在第二阶段设计计算时，用弹塑性时程分析，$[K]_i^{i+1}$ 随结构及其构件所处的变形状态，在不同时刻取不同的数值。

（2）输入地震波的选择与控制

时程分析法计算的结果合适与否主要依赖于输入激励（地震波）是否合适。由于实际工程设计时，输入计算模型的地震波数量有限，只能反映少数地震、局部场点地震动特征，具有鲜明的"个性"，因此，规范规定时程分析法主要作为反应谱法的"补充"，同时，对输入地震波提出了如下控制性要求：

1）数量要求

当取 3 组时程曲线进行计算时，结构地震作用效应宜取时程法的包络值和振型分解反应谱法计算结果的较大值。当取 7 组及 7 组以上的时程曲线进行计算时，结构地震作用效应可取时程法的平均值和振型分解反应谱法计算结果的较大值。

2）质量（频谱）要求

多组时程曲线的平均地震影响系数曲线应与振型分解反应谱法所采用的地震影响系数曲线在统计意义上相符。所谓"在统计意义上相符"指的是，多组时程波的平均地震影响系数曲线与振型分解反应谱法所用的地震影响系数曲线相比，在对应于结构主要振型的周期点（T_1、T_2）上相差不大于 20%。

弹性时程分析时，每条时程曲线计算所得结构底部剪力不应小于振型分解反应谱法计算结果的 65%，多条时程曲线计算所得结构底部剪力的平均值不应小于振型分解反应谱法计算结果的 80%。

3）构成要求

应按建筑场地类别和设计地震分组选取实际地震记录和人工模拟的加速度时程曲线，其中实际强震记录的数量不应少于总数的 2/3。一般来说，输入 3 组时，按 2＋1 原则选波；输入 7 组时，按 5＋2 原则选波。

规范要求同时输入天然波和人工波的原因：

① 人工波是用数学方法生成的平稳或非平稳的随机过程，其优点是频谱成分丰富，可均匀地"激发"各阶振型响应；缺点是短周期部分过于"平坦"，与实际地震特性差距较大（图 4.1.4）。

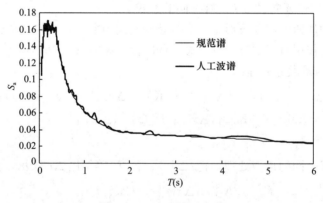

图 4.1.4　人工波反应谱

② 天然波是完全非平稳随机过程，其优点是高频部分（短周期）变化剧烈，利于"激发"结构的高振型；缺点是低频部分（长周期）下降过快，对长周期结构的反应估计不足（图 4.1.5）。

4）持续时间要求

输入的地震加速度时程曲线的有效持续时间，一般从首次达到该时程曲线最大峰值的 10% 那一点算起，到最后一点达到最大峰值的 10% 为止（图 4.1.6）；不论是实际的强震记录还是人工模拟波形，有效持续时间一般为结构基本周期的 5～10 倍，即结构顶点的位移可按基本周期往复 5～10 次。

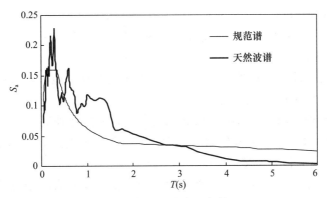

图 4.1.5 天然波反应谱

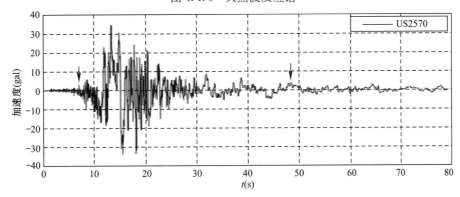

图 4.1.6 地震波有效持续时间确定示例

要求不低于 5 次是为了保证持续时间足够长；要求不高于 10 次，最初的愿望是为了减少计算的工作量，鉴于目前计算机的计算能力已大大增强，上限 10 次的要求已不再特别强调，实际工程选波时要着重注意 5 次的底线要求。

5）峰值要求

研究表明，实际地震中对结构反应起决定性作用的是地震波的有效峰值加速度（Effective peak acceleration，EPA），而不是通常所谓的实际峰值加速度（Peak ground acceleration，PGA）。因此，《建筑抗震设计规范》GB 50011—2010（2016 年版）在条文说明中特意强调，加速度的有效峰值应按规范正文的要求进行调整。

所谓有效峰值（EPA），指的是 5％阻尼比的加速度反应谱在 0.1～0.5s 周期间的平均值 S_a 与标准反应谱动力放大系数最大值 β_{max} 的比值，即：

$$EPA = S_a / \beta_{max} \tag{4.1.26}$$

式中 S_a——5％阻尼反应谱在周期 0.1～0.5s 之间的平均值；

β_{max}——5％阻尼的动力放大系数最大值，我国取 2.25，美国、欧洲取 2.5，也有取 3.0 的。

一般来说，每条地震波的有效峰值 EPA 与实际的峰值 PGA 并不相等，但实际工程操作时，工程设计人员通常不太清楚 EPA 与 PGA 的差别，为操作方便，大多调整的都是 PGA。因此，建议选波人员在选波时直接给出各条地震波的 EPA 与 PGA 比值 γ，工程应用时，按设计人员的习惯调整 PGA，然后再乘上相应的调整系数 γ。

当结构采用三维空间模型等需要双向（2 个水平向）或三向（2 个水平和 1 个竖向）

地震波输入时，其加速度最大值通常按 1（水平 1）：0.85（水平 2）：0.65（竖向）的比例调整。人工模拟的加速度时程曲线，也应按上述要求生成。

6）输入地震波选择的原则

① 地震环境和地质条件相近原则。以上海为代表的软土地区，宜优先选择软土场地的地震记录，比如墨西哥地震记录。

② 频谱特性相符的原则：即统计意义相符原则，实际操作时，应主要控制场地特征周期 T_g 和结构基本周期 T_1 两点处的反应谱误差：所选地震波的平均反应谱在 T_g 和 T_1 处谱值与规范谱相比，误差不超过 20%。

③ 选强不选弱原则：尽量选择峰值较大的天然记录，因为原始记录的峰值越小，环境噪声的比重越大，对结构动力时程分析而言，只有强震部分才有意义。一般情况下，要求原始记录的最大峰值不小于 0.1g。

4.1.5 地震作用调整

1. 鞭梢效应相关的调整

（1）震害表现

一些高层建筑常因功能上的需要，在屋顶上面设置比较细高的小塔楼。这些屋顶小塔楼在风力等常规荷载下都表现良好，无一发生问题；然而在地震作用下却一反常态，即使在楼房主体结构无震害或震害很轻的情况下，屋顶小塔楼也发生严重破坏。1964 年四川自贡地震，兴隆坳的几幢 4 层住宅，主体几无震害，而突出屋顶的楼梯间均严重破坏。1967 年河北河涧地震，波及天津市，位于 5 度区的天津市百货大楼，7 层框架体系的主体震害很轻，但高出屋顶的平面尺寸较小的塔楼，破坏严重。天津南开大学主楼，为 7 层框架体系，高 27m，门厅处屋面以上有三层塔楼，顶高约 50m。1976 年 7 月唐山地震时，某楼位于 8 度区，框架体系主体几无震害，但其上塔楼破坏严重，向南倾斜约 200mm，同年 11 月宁河地震时，整个塔楼倒塌。唐山地震时，位于 6 度区的北京国务院第一招待所，8 层框架体系主体没有什么震害，但出屋顶的楼梯间却破坏严重。2008 年汶川地震中也存在大量的出屋面小塔楼破坏现象（图 4.1.7、图 4.1.8）。

(a)　　　　　　　　　　　　(b)

图 4.1.7　汶川地震中砖混结构局部出屋面房间破坏情况

(a) 8 度区某砖混结构，顶部出屋面房间完全倒塌，下部结构基本完好；

(b) 7 度区某砖混结构，局部突出部位破坏严重，下部结构基本完好

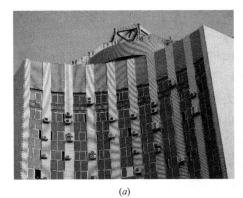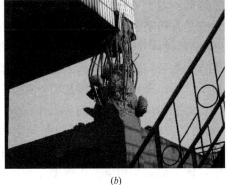

(a) (b)

图 4.1.8　汶川地震中混凝土结构出屋面小塔楼破坏状况

(a) 6 度区某 15 层框架-剪力墙结构，主体结构完好；
(b) 出屋面小塔楼破坏严重，柱端混凝土压碎，钢筋呈灯笼状

（2）鞭梢效应的原理

屋顶塔楼，在平面尺寸和抗推刚度方面，均比高层建筑的主体小得多。因此，当建筑在地震动作用下产生振动时，屋顶小塔楼不可能作为主楼的一部分，与主楼一起作整体振动；而是在高层建筑屋顶层振动的激励下，产生二次型振动，屋顶塔楼的振动得到了两次放大（图 4.1.9）。第一次放大，是高层建筑主体在地震动的激发下所产生的振动，其质量中心处的振动放大倍数，大致等于反应谱曲线给出的地震影响系数与地面运动峰值加速度的比值，屋顶处的振动又大致等于质心处振动的两倍。第二次放大，是屋顶塔楼在建筑主体屋盖振动的激发下所产生的振动。第二次振动的放大倍数取决于塔楼自振周期与建筑主体自振周期的接近程度。当屋顶塔楼的某一自振周期与下部建筑主体的某一自振周期相等或接近时，塔楼将会因共振而产生最大的振动加速度；即使两者周期有较大的差距，屋顶塔楼也会产生比建筑主体屋盖处加速度大得多的振动加速度。此外，根据结构弹塑性时程分析结果，屋顶塔楼还会因其刚度的突然减小，产生塑性变形集中，进一步加大塔楼在地震作用下所产生的侧移。所以，高层建筑顶部塔楼的强烈局部振动效应，在结构设计中应该得到充分考虑。

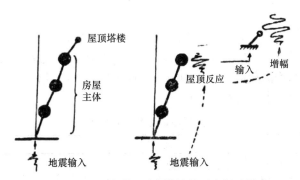

图 4.1.9　地震时屋顶小塔楼的两次振动放大

（3）设计措施

地震时高层建筑屋顶上的小塔楼，由于动力效应的两次放大，以及出现塑性变形集中，振动强烈。屋顶小塔楼不仅受到比一般情况大得多的水平地震力，而且产生较大的层

间变位。因此，对于屋顶塔楼，设计时应采取相应的对策，一是在计算中采用适当放大的地震力，二是在构造上采取提高结构延性的措施。

《建筑抗震设计规范》规定，采用底部剪力法时，突出屋面的屋顶间、女儿墙、烟囱等的地震作用效应，宜乘以增大系数 3，此增大部分不应往下传递，但与该突出部分相连的构件应予计入；采用振型分解法时，突出屋面部分可作为一个质点。

单层厂房突出屋面天窗架的地震作用效应也应按下列规定考虑鞭梢的增大效应：

1) 对有斜撑杆的三铰拱式钢筋混凝土和钢天窗架，其横向地震作用可采用底部剪力法计算，但跨度大于 9m 或 9 度时，地震作用效应应乘以 1.5 的增大系数；对于其他情况下天窗架，横向地震作用应采用振型分解反应谱法计算。

2) 天窗架的纵向地震作用可采用空间结构分析法，并计及屋盖平面弹性变形和纵墙的有效刚度进行计算。对于柱高不超过 15m 的单跨和等高多跨混凝土无檩屋盖厂房的天窗架，其纵向地震作用可采用底部剪力法计算，但天窗架的地震作用效应应乘以增大系数，其值可按下列规定采用：

单跨、边跨屋盖或有纵向内隔墙的中跨屋盖：

$$\eta = 1 + 0.5n \qquad (4.1.27)$$

其他中跨屋盖：

$$\eta = 0.5n \qquad (4.1.28)$$

式中　η——效应增大系数；

n——厂房跨数，超过四跨时取四跨。

2. 最小地震力控制相关的调整

由于地震影响系数在长周期段下降较快，对于基本周期大于 3.5s 的结构，由此计算所得的水平地震作用下的结构效应可能太小。而对于长周期结构，地震动态作用中的地面运动速度和位移可能对结构的破坏具有更大影响，但是规范所采用的振型分解反应谱法尚无法对此作出估计。出于结构安全的考虑，依据振型分解反应谱分析时采用的加速度反应谱，提出了对结构总水平地震剪力及各楼层水平地震剪力最小值的要求，规定了不同烈度下的剪力系数最小值，即结构任一楼层的水平地震剪力应符合下式要求：

$$V_{Eki} > \lambda \sum_{j=i}^{n} G_j \qquad (4.1.29)$$

式中　V_{Eki}——第 i 层对应于水平地震作用标准值的楼层剪力；

λ——剪力系数，不应小于表 4.1.8 规定的楼层最小地震剪力系数值，对竖向不规则结构的薄弱层，表中数值尚应乘以 1.15 的增大系数；

G_j——第 j 层的重力荷载代表值。

表 4.1.8

楼层最小地震剪力系数值

类别	6 度	7 度	8 度	9 度
扭转效应明显或基本周期小于 3.5s 的结构	0.008	0.016 (0.024)	0.032 (0.048)	0.064
基本周期大于 5.0s 的结构	0.006	0.012 (0.018)	0.024 (0.036)	0.048

注：1. 基本周期介于 3.5s 和 5s 之间的结构，按插入法取值；

　　2. 括号内数值分别用于设计基本地震加速度为 0.15g 和 0.30g 的地区。

(1) 楼层剪力系数的调整方法

当结构的楼层剪力系数不满足上述要求时，应根据不满足的程度分别按下属方法进行调整。

1) 较多楼层不满足或底部楼层差得太多

如果振型分解反应谱法计算结果中有较多楼层的剪力系数不满足最小剪力系数要求（例如 15% 以上的楼层）、或底部楼层剪力系数小于最小剪力系数要求太多（例如小于 85%），说明结构整体刚度偏弱（或结构太重），应调整结构体系，增强结构刚度（或减小结构重量），而不能简单采用放大楼层剪力系数的办法。

2) 底部的总剪力略小，中上部楼层均满足

如图 4.1.10 所示，当结构底部的总地震剪力略小于规范规定而中、上部楼层均满足最小值时，可根据结构的基本周期的不同分别采用以下方法调整。

① 当结构基本周期位于设计反应谱的加速度控制段，即 $T_1 < T_g$ 时：

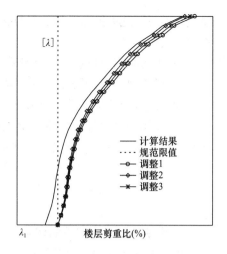

图 4.1.10　楼层地震剪力调整方法

$$\eta > [\lambda]/\lambda_1 \tag{4.1.30}$$

$$V_{Eki}^* = \eta V_{Eki} = \eta \lambda_i \sum_{j=i}^{n} G_j \qquad (i = 1, \cdots, n) \tag{4.1.31}$$

式中　η——楼层水平地震剪力放大系数；

$[\lambda]$——规范规定的楼层最小地震剪力系数值；

λ_1——结构底层的地震剪力系数计算值；

V_{Eki}^*——调整后的第 i 楼层水平地震作用标准值。

② 当结构基本周期位于设计反应谱的位移控制段，即 $T_1 > 5T_g$ 时：

$$\Delta\lambda > [\lambda] - \lambda_1 \tag{4.1.32}$$

$$V_{Eki}^* = V_{Eki} + \Delta V_{Eki} = (\lambda_i + \Delta\lambda) \sum_{j=i}^{n} G_j \qquad (i = 1, \cdots, n) \tag{4.1.33}$$

③ 当结构基本周期位于设计反应谱的速度控制段，即 $T_g \leqslant T_1 \leqslant 5T_g$ 时，

$$\eta > [\lambda]/\lambda_1 \tag{4.1.34}$$

$$\Delta\lambda > [\lambda] - \lambda_1 \tag{4.1.35}$$

$$V_{Eki}^1 = \eta V_{Eki} = \eta \lambda_i \sum_{j=i}^{n} G_j \qquad (i = 1, \cdots, n) \tag{4.1.36}$$

$$V_{Eki}^2 = V_{Eki} + \Delta V_{Eki} = (\lambda_i + \Delta\lambda) \sum_{j=i}^{n} G_j \qquad (i = 1, \cdots, n) \tag{4.1.37}$$

$$V_{Eki}^* = (V_{Eki}^1 + V_{Eki}^2)/2 \tag{4.1.38}$$

（2）注意事项

1) 当底部总剪力相差较多时，结构的选型和总体布置需重新调整，不能仅采用乘以增大系数方法处理。

2) 只要底部总剪力不满足要求，则以上各楼层的剪力均需要调整，不能仅调整不满足的楼层。

3) 满足最小地震剪力是结构后续抗震计算的前提，只有调整到符合最小剪力要求才

能进行相应的地震倾覆力矩、构件内力、位移等的计算分析；即应先调整楼层剪力，再计算内力及位移。

4）采用时程分析法时，其计算的总剪力也需符合最小地震剪力的要求。

5）最小剪重比的规定不考虑阻尼比的不同，是最低要求，各类结构，包括钢结构、隔震和消能减震结构均需一律遵守。

6）采用场地地震安全性评价报告的参数进行计算时，也应遵守本规定。但需注意，此时的最小地震剪力系数应按安评报告的反应谱最大值 $\alpha_{\max,\text{安评}}$ 确定，即：

$$[\lambda] = \begin{cases} 0.20\alpha_{\max,\text{安评}} & T \leqslant 3.5 \\ (0.15 + (T-3.5)/1.5)\alpha_{\max,\text{安评}} & 3.5 < T < 5.0 \\ 0.15\alpha_{\max,\text{安评}} & T \geqslant 5.0 \end{cases} \qquad (4.1.39)$$

3. 土结相互作用相关的调整

由于地基和结构动力相互作用的影响，按刚性地基分析的水平地震作用在一定范围内有明显的折减。研究表明，水平地震作用的折减系数主要与场地条件、结构自振周期、上部结构和地基的阻尼特性等因素有关。图 4.1.11 所示为《建筑抗震设计规范》规定的结构高宽比小于 3 时地震剪力折减系数与结构周期的关系曲线，由图可知，对于柔性地基上的建筑结构，考虑土-结共同工作时地震剪力的折减系数随结构周期的增大而增大，即结构越柔，周期越长。

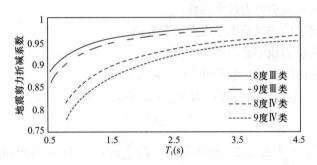

图 4.1.11　地震剪力折减系数与结构自振周期的关系曲线

理论研究还表明，对于高宽比较大的高层建筑，考虑地基与结构动力相互作用后水平地震作用的折减系数并非各楼层均为同一常数，由于高振型的影响，结构上部几层的水平地震作用一般不宜折减。大量计算分析表明，折减系数沿楼层高度的变化较符合抛物线型分布，为此，《建筑抗震设计规范》提供了建筑顶部和底部的折减系数的计算规定，对于中间楼层，为了简化，采用按高度线性插值方法计算折减系数，即：

$$\psi_i = \psi_0 + (1-\psi_0)h_i/H \qquad (4.1.40)$$

式中　ψ_i——高宽比不小于 3 时，第 i 层地震剪力折减系数；

　　　ψ_{i0}——高宽比不小于 3 时，结构地震剪力的折减系数；

　　　h_i——第 i 楼层的楼面至基础顶的高度；

　　　H——结构的总高度。

计算时应注意的问题：

（1）一般情况下，不计入地基与上部结构相互作用的影响。

（2）计入土结相互作用影响的前提条件：

1）8、9度，Ⅲ、Ⅳ类场地；

2）采用箱基、刚性较好的筏基和桩箱联合基础的钢筋混凝土高层建筑；

3）结构基本自振周期处于特征周期的1.2～5倍范围内。

（3）考虑土结相互作用影响的方法：

1）高宽比小于3时，各楼层的地震剪力统一乘以一个相同的折减系数；

2）高宽比不小于3时，各楼层的折减系数不同，注意插值计算。

（4）折减后，楼层地震剪力还应满足最小剪重比的控制要求。

4.2 截面抗震验算

4.2.1 抗震承载力计算的原则

建筑结构各类构件按承载能力极限状态进行截面抗震验算，是第一阶段抗震设计内容，结构抗震承载力验算应遵守以下原则：

（1）一般结构的设计基准期为50年。表明第一阶段抗震设计时，地震作用视为可变作用，取50年一遇的地震作用作为标准值，即建筑所在地区，50年超越概率为62.3％的地震加速度值。

（2）一般抗震结构的设计使用年限为50年。表明结构在50年内，不需大修，其抗震能力仍可满足设计时的预定目标。

（3）由地震作用产生的作用效应，按基本组合形式加入极限状态设计表达式，其各分项系效，原则上按《建筑结构可靠度设计统一标准》规定的方法，并根据经济和设计经验确定。

（4）考虑地震作用效应后，结构构件可靠度指标应低于非抗震设计采用的可靠指标，当结构构件可能为延性破坏时，取可靠指标不小于1.6，当结构构件为脆性破坏时，取可靠指标不小于2.0。

（5）为使抗震与非抗震设计的设计表达式采用统一的材料抗力，引入了"承载力抗震调整系数"，按构件受力状态对非抗震设计的承载力作适当调整。

（6）《建筑抗震设计规范》GB 50011—2010（2016年版）的承载能力极限状态表达式各项系数，基本上采用了规范GBJ 11—89的分析结果。

4.2.2 截面抗震承载力验算表达式

1. 基本表达式

《建筑抗震设计规范》GB 50011—2010（2016年版）规定地震作用效应同其他荷载效应的基本组合及极限状态表达式为：

$$S = \gamma_G S_{GE} + \gamma_{Eh} S_{Ehk} + \gamma_{Ev} S_{Evk} + \psi_w \gamma_w S_{wk} \tag{4.2.1}$$

$$S_{GE} = S_{Gk} \sum \psi_{Ei} S_{Qik} \tag{4.2.2}$$

$$S \leqslant R / \gamma_{RE} \tag{4.2.3}$$

式中　S——结构构件内力组合的设计值，包括组合的弯矩、轴向力和剪力设计值等；

　　　γ_G——重力荷载分项系数，一般情况应采用1.2，当重力荷载效应对构件承载能力有利时，不应大于1.0；

γ_{Eh}、γ_{Ev}——分别为水平、竖向地震作用分项系数，应按《建筑抗震设计规范》表5.4.1采用；

　　　γ_w——风荷载分项系数，应采用1.4；

　　S_{GE}——重力荷载代表值的效应，可按《建筑抗震设计规范》第5.1.3条采用，但有吊车时，尚应包括悬吊物重力标准值的效应；

　　S_{Ehk}——水平地震作用标准值的效应，尚应乘以相应的增大系数或调整系数；

　　S_{Evk}——竖向地震作用标准值的效应，尚应乘以相应的增大系数或调整系数；

　　S_{wk}——风荷载标准值的效应；

　　　ψ_w——风荷载组合值系数，一般结构取0.0，风荷载起控制作用的建筑应采用0.2；

　　　ψ_{Ei}——可变荷载组合值系数；

　　S_{Gk}——永久荷载标准值的效应；

　　S_{Qik}——第 i 个可变荷载标准值的效应。

2. 重力分项系数 γ_G

一般情况取 $\gamma_G=1.2$；当重力荷载效应对构件的承载力有利时，可取 $\gamma_G=1.0$。抗震设计中 $\gamma_G=1.0$ 的情况，有表4.2.1所示的验算项目。

抗震设计中 $\gamma_G=1.0$ 的验算项目　　　　　　　　　　　表4.2.1

抗震设计中需考虑重力荷载的构（部）件	验算以下项目时，$\gamma_G=1.0$
混凝土柱	大偏心受压验算
混凝土抗震墙	偏心受压验算
混凝土竖向构件	偏压时斜截面受剪验算
梁柱节点核心区	受剪验算
抗震墙地下缝	受剪验算
砌体构件	平均正应力计算
砌体件	偏压时偏心距计算

3. 地震作用分项系数

水平和竖向地震作用效应，有单独考虑其中之一或同时考虑的情况，分项系数 γ_{Eh} 和 γ_{Ev} 有不同的取值，如表4.2.2所示。

地震作用分项系数　　　　　　　　　　　表4.2.2

地震作用	γ_{Eh}	γ_{Ev}
仅计算水平地震作用	1.3	0.0
仅计算竖向地震作用	0.0	1.3
同时计算水平与竖向地震作用（水平地震为主）	1.3	0.5
同时计算水平与竖向地震作用（竖向地震为主）	0.5	1.3

112

4. 抗震承载力调整系数

构件的承载力设计值是一种抗力函数。对于非抗震设计，按《建筑结构可靠度设计统一标准》的要求，将多系数设计表达式中的抗力分项系数 γ_R 转换为材料性能分项系数 γ_m，得到非抗震设计的抗力函数，即非抗震设计的承载力设计值。

对于第一阶段的抗震设计，《建筑抗震设计规范》统一采用 R/γ_{RE} 的形式来表示抗震设计的抗力函数，即抗震设计的承载力设计值，其中 R 表示各有关规范所规定的构件承载力设计值。抗震设计的抗力函数采用这种形式可使抗震设计与非抗震设计有所协调并简化计算。引入 γ_{RE} 体现了构件抗震设计的可靠指标与非抗震设计可靠指标的不同。

鉴于各有关规范的承载力设计值 R 的含义不同，相应的承载力抗震调整系数 γ_{RE} 的含义也有所不同，主要有以下三种类型：

（1）用地基承载力调整系数 ζ_a 乘地基的承载力特征值 f_a，作为地基上抗震承载力设计值，$f_{aE}=\zeta_a f_a$，天然地基竖向抗震验算公式不出现 γ_{RE}，而采用 $p \leqslant f_{aE}$ 的验算表达式。

（2）以砌体抗震抗剪强度设计值 f_{vE} 替代《砌体结构设计规范》的 f_v，承重无筋砌体截面抗震承载力验算时，取 $\gamma_{RE}=1.0$。

（3）直接借用非抗震设计的承载力设计值 R_d 除以承载力抗震调整系数 γ_{RE}，转换为抗震承载力设计值 $R_{dE}=R_d/\gamma_{RE}$，如：

1）混凝土构件正截面受弯承载力抗震验算，直接将《混凝土结构设计规范》有关不等式的右端，均除以 γ_{RE}；

2）钢结构构件的各种强度的抗震验算，直接将《钢结构设计规范》各有关不等式的右端，除以 γ_{RE}。

5. 地震作用效应调整

地震作用效应基本组合中，含有考虑抗震概念设计的一些效应调整。在《建筑抗震设计规范》及相关技术规程中，属于抗震概念设计的地震作用效应调整的内容较多，有的是在地震作用效应组合之前进行，有的是在组合之后进行，实施时需加以注意。

（1）组合之前进行的调整有：

1）《建筑抗震设计规范》第3.4.4条刚度突变的软弱层地震剪力调整系数（不小于1.15）和水平转换构件的地震内力调整系数（1.25~2.0）；

2）《建筑抗震设计规范》第3.10.3条近断层地震动参数增大系数（1.25~1.5）；

3）《建筑抗震设计规范》第4.1.8条不利地段水平地震影响系数增大系数（1.1~1.6）；

4）《高层建筑混凝土结构技术规程》第4.3.16条和第4.3.17条的周期折减系数；

5）《建筑抗震设计规范》第5.2.3条考虑扭转效应的边榀构件地震作用效应增大系数；

6）《建筑抗震设计规范》第5.2.4条考虑鞭梢效应的屋顶间等地震作用增大系数；

7）《建筑抗震设计规范》第5.2.5条和《高层建筑混凝土结构技术规程》第4.3.12条不满足最小剪重比规定时的楼层剪力调整；

8）《建筑抗震设计规范》第5.2.6条考虑空间作用、楼盖变形等对抗侧力的地震剪力的调整；

9）《建筑抗震设计规范》第5.2.7条考虑土-结作用楼层地震剪力折减系数；

10）《建筑抗震设计规范》第6.2.10条框支柱内力调整；

11）《建筑抗震设计规范》第 6.2.13 条框架-抗震墙结构二道防线的剪力（$0.2Q_0$）调整和少墙框架结构框架部分地震剪力调整；

12）《建筑抗震设计规范》第 6.6.3 条板柱-抗震墙结构地震作用分配调整；

13）《建筑抗震设计规范》第 6.7.1 条框架-核心筒结构外框地震剪力调整；

14）《建筑抗震设计规范》第 8.2.3 条第 3 款钢框架-支撑结构二道防线的剪力（$0.25Q_0$）调整；

15）《建筑抗震设计规范》第 8.2.3 条第 7 款钢结构转换构件下框架住内力增大系数（1.5）；

16）框架-支撑结构二道防线的剪力（$0.25Q_0$）调整；

17）《建筑抗震设计规范》第 9.1.9 条、9.1.10 条突出屋面天窗架的地震作用效应增大系数；

18）《建筑抗震设计规范》第 G.1.4 条第 3 款钢支撑-混凝土框架结构框架部分地震剪力调整；

19）《建筑抗震设计规范》第 G.2.4 条第 2 款钢框架-钢筋混凝土核心筒结构框架部分地震剪力（$0.20Q_0$）调整；

20）《建筑抗震设计规范》附录 J 的排架柱地震剪力和弯矩调整。

（2）组合之后进行的调整有：

1）《建筑抗震设计规范》第 6.2.2 条强柱弱梁的柱端弯矩增大系数；

2）《建筑抗震设计规范》第 6.2.3 条柱下端弯矩增大系数；

3）《建筑抗震设计规范》第 6.2.4 条、6.2.5 条、6.2.8 条强剪弱弯的剪力增大系数；

4）《建筑抗震设计规范》第 6.2.6 条框架角柱内力调整系数（不小于 1.10）；

5）《建筑抗震设计规范》第 6.2.7 条抗震墙墙肢内力调整；

6）《建筑抗震设计规范》第 6.6.3 条第 3 款板柱节点冲切反力增大系数；

7）《建筑抗震设计规范》第 7.2.4 条底部框架-抗震墙砌体房屋底部地震剪力调整系数（1.2～1.5）；

8）《建筑抗震设计规范》第 8.2.3 条第 5 款偏心支撑框架中与消能梁段连接构件的内力增大系数。

4.3 抗震变形验算

4.3.1 多遇地震的弹性变形验算

根据《建筑抗震设计规范》第 1.0.1 条抗震设防目标规定，多遇地震作用下结构应处于弹性状态，为此，抗震规范及相关技术标准均规定，除了要对多遇地震下结构构件截面的抗震承载力进行验算外，尚应进行多遇地震下的弹性变形验算，从而满足第一水准的目标要求。

各类结构应进行多遇地震作用下的抗震变形验算，其楼层内最大的弹性层间位移应符合下式要求：

$$\Delta u_e \leqslant [\theta_e] h \tag{4.3.1}$$

式中 Δu_e——多遇地震作用标准值产生的楼层内最大的弹性层间位移；计算时，除以弯曲变形为主的高层建筑外，可不扣除结构整体弯曲变形；应计入扭转变形，各作用分项系数均应采用 1.0；钢筋混凝土结构构件的截面刚度可采用弹性刚度；

  $[\theta_e]$——弹性层间位移角限值，宜按表 4.3.1 采用；

  h——计算楼层层高。

弹性层间位移角限值 表 4.3.1

结构类型	$[\theta_e]$
钢筋混凝土框架	1/550
钢筋混凝土框架-抗震墙、板柱-抗震墙、框架-核心筒	1/800
钢筋混凝土抗震墙、筒中筒	1/1000
钢筋混凝土框支层	1/1000
多、高层钢结构	1/250

4.3.2 罕遇地震下的弹塑性变形验算

1. 验算范围

根据我国《建筑抗震设计规范》三水准抗震设防要求，当建筑物遭遇到高于本地区抗震设防烈度的罕遇地震影响时，不致倒塌或发生危及生命安全的严重破坏。因此，建筑物在大震作用下，虽然破坏比较严重，但整个结构的非弹性变形仍受到控制，与结构倒塌的临界变形尚有一段距离，从而保障建筑物内部人员的安全。为此，规范要求采用第三水准烈度地震（罕遇地震）参数，计算出结构（特别是柔弱楼层和抗震薄弱环节）的弹塑性层间位移角，使之小于《建筑抗震设计规范》的相关限值，同时，采取必要的抗震构造措施，从而满足罕遇地震的防倒塌要求。

考虑到结构弹塑性变形计算的复杂性，目前的规范规程针对不同的建筑结构提出了不同的要求（详见规范相关条文），具体实施时应注意把握。

（1）应进行弹塑性变形验算的建筑结构

1）甲类建筑结构；

2）9 度设防的乙类建筑结构；

3）隔震和消能减震设计的建筑结构；

4）高度超过 150m 的各类建筑结构，包括混凝土结构、钢结构以及各种混合结构；

5）7～9 度抗震设防，且楼层屈服强度系数小于 0.5 的钢筋混凝土框架结构和框排架结构；

6）符合下列条件之一的高大的单层钢筋混凝土柱厂房的横向排架：

①8 度抗震设防且位于Ⅲ、Ⅳ类场地；

②9 度抗震设防。

注：高大的单层钢筋混凝土柱厂房，指按平面排架计算时，基本周期 $T_1 > 1.5s$ 的厂房。

（2）宜进行弹塑性变形验算的建筑结构

1）符合下列条件之一的竖向不规则建筑结构：

① 7度抗震设防，高度超过 100m；

② 8度抗震设防，Ⅰ、Ⅱ类场地，高度超过 100m；

③ 8度抗震设防，Ⅲ、Ⅳ类场地，高度超过 80m；

④ 9度抗震设防，高度超过 60m。

2）符合下列条件的乙类建筑结构：

① 7度抗震设防且位于Ⅲ、Ⅳ类场地；

② 8度抗震设防。

3）板柱-抗震墙结构。

4）底部框架-抗震墙砌体房屋。

5）高度不大于 150m 的钢结构。

6）不规则的地下建筑结构。

注：地下建筑结构的规则性界定应符合《建筑抗震设计规范》GB 50011—2010（2016 年版）第 14.1.3 条的要求。

（3）关于楼层屈服强度系数的计算

楼层屈服强度系数 ξ_y 应按下式计算：

$$\xi_y = V_y/V_e \tag{4.3.2}$$

对排架柱：

$$\xi_y = M_y/M_e \tag{4.3.3}$$

式中　V_y——按构件实际配筋和材料强度标准值计算的楼层受剪承载力；

V_e——按罕遇地震作用标准值计算的楼层弹性地震剪力；

M_y——楼层延性系数；

M_e——罕遇地震作用下按弹性分析的层间位移。

实际结构的楼层受剪承载力 V_y 与结构所受的外力大小和分布方式等因素有关，计算是比较复杂的。由于地震作用的随机性以及结构破坏模式的不确定性，精确计算结构的楼层受剪承载力是很困难的事情。目前较为简化且实用的计算方法有三种，即弱柱法、弱梁法和节点失效法。

弱柱法：也称之为拟弱柱化法，假定柱端全部屈服，而梁端不屈服，由柱端的屈服弯矩推定柱的受剪承载力，进而得出楼层的受剪承载力 V_y。该方法由于计算相对简单，可操作性强，而且对强梁弱柱型结构来说，估计的结果与实际比较接近，因此，现行国家标准《建筑抗震鉴定标准》GB 50023—2009 在附录 C 中，推荐采用此方法进行钢筋混凝土结构楼层受剪承载力的评估与计算。

弱梁法：也称之为节点平衡法，假定梁段全部屈服，柱端不屈服，由梁端的屈服弯矩和节点平衡原理推定柱端承受的弯矩，进而柱子承受的剪力、楼层受剪承载力 V_y。

节点失效法：假定交汇于节点的若干梁柱端部屈服，致使节点基本丧失抗转动能力。根据部分梁柱端部的屈服弯矩和截面转角相等的原则推定其余杆件端部承受的弯矩，进而计算柱子承受的剪力和楼层受剪承载力 V_y。

大量算例及研究表明，上述 3 种方法中，节点失效法的 V_y 计算结果较为接近实际，

弱柱法对 V_y 的估计偏大，而弱梁法则对 V_y 估计偏小。对于按现行标准规范（规程）设计的实际工程来说，建议采用节点失效法进行楼层受剪承载力 V_y 的计算。

2. 计算方法

根据《建筑抗震设计规范》GB 50011—2010（2016 年版）第 5.5.3 条的规定，建筑结构罕遇地震作用下薄弱楼层弹塑性变形计算方法主要有以下三种：

（1）简化方法

在分析总结大量剪切型结构薄弱楼层弹塑性层间位移反应的特点和规律的基础上，《建筑抗震设计规范》提出的一种薄弱楼层弹塑性变形估计方法。主要适用于 12 层以下且层刚度无突变的钢筋混凝土框架和框排架结构以及单层钢筋混凝土柱厂房。

（2）静力弹塑性方法

近年来在国内外得到广泛应用的一种结构抗震能力评价的新方法。这一方法的核心思想就在于，希望用一系列连续的线弹性分析结果来估计结构的非线性性能，其基本过程如下：

1）根据建筑的具体情况建立相应的结构计算模型；

2）在结构计算模型上施加必要的竖向荷载；

3）按照一定的加载模式，在结构模型上施加一定的水平荷载，使一个或一批构件进入屈服状态；

4）修改上一步屈服构件的刚度（或使其退出工作状态），再在结构模型上施加一定量的水平荷载，使另一个或一批构件进入屈服状态；

5）不断重复第 4）步，直到结构达到预定的破坏状态，记录结构每次屈服的基底剪力、结构顶部位移；

6）以基底剪力、结构顶部位移为坐标绘制结构的荷载-位移曲线；

7）采用能力谱方法或位移系数法确定结构在相应地震动水准下的位移，对结构性能进行评价。

应该说，静力弹塑性分析作为一种结构非线性响应的简化计算方法，在多数情况下它能够得出比静力甚至动力弹性分析更多的重要信息，而且操作简便。但是由于这种分析方法是在假定结构响应是以第一阶振型为主的基础上进行的，因此，按上述方法得到的荷载-位移曲线基本上只能够反应结构的一阶模态响应。对基本周期在 1.0s 以内的结构，这种方法基本上是有效的；而对于基本周期大于 1.0s 的柔性结构来说，就必须在分析的过程中考虑高阶振型的影响。

（3）弹塑性时程分析方法

又称为动态分析方法。它是将数值化的地震波输入到结构体系的振动微分方程，采用逐步积分法进行结构弹塑性动力分析，计算出结构在整个强震时域中的震动状态全过程，给出各个时刻各杆件的内力和变形，以及各杆件出现塑性铰的顺序。

由于弹塑性动力时程分析方法能够计算地震反应全过程中各时刻结构的内力和变形状态，给出结构的开裂和屈服的顺序，发现应力和塑性变形集中的部位，从而判明结构的屈服机制、薄弱环节以及可能的破坏类型，因此被认为是结构弹塑性分析的最可靠方法。但是，弹塑性时程分析的计算分析工作繁琐，而且计算结果受到输入地震波、构件恢复力模型等影响较大，同时，由于现行各国规范有关弹塑性时程分析方法的规定又缺乏可操作性，因此，在实际抗震设计中该方法并没有得到广泛应用，仅在一些重要的建筑抗震分析中尝试性地使用，更多的时候还是仅限于理论研究。

3. 弹塑性位移限值

在罕遇地震作用下，结构将进入弹塑性变形状态。根据震害经验、试验研究和计算分析结果，提出以构件（梁、柱、墙）和节点达到极限变形时的层间极限位移角作为罕遇地震作用下结构弹塑性层间位移角限值的依据。结构薄弱层（部位）弹塑性层间位移应符合下式要求：

$$\Delta u_{\mathrm{p}} \leqslant [\theta_{\mathrm{p}}]h \tag{4.3.4}$$

式中 $[\theta_{\mathrm{p}}]$——弹塑性层间位移角限值，可按表 4.3.2 采用；

h——薄弱层楼层高度或单层厂房上柱高度。

表 4.3.2

弹塑性层间位移角限值

结构类型	$[\theta_{\mathrm{p}}]$
单层钢筋混凝土柱排架	1/30
钢筋混凝土框架	1/50
底部框架砌体房屋中的框架-抗震墙	1/100
钢筋混凝土框架-抗震墙、板柱-抗震墙、框架-核心筒	1/100
钢筋混凝土抗震墙、筒中筒	1/120
多、高层钢结构	1/50

国内外许多研究结果表明，不同结构类型的不同结构构件的弹塑性变形能力是不同的，钢筋混凝土结构的弹塑性变形主要由构件关键受力区的弯曲变形、剪切变形和节点区受拉钢筋的滑移变形三部分非线性变形组成。影响结构层间极限位移角的因素很多，包括：梁柱的相对强弱关系、配箍率、轴压比、剪跨比、混凝土强度等级、配筋率等，其中轴压比和配箍率是最主要的因素，因此，对于钢筋混凝土框架结构的弹塑性层间位移角限值，《建筑抗震设计规范》给出以下规定：

（1）当框架梁和柱满足规范规定的最低配筋构造要求时，弹塑性层间位移角限值取 1/50；

（2）当框架柱的轴压比小于 0.4 时，弹塑性层间位移角限值可提高 10%，即取 1/45；

（3）当框架柱全高的箍筋构造比抗震规范第 6.3.9 条规定的体积配箍率大 30% 时，弹塑性层间位移角限值可提高 20%，即取 1/42；

（4）同时具备上述第（2）和第（3）项条件时，弹塑性层间位移角限值可提高的幅度不得超过 25%，即最大弹塑性层间位移角限值不得超过 1/40。

4.3.3 弹塑性变形验算的简化方法

1. 适用范围

（1）层刚度无突变、层数不超过 12 层的钢筋混凝土框架和框排架结构；

（2）单层钢筋混凝土柱厂房。

2. 主要依据

在强烈地震过程中，结构不断发生塑性内力重分配，其弹塑性变形具有独特的规律。根据近几十年的研究成果，关于剪切型多层框架结构在强烈地震作用下的弹塑性变形有以下几点规律，为提供简化计算方法创造了条件：

（1）楼层屈服强度系数 ξ_y 是决定结构层间弹塑性变形和层间弹性变形比 η_p 的主要因素，ξ_y 值愈小，则 η_p 值愈大。

（2）等强度结构的弹塑性层间位移最大值，一般均出现在底层。

（3）刚度和屈服强度系数 ξ_y 沿高度分布均匀的框架，弹塑性层间位移 Δu_p，大于其弹性层间位移 Δu_e，增大倍数与房屋总层数及楼层屈服强度系数密切相关。

（4）结构构件承载力是按小震作用计算的，ξ_y 值一般均较小，加之各截面的实际配筋往往与计算配筋不一致，各部位的变动和增大比例不尽相同，因而各楼层的 ξ_y 往往大小不一。ξ_y 值最小或相对较小的楼层，在强烈地震下可能率先屈服，由于塑性内力重分布而形成"塑性变形集中"。这个楼层就是抗震薄弱层，其变形能力的好坏，将直接影响整个结构的抗震性能，关系到大震下结构是否会倒塌。

3. 基本流程

（1）结构实际屈服强度计算

根据结构构件的断面尺寸、实际配筋和材料强度标准值，按本书附录 C 计算各楼层的实际抗剪承载力 V_y^a。

（2）罕遇地震下结构弹性反应分析

采用罕遇地震的地震动参数（即罕遇地震下的地震影响系数最大值 α_{max}）进行结构弹性反应分析，计算出结构各楼层的弹性地震剪力 V_e 和弹性层间位移 Δu_e。

（3）罕遇地震下楼层屈服强度系数计算

由上述的楼层的实际抗剪承载力 V_y^a 和楼层的弹性地震剪力 V_e 按下式计算罕遇地震下各楼层的屈服强度系数 ξ_y：

$$\xi_y = V_y^a / V_e \tag{4.3.5}$$

（4）薄弱层判别

根据楼层屈服强度系数的分布情况，按下述原则确定结构薄弱楼层的位置：

1）等强结构

对于 ξ_y 基本均匀的结构，即各楼层屈服强度系数 ξ_y 大致相等的结构，取结构底层作为薄弱楼层。

2）非等强结构

大量的结构弹塑性地震反应分析结果表明，在楼层屈服强度系数沿高度分布不均匀的结构中，屈服强度系数最小的楼层，弹塑性层间侧移将最大。因此，要检验结构的变形，首先应该检验 ξ_y 最小的楼层和相对较小的楼层，即首先检验薄弱层的变形。一般地，当某楼层的屈服强度系数 ξ_y 满足下列条件之一时，即可认定该层为薄弱楼层：

$$对于一般楼层 \qquad \xi_{y,i} < (\xi_{y,i+1} + \xi_{y,i-1})/2 \tag{4.3.6}$$

$$对于底层 \qquad \xi_{y,1} < \xi_{y,2} \tag{4.3.7}$$

$$对于顶层 \qquad \xi_{y,n} < \xi_{y,n-1} \tag{4.3.8}$$

注意，对于整个结构而言，需要进行弹塑性变形计算的楼层（薄弱楼层）数量，一般应控制在 2～3 层以内。

3）单层钢筋混凝土柱厂房

单层钢筋混凝土柱厂房，可取阶形柱的上柱作为薄弱部位。

4. 薄弱层的弹塑性变形计算

（1）计算公式

按《建筑抗震设计规范》GB 50011—2010（2016 年版）第 5.5.4 条规定，结构薄弱层的弹塑性层间位移可按下列公式计算：

$$\Delta u_{\mathrm{p}} = \eta_{\mathrm{p}} \Delta u_{\mathrm{e}} \tag{4.3.9}$$

或

$$\Delta u_{\mathrm{p}} = \mu \Delta u_{\mathrm{y}} = \frac{\eta_{\mathrm{p}}}{\xi_{\mathrm{y}}} \Delta u_{\mathrm{y}} \tag{4.3.10}$$

式中　Δu_{p}——弹塑性层间位移；

　　　Δu_{y}——层间屈服位移；

　　　μ——楼层延性系数；

　　　Δu_{e}——罕遇地震作用下按弹性分析的层间位移；

　　　η_{p}——弹塑性层间位移增大系数，按下述第（2）条取值；

　　　ξ_{y}——楼层屈服强度系数。

（2）关于 η_{p} 的取值

薄弱楼层弹塑性层间位移增大系数 η_{p} 应根据薄弱楼层的薄弱程度按下式取值：

$$\eta_{\mathrm{p}} = [1.5 - 5(\rho - 0.5)/3]\eta_{\mathrm{p0}} \tag{4.3.11}$$

$$\rho = \frac{2\xi_{\mathrm{y},i}}{\xi_{\mathrm{y},i-1} + \xi_{\mathrm{y},i+1}} \tag{4.3.12}$$

式中　η_{p}——弹塑性层间位移增大系数；

　　　η_{p0}——弹塑性层间位移增大系数基准值，按表 4.3.3 取值；

　　　$\xi_{\mathrm{y},i}$——第 i 楼层的屈服强度系数；

　　　$\xi_{\mathrm{y},i-1}$——第 $i-1$ 楼层的屈服强度系数；

　　　$\xi_{\mathrm{y},i+1}$——第 $i+1$ 楼层的屈服强度系数；

　　　ρ——薄弱楼层的相对薄弱程度系数，大于 0.8 时，取 0.8，小于 0.5 时，取 0.5。

弹塑性层间位移增大系数基准值 η_{p0}　　　　　　　　　　　表 4.3.3

结构类型	总层数 n 或部位	ξ_{y}		
		0.5	0.4	0.3
多层均匀框架结构	2~4	1.30	1.40	1.60
	5~7	1.50	1.65	1.80
	8~12	1.80	2.00	2.20
单层厂房	上柱	1.30	1.60	2.00

4.3.4　弹塑性变形验算的静力方法

1. 适用范围

高度 100m 以下、基本周期小于 3s、比较规则的高层建筑结构，可以采用此方法。超出这一范围的建筑结构，Push-over 方法不再适用。

2. 基本原理

（1）基本假定

1）实际结构（一般为多自由度体系）的地震反应与某个等效单自由度体系的反应相

关。该假定表明结构的地震反应由某一振型（一般为第一振型）起主要控制作用，而其他振型的影响不考虑。

2）结构沿高度的变形由形状向量表示，在整个地震反应过程中，不管结构的变形大小，形状向量保持不变。

（2）一般步骤

1）根据建筑的具体情况建立相应的结构计算模型，计算模型应能够反映所有重要的弹性和非弹性反应特征。

2）在结构计算模型上施加必要的竖向荷载，计算结构在竖向荷载作用下的内力（将与水平力作用下的内力叠加，作为某一级水平力作用下构件的内力，以判断构件是否开裂或屈服）。

3）按照一定的加载模式，在结构模型上施加一定的水平荷载，确定其大小的原则是：水平力产生的内力与第2）步计算的内力叠加后，恰好使一个或一批件开裂或屈服。

4）修改上一步屈服构件的刚度（或使其退出工作状态），再在结构模型上施加一定量的水平荷载，使另一个或一批构件进入屈服状态。

5）不断重复第4）步，直到结构达到预定的破坏状态，记录结构每次屈服的基底剪力、结构顶部位移。

6）以基底剪力、结构顶部位移为坐标绘制结构的荷载-位移曲线。

7）采用能力谱方法或位移系数法确定结构在相应地震动水准下的位移，对结构的抗震性能进行评价。

3. 水平荷载分布形式

作用在结构高度方向的荷载分布形式，应能近似地包络住地震过程的惯性力沿结构高度的实际分布。水平荷载分布形式一般有以下几种：

（1）均匀分布形式

假定各楼层的加速度反应相同，作用在各楼层上的水平侧向力与该楼层的质量成正比，作用在第 i 层的水平荷载由下式确定：

$$F_i = \frac{m_i}{\sum\limits_{j=1}^{n} m_j} V_b \tag{4.3.13}$$

式中 m_i、m_j——分别为第 i 层和第 j 层的质量；

n——结构总层数；

V_b——结构的基底剪力。

（2）"基本振型分布"形式

当第一振型的参与质量超过总质量的 75% 时，可以采用该分布模式。作用在第 i 层的水平荷载由下式确定：

$$F_i = \frac{w_i h_i^k}{\sum\limits_{j=1}^{n} w_j h_i^k} Q_b \tag{4.3.14}$$

式中 Q_b——结构底部总剪力；

w_i——第 i 层的楼层重力荷载代表值；

h_i——第 i 层楼面距地面的高度；

n——结构总层数；

k——与结构周期 T 有关指数，当 $T<0.5\mathrm{s}$ 时，$k=1$；$T>2.5\mathrm{s}$ 时，$k=2$；中间用线性插值。

这种分布通常适用于基本振型的质量参与系数超过 75% 的情况。如果取 $k=1$，就是规范底部剪力法中采用的公式，水平荷载沿高度为倒三角形分布。

（3）"多振型组合分布"形式

取若干振型 N 进行组合（SRSS 或 CQC）计算结构各楼层的层间剪力，反算各楼层水平荷载，作为水平荷载模式（图 4.3.1）。这种分布适用于基本周期超过 1s 的结构，所取的振型数应满足振型质量参与系数超过 90% 的条件。

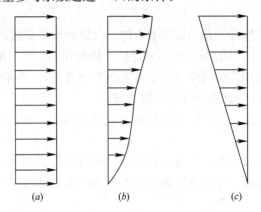

图 4.3.1　水平加载模式
（a）均匀模式；（b）振型组合模式；（c）第一振型模式（倒三角形）

设 j 振型下第 i 层的水平荷载、层间剪力为 F_{ij}、Q_{ij}，如下式所示：

$$F_{ij} = \alpha_j \gamma_j X_{ij} W_i \tag{4.3.15}$$

$$Q_{ij} = \sum_{m=i}^{n} F_{mj} \tag{4.3.16}$$

式中　α_j——加载前一步的第 j 周期对应的地震影响系数；

　　　W_i——第 i 层的重力荷载代表值；

　　　γ_j——第 j 振型参与系数；

　　　X_{ij}——第 i 层第 j 振型的振型位移；

　　　n——结构总层数。

N 个振型组合后，第 i 层剪力为：

$$Q_i = \sqrt{\sum_{j=i}^{N} Q_{ij}} \tag{4.3.17}$$

第 i 层等价水平荷载为：

$$P_i = Q_i - Q_{i+1} \tag{4.3.18}$$

（4）自适应分布形式

当结构变形时，楼层水平荷载的分布形式，将根据结构屈服情况不断地进行修正。例如取楼层水平力分布与结构位移分布成正比、按每一加载段取结构的切线刚度计算的振型，或与每一加载段的楼层剪力成正比。这种分布形式需要更多的计算时间，但更符合结构的实际变形特征。

4. 结构抗震性能评价（一）——能力谱方法

能力谱法是美国规范 ATC-40 推荐的一种结构弹塑性性能评价方法，也是目前最为常用的一种弹塑性分析方法，其主要步骤如下：

（1）计算结构荷载-位移曲线

采用静力推覆分析（Push-over）方法计算结构的基底剪力－顶点位移关系曲线，即结构的荷载-位移曲线（图 4.3.2）。

（2）计算结构的能力谱曲线

将荷载-位移曲线变换为用谱加速度和谱位移表示的能力谱曲线（图 4.3.3）。结构能力谱位移 S_d 及能力谱加速度 S_a 的计算按下式进行：

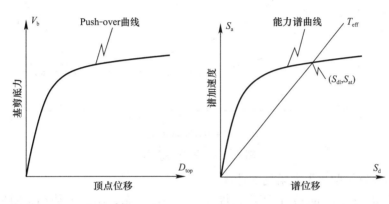

图 4.3.2 结构荷载-位移曲线　　图 4.3.3 结构能力谱曲线

$$\gamma_1 = \frac{\sum\limits_{i=1}^{n}(G_i X_{i1})/g}{\sum\limits_{i=1}^{n}(G_i X_{i1}^2)/g}, \quad \alpha_1 = \frac{\left[\sum\limits_{i=1}^{n}(G_i X_{i1})/g\right]^2}{\left[\sum\limits_{i=1}^{n}G_i/g\right]\left[\sum\limits_{i=1}^{n}(G_i X_{i1}^2)/g\right]} \tag{4.3.19}$$

$$S_a = \frac{V_b/G}{\alpha_1}, \quad S_d = \frac{D_{top}}{\gamma_1 X_{top,1}} \tag{4.3.20}$$

式中　γ_1——结构基本振型的振型参与系数；

α_1——结构基本振型的振型质量系数；

G_i——结构第 i 楼层重量；

g——重力加速度；

X_{i1}——基本振型在 i 层的位移；

$X_{top,1}$——基本振型在顶层的位移；

V——结构基底剪力；

G——结构总重量；

D_{top}——结构顶层位移；

S_a——能力谱加速度；

S_d——能力谱位移。

（3）计算需求谱

将规范的反应谱按下述方法（公式）转换为用谱加速度与谱位移表示的需求谱：

$$S_{\mathrm{d}} = S_{\mathrm{a}}/\omega^2 = \frac{T^2}{4\pi^2}S_{\mathrm{a}} \tag{4.3.21}$$

图 4.3.4 所示为 GB 50011—2010（2016 年版）中 8 度 Ⅱ 类场地第 2 组罕遇地震下阻尼比分别为 5%、10%、15% 和 20% 的需求谱。

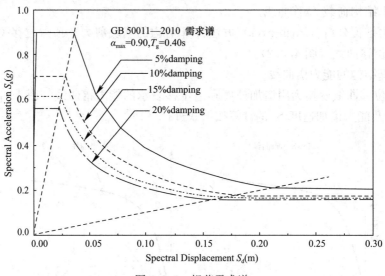

图 4.3.4　规范需求谱

（4）结构等效周期与等效阻尼的计算

结构在推覆（Push-over）过程中构件进入弹塑性状态，结构的周期、阻尼随着增加。对应于图 4.3.5 所示能力谱曲线上某点 $P(S_{\mathrm{d}i}, S_{\mathrm{a}i})$，可以计算出相应的结构等效周期 T_{eff} 和等效阻尼比 β_{eff}。

结构等效周期 T_{eff} 计算：

$$T_{\mathrm{eff}} = 2\pi\sqrt{S_{\mathrm{d}i}/S_{\mathrm{a}i}} \tag{4.3.22}$$

结构等效阻尼比 β_{eff} 计算：

$$\beta_{\mathrm{eff}} = \beta_{\mathrm{e}} + \kappa\beta_0 \tag{4.3.23}$$

$$\beta_0 = \frac{E_{\mathrm{D}}}{4\pi E_{\mathrm{E}}}, \quad E_{\mathrm{D}} = 4(S_{\mathrm{ay}}S_{\mathrm{d}i} - S_{\mathrm{dy}}S_{\mathrm{a}i}), \quad E_{\mathrm{E}} = S_{\mathrm{a}i}S_{\mathrm{d}i}/2 \tag{4.3.24}$$

式中　β_0——结构进入弹塑性状态后产生的附加阻尼比（图 4.3.6）；

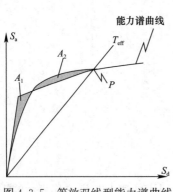

图 4.3.5　等效双线型能力谱曲线

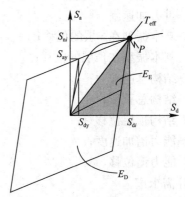

图 4.3.6　附加阻尼比计算参数图示

κ——附加阻尼修正系数，结构滞回特性较好时取 1.0，滞回特性一般时取 2/3，滞回特性较差时取 1/3；

β_e——结构弹性阻尼比；

E_D——结构构件进入弹塑性状态所消耗的能量；

E_E——结构最大弹性应变能；

S_{dy}、S_{ay}——按等面积原则确定的等效双线型能力谱曲线的屈服点坐标。

（5）计算需求谱曲线，确定结构性能点

结构性能点的确定可以按下述步骤进行：

1）根据第（4）步计算的结构等效周期 T_{eff} 和等效阻尼比 β_{eff}，按规范反应谱计算相应的地震影响系数 α 或需求谱加速度 S_{ai}；

2）由式（4.3.21）计算相应的需求谱位移值 S_{di}；

3）以（S_{di}，S_{ai}）为坐标在能力谱曲线的坐标图上绘制相应的点 D_{pi}；

4）将上述点 D_{pi} 连成曲线，即为需求谱曲线；

5）需求谱曲线与能力谱曲线的交点就是结构在该地震动水准下的性能点（图 4.3.7）。

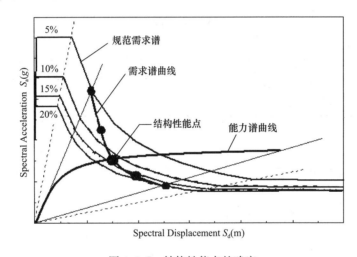

图 4.3.7　结构性能点的确定

（6）结构性能评价

由结构的性能点，根据式（4.3.20）可得相应的结构顶点位移 D_{top}。根据得到的 D_{top}，结合 Push-over 的分析结果，采用插值的方法可以得到该地震动水准下结构的层间位移、层间位移角等指标，与性能目标要求的限值比较，就可以判断出该结构是否能满足相应的目标要求。

5. 结构抗震性能评价（二）——位移系数法

这是 FEMA 273 和 FEMA 356 推荐的方法，即以弹性位移反应谱作为预测弹塑性最大位移反应的基准线，通过乘以几个系数进行修正。

（1）计算公式

原结构顶层的目标位移通过下式计算：

$$\delta_t = (C_0 C_1 C_2 C_3) \frac{T_{eq}^2}{4\pi^2} S_{ae} \tag{4.3.25}$$

125

式中　T_{eq}——等效单自由度体系的自振周期；

S_{ae}——等效单自由度体系的基本周期和阻尼比对应的弹性加速度反应谱值；

C_0——等效单自由度体系谱位移对应于多自由度结构体系顶点位移的修正系数；

C_1——非弹性位移相对线性分析弹性位移的修正系数；

C_2——考虑滞回曲线形状的捏拢效应的修正系数考；

C_3——考虑 P-Δ 效应的修正系数。

（2）参数取值

1）C_0 取值

C_0 为等效单自由度体系谱位移对应于多自由度结构体系顶点位移的修正系数，有如下算法：

① 取控制点处的第一振型参与系数值；

② 当采用自适应荷载分布模型时，按照结构达到目标位移时所对应的形状向量，计算控制点处的振型参与系数；

③ 采用表 4.3.4 的数值。

修正系数值 C_0

表 4.3.4

楼层数		1	2	3	5	$\geqslant$10
一般建筑	任意荷载分布形式	1.0	1.2	1.3	1.4	1.5
剪切型建筑	三角荷载分布形式	1.0	1.2	1.2	1.3	1.3
	均匀荷载分布形式	1.0	1.15	1.2	1.2	1.2

注：剪切型建筑指楼层层间位移随建筑高度增加而减小的结构。

2）C_1 取值

C_1 为非弹性位移相对线性分析弹性位移的修正系数，按下列规定取值：

$$C_1 = \begin{cases} 1.0 & T_e \geqslant T_g \\ \dfrac{1.0 + (R-1)T_g/T_e}{R} \geqslant 1.0 & T_e < T_g \end{cases} \tag{4.3.26}$$

$$T_e = T_i \sqrt{\frac{K_i}{K_e}} \tag{4.3.27}$$

$$R = \frac{S_a}{V_y/W} C_m \tag{4.3.28}$$

式中　T_e——结构计算主轴方向的等效基本周期；

T_g——加速度反应谱特征周期；

R——强度系数；

T_i——按弹性动力分析得到的基本周期；

K_i——结构弹性侧向刚度；

K_e——结构等效侧向刚度，如图 4.3.8 所示，将荷载-位移曲线用双线型折线代替，初始刚度为 K_i，在曲线上 0.6 倍屈服剪力处的割线刚度称为有效刚度 K_e；

S_a——谱加速度（g）；

V_y——简化的非线性力-位移曲线所确定的屈服强度；

W——重力荷载；

C_m——等效质量系数，可取基本振型的等效振型质量；对于不同的建筑结构，考虑高振型质量参与效应时，也可按表 4.3.5 取值。

等效质量系数 C_m

表 4.3.5

建筑层数	RC 抗弯框架	RC 剪力墙	RC 托墙梁	抗弯钢框架	中心支撑钢框架	偏心支撑钢框架	其他
1～2	1.0	1.0	1.0	1.0	1.0	1.0	1.0
≥3	0.9	0.8	0.8	0.9	0.9	0.9	1.0

注：当结构基本周期大于 1.0s 时，C_m 取 1.0。

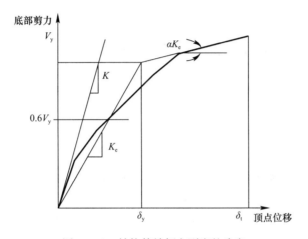

图 4.3.8 结构等效侧向刚度的确定

3）C_2 取值

C_2 表示滞回曲线形状的捏拢效应的修正系数，反映了在最大位移反应条件下结构刚度和强度的退化特性。对于一般建筑结构，根据设防目标的不同，C_2 取 1.0～1.2。

4）C_3 取值

C_3 为考虑 P-Δ 效应的位移增大系数，对于具有正屈服刚度的结构，取 $C_3 = 1.0$；对于具有负屈服刚度的结构，按下式计算：

$$C_3 = 1.0 + \frac{|\alpha|(R-1)^{2/3}}{T_e} \tag{4.3.29}$$

式中　α——屈服刚度与等效弹性刚度之比。

第 5 章　钢筋混凝土工业建筑抗震空间作用分析技术

5.1　振动空间分析基本理论

5.1.1　力学模型

为正确描述地震作用下钢筋混凝土工业建筑的实际振动性状，振动分析时不仅要考虑排架和柱列的振动反映，同时要充分考虑山墙、围护墙、屋盖参与抗震所起的作用。对不同类型厂房结构，充分考虑结构各部件参与抗震的作用，建立合理的空间力学分析模型。

5.1.2　计算简图

对于钢筋混凝土工业建筑抗震空间分析，以往的"单排架"和"单柱列"的平面分析方法不再适用。为简化计算，将整个厂房的连续分布质量离散化为相对集中的"串并联多质点系"，由于空间结构包含较多数量的柱，为使整个结构的自由度不致太多，在满足工程设计精度要求的前提下，合理确定边柱列、中柱列、山墙、围护墙、屋盖的质点数量。

对于对称结构的单向平动，自由度等于质点数。非对称结构的单向剪扭振动，除每个质点有一个自由度外，每层屋盖还有一个整体转动自由度，总自由度数等于质点数加屋盖层数。

厂房进行整体分析时，全部吊车均应计算在内，作为移动质点，还应考虑每跨一台吊车位于同一排架柱处的最不利情况。

5.1.3　振动方程

采用基于弹性反应谱理论的振型分解法，利用地震反应谱确定地震影响系数以及计算质点地震作用时，仅需空间结构的自由振动周期和振型。因此，不必直接求解振动方程式，而代之以建立解耦股的自由振动方程式，将它转变成空间结构动力矩阵的标准特征值问题进行求解，得到厂房的各阶自振周期和振型。

不等高厂房横向对称空间结构的自由振动振幅方程式为：

$$-\omega^2[m]\{Y\} + [K]\{Y\} = 0 \tag{5.1.1}$$

式中　ω——结构按某一振型做自由振动时的圆频率；

{Y}——结构按某一振型做自由振动时各质点的相对位移幅值列向量；

[m]——空间结构多质点系的质量矩阵；

[K]——空间结构多质点系的侧移刚度矩阵。

对于刚性楼盖的多层房屋，取"串联多质点系"简图，采用振型分解法进行构件地震内力分析时，由于其各阶振型均为单向曲线，一般情况下，取前三振型即可获得满意的结果。对于弹性屋盖房屋，由于地震时屋盖将产生水平变形，需要采取"串并联多质点系"计算简图。其振型为一个曲面，即沿水平和竖向均为曲线，而且以水平方向为主。对称结构的二、四、六等双数振型均为反对称振型，振型参与系数等于零，属于无效振型，因而取前3个、5个、7个振型，实际上其有限振型分别为2个、3个、4个。对于有吊车厂房，高振型的影响更加显著。较大吊车质量引起厂房的局部振动，以及第三、四振型为最大，第五、七振型尚有一定影响。

空间结构的质量矩阵和柔度矩阵随均为对称实矩阵，但它们的乘积——动力矩阵不是对称实矩阵。求解矩阵特征值问题的方法，多要求是对称实矩阵。因此，在求解之前，需将动力矩阵作对称化处理。采用同时迭代法求解动力矩阵所得的特征向量{Y}，通过还原变换，得空间结构的振型，解得的特征值 λ，是空间结构自振圆频率平方的倒数，进行简单运算，得到结构第 j 振型的周期：

$$T_j = \frac{2\pi}{\omega_j} = 2\pi \sqrt{\lambda_j} \tag{5.1.2}$$

5.1.4 质点地震作用

结构在地震作用下的振动，被看成是按各个振型单独振动的组合，而且将每个振型的振动看做广义单自由度体系的振动，从而可以利用各振型周期查地震反应谱得该振型的地震影响系数 α_j，并按下列公式计算出该振型质点地震作用。

作用于各质点的振型水平地震作用为：

$$[F_{ji}] = g[m_i][Y_{ji}][\alpha_j][\gamma_j] \tag{5.1.3}$$

式中 F_{ji}——作用于 i 质点的 j 振型水平地震力；

m_i——第 i 质点的质量；

Y_{ji}——空间结构按 j 振型振动时 i 质点的侧移幅值。

5.1.5 节点侧移

由于存在屋盖的空间作用，质点地震力不是直接作用于排架（框架）分离体上的力，而是作用于空间结构各节点上的力。因此，不能直接采取质点地震力来计算排架（框架）地震内力；而应先计算空间结构分别在各振型质点地震力作用下的节点侧移，从中得到第 i 榀排架（框架）（分离体）的各振型节点侧移，继而求出作用于第 i 榀排架柱（框架）各杆单元节点的各振型广义力，从而可求得各排架柱（框架）各截面的各振型地震内力。

空间结构在各振型质点地震作用下的节点侧移 $[U_{ji}]$ 由下式求得：

$$[U_{ji}] = [\delta][F_{ji}] \tag{5.1.4}$$

空间结构前 5 个或前 7 个振型的节点侧移为

$$
\begin{bmatrix}
U_{11} & U_{21} & \cdots & U_{71} \\
U_{12} & U_{22} & \cdots & U_{72} \\
\cdots & \cdots & \cdots & \cdots \\
U_{1N} & U_{2N} & \cdots & U_{7N}
\end{bmatrix}
=
\begin{bmatrix}
\delta_{11} & \delta_{21} & \cdots & \delta_{71} \\
\delta_{12} & \delta_{22} & \cdots & \delta_{72} \\
\cdots & \cdots & \cdots & \cdots \\
\delta_{1N} & \delta_{2N} & \cdots & \delta_{7N}
\end{bmatrix}
\begin{bmatrix}
F_{11} & F_{21} & \cdots & F_{71} \\
F_{12} & F_{22} & \cdots & F_{72} \\
\cdots & \cdots & \cdots & \cdots \\
F_{1N} & F_{2N} & \cdots & F_{7N}
\end{bmatrix}
\tag{5.1.5}
$$

式中　$[U_{ji}]$——空间结构在 j 振型水平地震作用下 i 质点的侧移；

　　　　$[\delta]$——空间结构侧移柔度矩阵，等于空间结构刚度矩阵的逆阵。

5.1.6　地震作用

从式（5.1.5）左端空间解耦股节点侧移矩阵中，取出第 k 榀最不利排架（框架）的各振型节点侧移，形成第 k 榀排架（框架）节点侧移矩阵 $[U_k]$，用此一矩阵右乘排架（框架）侧移刚度子矩阵 $[K_k]$，得各振型地震作用在第 k 榀排架（框架）（分离体）诸节点处引起的水平地震所形成的矩阵，即第 k 榀排架（框架）节点侧力子矩阵：

$$
[F_k] = [K_k][U_k] \tag{5.1.6}
$$

5.1.7　节点广义位移

厂房空间结构在振型地震作用下，在排架（框架）各杆单元节点仅引起侧向力，而不引起力矩，因而各振型地震力作用下，排架（框架）节点广义力矩阵 $[\bar{F}_k]$ 中的力矩子矩阵 $[M_k]$ 为零。

第 k 榀排架（框架）各杆单元节点的广义力矩阵为：

$$
[\bar{F}_k] = \begin{bmatrix} [M_k] \\ [F_k] \end{bmatrix} = \begin{bmatrix} [0] \\ [F_k] \end{bmatrix} \tag{5.1.7}
$$

第 k 榀排架（框架）各振型节点广义位移矩阵为：

$$
[U_k] = [\Delta_k][\bar{F}_k] = \begin{bmatrix} [\Delta_{0M}] & [\Delta_{0F}] \\ [\Delta_{uM}] & [\Delta_{uF}] \end{bmatrix} \begin{bmatrix} [0] \\ [F_k] \end{bmatrix} \tag{5.1.8}
$$

式中　$[\Delta_k]$——第 k 榀排架（框架）总柔度矩阵。

5.1.8　截面地震内力

式（5.1.8）计算出的排架（框架）节点广义位移矩阵中，包含各节点的转角和侧移，它就是排架（框架）柱各杆单元两端的转角和侧移。从中逐个地成对取出各杆单元两端的 j 振型转角和侧移，形成 4 阶的位移列向量，若取 5 或 7 个振型时，则列成 4×5 或 4×7 阶单元位移矩阵 $[U^s]$。采用次矩阵右乘该杆单元不计杆轴方向变形的 4 阶单元刚度矩阵 $[K^s]$，即得杆单元两端的各振型地震内力。这就是排架（框架）柱在该杆单元两端节点处截面的各振型地震弯矩和地震剪力。

排架（框架）柱在第 S 杆单眼两端节点处的截面振型地震内力按下式计算：

$$
\begin{bmatrix}
M^s_{1a} & M^s_{2a} & \cdots & M^s_{7a} \\
M^s_{1b} & M^s_{2b} & \cdots & M^s_{7b} \\
Q^s_{1a} & Q^s_{2a} & \cdots & Q^s_{7a} \\
Q^s_{1b} & Q^s_{2b} & \cdots & Q^s_{7b}
\end{bmatrix}
= [K^s]
\begin{bmatrix}
\theta^s_{1a} & \theta^s_{2a} & \cdots & \theta^s_{7a} \\
\theta^s_{1b} & \theta^s_{2b} & \cdots & \theta^s_{7b} \\
u^s_{1a} & u^s_{2a} & \cdots & u^s_{7a} \\
u^s_{1b} & u^s_{2b} & \cdots & u^s_{7b}
\end{bmatrix}
\tag{5.1.9}
$$

各截面的前 5～7 个振型地震内力，按"平方和的方根"法展组合，即得各该截面的设计地震弯矩和剪力。

5.2　单层工业厂房空间作用分析

5.2.1　震害分析

1. 主要震害现象

由于震源机制和场地条件的不同，不同地震，同等烈度区内钢筋混凝土排架厂房的震害程度并不相同。震害程度有差别，暴露出来的厂房结构薄弱环节以及他们的震害现象也就不完全相同。结构薄弱环节的薄弱程度，与该类节点在历次地震中发生的震害的频度以及发生震害的相应烈度密切相关。

为了能从不同烈度情况下厂房的震害现象中，观察分析出各种烈度时厂房的相对薄弱部位，作为采取相应抗震措施的基础，下面按烈度划分，分别列出不同烈度下厂房曾经发生过的主要震害现象。这些震害现象是未经抗震设防或设防标准低于所遭遇烈度的厂房中所发生的；采取恰当的设防标准和合理的抗震设计，将使这些震害现象得到控制直至被消除。

（1）7 度区

经过正规静力设计的钢筋混凝土排架厂房具有一定的抗震潜力，一般能够经受住 7 度地震的考验。然而，静力设计时，一般情况下仅沿厂房横向进行构件强度验算，沿厂房纵向则按构造设置一些竖向支撑。因此，遭遇 7 度地震时，厂房所发生的震害就不仅限于非结构构件，沿厂房纵向布置的支撑以及地震应力很大的连接部位也会发生一些震害。

1）屋盖

上凸式天窗两侧的竖向支撑，多数遭到破坏，或是斜杆压曲，或是支撑节点预埋件被拔出。有檩屋盖的钢丝网水泥槽瓦，为设挂钩钩住檩条时，发生大面积滑脱坠落。

2）柱及支撑

不等高厂房中，高低跨柱支承低跨屋面梁的牛腿出现外斜裂缝。中柱列的上柱支撑和下柱支撑，比较多地发生杆件压曲或支撑与柱的连接节点拉脱。

3）围护结构

山墙或纵墙出屋面的较高砖砌女儿墙多数倒塌；高低跨处的砖砌封墙个别发生倒塌；砖砌纵墙少数发生外倾；高大厂房，采用预制墙梁的砖砌围护墙，少数情况上部发生倒塌。

（2）8 度区

1）屋盖

少数厂房，大型屋面板又屋架上滑脱，坠落地面；少数情况，靠近屋架支座的第一列大型屋面板，外侧主肋端部被拉裂。钢筋混凝土屋架本身的破坏有：屋架端头顶面和底面破裂、掉角，上弦杆在第一或第二列大型屋面板连接处附近折断，屋架端部托高屋面板的小支墩发生纵向折断。上凸式天窗两侧的竖向支撑普遍破坏，少数情况，钢筋混凝土天窗架的立柱下端出现水平裂缝；个别情况，天窗架纵向折断倒塌；但钢天窗架本身未发生明显震害。屋架间支撑，以梯形屋架端部的竖向支撑破坏较多，跨间竖向支撑和上下弦横向支撑的斜杆发生压曲的情况较少。

2）柱及支撑

柱头劈裂或酥裂、上柱的根部或吊车梁面高度处出现水平裂缝、下柱根部水平裂缝、变截面柱的柱肩处竖向裂缝、开孔工形柱的腹板和双肢柱的平腹杆端头出现裂缝；不等高厂房的高低跨柱，支撑低跨屋架的牛腿普遍出现竖向或外斜裂缝，上柱根部出现水平裂缝，低跨有内横墙时，破坏更重；未设柱间支撑的中柱列，柱根处发生纵向折断；柱间支撑普遍发生斜杆压曲，节点脱焊或锚件拔出。

3）围护结构

砖砌山墙外闪、倒塌，尤其是山尖部分，倒塌率很高；纵向砖墙常发生水平裂缝、外倾、局部倒塌以至连同圈梁整片倒塌；高低跨处的高跨封墙外倾、倒塌的情况比较普遍，并砸坏低跨屋面；围护结构采用钢筋混凝土预制墙板的，震害极轻。

（3）9度区

9度区钢筋混凝土排架厂房所发生的震害，与上述8度区所罗列的震害现象相同，但发生率更高，破坏程度更重，并导致厂房的局部倒塌以致全部倒塌。其中9度区特有的震害现象有：屋架与柱顶的连接焊缝或螺栓被剪断，屋架产生纵向或横向错位达200mm；钢筋混凝土柱在下柱支撑下端节点处被剪断。

2. 震害特征

钢筋混凝土排架厂房的震害具如下特征：

（1）围护砖墙比厂房主体结构更容易遭到破坏，若采用预制钢筋混凝土墙、板，墙体震害基本消失。

（2）未经合理抗震设计的厂房，厂房纵向的抗震能力低于厂房横向，而且纵向破坏容易导致厂房的倒塌。

（3）上凸式天窗不利于抗震，其两侧竖向支撑破坏后，天窗架容易发生纵向倾倒，并砸坏下面的屋架。

（4）不等高厂房的震害重于等高厂房。

（5）局部设置的嵌砌纵墙和横墙，容易引起地震力的相对集中而造成破坏。

（6）屋盖系统的破坏是造成厂房倒塌的最主要原因。

5.2.2 屋盖水平刚度

各种结构类型的单层厂房均由排架、屋盖、山墙等组成横向空间结构，由柱列、屋盖、纵墙等组成纵向空间结构。厂房在纵向或横向地面运动作用下，结构空间作用的发挥主要决定于屋盖。进行厂房的纵向或横向整体分析时，首先要根据屋盖水平刚度的大小确定是采取刚性屋盖、弹性屋盖还是柔性屋盖假定的空间结构力学模型。

大型屋面板屋盖等效水平剪切刚度，根据厂房实测、模型试验和理论计算数据表明，刚度基本值的变化范围大致为$(1\sim4)\times10^4$kN。工程设计中，当无更可靠的数据时，大型板屋盖沿厂房横向或纵向的水平刚度基本值 $\bar{k}$ 可暂取2×10^4kN。

钢筋混凝土有檩屋盖，一般而言水平刚度的实测数据是比较可信的。但在无更可靠的实测和试验数据以前，工程设计中对钢筋混凝土有檩屋盖，沿厂房横向的水平刚度基本值，即单位面积屋盖的横向水平刚度 $\bar{k}$ 可暂取6×10^3kN。

5.2.3 空间作用分析

单层工业厂房地震作用下的空间作用分析，主要针对不同结构类型建立不同的力学模型，通过将结构转化为"串并联多质点系"，建立多质点计算简图，进而基于振动空间分析基本理论建立振动方程，结合所承受的地震作用，求解结构的位移和内力。因此，不同的单层工业厂房结构空间分析的重点和主要区别是力学模型和计算简图的建立。

1. 对称厂房横向结构

（1）力学模型

钢筋混凝土无檩和有檩屋盖的水平刚度有限，属弹性屋盖范畴。单层厂房地震调查资料表明，厂房抗震缝区段两端均有贴砌砖墙等于厂房紧密联结的刚性山墙时，厂房中段构件的震害要比山墙附近中，表明山墙作为厂房空间结构的一部分参与了抗震。为正确描述地震期间此类厂房的实际振动性状，合理确定各构件的地震内力，进行厂房的横向抗震分析时，采用空间分析矩阵位移法，建立如图5.2.1所示空间结构力学模型。

（2）计算简图

为简化计算，将结构的连雪分布质量按排架相对集中为多个质点，使整个结构转化为"串并联多质点系"（图5.2.2）。由于空间结构包含较多数量的柱，为使整个结构的自由度不致太多，在满足工程设计精度要求的前提下，将边柱柱身的质点数减少到4个，沿柱高分布质量较小的一般中柱，除对吊车另设一移动式质点外，仅需在上下柱变截面处设一个质点，高低跨柱，再于上柱中点处另设一质点。对于某些柱列有抽柱或各柱列柱距不同等情况，不必像单排分析那样取计算单元合并为标准排架；而按其自身排架形式设质点。

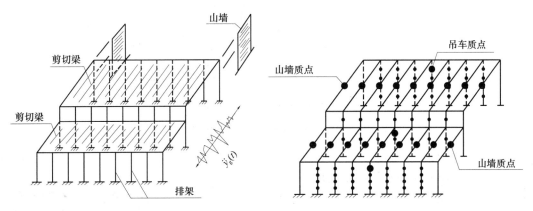

图 5.2.1 不等高厂房横向分析力学模型　　　　图 5.2.2 不等高厂房计算简图

关于吊车，因为是就整个厂房进行分析，全部吊车均应计算在内，作为移动质点，还应考虑每跨一台吊车位于同一排架柱处的最不利情况。

2. 非对称厂房的横向扭转空间分析

（1）刚性屋盖房屋等高厂房的平扭振动分析

平移-扭转耦联振动分析是基于刚性屋盖假定的一种分析方法。认为屋盖在其自身平面内刚度很大。厂房地震作用下整个屋盖仅发生缸体平移和岗地转动，不发生水平变形。整幢等高厂房在水平地震作用下的振动力学模型，可以采取双边有弹性支座的刚片表示。

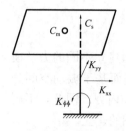

图 5.2.3 单层刚片系

对于刚片来说，同方向分散的弹性支座，可以采取位于整个结构钢芯处的集中弹性支座来代替，这样，整个结构的振动分析力学模型可采用单层刚片系来表示，如图 5.2.3。

单层刚片系与单质点系的区别在于前者比后者多一个转动自由度。两个体系均仅作单向水平振动时，质点仅有一个独立的水平线位移，刚片则有一个独立的水平线位移和一个绕竖轴的角位移。体系做双向水平振动时，一个质点可以有两个独立的水平线位移，一块刚片则具有两个相互垂直的水平线位移和一个绕轴的角位移。所以刚片系能够充分恰当地反映刚性屋盖等高厂房的平扭振动力学特性。

（2）弹性屋盖厂房横向剪扭振动分析

1）力学模型

对唐山等多次地震的调查中均发现单层厂房以横向破坏为主时，靠近山前的排架破坏轻，远离山墙的排架破坏重；仅一端有山墙的厂房区段，伸缩缝附近柱子的破坏程度远比其他柱为重。这些现象表明：屋盖发挥空间作用的同时，也产生了显著地水平变形；存在着扭转振动；山墙在厂房空间工作中发挥了作用。为了在厂房横向振动分析中反映上述三要素，正确描述广房的实际振动性状，使抗震分析结果符合震害规律，应采取图 5.2.4 所示的非对称空间结构力学模型。每层（同一高度）屋盖均视作一根水平的等效剪切梁，山墙和排架为横向抗推构件，柱列、支撑和纵墙为纵向抗推构件。

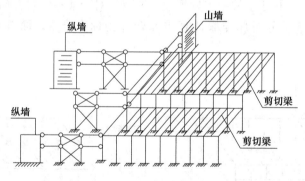

图 5.2.4　非对称厂房力学模型

2）计算简图

将整个厂房的连续分布质量离散化为相对集中的"串并联多质点系"（图 5.2.5），各层屋盖及其上下支承结构的质量，分片划归到各榀排架，在屋盖高度处形成质点。对称结构的单向平动，自由度等于质点数。非对称结构的单向剪扭振动，除每个质点有一个自由度外，每层屋盖还有一个整体转动自由度，总自由度等于质点数加屋盖层数。

3）计算原则

一般工业与民用建筑的抗震设防标准是，遭

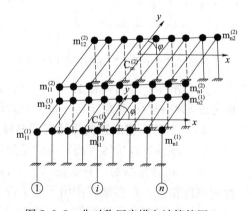

图 5.2.5　非对称厂房横向计算简图

遇 7 度和 7 度以上地震时，允许结构进入非弹性变形阶段。利用地震反应谱进行结构的抗震分析，是以结构的弹性地震反应为基础，再根据结构的延性来求得结构弹塑性地震反应的近似值。因而确定结构的自振特性时，应采用结构的弹性刚度；确定构件侧移以及地震力在各构件间的分配时，则考虑砖山墙开裂后刚度退化的影响。

3. 等高厂房纵向计算

（1）力学模型

关于屋盖的水平刚度，已经有了较多认识。地震调查中发现一些钢屋架的上弦发生了出平面的残余变形，钢筋混凝土拱形屋架的上弦小支墩发生沿厂房纵向的折断，均说明地震时屋盖产生纵向水平面变形。对唐山地震单层厂房震害调查的统计资料表明：天津 8 度区内，有砖围护墙的单层厂房，边柱列的上柱支撑和下柱支撑破坏率分别为 3% 和 11%；而中柱列的上柱支撑和柱支撑的破坏率则分别达 20% 和 65%。唐山 10 度区内，采用砖围护墙的单层厂房，边柱列上柱支撑和下柱支撑的破坏率分别为 38% 和 46%，而中柱列上柱支撑和下柱支撑的破坏率均达 95%。中柱列支撑的震害率远大于边柱列，说明中柱列支撑实际承担的地震力，要比按刚度分配的大；边柱列支撑实际承担的地震力，比按刚度分配的要小。这只能是，地震时整个屋盖在其自身平面内产生了变形，地震时中柱列的侧移大于边柱列侧移的结果。

历次大地震中，都反映出砖围护墙参与了工作。它既明显地减轻了边柱列的柱子和支撑的纵向震害，也对整个厂房的动力特性和地震作用产生了影响。因此，在单层厂房的地震内力分析中，不能略去这一重要因素。至于砖墙的参与刚度如何取值，就需要联系到砖墙开裂后的实际刚度以及砖墙与柱子的非整体连接状况。

因此，进行单层厂房的纵向抗震整体分析时，应采取空间结构力学模型，并视屋盖为有限刚度的水平等效剪切梁，各个纵向柱列为柱子、支撑和纵墙的并联体。对于屋架端部高度较矮且无天窗的厂房，力学模型如图 5.2.6 所示。对于屋架端部较高且设置端部竖向支撑的有天窗厂房，力学模型如图 5.2.7 所示，由于中柱列上面左右跨的两排屋架端支撑受力不等，在简图中不能合并为一根杆件。

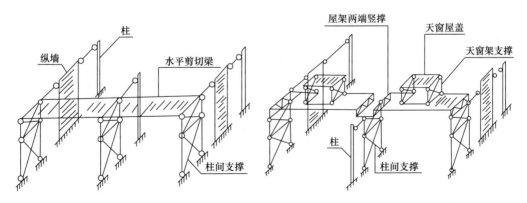

图 5.2.6　无天窗厂房力学模型　　　图 5.2.7　有天窗厂房力学模型

（2）计算简图

为了避免质量全部集中到柱顶时所带来的不同分项换算系数，以及确定周期和地震作用时取不同换算系数等麻烦，对于边柱列，宜取不少于 5 个质点；对于中柱列，宜取不少于 2 个质点。为了一次计算出屋面构件节点及屋架端部竖向支撑的地震内力，并控制计算误差在 10％以内，对于无天窗屋盖，每跨不少于 6 个质点；对于有天窗屋盖每跨不少于 8 个质点（图 5.2.8）。当屋架端头较矮，无需校验屋架端部竖向支撑的强度时，每跨屋盖的端部质点可以与柱顶质点合并。按照以上原则形成的"串并联多质点系"，就是厂房纵向整体分析的计算简图。

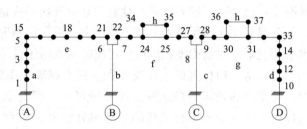

图 5.2.8　厂房纵向分析简图

4. 不等高厂房纵向扭转振动分析

（1）力学模型

对于不等高单层厂房的纵向抗震分析，应该采取包括屋盖纵向变形、屋盖整体转动、纵向砖墙有效刚度三要素的能够充分反映非对称结构剪扭振动特性的空间结构力学模型（图 5.2.9）。组成空间结构的水平构件为代表各层屋盖的等效剪切梁；竖向构件为代表各柱列的柱、墙、支撑并联体。对于仅纵向存在偏心而横向为对称结构的不等高厂房，因为其纵、横向振动并不耦联，所以进行纵向分析时仅需考虑纵向地面运动主分量的作用，无需考虑沿厂房横轴的地面运动副分量对厂房纵向振动的影响。

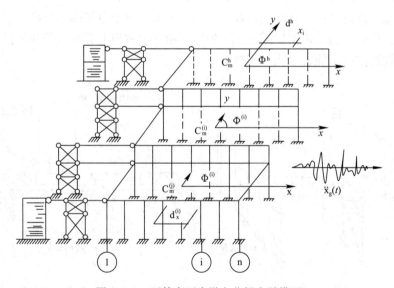

图 5.2.9　不等高厂房纵向分析力学模型

（2）计算简图

采用数值分析方法计算结构的地震反应时，对连续分布质量结构要进行离散化处理。

一般情况下宜采取类似于图5.2.6所示具有较多质点的"串并联多质点系"计算简图。然而，对于非对称结构的扭转振动分析，由于运动方程比较复杂，为了便于理解，按照"动能相等"和"内力相等"原则，将它凝聚为较少质点的"串并联多质点系"（图5.2.10）。图中，$1^{(1)}$、1^h分别为第1层屋盖下第1柱列和第h层屋盖下第1柱列的轴线号，1为某一层屋盖下的总柱列数。由于存在扭转振动，每层屋盖具有一个转动自由度，因而整个多质点系的自由度，等于质点数目加上屋盖的层数。

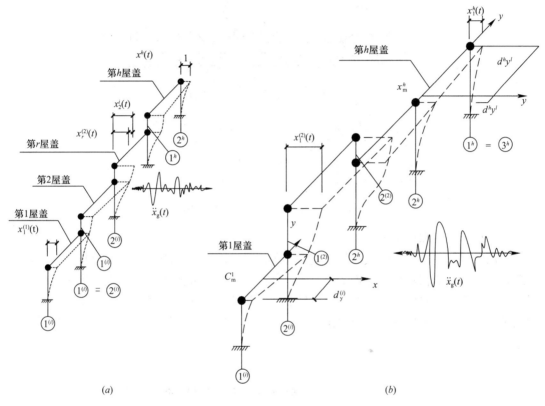

图5.2.10 不等高厂房纵向计算简图
（a）阶型厂房；（b）不对称升高厂房

（3）计算原则

当采取凝聚的"串并联多质点系"计算简图，并考虑砖墙刚度退化的影响时，计算过程中宜相应采取以下措施：计算厂房纵向自振特性时，采取按"动能相等"原则换算的集中质量，以及各构件的初始弹性刚度；计算质点地震作用以及为确定构件（分离体）地震作用而计算结构侧移时，采取按"内力相等"原则换算的集中质量，以及砖墙的退化刚度。

5. 非对称厂房双向扭转振动

较长的不等高厂房需要设置横向伸缩缝，一端有山墙的厂房区段因存在双向偏心，应考虑双向地面平动分量的作用，进行双向扭转振动分析。双向偏心结构的振动大体上相当于纵向和横向扭转振动的合成，但扭转振动更加强烈，其运动形式属三维平面运动。

（1）力学模型

震例表明，地震期间不对称单层厂房在产生平动、扭转振动的同时，屋盖还产生了显著的纵、横向水平变形，纵、横向砖围护墙也都在一定程度上参与了工作。这些情况都应该在结构的振动分析中得到反映。因此，作为分析基础的力学模型，其水平构件应该是代表各层屋盖的双向剪切板。横向竖构件是排架和山墙，纵向竖构件是柱和支撑的并联体，或是柱、支撑和纵墙的并联体（图 5.2.11）。

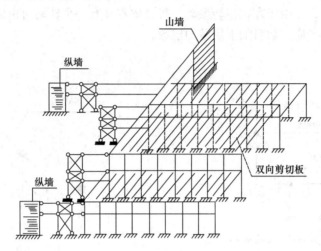

图 5.2.11　一端山墙不等高厂房力学模型

（2）计算简图和自由度

利用数值解法进行空间结构的地震反应分析时，需对结构的连续分布质量进行离散化处理，将分布质量相对集中为若干个质点。集中质量时，分段愈短，质点数愈多，计算结果的精度愈高。双向扭转振动的方程比较复杂，为使方程尽量紧缩一些以便于理解，将厂房质量按动能或内力相等原则分片集中到每根柱与每层屋盖的联结点，形成"串并联多质点系"（图 5.2.12）。

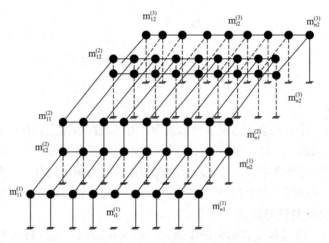

图 5.2.12　一端山墙不等高厂房计算简图

建立多质点系的运动方程，首先要确定体系的自由度。图 5.2.12 所示多质点系具有 $n \cdot \sum_{r=1}^{h} l^r$ 个质点（n 为排架数，l^r 为第 r 屋架下的纵向柱列数，h 为屋盖的层数）。为了简化计算，假定多质点系各竖杆和水平杆不产生轴向变形。于是，各质点的竖向变位等于零，同一水平杆上各质点沿杆轴方向的变位相等，即仅有一个自由度。多质点系沿横向具有 $n \cdot h$ 个独立线位移，沿纵向具有 $\sum_{r=1}^{h} l^r$ 个独立线位移；每层屋盖各质点作为一个整体进行振动时，具有一个角位移。故质点系的总自由度为 $(n+1) h + \sum_{r=1}^{h} l^r$。

可以看出，采取上述常用的简化假定后，质点系的自由度不等于质点数。需要指出，各层屋盖虽然不是刚体，振动时沿纵、横方向均有变形，仿佛每个质点各有一个转角未知量；实际上弹性屋盖产生水平变形后依旧是一个整体，同一层屋盖上各质点的变位，在扣除平动引起的差异线位移后，仅有一个转角未知量，即具有一个整体转动自由度，而不是 $(n+1)$ 个转动自由度。

5.3 多层工业厂房空间作用分析

5.3.1 半刚性楼盖空间结构平移-扭转振动分析

各类楼盖特别是装配式楼盖水平刚度是有限的。然而，长期以来，对于单层、多层和高层空间结构在水平荷载下的扭转振动一直是视楼盖为刚盘，采用"平移-扭转"耦联振动理论进行分析。由于分析中没有考虑各层楼板和屋盖水平变形的影响，并夸大了结构的扭转振动效应，计算结果与结构的实际振动性状偏离较多。为使振动分析结果能确切反映结构的实际振动性状，对于采用半刚性楼盖的非对称空间结构，提出"水平变形-扭转"耦联振动理论和相应的计算方法。

1. 楼盖水平刚度

（1）震害状况

在海城、唐山等地震调查中曾多次发现：单层厂房靠近山墙的排架破坏轻，远离山墙的排架破坏重，多层房屋则是靠近横墙的框架破坏轻，远离横墙的框架破坏重。单层厂房中仅一端有山墙的区段，开口伸缩缝附近排架柱的破坏程度，比其他排架柱更重一些。上述现象表明：屋盖、楼板发挥空间作用的同时也产生了显著的水平变形；非对称单层厂房，除屋盖产生水平变形外，还存在着扭转振动，两者是相伴而生的。

（2）脉动振型

对于六层装配式板柱体系楼房，利用脉动量测技术所取得的前三阶空间振型（图 5.3.1），楼盖在水平方向均呈现出曲线振动，说明楼盖的水平刚度不是无限的，即便是在脉动情况下，各层楼盖也并非平移，而是产生了明显的水平变形。

（3）实测刚度

对十几幢不同形式的单层厂房，都分别在其屋盖高度处施加一个 10kN 的水平集中力，然后量测厂房的空间侧移曲线（图 5.3.2）。通过分析，所得单位面积（1m×1m）装配式钢筋混凝土屋盖的水平刚度平均值为 2×10^4 kN。此外，通过对 11 幢多层房屋，同样分别在屋盖或楼板处施加一个 1kN 水平集中力，并测绘出房屋的空间侧移曲线，通过空间分析，所得单位面积装配式钢筋混凝土楼板的水平刚度为 1×10^6 kN。上述楼盖水平刚

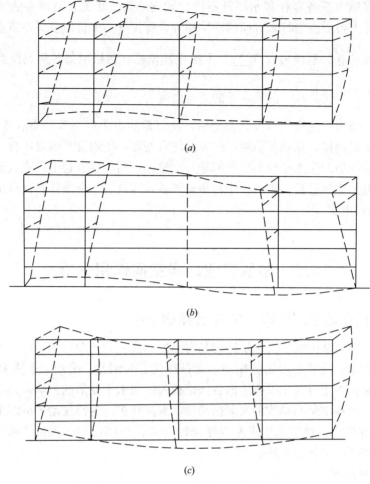

图 5.3.1 六层楼房的脉动空间模型

（a）基本振型；（b）第二振型；（c）第三振型

度是指楼盖的等效水平剪切刚度的基本值 k，其数值等于使单位面积（1m×1m）楼盖沿水平方向产生单位剪切变形角而需在楼盖端头施加的水平集中力。

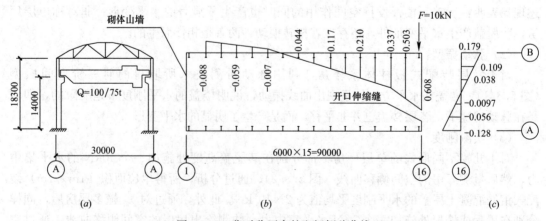

图 5.3.2 非对称厂房的空间侧移曲线

（a）厂房剖面；（b）屋盖横向位移；（c）屋盖纵向位移

（4）实测位移

图 5.3.2 表示在厂房伸缩缝处排架柱顶施加 10kN 水平力时，实测到的屋盖各点的水平位移。其中，（b）图表示横向水平位移，它表明屋盖产生了水平变形；（c）图为屋盖各点的纵向水平位移，它的反对称形状，表明屋盖产生了整体转动。因此，整个厂房在屋盖产生水平变形的同时还发生了扭转。

2. 力学模型

对于空间结构，进行单向水平干扰下的二维平面振动分析时，单层结构和多层结构应分别采用"并联质点系"和"串并联质点系"作为力学模型（图 5.3.3），但各楼层质量的转动惯量和结构的扭转刚度仍按原空间结构计算。当考虑双向地面运动输入等情况，进行空间结构的三维平面振动分析时，对于多层结构应采用"双向串并联质点系"力学模型，如图 5.3.4 所示。

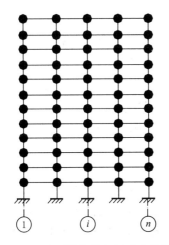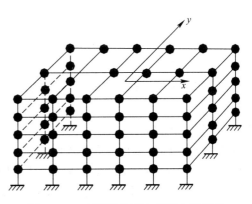

图 5.3.3　多层结构单向振动力学模型　　图 5.3.4　多层结构双向振动力学模型

3. 振动方程

各类单层和多层空间结构，在地面运动多分量作用下的振动方程，以及无阻尼自由振动方程分别为：

$$[m]\{\ddot{U}(t)\} + (C)\{\dot{U}(t)\} + [K]\{U(t)\} = -[m]\{\ddot{U}_g(t)\} \tag{5.3.1}$$

$$[m]\{\ddot{U}(t)\} + [K]\{U(t)\} = 0 \tag{5.3.2}$$

式中　$[m]$——广义质量矩阵；

　　　$[K]$——广义抗推刚度矩阵，等于竖向构件抗推刚度矩阵与水平构件抗推刚度矩阵之和；

　　　$[C]$——阻尼矩阵；

　　$\{U(t)\}$——广义相对位移列向量；

　$\{\ddot{U}_g(t)\}$——地面运动加速度列向量。

采用基于反应谱理论的振型分析法进行结构地震内力分析时，无需直接求解式（5.3.1），只要计算出结构无阻尼自由振动的周期和振型，即可利用地震反应谱求得结构的各振型最大地震反应，再通过恰当的振型组合，便得到结构各构件地震内力。将它与相应的其他荷载内力合并，以完成构件截面设计。

令 $\{U\}$ 为体系广义相对位移幅值列向量，即空间结构作无阻尼自由振动时广义相对位移列向量 $\{U(t)\}$ 中各元素均为各自最大值（幅值）时的列向量，式（5.3.2）所表示的结构自由振动问题便可转换为广义特征值问题。解之，即得空间结构的各阶空间振型及其周期值。

$$-\omega^2[m]\{U\}+[K][U]=0 \tag{5.3.3}$$

$$[K][U]=\omega^2[m]\{U\} \tag{5.3.4}$$

式中 ω——结构自由振动圆频率。

（1）二维平面运动

非对称多层空间结构在 y 向（或 x 向）地面平移加速度分量 $\ddot{y}_g(t)$（或 $\ddot{x}_g(t)$）等作用的单向干扰下作二维平面振动时，可采用图 5.3.3 所示的"串并联质点系"作为振动分析的力学模型。其振动方程式及其无阻尼自由振动的特征值方程如式（5.3.1）和式（5.3.3），其中各个矩阵和列向量具有如下形式和内容：

$$\{U\}=\left[y_1^{(1)}y_2^{(1)}\cdots y_n^{(1)}y_1^{(2)}y_2^{(2)}\cdots y_n^{(2)}y_1^h y_2^h\cdots y_n^h \mid \varphi^{(1)}\varphi^{(2)}\cdots\varphi^h\right]^T \tag{5.3.5}$$

$$\{\ddot{U}_g(t)\}=\begin{bmatrix}\{1\}_{nh} & 0 \\ 0 & \{1\}_h\end{bmatrix}\begin{Bmatrix}\ddot{y}_g(t) \\ 0\end{Bmatrix} \tag{5.3.6}$$

$$[m]=\begin{bmatrix}[m_{yy}] & [m_{y\varphi}] \\ [m_{\varphi y}] & [m_{\varphi\varphi}]\end{bmatrix}_{N\times N}, \quad [K]=\begin{bmatrix}[K_{yy}] & [K_{y\varphi}] \\ [K_{\varphi y}] & [K_{\varphi\varphi}]\end{bmatrix}_{N\times N}, \quad N=nh+h \tag{5.3.7}$$

（2）三维平面振动

非对称多层空间结构在地面水平运动多分量作用下作三维平面振动时应采用图 5.3.4 所示的"双向串并联质点系"作为振动分析的力学模型。如式（5.3.1）所示的振动方程及式（5.3.3）所示的无阻尼自由振动特征值方程中的各个矩阵和列向量，具有如下的形式和内容：

$$\{U\}=\begin{bmatrix}x_1^{(1)}x_2^{(1)}\cdots x_n^{(1)}x_1^{(2)}x_2^{(2)}\cdots x_n^{(2)}x_1^h x_2^h\cdots x_n^h; \\ y_1^{(1)}y_2^{(1)}\cdots y_n^{(1)}y_1^{(2)}y_2^{(2)}\cdots y_n^{(2)}y_1^h y_2^h\cdots y_n^h; \\ \varphi^{(1)}\varphi^{(2)}\cdots\varphi^h\end{bmatrix}^T \tag{5.3.8}$$

$$\{\ddot{U}_g(t)\}=\begin{bmatrix}\{1\}_{lh} & & 0 \\ & \{1\}_{lh} & \\ 0 & & \{1\}_h\end{bmatrix}\begin{Bmatrix}\ddot{x}_g(t) \\ \ddot{y}_g(t) \\ 0\end{Bmatrix} \tag{5.3.9}$$

$$[m]=\begin{bmatrix}[m_{xx}] & 0 & [m_{x\varphi}] \\ 0 & [m_{yy}] & [m_{y\varphi}] \\ [m_{\varphi x}] & [m_{\varphi y}] & [m_{\varphi\varphi}]\end{bmatrix}_{N\times N}, \quad [K]=\begin{bmatrix}[K_{xx}] & [K_{xy}] & [K_{x\varphi}] \\ [K_{yx}] & [K_{yy}] & [K_{y\varphi}] \\ [K_{\varphi x}] & [K_{\varphi y}] & [K_{\varphi\varphi}]\end{bmatrix}_{N\times N}, \quad N=(1+n+1)h \tag{5.3.10}$$

5.3.2 多层厂房差异平移-扭转耦联振动的地震反应分析

多层厂房往往由于工艺上的要求，质量和刚度的分布极不均匀，地震时将出现差异平移与扭转的耦联振动。为反映这一力学特性，提出考虑楼盖双向水平变形的平扭耦联振动力学模型作为多层厂房地震反应分析的基础。其中，地面运动对房屋产生重要影响的是纵、横两个水平方向的直线运动分量和沿水平面作用的旋转运动分量。

1. 力学模型

多层厂房是由纵、横向"框架"(包括竖向支撑和抗震墙)及各层楼盖所组成的空间结构。为考虑楼盖的变形,将整个房屋离散化为"多竖杆多质点系",第 r 楼盖处第 is 质点的质量 m_{is}^r。等于按柱网划分的楼盖质量 m_i' 及上下各半层墙柱等竖向构件质量 m_{is}'' 之和(s,i 分别为竖向构件沿 x,y 方向的序号,$s=1,2,\cdots l$;$i=1,2,\cdots n$;层数 $r=1,2,\cdots h$)。

多质点系中质点相互间的联系,竖向为弯剪型杆件的框架柱,水平方向为代换楼盖的纵、横等效剪切杆(图5.3.5)。多层厂房由于层数不太多,框架柱仅需考虑层间剪弯变形,因而各联系杆的轴向变形均可忽略不计。设有竖向支撑、钢筋混凝土抗震墙或砖填充墙的横向或纵向框架,此附加抗侧力构件与框架形成并联体,如图5.3.6所示。在空间结构的计算简图中,此等并联体(称作"框架")将按一个竖向构件来对待。

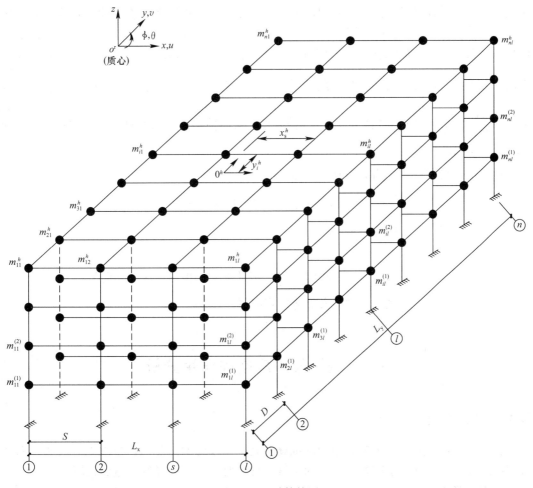

图5.3.5　计算简图

在小变形情况下,一般装配式楼盖单位面积等效水平剪切刚度的基本值($\bar{k}$)大约为 $1.0 \times 10^4 \text{kN}$;根据试验,房屋处于大变形状态时,楼盖刚度将有较大幅度的降低。

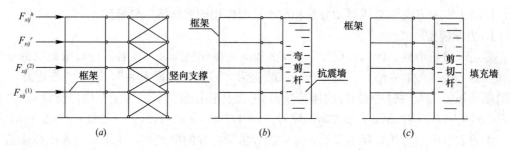

图 5.3.6　并联构件简图

2. 运动方程式

非对称的"多竖杆多质点系"，除沿地面运动两个平动方向产生水平变位外，由于质心和刚心不重合，惯性力与竖向构件恢复力形成的力偶，或地面运动旋转分量的作用，各层楼盖将产生整体转动（φ^r）。力学模型中，各质点间的联杆不计轴向变形，故在第 r 楼盖中，沿 x 方向或 J 方向串联在同一联杆上的 1 个或 n 个质点，在该方向具有相同的水平位移（u_i^r 和 u_s^r），因而压缩为一个自由度。建立体系的运动方程式时就可以分别沿 x，y 方向，将同一根联杆上的各个质点合并在一起，形成一个质点 $m_{xi}^r\left(=\sum\limits_{s=1}^{l}m_{is}^r\right)$ 或 $m_{yi}^r\left(=\sum\limits_{s=1}^{n}m_{is}^r\right)$，对质点 m_{xi}^r 或 m_{ys}^r 建立一个方程，从而使整个厂房的自由度和方程数减少为 $N=(n+l+1)h$ 个。

运用达朗贝尔原理，得如下运动方程：

$$[M]\{\ddot{U}(t)\}+(C)\{\dot{U}(t)\}+[K]\{U(t)\}=-[M]\{\ddot{U}_g(t)\} \tag{5.3.11}$$

式中　　　　$[M]$——广义质量矩阵；

　　　　　　$[C]$——阻尼矩阵；

$[U]$、$[\dot{U}]$、$[\ddot{U}]$——分别为广义相对位移、相对速度、相对加速度列向量；

　　　　　　$[\ddot{U}_g]$——地面运动广义加速度列向量。

5.4　框排架厂房空间作用分析

5.4.1　震害分析

相对而言，钢筋混凝土框架结构的抗震性能是比较好的。然而，多次地震表明，未经合理抗震设计，特别是框架在构造方面不符合抗震要求时，同样容易遭到破坏。

1. 震害程度

针对海城地震 7 度区以上地震区内 44 栋多层框架厂房，结构类型有现浇结构、装配式结构、半装配式结构，围护结构多采用砖填充墙，少数采用轻质板材或钢筋混凝土墙板。对厂房遭遇不同烈度地震后的破坏程度分类统计见表 5.4.1。

多层框架厂房震害程度统计数字 表 5.4.1

烈度	基本完好栋数	轻微破坏栋数	中等破坏栋数	严重破坏栋数	倒塌栋数	调查栋数
7	11 (69%)	4 (25%)	1 (6%)			16
8	9 (60%)	4 (26%)	1 (7%)	1 (7%)		15
9	6 (50%)	5 (42%)	1 (8%)			12

唐山地震后，天津市建筑设计院对 7、8 度区内 40 幢多层框架厂房的破坏情况进行了调查。统计结果是，基本完好的占 55%，轻微损坏的占 7.5%，中等破坏的占 22.5%，严重破坏的占 15%。

2. 震害特征

钢筋混凝土框架厂房遭到地震破坏的震害状况具有如下特点：

（1）不对称结构厂房的震害程度，一般均比相似情况的对称结构厂房的震害程度重。

（2）厂房的塔楼或局部高出部分，其震害程度往往比厂房主体部分重得多，若局部高出部分采用砖结构时，破坏程度就更重。

（3）厂房砖砌围护墙的震害程度往往重于厂房主体结构。

（4）钢筋混凝土框架的震害多发生于柱端，梁端及梁身的震害较少、较轻，节点的震害也较少。

（5）就框架柱的所在位置而言，边柱的破坏程度比中柱要重，边柱之中，又以角柱的破坏程度最重；就一根柱子而言，柱上端的震害往往重于柱的下端。

（6）带有砖填充墙的框架，楼层柱的上端往往发生比较严重的破坏。

（7）明牛腿装配式框架，边柱牛腿常发生破坏，是个薄弱部位。

5.4.2 楼盖变形对框架地震内力的影响

1. 楼盖水平刚度

海城、唐山等地震中装配式楼板经受了强烈地震的考验，没有发生过于严重的震害，表明装配式楼板能够担负起地震力的传递作用。不过，多层厂房的震害状况中也显露出楼盖水平变形的影响。海城、天津等地数十幢内框架房屋的震害存在这样的规律：房屋内的横墙间距较大时，顶层外纵墙的砖壁柱多发生出平面的弯曲破坏，而且破坏程度与横墙间距成正比。

多层房屋的脉动振型证实了装配式楼板的水平刚度是有限的。工程力学研究所采用脉动法量测到的内框架厂房基本振型，横墙之间中点处的振幅与横墙处振幅的比值，大致等于楼盖的长宽比。利用图 5.4.1 所示三层原型框架结构屋盖的水平变形曲线，采取顶层各榀排架水平剪力及两相邻排架柱顶侧移的差值，计算出的各开间 $1m^2$ 屋盖水平等效剪切刚度基本值的平均值，约为 $0.95 \times 10^5 kN$。因此，进行工程抗震设计的空间分析时，对于采用现浇接头的装配整体式楼板，$1m^2$ 楼盖的等效水平剪切刚度基本值可取 $1.0 \times 10^5 kN$。

2. 力学模型

采用装配式楼板的框架-抗震墙结构的多层厂房，地震期间楼盖将产生水平变形，各榀框架和抗震墙在同一高度处的侧移各不相等。因而进行结构的抗震分析时，不能再沿用刚性楼盖假定，采取刚性水平连杆的平面结构力学模型，而应视各楼盖为水平剪切梁，采取空间结构力学模型（图 5.4.2）及相应的"串并联多质点系"，建立栅格多质点系的计算简图（图 5.4.3）。

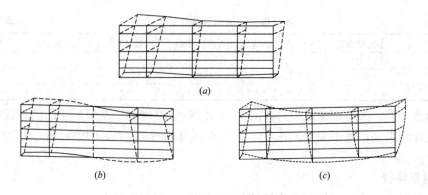

图 5.4.1　六层房屋的脉动振型

(a) 基本振型；(b) 第二振型；(c) 高阶振型

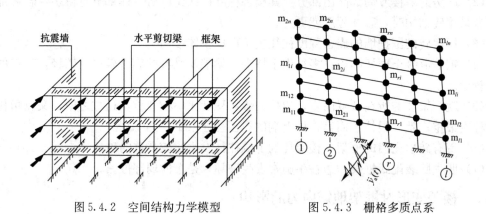

图 5.4.2　空间结构力学模型　　　　图 5.4.3　栅格多质点系

3. 振动方程

进行结构的振动分析，空间结构与平面结构不同之处在于质点数和自由度较多，结构总刚度矩阵中，除竖向构件的刚度矩阵外，还包括水平构件（各层楼盖）的刚度矩阵。在沿房屋横向的单向水平地面运动作用下（图 5.4.3），空间结构的振动微分方程式为：

$$[m]\{\ddot{x}\} + [C]\{\dot{x}\} + [K]\{x\} = -[m]\{\ddot{x}_g\}$$　　　　（5.4.1）

目前，在工程设计中，对于空间结构多采用基于反应谱理论的振型分解法求解结构的地震内力。其主要计算内容是确定结构的无阻尼自振频率和振型，因而，使问题转化为对特征方程式（5.4.2）的求解。

$$[K]\{x\} = \omega^2 [m]\{x\}$$　　　　（5.4.2）

式中　$\{x\}$——质点的相对侧移；

ω——空间解耦股的自由振动圆频率；

$[m]$——质量矩阵，为各横向竖构件质量子矩阵的对角阵；

$[K]$——空间结构的侧移刚度矩阵，等于横向竖构件侧移刚度矩阵 $[K']$ 与楼盖侧移刚度矩阵 $[k]$ 之和。

4. 地震内力计算方法

空间结构地震内力的计算方法和步骤与平面结构基本相同，不同之处仅在于：各榀框架和抗震墙的侧移不相等，计算各竖构件分离体的水平地震作用应取该竖构件的侧移列向

146

量右乘该构件的侧移刚度矩阵。

5.4.3 双向偏心的半刚性楼盖的抗震空间分析

1. 振动模型

结构存在双向偏心的半刚性楼盖多高层建筑，在外界干扰下做自由振动或强迫振动时，其沿 x，y 方向的纵向振动和横向振动是相互耦联的，结构的每一阶振型均包含结构的纵向位移、横向位移和转动位移，其抗震分析需要同时考虑双向水平地震的作用，从而要求其振动模型采用能够反映楼盖纵、横向水平变形和整体转动的双向串并联质点系（或称立体质点系，如图 5.4.4 所示）。质点系的自由度 N 不等于质点系中的总质点数，而是 $N=(n+l+1)h$，n 为楼房中横向总棍数，l 为纵向总棍数，h 为楼房总层数。

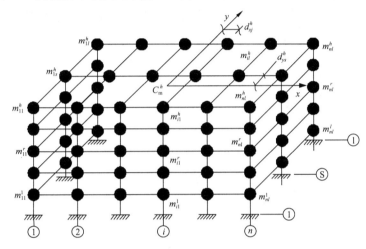

图 5.4.4　双向串并联质点系

2. 振动方程式

对于图 5.4.2 所示的双向串并联质点系，在地震动双向平移分量作用下的振动微分方程式，以及以质点相对位移幅值表示的无阻尼自由振动方程式分别为：

$$[m]\{\ddot{u}(t)\}+[c]\{\dot{u}(t)\}+[K]\{u(t)\}=-[m]\{\ddot{u}_{\mathrm{g}}(t)\} \tag{5.4.3}$$

$$-\omega^{2}[\mathrm{m}]\{U\}+[K]\{U\}=0 \tag{5.4.4}$$

式中，$[K]$ 为质点系考虑双向振动的广义刚度矩阵，$\{\ddot{u}_{\mathrm{g}}(t)\}$ 为地震动加速度列向量：

$$\ddot{u}_{\mathrm{g}}(t)=\begin{bmatrix}\{1\}_{lh}&&0\\&\{1\}_{nh}&\\0&&\{1\}_{h}\end{bmatrix}\begin{Bmatrix}\ddot{x}_{\mathrm{g}}(t)\\\ddot{y}_{\mathrm{g}}(t)\\0\end{Bmatrix} \tag{5.4.5}$$

式中，$\ddot{x}_{\mathrm{g}}(t)$ 和 $\ddot{y}_{\mathrm{g}}(t)$ 分别为地震动沿 x 和 y 方向的平动分量，$\{U\}$ 为质点系按某一振型做自由振动时各质点的广义相对位移列向量：

$$\{U\}=[\{X\}^{\mathrm{T}}\ \{Y\}^{\mathrm{T}}\ \{\phi\}^{\mathrm{T}}]$$
$$=[\{X^{1}\}^{\mathrm{T}}\cdots\{X^{r}\}^{\mathrm{T}}\cdots\{X^{h}\}^{\mathrm{T}}\ |\ \{Y^{1}\}^{\mathrm{T}}\cdots\{Y^{r}\}^{\mathrm{T}}\cdots\{Y^{h}\}^{\mathrm{T}}\ |\ \{\Phi^{1}\}^{\mathrm{T}}\cdots\{\Phi^{r}\}^{\mathrm{T}}\cdots\{\Phi^{h}\}^{\mathrm{T}}]$$
$$\tag{5.4.6}$$

式中，$[m]$ 为质点系的广义质量矩阵。

5.5 大柱网厂房空间作用分析

5.5.1 震害分析

1. 柱的斜向破坏

地震时的地面运动是多维的，即具有多方向分量，例如图 5.5.1 所示宁河的地震加速度记录。大柱网工业厂房纵、横方向均未设置柱间支撑，双向水平地震作用均由柱单独承担，地震作用的合力方向将平行于柱的对角方向，或者地面运动的最大加速度恰好平行于柱的斜轴，从而使厂房沿斜向受到的水平地震作用比沿厂房纵向或横向所受到的水平地震作用更强烈，这是造成厂房斜向破坏的外因。

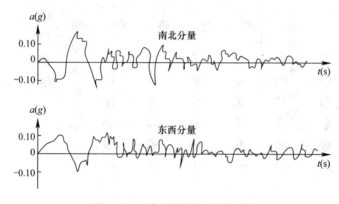

图 5.5.1　宁河地震加速度记录

正方形截面柱或长短边相差不大的矩形截面柱，绕斜轴的静面积矩小于绕横轴或绕纵轴的静面积矩。弯矩数值相等的情况下，沿柱截面斜方向作用时，角部的混凝土最大压应力比弯矩沿柱截面纵轴或横轴作用时所引起的边缘压应力要大。所以，方形柱的斜向（或双向）压弯时的承载能力低于横向或纵向压弯时的承载能力。当厂房柱由于结构上的原因无法避免地面运动的双向作用或斜向作用时，就很容易发生对角破坏，是大柱网厂房震害特点之一。

2. 中柱比边柱破坏重

中柱的破坏比例大于边柱，中柱的破坏程度重于边柱，这也与大柱网的结构特点相关。国内外关于柱的延性的试验研究结果指出：柱的延性随着柱的轴向压力的增加而降低。因为承受轴向压力的构件，截面在弯曲之前就已产生压应变，轴向压力愈大，截面的初始压应变就愈大。如果轴压力很大，再受到较大弯矩作用，受拉钢筋刚屈服，压区混凝土的压应变就可能已达到很大数值。截面再稍有转动，压应变就达到极限应变值。由此表明轴压力很大时构件弹性变形以外的塑性变形值很小，即构件的延性系数很小。

大柱网厂房的中柱，所负担的有效重力荷载约为边柱的 4 倍，中柱和边柱的截面积相等或相差较少，两者的截面轴向压应力就会相差数倍，因而两者的延性也就大小悬殊。计算结果表明，在实际荷载下中柱和边柱的位移延性能力分别为 2.47 和 8.91，而抗震所必

148

需的最低延性能力为 3.50。由此说明：轴压应力即轴压比的大小是中柱和边柱震害程度差异的重要原因。

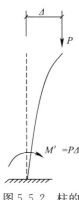

图 5.5.2　柱的
P-Δ 效应

研究表明，对于大轴压力构件，P-Δ 效应是促进和加重震害程度的重要因素。大柱网的中柱，负担的厂房屋盖面积大，这个作用于柱顶处的很大的竖向荷载，在柱顶发生侧移时将对柱身产生较大的附加弯矩（图 5.5.2）。厂房在水平地震作用下，由于柱进入塑性变形阶段，柱顶的实际侧移较大，从而使柱顶负荷对柱身各截面产生较大附加弯矩。当柱的截面抗弯能力较低时，附加弯矩将促使柱身变形的进一步增长，增大的柱顶侧移又引起新的附加弯矩，恶性循环是逐步收敛还是逐步扩大，决定于柱截面抗弯能力的高低。所以对于截面尺寸较小、抗弯能力不足的大柱网厂房柱，P-Δ 效应将成为结构破坏以至倒塌的重要因素。随着柱网的扩大，柱子承受的屋面荷载也越来越大，厂房柱在水平地震作用下的 P-Δ 效应必须在抗震设计中得到考虑。

5.5.2　水平地震作用下的厂房正向分析

对于大柱网厂房，需要计算最大水平地震作用分别平行于厂房横轴或厂房纵轴两种情况下的构件强度和变形。与排架厂房相比较，大柱网厂房的纵、横剖面均很简单，在同一抗震缝单元内，屋盖高度相等，柱间又未设置支撑，因而厂房的纵向结构及其自振特性与横向结构及其自振特性很相近。厂房的纵向抗震分析方法与横向基本相同，可以统一并称为正向抗震分析。柱截面地震作用效应，取一个主轴方向的 100% 和垂直方向的 30% 的不利组合。

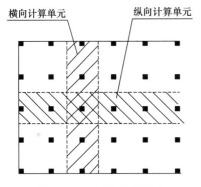

图 5.5.3　厂房计算单元

1. 计算单元

对于轻屋面柔性屋盖厂房或无须考虑围护墙抗推刚度影响的弹性屋盖厂房，按跨度中线划分，取厂房的一个纵向柱列或一个横向柱列（图 5.5.3），就能充分代表所在的抗震缝单元厂房的纵向或横向整体结构特性。因此，可以把它作为计算单元进行纵向或横向抗震分析，验算柱的纵向或横向强度和变形。

2. 计算简图

大柱网厂房的有效重力荷载几乎全部位于屋盖，支承结构的沿高度分布质量很小，可以略去不计，横向计算单元或纵向计算单元均可采取单质点系作为计算简图，按单自由度体系进行纵向或横向地震反应分析。

当厂房四周或一个抗震缝单元的两侧设置砖墙等刚性围护墙，屋盖又采用具有一定水平刚度的混凝土屋面时，地震期间整个厂房或整个伸缩缝单元是整体协调地振动，参照 5.2.3 条空间分析方法，进行厂房和单元的整体抗震分析。若厂房的一个抗震缝单元仅一侧或相邻两侧设置刚性围护墙，屋面又具有一定水平刚度时，宜参照 5.2.3 节的方法，进行单元的剪变-扭转耦联振动分析。

149

5.5.3 水平地震作用下的厂房斜向分析

对建筑物而言，水平地震作用可以来自任何方向，也就是说，地面运动加速度主、副分量或者它们合力的方向不一定与厂房纵轴或者横轴平行，有可能沿着厂房的某一斜向。地震记录表明，最大加速度主分量方向通常均与到震中的方向大体一致，当然每个瞬间仍有较大幅度的变动，其合加速度的大小和方向更是随时间而变化。因此，厂房某一斜方向所受到的地面运动，有可能比沿厂房纵轴或横轴所受到的地面运动更强烈。所以，除了对厂房进行纵向和横向的"正向"抗震分析外，还应对厂房进行斜向抗震分析。

运用地震反应谱理论进行单层厂房的抗震分析是把地震对厂房的作用化成等效水平力。当地震是沿斜向作用于厂房时，水平地震力的大小将同时与厂房的横向自振特性和纵向自振特性相关联。除了厂房因采用正方形截面柱而使纵向和横向自振特性完全相同的情况外，地震的作用是不能预先按力的方式分解为分别对厂房的纵向和横向进行计算，只有通过动力方程的联解，才能求得厂房柱的纵向和横向地震内力。所以，对于需要考虑柱的斜方向弯曲的大柱网厂房，不论是考虑一维地震任意角斜向输入还是二维地震斜向输入，标准的通用计算方法应该是利用坐标转换进行厂房的斜向抗震分析，即"坐标转换法"；或者将沿厂房斜向作用的地面运动加速度分解为沿厂房纵轴和横轴的两个分量，建立厂房的纵向和横向振动微分方程的联立方程组，进行厂房纵横向地震反应的联解，即通称的"地面运动分解法"。

1. 坐标转换法

（1）侧移刚度系数

对纵、横方向侧移刚度不相等的、无偏心的对称结构，当质量中心处受到一个斜向水平力的作用时，结构所产生的位移虽然仍是平移，但平移的方向却偏离力的作用方向。要使结构仅沿力的方向（u 方向）产生单位平移而不发生偏移，就需要在其垂直方向（v 方向）外加一个力（图 5.5.4）。使结构沿着力的方向产生单位主位移所需施加的力称为主位移刚度系数，简称主刚度系数；与主位移方向相垂直的辅助力称为辅位移耦合刚度系数，简称辅刚度系数。上述刚度系数可以利用坐标转换矩阵求得。

结构在斜向力作用下的振动分析的关键，就是先将结构坐标系 xoy（辅坐标系）下的结构位移和刚度系数，利用坐标转换关系转换为外力坐标系 uov（主坐标）下的结构位移和刚度系数。然后，建立振动方程式，求解外力坐标系下的结构位移和等效水平地震力。再利用坐标转换关系，将解得的位移和外力，由外力坐标系转换回结构坐标系，以便求出构件内力进行强度验算。

结构位移方程就是作用于结构上的力与结构所发生的位移之间的关系式。主坐标系下的结构位移方程，可以直接用力法导出。也可以利用两种坐标系下的转换关系，由辅坐标系下的位移方程推算出来。

（2）主坐标系下的自由质点运动方程

质点运动方程就是作用于质点上的力与质点运动加速度之间的关系式。主坐标系下的自由质点运动方程，可以利用两种坐标系下的转换关系，由辅坐标系下的运动方程推算出来。

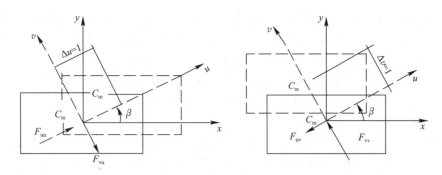

图 5.5.4　耦合刚度系数

（3）地面运动作用下的结构运动方程式

无柱间交撑、无刚性围护墙、质量和刚度沿纵向和横向均对称的大柱网厂房，即使采用的是半刚性屋盖，整个厂房的纵向或横向自振特性（基本周期和振型）以及排架柱的纵向或横向地震内力，按空间结构力学模型与按单片排架结构进行分析，结果基本相同。对于这类厂房，可采取单片纵向排架和单片横向排架来代替空间结构力学模型进行斜向地震作用下的内力分析。当厂房规模较大、柱子数量很多时，可以忽略边柱和中柱的差别所带来的影响，甚至可以采用一根中柱的纵向和横向刚度作为代表进行分析。所以，这类厂房的斜向分析，沿厂房纵向或横向均只有一个位移未知量，在主坐标系下同样仅有两个位移未知量。

关于主、辅坐标系之间的夹角 β，以从辅坐标系 x 轴到主坐标系 u 轴逆时针转动为正，而其大小应根据地震作用的方向使柱产生最不利双向弯曲的条件确定。一般情况下，最不利情况可能是主、副地面作用效应的合成方向大致平行于柱的对角线方向。然而，厂房纵、横向排架的侧移刚度和自振特性，并不一定与截面的长度和宽度呈线性关系，地震作用的确切的最不利方向要经试算来判定。对于单向地面运动输入，则可取地震作用方向平行于柱的对角线方向来确定 β 的角度。

2. 地面运动分解法

计算厂房在地面运动斜向输入情况下的地震内力时，也可将地面平动加速度分解为平行于厂房纵、横向的两个加速度分量，然后建立厂房在地震作用下的纵向和横向运动微分方程组求解，得到作用于厂房的纵向水平地震作用分量和横向水平地震作用分量。

没有设置斜交抗推构件的大柱网厂房，厂房的纵向和横向抗推刚度不耦联，即使在地震斜向输入的情况下，厂房的纵向振动和横向振动是相互独立的，它们分别与平行于各自振动方向的地面运动分量的大小有关，亦即与斜向地震输入的角度有关。因此，可以将斜向作用于厂房的地面平动加速度分解为平行于厂房纵轴和横轴的两个分量，并认为它们分别作用于厂房，根据厂房的纵向和横向自振周期独立地计算出厂房的纵向水平地震作用和横向水平地震作用，进一步求出柱的纵向和横向地震内力进行柱的斜向抗震强度核算。

平行于厂房横轴和纵轴的水平地震作用的大小，不仅决定于地震输入方向与厂房纵轴的夹角，还分别取决于厂房横向自振周期和纵向自振周期。厂房的横向自振周期与纵向自振周期不相等时，由于地震影响系数的大小不仅与该方向地面运动分量成正比，还与该方向的厂房周期成反比，使 x 向和 y 向的地震作用的比值不再与斜向地面运动输入的 x 向和 y 向分量的比值相等，因而纵向和横向水平地震作用的合力方向，就不再与斜向地震输入的地震方向相一致，而且无法事先确定。因此，厂房柱的斜向受弯最不利的斜向地震输入方向需要通过试算才能确定，不过通常情况下大柱网厂房的纵、横向自振周期差别不大。所以，地震输入方向平行或稍偏于柱的对角线方向可能就是不利方向。

（1）计算简图

由于沿厂房纵向或横向分别独立确定水平地震作用的数值，纵向和横向均属单自由度体系，因而均可采取单向振动的单质点系作为计算简图。其抗推刚度分别为厂房或计算单元的纵、横向抗推刚度。

（2）自振周期

厂房或计算单元的纵向和横向自振周期分别为：

$$T_x = k\frac{2\pi}{\sqrt{g}}\sqrt{\frac{G_x}{K_x}} \approx 1.8\sqrt{\frac{G_x}{K_x}}, T_y \approx 1.8\sqrt{\frac{G_y}{K_y}} \qquad (5.5.1)$$

式中　K_x、K_y——厂房或计算单元的纵向、横向抗推刚度；

k——为考虑屋架与柱连接的固接作用，对按铰接假定计算周期的调整系数，取 0.9。

3. 纵、横向刚度耦联的大柱网厂房的斜向抗震分析

纵、横向刚度耦联的厂房，在地震斜向输入情况下的地震内力分析仍可按上述两种方法中的任一种进行。下面仅以地面运动分解法为例建立运动方程。首先将单向或双向输入的地面平动加速度分解为平行于厂房纵、横轴的两个加速度分量；然后建立厂房在地震作用下的纵向和横向运动微分方程组，联和求解，得到作用于厂房的纵向水平地震作用分量和横向水平地震作用分量。

（1）计算简图

对于无柱间支撑以及纵向或纵横双向均设有柱间支撑的大柱网厂房，当不考虑屋盖水平变形及扭转振动的影响时，厂房在斜向水平地震作用下的运动状况，可用单质点体系的二维平面运动来代表，即取具有两个水平自由度（x，y）的单质点系作为厂房的计算简图进行二维振动分析。质点的质量等于整个厂房按照动能相等或者柱底地震弯矩相等的原则，换算集中到柱顶高度处的各有效重力荷载的质量。单质点体系的纵向或横向抗推刚度分别等于厂房各构件的纵向或横向抗推刚度之和。

（2）运动方程

作为二维平面运动的单质点系具有两个运动方程，当它所代表的厂房的纵向和横向抗推刚度相互耦联时，其运动微分方程式具有如下形式：

$$[m]\{\ddot{X}\} + [C]\{\dot{X}\} + [K]\{X\} = -[m]\{\ddot{X}_g\} \qquad (5.5.2)$$

$$[m] = \text{diag}[m \quad m] \qquad (5.5.3)$$

$$[K] = \begin{bmatrix} K_{xx} & K_{xy} \\ K_{yx} & K_{yy} \end{bmatrix} \qquad (5.5.4)$$

$$\{X(t)\} = [x(t) \quad y(t)]^T \qquad (5.5.5)$$

$$\{\ddot{X}_g(t)\} = \begin{bmatrix} \ddot{x}_g(t) \\ \ddot{y}_g(t) \end{bmatrix} = \begin{bmatrix} \cos\beta & -\sin\beta \\ \sin\beta & \cos\beta \end{bmatrix} \begin{bmatrix} \ddot{u}_g(t) \\ \ddot{v}_g(t) \end{bmatrix} \qquad (5.5.6)$$

式中

$[m]$——质量矩阵，其中的元素 m 等于整个厂房换算集中到柱顶处的质量；

$[K]$——厂房侧移刚度矩阵，其中，K_{xx}、K_{yy} 分别为厂房纵向和横向抗推刚度，K_{xy}、K_{yx} 为厂房纵向与横向耦合刚度矩阵（当厂房纵、横向刚度不耦联时，$K_{xy}=K_{yx}=0$）；

$[C]$——阻尼矩阵，$[C]=a_0[m]+a_1[K]$，a_0 和 a_1 为满足振型正交化条件的常数；

$\{X(t)\}$、$\{\dot{X}(t)\}$、$\{\ddot{X}(t)\}$——相对于基础的质点位移、速度、加速度函数列向量；

$\{\ddot{X}_g(t)\}$——结构坐标系（xoy）中水平地震动加速度列向量；

$\ddot{x}_g$、$\ddot{y}_g$——与建筑物主轴 x、y 成 β 夹角的斜向输入的二维地面平动加速度，关于夹角 β 的确定见坐标转换法的相关说明。

5.5.4 柱的 *P-Δ* 效应

水平地震作用下，大柱网厂房柱的工作状态属压弯构件，大轴力的存在将使柱底弯矩显著增长。这是由于 *P-Δ* 效应引起的附加弯矩，其大小既与柱顶侧移量成正比，又与柱顶竖向压力成正比。柱网尺寸愈大，地震烈度愈高，附加弯矩就愈大。特别是厂房遭遇强烈地震时，柱将进入塑性变形阶段，柱顶侧移量将数倍于弹性阶段的侧移量，柱的弹塑性变形使柱底端和柱身各截面产生较大的附加弯矩，又反过来促使柱顶侧移的进一步增长。由于 *P-Δ* 效应引起的恶性循环是造成厂房柱严重破坏以至厂房倒塌的重要因素，在抗震设计中必须充分考虑。

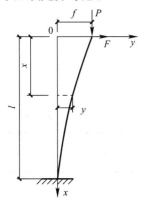

图 5.5.5 悬臂柱的挠曲线

1. *P-Δ* 效应对柱水平抗力的影响

如图 5.5.5 所示，设柱底端截面屈服力矩为 M_y，若不计入柱的 *P-Δ* 效应时，柱顶的水平屈服抗力为：

$$F_y = \frac{M_y}{l} \tag{5.5.7}$$

当考虑柱的 *P-Δ* 效应时，柱顶水平屈服抗力为：

$$F_y = M_y \frac{k}{tgkl} = \frac{M_y}{l} \cdot \frac{1}{1+\frac{Pl^2}{3EI}} = \eta \frac{M_y}{l} \tag{5.5.8}$$

比较式（5.5.7）和式（5.5.8）可以看出，由于 η 是小于 1 的系数，并与柱顶竖向压力成反比，P 的存在使柱的水平屈服抗力下降。P 值愈大，柱的长细比愈大，水平抗力降低的幅度也就愈大。随着柱网尺寸的日益扩大及厂房层高的增加，*P-Δ* 效应对柱的影响将更加显著。

2. 附加弯矩的计算

要确定柱的 *P-Δ* 效应引起的附加弯矩，首先要计算出地震期间厂房可能产生的最大弹塑性变位。根据现行《建筑抗震设计规范》中有关条文的规定，对大柱网厂房需要进行变形验算；验算柱在地震作用下的实际变形时，水平地震影响系数应按相应于设防烈度的实际地面运动加速度确定，计算柱的弹塑性侧移时应考虑柱水平抗力屈服强度系数的影响。

（1）地震影响系效

对大柱网厂房柱需要进行正截面斜向抗弯强度验算，因而需要计算柱沿厂房纵横两个柱轴方向侧移所引起的附加弯矩，即考虑双向水平地震作用下柱的 $P\text{-}\Delta$ 效应。根据《建筑抗震设计规范》的规定，计算结构在设防烈度下的实际地震变位时，所采取的水平地震影响系数 α 应该根据"中国地震烈度表"对于各烈度区地面运动水平加速度所规定的数值确定。它相当于规范对结构抗震强度验算所规定的地震影响系数数值的 3 倍。此外，《建筑抗震设计规范》还规定，对于需要同时考虑双向水平地震作用的结构，按一个主轴方向取100％、相应垂直主轴方向取 30％的最不利组合考虑，相当于计算时地面运动副分量方向地震影响系数最大值 $\alpha_{\max}$ 取地面运动主分量方向地震影响系数最大值的 30％。基本烈度为7、8、9 度时，主震和副震方向水平地震影响系数 α 的最大值 $\alpha_{\max}$ 按表 5.5.1 采用。

计算结构实际变位时的水平地震影响系数最大值 $\alpha_{\max}$ 表 5.5.1

烈度		7	8	9
$\alpha_{\max}$	主分量方向	0.24	0.48	0.96
	副分量方向	0.07	0.14	0.29

（2）柱的弹塑性侧移

采用时程分析法计算单层厂房弹性和弹塑性地震反应的对比结果表明，结构的弹塑性位移与对应弹性结构位移的比值，与结构的水平抗力屈服强度系数有关。柱的水平抗力屈服强度系数 ξ_y，指柱顶处水平屈服抗力标准值与柱顶处弹性水平地震作用的比值。屈服强度系数大于 0.5 时，结构的弹塑性位移与弹性位移大体相等，随着屈服强度系数的降低，弹塑性位移与弹性位移的比值逐渐加大。

水平地震作用下柱的弹塑性侧移按下式计算：

$$\Delta u_{\mathrm{p}} = \eta_{\mathrm{p}} \cdot \Delta u_{\mathrm{e}} \tag{5.5.9}$$

式中 Δu_{e}——水平地震作用下柱的弹塑性侧移；

       η_{p}——弹塑性侧移增大系数，按表 5.5.2 取值。

结构弹塑性位移增大系数 η_{p} 表 5.5.2

柱的水平抗力屈服强度系数 ξ_y	0.5	0.4	0.3	0.2
弹塑性侧移增大系数 η_{p}	1.05	1.15	1.35	1.70

（3）柱的附加弯矩

双向水平地震作用下柱的 $P\text{-}\Delta$ 效应使柱底端沿厂房纵轴（x 轴）和横轴（y 轴）方向产生的附加弯矩，对于非正方形柱还应考虑水平地面运动主分量的方向分别平行于厂房纵轴或横轴两种情况。沿厂房纵轴和横轴方向作用于柱底端的附加弯矩分别为：

$$M_x = P\Delta u_{\mathrm{p}x} = \eta_{\mathrm{p}} p \Delta u_{\mathrm{e}x} \tag{5.5.10}$$

$$M_y = P\Delta u_{\mathrm{p}y} = \eta_{\mathrm{p}} \Delta u_{\mathrm{e}y} \tag{5.5.11}$$

式中 p——地震期间作用于一根柱子顶端的有效重力荷载；

$\Delta u_{\mathrm{e}x}$、$\Delta u_{\mathrm{p}x}$——地面运动主分量方向（或副分量方向）平行于厂房纵轴时使柱顶沿 x 方向产生的弹性位移和弹塑性位移；

$\Delta u_{\mathrm{e}y}$、$\Delta u_{\mathrm{p}y}$——地面运动副分量方向（或主分量方向）平行于厂房横轴时，使柱顶沿 y 方

向产生的弹性位移和弹塑性位移。

当不考虑厂房的空间作用时，柱顶沿 x 方向或 y 方向的弹性侧移分别按下式计算：

$$\Delta u_{ex} = F'_{ix}/K_{ix} \qquad (5.5.12)$$

$$\Delta u_{ey} = F'_{iy}/K_{iy} \qquad (5.5.13)$$

式中　K_{ix}、K_{iy}——第 i 柱的纵、横向抗推刚度。

　　　　F'_{ix}、F'_{iy}——按表 5.5.1 所列的基本烈度地震影响系数最大值，确定的第 i 柱柱顶处的纵向和横向水平地震作用。

5.5.5　抗震强度验算

一般单层厂房，横向水平地震作用由排架柱承担，纵向水平地震作用主要由柱间支撑或纵墙承担，柱子所分担的纵向水平地震作用很小。柱的受力状态基本上属于单向偏心受压。大柱网厂房的情况显然不同，由于柱距较大，一般不设置柱间支撑，沿厂房纵横两个方向的水平地震作用均由柱来承担，使柱双向受弯，处于双向偏心受压状。因此，对于大柱网厂房的柱应该采取纵、横向水平地震作用对柱产生的纵向和横向弯矩，加上 $P\text{-}\Delta$ 效应引起的纵向和横向附加弯矩，与相应的有效重力荷载组合，进行柱的正截面双向偏心受压强度验算。

5.6　钢筋混凝土工业建筑构造措施

5.6.1　框架梁抗震构造要求

1. 框架梁的截面尺寸

截面宽度不宜小于 200mm，预应力混凝土框架梁截面宽度不宜小于 250mm；截面高宽比不宜大于 4，净跨与截面高度之比不宜小于 4；二、三、四级框架梁可采用梁宽大于柱宽的扁梁；采用扁梁的楼、屋盖应现浇，梁中线宜与柱中线重合，扁梁应双向布置。

钢筋混凝土扁梁高度可取梁计算跨度的 $1/16\sim1/22$；预应力混凝土扁梁高度可取梁计算跨度的 $1/20\sim1/25$；截面高度不宜小于板厚的 2.5 倍。扁梁的截面宽高比不宜大于 3。扁梁截面尺寸宜符合：$b_b\leqslant2b_c$、$b_b\leqslant b_c+h_b$、$h_b\geqslant16d$，并应满足现行有关规范对挠度和裂缝宽度的规定，其中 b_c 为柱截面宽度，对于圆形截面取柱直径的 0.8 倍，b_b 为扁梁宽度，h_b 扁梁高度，d 为柱纵筋直径。

框架边梁采用扁梁时，其宽度不宜大于柱截面的高度。预应力混凝土扁梁的预压应力不应过大，扁梁受拉边缘混凝土产生的拉应力应符合以下要求：按荷载效应准永久组合计算时 $\sigma_{ct}\leqslant0.5f_{tk}$，按荷载效应标准组合计算时 $\sigma_{ct}\leqslant1.0f_{tk}$，其中 σ_{ct} 为受拉边缘混凝土拉应力，f_{tk} 为混凝土轴心抗拉强度标准值。

框架梁附属于筒仓竖壁时，其截面尺寸可不受上述条款限制。

2. 框架梁的钢筋配置

梁端计入受压钢筋的混凝土受压区高度和有效高度之比，一级不应大于 0.25，二、三级不应大于 0.35，以确保梁端具有足够的塑性转动能力，根据试验结果，满足以上要求的梁位移延性系数可达 3～4。梁端受压区高度计算时，宜按梁端截面实际受拉和受压钢筋面积进行。

梁端截面的底面和顶面纵向钢筋配筋量的比值，除按计算确定外，一级不应小于 0.5，二、三级不应小于 0.3。梁底面的钢筋可增加负弯矩时的塑性转动能力，还能防止在地震中梁底出现正弯矩时过早屈服和破坏过重，以至影响承载力和变形能力的正常发挥。此比值限制可以保证梁端的变形能力。

根据震害调查，梁端的破坏主要集中在 1.5 倍～2.0 倍梁高的长度范围内，因此此范围内箍筋加密可以有效提高梁端塑性变形能力。梁端箍筋加密区的长度、箍筋最大间距和最小直径应按表 5.6.1 采用，当梁端纵向受拉钢筋配筋率大于 2% 时，表中箍筋最小直径数值应增大 2mm。梁端加密区的箍筋肢距，一级不宜大于 200mm 和 20 倍箍筋直径的较大值，二、三级不宜大于 250mm 和 20 倍箍筋直径的较大值，四级不宜大于 300mm。

梁端箍筋加密区的长度、箍筋的最大间距和最小直径　　　　　表 5.6.1

抗震等级	加密区长度（采用较大值）（mm）	箍筋最大间距（采用最小值）（mm）	箍筋最小直径（mm）
一	$2h_b$，500	$h_b/4$，$6d$，100	10
二	$1.5h_b$，500	$h_b/4$，$8d$，100	8
三	$1.5h_b$，500	$h_b/4$，$8d$，150	8
四	$1.5h_b$，500	$h_b/4$，$8d$，150	6

注：d 为纵向钢筋直径，h_b 为梁截面高度；箍筋直径大于 12mm、数量不少于 4 肢且肢距不大于 150mm 时，一、二级的最大间距允许适当放宽，但不得大于 150mm。

梁端纵向受拉钢筋的配筋率不宜大于 2.5%。沿梁全长顶面、底面的配筋，一、二级不应少于 $2\phi14$，且分别不应少于梁顶面、底面两端纵向配筋中较大截面面积的 1/4；三、四级不应少于 $2\phi12$。

框架梁钢筋贯通中柱，可以避免纵向钢筋屈曲区向节点内渗透，致使降低框架的刚度和耗能性能。一、二、三级框架梁内贯通中柱的每根纵向钢筋直径，不应大于截面柱在该方向截面尺寸的 1/20。

3. 扁梁的构造要求

框架扁梁选用的混凝土强度等级、混凝土受压区高度、纵向受拉钢筋的最大和最小配筋率、纵向受压钢筋与纵向受拉钢筋的截面面积比值、框架扁梁端纵向受力钢筋在梁柱节点内的锚固要求以及其他配筋构造等均与普通框架梁相同。

框架扁梁端截面内宜有大于 60% 的上部纵向受力钢筋穿过柱子，且可靠地锚固在柱核心区内；对一、二级抗震，扁梁内贯穿中柱的纵向钢筋直径不宜大于柱在该方向截面尺寸的 1/20；对于边柱节点，框架扁梁端的截面内未穿过柱子的纵向受力钢筋应可靠地锚固在框架边梁内。当中柱节点和边柱节点在扁梁交角处的板面顶层纵向钢筋和横向钢筋间距大于 200 时，可在板面布置附加的斜向钢筋。

扁梁内的箍筋末端应设置在混凝土受压区内，并应做成不小于 135°的弯钩，弯钩端头平直段长度不应小于箍筋直径的 10 倍。框架扁梁端箍筋的加密区长度：一级抗震等级取 2.5h 或 500mm 两者中的较大值；二、三、四级抗震等级取 2h 或 500mm 两者中的较大值。

框架边梁采用扁梁时，框架边梁需配置协调扭转所需的附加抗扭纵向钢筋和箍筋。附加抗扭纵向钢筋的最小配筋率：$\rho_{tl,min} \geqslant 0.85f_t/f_y$，附加抗扭箍筋的最小配筋率：

$\rho_{sv,min} \geqslant 0.28 f_t / f_{yv}$，考虑协调扭转而配置的箍筋，其间距不宜大于 $0.75b$（b 为边梁截面的短边长度），且在扁梁与框架边梁交叉的结合部，尚需考虑扁梁传给边梁的附加剪力，该范围内的箍筋需适当加强。

框架扁梁结构框架柱内节点核心区的配箍量及构造要求同普通框架；柱外核心区，可配置附加水平箍筋及拉筋，拉筋的直径不宜小于 8mm；当核心区受剪承载力不能满足计算要求时可配置附加腰筋。

5.6.2　框架柱抗震构造要求

1. 框架柱的截面尺寸

框架柱截面一般采用矩形，其宽度和高度四级或不超过 2 层时不宜小于 300mm，一、二、三级且超过 2 层时不宜小于 400mm，剪跨比宜大于 2，截面长边与短边的边长比不宜大于 3。轴压比是影响柱的破坏形态和变形能力的重要因素，为了保证柱的塑性变形能力和保证框架的抗倒塌能力，需要限制框架柱的轴压比，柱轴压比不宜超过表 5.6.2 的规定。其中，建造于Ⅳ类场地且较高的高层建筑，柱轴压比限值应适当减小；设筒仓框架柱的延性比一般框架柱差，筒仓下的柱破坏较多，其柱的轴压比限值应从严（设有筒仓的框架指设有纵向的钢筋混凝土筒仓竖壁，且竖壁的跨高比不大于 2.5，大于 2.5 时应按不设筒仓确定）。

柱轴压比限值　　　　　　　　　　　　　　　　　表 5.6.2

结构类型	抗震等级			
	一	二	三	四
框架结构	0.65	0.75	0.85	0.90
支撑筒仓的框架柱	0.60	0.70	0.80	0.85

表 5.6.2 限值适用于剪跨比大于 2 且混凝土强度等级不高于 C60 的柱；剪跨比不大于 2 的柱，轴压比限值应降低 0.05；剪跨比小于 1.5 的柱，轴压比限值应专门研究并采取特殊构造措施；沿柱全高采用井字形复合箍且箍筋肢距不大于 200mm、间距不大于 100mm、直径不小于 12mm，或沿柱全高采用复合螺旋箍、螺旋间距不大于 100mm、箍筋肢距不大于 200mm、直径不小于 12mm，或沿柱全高采用连续复合矩形螺旋箍、螺旋净距不大于 80mm、箍筋肢距不大于 200mm、直径不小于 10mm，轴压比限值均可增加 0.10，上述三种箍筋的最小配箍特征值均应按增大的轴压比确定；无论如何构造，柱轴压比不应大于 1.05。

2. 框架柱的钢筋配置

柱纵向受力钢筋的最小总配筋率应按表 5.6.3 采用，同时每侧配筋率不应小于 0.2%，对建造于Ⅳ类场地的高层建筑，最小总配筋率应增加 0.1%。柱总配筋率不应大于 5%。剪跨比不大于 2 的一级框架的柱，每侧纵向钢筋配筋率不宜大于 1.2%，以避免发生粘结型剪切破坏或对角斜拉型剪切破坏等脆性破坏。边柱、角柱以及支承筒仓竖壁的框架柱在小偏心受拉时，柱内纵筋总截面面积应比计算值增加 25%，使柱的屈服弯矩远大于开裂弯矩，保证屈服时有较大的变形能力。另外，柱的纵向钢筋宜对称配置。截面边长大于 400mm 的柱，纵向钢筋间距不宜大于 200mm；柱纵向钢筋的绑扎接头应避开柱端的箍筋加密区。

柱截面纵向钢筋的最小总配筋率（％）　　　　　　　　表 5.6.3

柱类别	抗震等级			
	一	二	三	四
中柱和边柱	1.0	0.8	0.7	0.6
角柱、支承筒仓竖壁的框架柱	1.2	1.0	0.9	0.8

注：钢筋强度标准值小于 400MPa 时，表中数值应增加 0.1，钢筋强度标准值为 400MPa 时，表中数值应增加 0.05；混凝土强度等级高于 C60 时，上述数值应相应增加 0.1。

　　柱的箍筋加密和合理配置可对柱截面核芯混凝土起约束作用，并能显著提高混凝土极限压应变，改善柱的变形能力，防止该区域内主筋压屈和斜截面出现严重裂缝。一般情况下，箍筋的最大间距和最小直径，应按表 5.6.4 采用。一级框架柱的箍筋直径大于 12mm 且箍筋肢距不大于 150mm 及二级框架柱的箍筋直径不小于 10mm 且箍筋肢距不大于 200mm 时，除底层柱下端外，最大间距应允许采用 150mm；三级框架柱的截面尺寸不大于 400mm 时，箍筋最小直径应允许采用 6mm；四级框架柱剪跨比不大于 2 时，箍筋直径不应小于 8mm。剪跨比不大于 2 的框架柱以及支承筒仓竖壁的框架柱箍筋间距不应大于 100mm。

柱箍筋加密区的箍筋最大间距和最小直径　　　　　　　表 5.6.4

抗震等级	箍筋最大间距（采用较小值，mm）	箍筋最小直径（mm）
一	$6d$，100	10
二	$8d$，100	8
三	$8d$，150（柱根 100）	8
四	$8d$，150（柱根 100）	6（柱根 8）

注：d 为柱纵筋最小直径；柱根指底层柱下端箍筋加密区。

　　柱的箍筋加密范围，应按下列规定采用：柱端取截面高度、柱净高的 1/6 和 500mm 三者的最大值；底层柱的下端不小于柱净高的 1/3；刚性地面上下各 500mm；剪跨比不大于 2 的柱、因设置填充墙等形成的柱净高与柱截面高度之比不大于 4 的柱、一级和二级框架的角柱、支承筒仓竖壁的框架柱，取全高。在柱段内设置牛腿，其牛腿的上、下柱段净高与截面高度之比不大于 4 的柱段，应取全高，大于 4 时可取其柱段端各 500mm。另外，8 度、9 度的框架结构防震缝两侧结构层高相差较大时，防震缝两侧框架柱的箍筋应沿房屋全高加密。柱箍筋加密区的箍筋肢距，一级不宜大于 200mm，二、三级不宜大于 250mm，四级不宜大于 300mm，且至少每隔一根纵向钢筋宜在两个方向有箍筋或拉筋约束，采用拉筋复合箍时，拉筋宜紧靠纵向钢筋并钩住箍筋。

　　柱的剪跨比不大于 1.5 时，柱的破坏形态一般为剪切脆性破坏型，所以需采取特殊构造措施，要求符合下列规定：箍筋应提高一级配置，一级时应适当提高箍筋配置；柱高范围内应采用井字形复合箍（矩形箍或拉筋），应至少每隔一根纵向钢筋有一根拉筋；柱的每个方向应配置两根对角斜筋以改善短柱的延性，控制裂缝宽度，对角斜钢筋的直径，一、二级分别不应小于 20mm、18mm，三、四级不应小于 16mm，对角斜筋的锚固长度不应小于受拉钢筋抗震锚固长度 l_{aE} 加 50mm。

5.6.3　框架节点抗震构造要求

框架节点核芯区箍筋的最大间距和最小直径宜按表5.6.4以及上述加密区箍筋配置要求采用；一、二、三级框架节点核芯区配箍特征值分别不宜小于0.12、0.10和0.08，且体积配箍率分别不宜小于0.6%、0.5%和0.4%。柱剪跨比不大于2的框架节点核芯区，体积配箍率不宜小于核芯区上、下柱端的较大体积配箍率。

5.6.4　楼板、屋盖构造要求

多层厂房框架结构楼板、屋盖优先考虑现浇结构。二、三、四级框架的楼板、屋盖也可采用钢筋混凝土预制板，预制板上应设不低于C30的细石混凝土后浇层，其厚度不应小于50mm，应内设$\phi6$双向间距200mm的钢筋网。预制板的板肋下端宜与支承梁焊接或者将预制板外露钢筋间宜点焊连接。预制板之间在支座处的纵向缝隙内应设置焊接钢筋网，其伸出支座长度不宜小于1.0m；纵向钢筋直径，上部不宜小于8mm，下部不宜小于6mm；板缝应采用C30细石混凝土浇灌。

5.6.5　预应力框架其他构造要求

预应力混凝土框架结构的混凝土强度等级不宜低于C40，后张预应力框架宜采用有粘结预应力筋，抗震等级为一级的框架不得采用无粘结预应力筋。抗侧力的预应力混凝土构件，应采用预应力筋和非预应力筋混合配筋方式，二者的比例应依据抗震等级按有关规定控制，其预应力强度比不宜大于0.75。

预应力混凝土框架梁端纵向受拉钢筋的最大配筋率、底面和顶面非预应力钢筋配筋量的比值，应按预应力强度比相应换算后符合钢筋混凝土框架梁的要求。预应力混凝土框架柱可采用非对称配筋方式；其轴压比计算，应计入预应力筋的总有效预加力形成的轴向压力设计值，并符合钢筋混凝土结构中对应框架柱的要求；箍筋宜全高加密。后张预应力筋的锚具不宜设置在梁柱节点核芯区；预应力筋锚具组装件的锚固性能应符合专门的规定。

5.6.6　填充墙构造要求

钢筋混凝土框架结构中的非承重墙体宜优先采用轻质墙体材料。对于砌体填充墙，填充墙在平面和竖向的布置，宜均匀对称，宜避免形成薄弱层或短柱，应避免使结构形成刚度和强度分布上的突变；填充墙应能够适应框架结构的侧向变形，当墙体与悬挑构件相连接时尚应具有满足节点转动引起的竖向变形的能力；应采取措施减少对主体结构的不利影响，并应设置拉结筋、水平系梁、圈梁、构造柱等与主体结构可靠拉结；砌体的砂浆强度等级不应低于M5，实心块体的强度等级不宜低于MU2.5，空心块体的强度等级不宜低于MU3.5，墙顶应与框架梁密切结合。

填充墙应沿框架柱全高每隔500～600mm设$2\phi6$拉筋，拉筋伸入墙内的长度，6、7度时宜沿墙全长贯通，8、9度时应全长贯通；墙长大于5m时墙顶与梁宜有拉结；墙长超过8m或层高2倍时宜设置钢筋混凝土构造柱；墙高超过4m时墙体半高宜设置与柱连接且沿墙全长贯通的钢筋混凝土水平系梁；楼梯间两侧填充墙与柱之间应加强拉结，楼梯间和人流通道的填充墙尚应采用钢丝网砂浆面层加强；砌体女儿墙在人流出入口和通道处应与主体结构锚固；非出入口无锚固的女儿墙高度，6～8 度时不宜超过 0.5m，9 度时应有锚固。防震缝处女儿墙应留有足够的宽度，缝两侧的自由端应予以加强。

5.6.7 其他非结构构件构造要求

1. 其他非结构构件

连接幕墙、围护墙、隔墙、女儿墙、雨篷、商标、广告牌、顶篷支架、大型储物架等建筑非结构构件的预埋件、锚固件的部位，应采取加强措施，以承受建筑非结构构件传给主体结构的地震作用；各类顶棚的构件与楼板的连接件，应能承受顶棚、悬挂重物和有关机电设施的自重和地震附加作用，其锚固的承载力应大于连接件的承载力；悬挑雨篷或一端由柱支承的雨篷，应与主体结构可靠连接；玻璃幕墙、预制墙板、附属于楼屋面的悬臂构件和大型储物架的抗震构造，应符合相关专门标准的规定。

2. 建筑附属机电设备支架

建筑附属机电设备的支架应具有足够的刚度和强度，其与建筑结构应有可靠的连接和锚固，应使设备在遭遇设防烈度地震影响后能迅速恢复运转；建筑附属机电设备的基座或连接件应能将设备承受的地震作用全部传递到建筑结构上；固定建筑附属机电设备预埋件、锚固件的部位，应采取加强措施，以承受附属机电设备传给主体结构的地震作用；建筑内的高位水箱应与所在的结构构件可靠连接，且应计及水箱及所含水重对建筑结构产生的地震作用效应。

下列附属机电设备的支架可不考虑抗震设防要求：重力不超过 1.8kN 的设备；内径小于 25mm 的燃气管道和内径小于 60mm 的电气配管；矩形截面面积小于 $0.38m^2$ 和圆形直径小于 0.70m 的风管；吊杆计算长度不超过 300mm 的吊杆悬挂管道。

管道、电缆、通风管和设备的洞口设置，应减少对主要承重结构构件的削弱；洞口边缘应有补强措施；管道和设备与建筑结构的连接，应能允许二者间有一定的相对变位。

建筑附属机电设备不应设置在可能导致其使用功能发生障碍等二次灾害的部位；对于有隔振装置的设备，应注意其强烈振动对连接件的影响，并防止设备和建筑结构发生谐振现象；在设防地震下需要连续工作的附属设备，宜设置在建筑结构地震反应较小的部位，相关部位的结构构件应采取相应的加强措施。

第6章 钢结构工业建筑抗震优化设计技术

6.1 钢结构工业建筑体系

随着钢铁业的大踏步发展，钢产量大幅度提升，彩钢板大面积兴起，目前工业厂房建筑大都采用钢结构覆压型钢板轻型围护的形式，已基本取代了传统的混凝土结构厂房。但总体上，厂房普及压型钢板轻型围护材料所带来的利益，在钢结构中利用是十分不足的，也是缓慢的，尤其在抗震方面。《建筑抗震设计规范》GB 50011 直到 2010 版才引入"承载力超强"抗震设计思路，出现了系统而合理的轻型围护厂房的抗震设计条文。随着大工业工艺需求，钢结构厂房的跨度在逐步增加。但对于大跨度钢结构厂房，屋架、实腹屋面梁等屋盖体系，或多或少都存在一些缺陷和不足。

6.1.1 常用钢结构的优缺点

1. 屋架体系

屋架是传统的经典形式，理论上耗钢量是经济的。但是，大跨度厂房的屋架端部高度大（与实腹屋面梁比），导致建筑高度增加，从而使建筑墙面围护面积增大（墙皮檩条和压型钢板增加），需增加柱顶系杆约束下翼缘平面的侧向变形或设置为柱列纵向桁架。同时，建筑高度增加，使风荷载和迎风面积加大，结构其他部分的耗钢量会相应增加。

从横向框架看，柱顶铰接框架（屋架铰接于柱顶，即排架），使上柱长细比的计算长度增大（与刚架比），其抗侧刚度远不如刚架，控制侧移和跨中挠度导致结构耗钢量上升。而柱顶刚接框架，屋盖水平支撑布置等构造处理会遭遇不少矛盾。并且要求柱顶与屋架刚接端节间处，应按控制下弦平面外长细比不大于 150 设置通长系杆，以抵抗可能遭遇的强烈地震作用（日本有端节点间的下弦杆采用与约束屈曲支撑类似做法的厂房）。屋架体系可用于大跨度钢结构厂房，但仍然存在许多可改进的地方。

2. 横向刚架体系

实腹板梁与柱刚接形成横向刚架体系，实腹板梁侧向与屋面檩条间设置隔撑以保持其稳定性。这种结构体系设计、制作、安装都简便，但是，其腹板的强度能力（抗剪能力）往往不能充分发挥，有一定的优化空间。应用于大跨度厂房时，由于挠度要求而使屋面梁往往很高，受腹板宽厚比限值控制，造成大面积腹板不能发挥其应有的能力，从而引起耗钢量过高。厂房跨度越大，屋面梁就越高，腹板可使屋盖耗钢量大幅度上升。虽然板梁变截面可以缓解部分上述缺陷而降低耗钢量，但变截面做法使梁端截面加高从而使厂房高度增加。此外，一些工业管线多的厂房，高大腹板屋面梁对管线铺设也带来不便。就美观性和经济性角度看，无论是变截面还是等截面，实腹板梁不适宜于大跨度厂房。

3. 空间桁架体系

三管桁架等空间桁架也可用于大跨度钢结构厂房（图6.1.1）。但三管空间桁架与钢柱的连接节点构造复杂（图6.1.1d），既要沿柱列设置四周封闭屋盖的纵向桁架，又要设置柱顶刚性系杆；下弦杆节点汇交钢管数多（图6.1.1b），节点的受力性能堪忧；三管桁架屋盖构造较复杂，檩条不能落在桁架节点，在上弦产生次弯矩；钢管间的焊接要求高，制作精度要求高，现场吊装时钢管对中拼接困难。

(a)　　　　　　　　　　　　(b)

(c)　　　　　　　　　　　　(d)

图6.1.1　三管桁架屋盖

(a) 三管空间桁架；(b) 三管桁架节点；(c) 屋脊纵向气楼与屋盖竖向支撑；(d) 柱顶连接节点和纵向封闭桁架

三管桁架梁柱顶铰接，其桁架梁端部很高（与框桁架比，同一场地的实际工程，同等跨度，框桁架的梁端高比三管桁架梁端高约小1.5m），使建筑高度增加不小，不仅使墙皮檩条、压型钢板、墙皮柱等墙面围护量大幅度提升，而且使风荷载增大，导致厂房框架耗钢量增加。且柱顶铰接厂房的侧向刚度小。三管桁架屋盖曾在宝钢实践过，但现在已不用。

图6.1.2　网架边缘构件屈曲的震害

4. 空间网架屋盖体系

空间网架屋盖体系，20世纪90年代初宝钢三期工程已有实践。但是，空间网架屋盖对温度应力和柱基沉降都较敏感。正常使用状态下，宝钢曾发生过网架边缘杆件屈曲的现象。同样，当遭遇强烈地震时，网架屋盖的边缘杆件也可能发生屈曲现象（图6.1.2）。因此，一般情况下，钢结构厂房不适宜采用网架屋盖。

5. 其他体系

工业建筑的使用环境与民用建筑不同，热影响、机械振动、起重机刹车引起的横向作用、纵向作用，使预应力钢结构体系等都不能应用。

虽然，屋架、实腹板梁、三管桁架、网架都可用于大跨度厂房，但都存在一定的缺陷和不足。宝钢于 2005 年左右，开发出适用于大跨度厂房的框桁架结构体系，该体系集合了实腹屋面梁和屋架的优点，既降低建筑高度（檐口标高）和耗钢量，且不增加制作和安装难度，又适宜于工业管线布置。新建的湛江钢铁厂跨度 30m 以上的厂房（约 80 万 m²）全部采用这种体系。框桁架钢结构体系将在大跨度厂房中有广阔的推广应用前景。如图 6.1.3 所示。

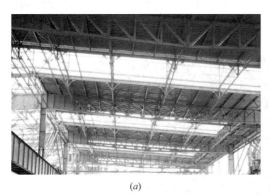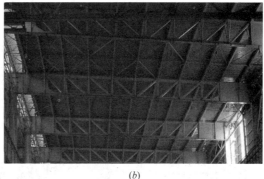

(*a*)　　　　　　　　　　　　(*b*)

图 6.1.3　框桁架结构体系

（*a*）布置横向气楼的框桁架体系；（*b*）布置纵向气楼的框桁架体系

6.1.2　钢框桁架结构形式和构造

1. 屋面横梁的形式

框桁架屋面梁两端采用实腹板梁，其余部分采用桁架。单跨厂房，屋面单向排水时框桁架屋面梁宜用梭形（图 6.1.4*a*），双向排水时宜用梯形（图 6.1.4*b*）。多跨厂房，框桁架屋面梁只是单跨形式的组合。大跨度框桁架屋面梁与小跨度实腹板梁的衔接十分简单（图 6.1.4*c*）。框桁架体系施工与实腹板梁体系相同。框桁架屋面梁跨中区域通透明亮，并与格构式下柱有机组合，受力简捷明了。

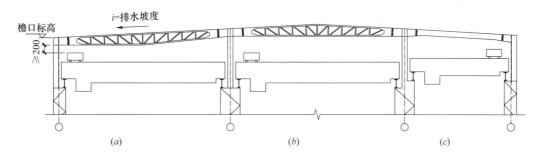

(*a*)　　　　　　　　(*b*)　　　　　　　　(*c*)

图 6.1.4　框桁架体系的屋面梁形式

（*a*）梭形屋面梁；（*b*）梯形屋面梁；（*c*）实腹屋面梁

鉴于设置起重机的大型工业厂房，钢结构经济柱距一般为 12～15m，屋面檩条通常采用高频焊轻型 I 型钢，檩距约 3～4m。因此，框桁架的屋面檩条可全落在桁架节点。

2. 屋面横梁构造

框桁架屋面横梁的弦杆一般采用 T 形截面，腹杆可为矩形管、圆管截面。腹杆倾角限制在 30°～60°之间，腹杆与弦杆的节点位置由檩距确定。腹杆开槽插入弦杆焊接连接，弦杆腹板高度不足时，可在节点处补充节点板，但需在视觉上隐形（图 6.1.5）。腹杆端部采用细薄焊缝与弦杆翼缘焊接封闭，或薄铁皮焊接密封，可保证腹杆内部不锈蚀。板梁与桁架连接部位腹板采用圆弧逐步过渡（圆弧半径不小于 200mm），并应通过实腹板梁横向加劲肋在近下弦处伸出隅撑或其他支承，以约束此应力变化部位发生侧向变形。

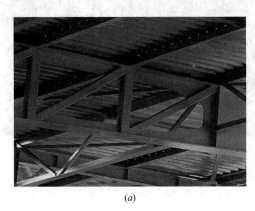 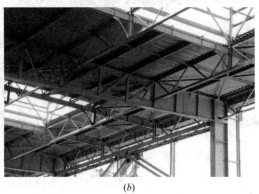

(a)   *(b)*

图 6.1.5　框桁架屋面横梁连接构造
(a) 屋面横梁连接构造；*(b)* 腹杆与弦杆连接节点

3. 屋面梁实腹段的长度和截面高度控制

框桁架的实腹板梁翼缘贡献抗弯能力，腹板主要是抗剪。而在跨中区域，剪力很小。框桁架结构体系要实现的目标之一，就是要剥除实腹刚架跨中腹板徒增重量的赘余钢材。

屋面梁实腹段长度可取 $(1/12～1/8)L_n$（L_n 为厂房净跨）。厂房框架梁端弯矩、剪力都大，而跨中却是弯矩大、剪力小。在水平地震作用下，桁架部分的弯矩和剪力的波动都不大，因此框桁架梁端实腹段设置的目的，是采用梁端实腹段有效抵抗本身就量值大，且地震作用下波动大的剪力和弯矩，而桁架段则承担量值大而波动小的弯矩及较小的剪力，也使板梁和桁架杆件的连接部位在反弯点附近。因此，框桁架梁在跨中汲取了屋架抗弯能力强的优点，而与钢柱连接的屋架端部的不足则由实腹屋面梁的优势来弥补。框桁架梁汇合了屋架和板梁的优点而剥除了其缺点。

鉴于厂房高度系由檐口标高（或边柱柱顶标高）所决定，与边柱连接的板梁高度越小，厂房建筑高度越小，厂房围护材料越省。框桁架梁的挠度控制，借助于逐步上升的排水坡度（压型钢板屋面的排水坡度一般为 1/20～1/15）和移动梭形下弦折点位置（即桁架在跨中附近的高度）来实现。因此，边柱梁端截面按下式控制：

$$M_{yb} \geqslant 1.2M_{pc} \qquad (6.1.1)$$

式中　M_{yb}、M_{pc}——分别为板梁边柱梁端截面的弹性屈服弯矩、边柱上柱截面的塑性弯矩。

上式的含义是当厂房遭遇强烈地震时，保证塑性铰出现在上柱梁底截面，使刚接框架演变为排架。这使任何情况下，框桁架梁都呈弹性状态工作，可按常规钢结构进行设计。鉴于大跨度厂房的屋盖横梁截面较高，梁端截面往往比上柱截面大许多，故式（6.1.1）的要求通常自动满足。但是，设计时梁端截面应尽量向式（6.1.1）的要求靠近，以降低建筑高度。

根据单层厂房的受力特征，屋面梁与边柱刚性连接的极限抗弯承载力 M_u^j 按下式验算（中柱则应根据《建筑抗震设计规范》的要求，按梁实腹段的全截面塑性弯矩验算）：

$$M_u^j \geqslant \eta_j M_{pc} \qquad (6.1.2)$$

式中　η_j——连接系数。

4. 屋盖支撑构造

框桁架梁的桁架节点搁置屋面檩条（即桁架节间长度等于檩距，檩距由压型钢板的板型和屋面荷载决定，通常为 3～4m），桁架下弦杆节点伸出隅撑与檩条相连接。框桁架实腹段梁区域下翼缘受压，每一檩条配一隅撑。理论上，桁架下弦杆受拉区域只要控制其面外长细比即可，而实际则可采用每一檩距或者隔一檩距对称设置隅撑（图 6.1.6），与檩条形成可靠的空间体系。屋盖水平支撑可与檩条组合，设置在上弦平面。水平地震作用、山墙风荷载通过上弦平面的水平支撑简捷传递到柱顶和柱间支撑。

 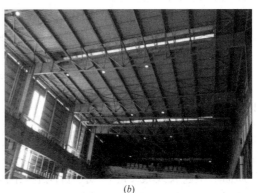

（a）　　　　　　　　　　　　　　　　（b）

图 6.1.6　框桁架的屋盖支撑

（a）框桁架整体；（b）隅撑布置

5. 纵向柱列构造

厂房纵向柱列应设置柱顶刚性系杆，以约束钢柱在板梁下翼缘平面的侧向变形，并在遭遇强烈地震时可约束柱顶梁底可能出现的塑性铰，使其发挥应有的转动能力。板梁梁端截面高度小于900mm时设置一根。梁端截面高度为900～1500mm的，可由一根刚性系杆伸出隅撑与钢柱在板梁下翼缘位置连接（图6.1.7a）。超过1500mm时板梁上下弦标高处各设置一根刚性系杆（图6.1.7b）。梁端截面高度大时的柱顶刚性系杆，也可采用下弦支承在屋面梁下翼缘平面而上弦利用屋面檩条的竖向桁架的形式。

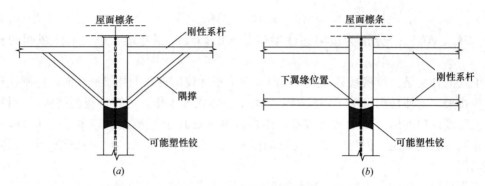

图 6.1.7 柱顶刚性系杆设置

(a) 柱顶一根刚性系杆伸出隔撑构造；(b) 柱顶两根刚性系杆

6.1.3 地震作用下的受力特征

1. 框桁架体系地震作用下的受力特征

在水平地震作用下，框桁架体系横向刚架的最大应力区（可能塑性铰区）往往出现在实腹梁段底的上柱截面，框桁架体系横向框架的极限机构即是所谓的"排架"。

设置起重吨位大的桥式起重机时，需要强劲粗壮的格构式下柱。由于格构式下柱刚度很大，当遭遇强烈水平地震作用时，厂房柱底一般不会形成塑性铰，但可上移至上柱底部附近位置，即破损机构演变为在上柱屋面梁刚架中形成。并且，随计算采用的地震作用增大，框架柱的最大应力区有时也可由柱顶迁移至上柱底部，即上柱底部有时会最先出现塑性铰。

2. 竖向地震作用的考虑

8、9度地震时，大跨度厂房应计入竖向地震作用。压型钢板屋面重量轻，竖向地震作用小。鉴于框桁架体系的最大应力区（可能塑性铰位置）在上柱梁底，即使遭遇强烈地震，框桁架梁都呈弹性工作状态。因此，框桁架体系的竖向地震作用，不需从整体结构的角度考虑，而只需考虑框桁架梁本身及其支承构件。

6.1.4 适用范围和屋盖布置形式

框桁架结构体系适用于厂房跨度不小于27m的单层厂房，也适用于多层工业厂房的顶层屋盖。

屋面上架越管线较多时，或者台风地区的端开间，框桁架十分适合于采用纵横向有檩屋盖体系。即，横向框架之间按一定间距设置纵向托梁或桁架，再在托梁（架）上布置柱间横向屋面次梁（可采用高频焊接薄壁H型钢），屋盖横梁和屋盖横向次梁上铺设冷弯薄壁型钢檩条或小规格高频焊接薄壁H型钢。而需铺设于屋面上的管线以及支架，可沿纵向布置的托梁（托架）和横向屋面梁架设。

6.2 抗震设计思路与分析方法

6.2.1 抗震设计思路

目前，国际主流抗震规范都认可结构在大地震下可以承受一定程度的损坏，并通过引入地震作用折减系数，折减弹性地震作用。美国 IBC 2006/UBC 97 以及 FEMA 450 规范的结构反应修正系数 R，欧洲 EC 8 规范的结构性能因子 q，日本 BCJ 规范的结构特性系数 D_s，均考虑结构的类型、延性、冗余度、材料等因素的差异对结构抗震性能的影响，来折减弹性地震作用。对于弹性地震作用折减，短周期结构，非弹性反应谱可借助等能量原则得到；长周期结构，则可通过等位移原则得到。短周期和长周期间为一过渡区域（图 6.2.1）。

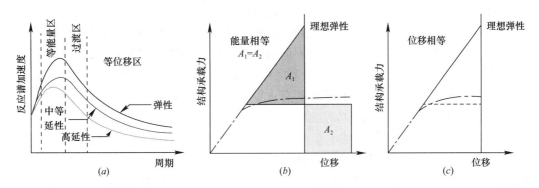

图 6.2.1 结构的延性与承载力关系概念图
（a）反应谱折减；（b）等能量原则；（c）等位移原则

国际主流规范都在作用于钢结构的地震作用水平、弹性承载力水平和延性水平之间权衡、协调。对于既定的结构形式，根据不同的板件宽厚比限值（截面等级），对结构进行延性分级，进而采用不同的地震作用进行设计。高延性的钢结构，取用较低的承载力进行设计，如按图 6.2.1（b）、（c）中的假设反应路径设计。此时，结构虽在地震作用下可能较早屈服而出现损坏，但能经受住较大的变形，避免坍塌。延性较低的钢结构，则需取用较高的承载力进行设计，才能承受较大的地震作用而不坍塌。最极端的情况是按大震进行结构弹性设计，即按图 6.2.1 所示的理想弹性路径设计，此时结构抗震设计符合抗震设计原则，并且结构超强而承载力富裕。

一般情况下按理想弹性路径的结构抗震设计的经济性差。但是，结构千变万化，设计经验表明：采用轻型围护的一些工业钢结构建筑，在可能遭受的"中震""大震"作用下，其受力仍可由抗风设计、位移（刚度）需求等非地震作用控制。特别是彩色压型钢板为代表的轻型围护的厂房建筑，在较低烈度区，按"中震"的地震动参数计算，框架受力可由非地震组合控制。一些 7 度区的压型钢板围护的单层钢结构厂房，甚至取地震动加速度 0.4g 计算，由于静力设计需求的结构超强，使框架仍可处于弹性状态工作。如以《建筑工程抗震性态设计通则》CECS 160：2004 定义的罕遇地震（50 年超越概率 5%）的地震动参数评价，这些钢结构厂房即使遭遇"大震"也仍处于弹性工作状态。主要是并非这些结构的抗震能力特别强，而是围护材料轻型化使建筑质（重）量很小，即使结构的地震惯性力很小，使静力设计赋予结构的承载力足以抵抗大地震作用。显然，这是厂房围护材料轻型化带来的福音。

综上所述，结构抗震设计原理许可并实际工程诉求，抗震钢结构设计亟需协调其"抗震能力"和"抗震需求"之间的关系。根据宝钢工程的设计经验，抗震钢结构设计可按"延性耗能"和"承载力超强"两类思路进行。前者"耗能或延性"观点的抗震设计思路，是现行抗震规范主体执行的抗震设计思路，主要靠结构延性吸收和耗散输入的地震能量；后者"承载力超强"的抗震设计思路，输入结构的能量由阻尼耗散以及较低延性吸收，借助结构静力设计赋予的承载力富裕抵抗地震作用，在现行抗震规范中很少提及。上述两类抗震设计思路相辅相成，互为补充，各有各的适用范围，采用何种设计思路取决于经济性。一般情况下，"承载力超强"抗震设计思路，在结构的刚度（位移）需求、抗风设计已赋予结构较大的超强和抗侧力能力，或地震反应小（重量小）的结构，以致于在强烈地震（如中震）作用下都可处于弹性状态或接近弹性状态工作的情况，有很好的经济性；而"延性耗能"的设计思路，适用于高烈度区质量较大的结构。即，抗震钢结构设计，可据其弹性抗力水平来要求其延性水平，对不同延性的结构，可取用不同的地震作用设计值。

依据上述两类抗震设计思路，按框架梁柱承受的地震作用情况选择其板件宽厚比等级，对保证结构安全和节约钢材两方面都有重要工程实际意义。

6.2.2 抗震设计分析方法

对于既定的结构形式，基于构件截面板件宽厚比等级进行抗震设计，是目前国际上流行的方法。这种方法是采用构件截面的局部延性来反映整个结构的性能，虽然还存在不足，但基于构件整体抗震性能的研究才刚起步。

1. 我国规范的板件宽厚比规定

《钢结构设计规范》GB 50017—2003 规定了钢结构弹性设计和塑性设计的板件宽厚比限值。规范按设防烈度，以 12 层的建筑层数为分界线，对梁、柱分别规定其限值（表 6.2.1），作为构造措施要求。即，对钢结构延性的要求，以"烈度低地震作用小，延性可低些；烈度高地震作用大，延性要高些；建筑物高则地震作用大，危险性大，延性取高些；建筑物低则地震作用就小，抗震风险性小，延性可取低些"的宏观认识来标识，而与输入的地震能量（或地震作用）、结构的地震反应及结构延性之间无明确关系。显然，这忽视了特定结构在地震作用下的实际行为。

I 形截面的板件宽厚比限值　　　　　　　　　　表 6.2.1

分类	构件	板件名称		6 度	7 度	8 度	9 度
不超过 12 层	柱	翼缘 b/t		—	13	12	11
		腹板 h_0/t_w		—	52	48	44
	梁	翼缘 b/t		—	11	10	9
		腹板	$N_b/Af<0.37$	—	$85\text{-}120N_b/Af$	$80\text{-}110N_b/Af$	$72\text{-}100N_b/Af$
			$N_b/Af\geqslant0.37$	—	40	39	35
超过 12 层	柱	翼缘 b/t		13	11	10	9
		腹板 h_0/t_w		43	43	43	43
	梁	翼缘 b/t		11	10	9	9
		腹板 h_0/t_w		$85\text{-}120N_b/Af$	$80\text{-}110N_b/Af$	$72\text{-}100N_b/Af$	$72\text{-}100N_b/Af$

注：表列数值适用于 Q235 钢。当材料为其他钢号时，应乘以 $\sqrt{235/f_{ay}}$。

GB 50011—2010 将以 12 层分界的方式改为以 50m 的高度为界（常规情况下二者基本等价）。除了对于钢梁取消轴压比超过 0.37 的情况外，其余的板件宽厚比限值与 2001 版的基本一致。

2. 欧洲规范板件宽厚比规定

EC 8 规范按结构的性能因子 q 确定结构的延性等级，并规定容许采用的截面等级如表 6.2.2。相应的截面分类和定义遵照 EC 3 规范（Design of Steel Structures，Eurocode 3）的规定。

性能因子 q 和对应的截面等级、I 形截面的宽厚比限值   表 6.2.2

	延性等级	性能因子 q	容许的截面等级		截面等级	I 形截面的宽厚比	
						均匀受压翼缘	受弯腹板
EC 8	DCL	$q\leqslant 1.5$	1，2，3，4	EC 3	4	$b/t>14$	$h_0/t_w>124$
	DCM	$1.5<q\leqslant 2$	1，2，3		3	$b/t\leqslant 14$	$h_0/t_w\leqslant 124$
		$2<q\leqslant 4$	1，2		2	$b/t\leqslant 10$	$h_0/t_w\leqslant 83$
	DCH	$q>4$	1		1	$b/t\leqslant 9$	$h_0/t_w\leqslant 72$

注：表中宽厚比限值为 Q235 钢的，其余钢号应乘以 $\sqrt{235/f_{ay}}$。

EC 3 规范定义的 4 个截面等级，其中 I 形截面的板件宽厚比如表 6.2.2。截面等级 1，可形成具有所要求转动能力的塑性铰并不降低承载力。截面等级 2，可发展塑性弯矩抗力，但只具有有限的转动能力。截面等级 3，截面边缘纤维可达到屈服，但由于局部屈曲不能发展塑性。截面等级 4，在达到屈服应力之前，板件已发生局部屈曲。

EC 8 规范规定，对于一般建筑物（重要等级 II、III、IV），当 $q=1.5$ 时，如地震作用产生的基底剪力小于其他荷载组合产生的基底剪力，可不进行结构的抗震验算，即可以采用截面等级 4。

3. 美国规范板件宽厚比规定

美国 ANSI/AISC 341（Seismic Provisions for Structural Steel Buildings）和 ANSI/AISC 360（Specification for Structural Steel Buildings）规范定义了抗震厚实、厚实、非厚实、细柔截面的 4 种板件宽厚比（其中 I 形截面见表 6.2.3）。厚实与非厚实截面的宽厚比界限为 λ_p，非厚实截面与细柔截面的界限为 λ_r。非厚实截面，局部屈曲发生前，板件可出现部分塑性，但不能达全截面塑性。厚实截面可发展全截面塑性，板件局部屈曲发生前约有延性为 3 的转动能力。抗震厚实截面与厚实截面的界限宽厚比 λ_{ps}，抗震厚实截面足有延性 6～7。

I 形截面的板件宽厚比   表 6.2.3

板件	抗震厚实截面（$\lambda\leqslant\lambda_{ps}$）	厚实截面（$\lambda\leqslant\lambda_p$）	非厚实截面（$\lambda\leqslant\lambda_r$）	细柔截面（$\lambda>\lambda_r$）
均匀受压翼缘	$b/t\leqslant 0.30\sqrt{E/f_y}$ ($b/t\leqslant 8.9\varepsilon_k$)	$b/t\leqslant 0.38\sqrt{E/f_y}$ ($b/t\leqslant 11.3\varepsilon_k$)	$b/t\leqslant 0.56\sqrt{E/f_y}$ ($b/t\leqslant 16.6\varepsilon_k$)	$b/t>0.56\sqrt{E/f_y}$ ($b/t>16.6\varepsilon_k$)
受弯腹板	$h/t_w\leqslant 2.45\sqrt{E/f_y}$ ($h/t_w\leqslant 72\varepsilon_k$)	$h/t_w\leqslant 3.76\sqrt{E/f_y}$ ($h/t_w\leqslant 111\varepsilon_k$)	$h/t_w\leqslant 5.70\sqrt{E/f_y}$ ($h/t_w\leqslant 169\varepsilon_k$)	$h/t_w>5.70\sqrt{E/f_y}$ ($h/t_w>169\varepsilon_k$)

注：表中 E 为弹性模量，f_y 为屈服点。

ANSI/AISC 341 规定，特殊抗弯框架、特殊中心支撑框架和偏心支撑框架的耗能段应能承受显著的非弹性变形；中等抗弯框架，应能承受有限的非弹性变形；普通抗弯框架，应能承受最小的非弹性变形。根据 ASCE/SEI 7（Minimum Design Loads for Buildings and Other Structures）规定的地震反应修正系数 R 和 ANSI/AISC 341 规定：特殊抗弯框架（$R=8$）、特殊中心支撑框架（建筑系统 $R=6$，双重系统 $R=7$）、偏心支撑框架

（建筑系统梁柱刚接时 $R=8$、铰接时 $R=7$，双重系统 $R=8$）的耗能段，采用特厚实截面。中等抗弯框架可采用厚实截面（$R=4.5$）。普通抗弯框架（$R=3.5$）可执行 ANSI/AISC 360 规范的规定，即可采用厚实截面、非厚实截面，也可采用细柔截面。

4. 日本规范板件宽厚比规定

BCJ 规范的框架构件类别，按板件宽厚比划分为 FA、FB、FC 和 FD 四级。根据框架构件群类别（由水平承载力占主导的构件宽厚比级别决定）、支撑类别（BA、BB 和 BC，由长细比区分）确定钢结构类别Ⅰ、Ⅱ、Ⅲ和Ⅳ。结构特性系数 D_s 值按构件类别和支撑系数 β_u（β_u 为支撑水平抗力与支撑和框架水平抗力总和的比值）决定。其中 H 形截面框架构件类别见表 6.2.4，结构特性系数 D_s 见表 6.2.5。

<table>
<tr><td colspan="7" align="center">框架构件类别</td><td align="right">表 6.2.4</td></tr>
<tr><td colspan="3" align="center">框架构件类别</td><td align="center">FA</td><td align="center">FB</td><td align="center">FC</td><td align="center">FD</td></tr>
<tr><td align="center">构件</td><td align="center">板件名称</td><td align="center">钢号</td><td colspan="4" align="center">宽厚比限值</td></tr>
<tr><td rowspan="2" align="center">柱</td><td align="center">翼缘 b/t</td><td rowspan="4" align="center">400N 级
（$f_y=235$N/mm²）</td><td align="center">9.5</td><td align="center">12</td><td align="center">15.5</td><td rowspan="4" align="center">左记以外</td></tr>
<tr><td align="center">腹板 h_0/t_w</td><td align="center">43</td><td align="center">45</td><td align="center">48</td></tr>
<tr><td rowspan="2" align="center">梁</td><td align="center">翼缘 b/t</td><td align="center">9</td><td align="center">11</td><td align="center">15.5</td></tr>
<tr><td align="center">腹板 h_0/t_w</td><td align="center">60</td><td align="center">65</td><td align="center">71</td></tr>
</table>

注：490N 级钢（如 SN490）$f_y=325$N/mm²，其宽厚比限值为表中 400N 级钢的值乘以 $\sqrt{235/f_y}$。

<table>
<tr><td colspan="8" align="center">结构特性系数 Ds</td><td align="right">表 6.2.5</td></tr>
<tr><td rowspan="3" align="center">梁柱构件
群类别</td><td colspan="7" align="center">支撑系数 β_u</td></tr>
<tr><td rowspan="2" align="center">BA 和 $\beta_u=0$</td><td colspan="3" align="center">BB</td><td colspan="3" align="center">BC</td></tr>
<tr><td align="center">$\beta_u \leqslant 0.3$</td><td align="center">$0.3<\beta_u \leqslant 0.7$</td><td align="center">$\beta_u>0.7$</td><td align="center">$\beta_u \leqslant 0.3$</td><td align="center">$0.3<\beta_u \leqslant 0.7$</td><td align="center">$\beta_u>0.7$</td></tr>
<tr><td align="center">A</td><td align="center">Ⅰ
(0.25)</td><td align="center">Ⅰ
(0.25)</td><td align="center">Ⅰ
(0.25)</td><td align="center">Ⅰ
(0.3)</td><td align="center">Ⅱ
(0.3)</td><td align="center">Ⅱ
(0.35)</td><td align="center">Ⅱ
(0.4)</td></tr>
<tr><td align="center">B</td><td align="center">Ⅱ
(0.3)</td><td align="center">Ⅱ
(0.3)</td><td align="center">Ⅰ
(0.3)</td><td align="center">Ⅱ
(0.35)</td><td align="center">Ⅱ
(0.3)</td><td align="center">Ⅱ
(0.35)</td><td align="center">Ⅱ
(0.4)</td></tr>
<tr><td align="center">C</td><td align="center">Ⅲ
(0.35)</td><td align="center">Ⅲ
(0.35)</td><td align="center">Ⅱ
(0.35)</td><td align="center">Ⅱ
(0.4)</td><td align="center">Ⅲ
(0.35)</td><td align="center">Ⅲ
(0.4)</td><td align="center">Ⅲ
(0.45)</td></tr>
<tr><td align="center">除上述
外（D）</td><td align="center">Ⅳ
(0.4)</td><td align="center">Ⅳ
(0.4)</td><td align="center">Ⅳ
(0.45)</td><td align="center">Ⅳ
(0.5)</td><td align="center">Ⅳ
(0.4)</td><td align="center">Ⅳ
(0.45)</td><td align="center">Ⅳ
(0.5)</td></tr>
</table>

BCJ 规范根据结构的塑性变形能力进行分类。其中，满足类型Ⅲ，构件截面可达到塑性，但不保证后续的塑性变形能力；类型Ⅱ，构件可达到全截面塑性，在承载力下降时的塑性变形，可保证在 2 倍的弹性变形以上；类型Ⅰ，由较好塑性变形能力的构件组成，承载力下降时可达弹性变形 4 倍以上的变形能力。

日本建筑基准法施行令规定，高度小于 31m 的钢结构，当采用 FA 截面并满足其他构造要求时，可不再进行二次设计；但采用 FB、FC 和 FD 截面的钢结构，则需进行二次设计。

5. 各规范板件宽厚比限值比较

由于各国地震环境、工程实践、震害经历、试验研究思路等方面的不同，制定规范的具体做法也不尽相同，其规范间存在截面等级划分上的差异，如 BCJ 和 EC 3 各截面等级的板件宽厚比限值表达方式不同，限值也有一定差异。相对说来，BCJ 对腹板的 h_0/t_w 限值控制很紧，对翼缘 b/t 限值则相对放得较宽。而 EC 3 则相反，对翼缘 b/t 的要求控制较严，而对腹板的 h_0/t_w 限值却较宽松。显然，两者考虑问题的着重点不同。BCJ 与 EC 3 对梁腹板宽厚比 h_0/t_w 的限值差异更大。BCJ 的 FC 级截面（弹性截面）腹板 h_0/t_w 上限值，与 EC 3 的 1 级截面（塑性截面）相同，也与 GB 50017 中塑性截面的相同。

柱腹板 h_0/t_w 限值，EC 3 与应力分布挂钩，而 BCJ 则为定值。由于两者的表达方式不同，使其限值大小相互交错。GB 50011 规范也以定值表示板件宽厚比限值，而 GB 50017 规范对压弯构件的板件宽厚比限值，则与应力分布、构件长细比联系在一起，这导致在有些情况下，GB 50011 规范中厂房柱的腹板 h_0/t_w 限值反而要比 GB 50017 规范中静力设计的大。

6.3 基于板件宽厚比等级的抗震设计

6.3.1 板件宽厚比等级划分及其对应的性能

1. 板件宽厚比等级划分

截面板件宽厚比的大小，决定了受弯及压弯构件的截面塑性转动变形能力。根据截面承载力和塑性转动变形能力的不同，可将板件宽厚比分为 S1～S5 共 5 个等级。国际上一般将钢构件截面分为四类，但鉴于我国规范历史上在受弯构件中采用了弹塑性截面，虽其弹性和塑性之间的界限没有明确的标志，也已有大量实践经验，故而采用 5 个等级。

S1 级截面（塑性转动截面）：可达全截面塑性，保证塑性铰具有塑性设计要求的转动能力，且在转动过程中承载力不降低。其弯矩-曲率关系如图 6.3.1 所示的 S1 曲线；φ_{p2} 一般要求达到塑性弯矩 M_p 除以弹性初始刚度得到的曲率 φ_p 的 8～15 倍。

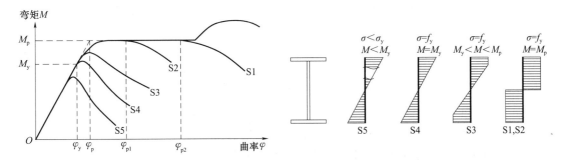

图 6.3.1 截面的分类及其转动能力

S2 级截面（塑性强度截面）：可达全截面塑性，但由于局部屈曲，塑性铰转动能力有限，称为二级塑性截面；此时的弯矩-曲率关系如图 6.3.1 所示的 S2 曲线；φ_{p1} 大约是 φ_p 的 2～3 倍。

S3 级截面（弹塑性截面）：翼缘全部屈服，腹板可发展不超过 1/4 截面高度的塑性；其弯矩-曲率关系如图 6.3.1 所示的 S3 曲线。

S4 级截面（弹性截面）：边缘纤维可达屈服强度，但由于局部屈曲而不能发展塑性。

S5 级截面（薄壁截面）：在边缘纤维达屈服应力前，腹板可能发生局部屈曲，采用有效截面法计算承载力。

截面板件宽厚比等级是根据理论推导结果，并采用 EC 3 规范校正（除 S4 级截面主要是 GB 50017 规范历史上的经验外）所确定的。

2. 框架构件的截面板件宽厚比等级

框架构件的截面板件宽厚比等级见表 6.3.1。其中，S5 级的 I 形、H 形截面的板件宽厚比，当小于 S4 级经乘以 ε_σ（应力修正系数 $\varepsilon_\sigma = \sqrt{f/\sigma_m}$，其中，$f$—钢材强度设计值，$\sigma_m$—板件的最大计算压应力）修正的板件宽厚比时，则可划归为 S4 级。以常用的 I（H）形截面为例，说明板件宽厚比等级的确定方法。

框架构件的截面板件宽厚比等级的限值　　　　　　　　　表 6.3.1

构件	截面板件宽厚比等级		S1	S2	S3	S4	S5
柱	H 形截面	翼缘 b/t	$9\varepsilon_k$	$11\varepsilon_k$	$13\varepsilon_k$	$15\varepsilon_k$	20
		腹板 h_0/t_w	$(33+13\alpha_0^{1.3})\varepsilon_k$	$(38+13\alpha_0^{1.4})\varepsilon_k$	$(42+18\alpha_0^{1.5})\varepsilon_k$	$(45+25\alpha_0^{5/3})\varepsilon_k$	250
	箱形截面	壁板、腹板间翼缘 b/t	$30\varepsilon_k$	$35\varepsilon_k$	$42\varepsilon_k$	$45\varepsilon_k$	—
	圆管截面	径厚比 D/t	$50\varepsilon_k^2$	$70\varepsilon_k^2$	$90\varepsilon_k^2$	$100\varepsilon_k^2$	—
梁	工字形截面	翼缘 b/t	$9\varepsilon_k$	$11\varepsilon_k$	$13\varepsilon_k$	$15\varepsilon_k$	20
		腹板 h_0/t_w	$65\varepsilon_k$	$72\varepsilon_k$	$93\varepsilon_k$	$124\varepsilon_k$	250

注：1. ε_k 为钢号修正系数，其值为 235 与钢材牌号中屈服点数值的比值的平方根。
  2. α_0 见式（6.3.2b）。
  3. b、t、h_0、t_w 分别是 I 形、H 形截面的翼缘外伸宽度、翼缘厚度、腹板净高和腹板厚度，对轧制型钢截面，不包括翼缘腹板过渡处圆弧段；对于箱形截面 b、t 分别为壁板间的距离和壁板厚度；D 为圆管截面外径。
  4. 当箱形截面柱单向受弯时，其腹板限值应根据 H 形截面腹板采用。
  5. 腹板的宽厚比可通过设置加劲肋减小。

对工字形截面的翼缘，三边简支一边自由的板件的屈曲系数 k 为 0.43，按式（6.3.1）计算，临界应力达屈服应力 $f_y = 235 \text{N/mm}^2$ 时，板件宽厚比为 18.5。五级截面分类的界限宽厚比分别按屈服宽厚比 $(b/t)_{f_y=\sigma_{cr}}$ 的 0.5、0.6、0.7、0.8 和 1.1 倍进行取整。

$$\left(\frac{b}{t}\right)_{f_y=\sigma_{cr}} = \sqrt{\frac{k\pi^2 E}{12(1-\nu^2)f_y}} \tag{6.3.1}$$

式中　　k——屈曲系数；
E、f_y、ν——钢材弹性模量、屈服强度、钢材的泊松比。

四边简支腹板承受压弯荷载时，屈曲系数按下式计算：

$$k = \frac{16}{\sqrt{(2-\alpha_0)^2 + 0.112\alpha_0^2} + 2 - \alpha_0} \tag{6.3.2a}$$

$$\alpha_0 = \frac{\sigma_{max} - \sigma_{min}}{\sigma_{max}} \tag{6.3.2b}$$

式中　　σ_{max}——腹板计算边缘的最大压应力；
　　　　σ_{min}——腹板计算高度另一边缘相应的应力，压应力取正值，拉应力取负值。

由式（6.3.1）和式（6.3.2）得临界应力等于屈服应力时的宽厚比，即屈服宽厚比。0.5～0.8 倍的屈服宽厚比，以及四个分级界限宽厚比的对比见图 6.3.2 和表 6.3.2。鉴于不同等级的宽厚比的用途不同，故未严格地遵循屈服宽厚比的倍数。一般情况下，厂房跨度大，期望截面高一些，并且轻型围护厂房目前一般采用弹性截面按"弹性承载力超强"思路进行抗震设计以获得经济效益。而截面等级为 S1 或 S2 的，往往是抗震延性要求高的民用建筑，在作为框架梁设计为塑性耗能区时（$\alpha_0 = 2$），要求在设防烈度的地震作用下形成塑性铰，所以宽厚比反而比 0.5、0.6 的倍数更加严格。

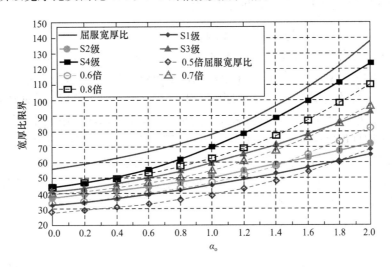

图 6.3.2　腹板分级的界限高厚比的对比

Ⅰ形或 H 形截面板件屈服宽厚比和板件宽厚比等级取值比较　　表 6.3.2

板件	取值	屈服宽厚比（1 倍）	S1 级（0.5 倍）	S2 级（0.6 倍）	S3 级（0.7 倍）	S4 级（0.8 倍）	备注
翼缘	计算值	18.46	9.23	11.07	12.92	14.77	
	实际取值		9	11	13	15	
腹板	计算值	131.5	65.8	78.90	92.05	105.20	
	实际取值		65	72	93	124	取值参照了 EC 3 规范

3. 截面宽厚比等级与国际规范规定的比较

S1 级截面，翼缘 b/t 限值与 BCJ 的 FA 级和 EC 3 的 1 级截面基本一致，腹板 h_0/t_w 限值则比 FA 略大，比 1 级截面的稍小，因此截面性能应介于二者之间。S1 级截面大约具有延性 8～15。所以，S1 级截面可适用于各类建筑钢结构。

S2 级截面，与 BCJ 的 FB 级的翼缘 b/t 限值差异不大，h_0/t_w 限值则要略松一些。相对于 EC 3 的 2 级截面，梁翼缘 b/t 限值略松，而腹板 h_0/t_w 的限值则控制得更严格一些。因此，可形成全截面塑性应力分布，并具有一定的转动能力。S2 级截面的宽厚比限值，比 ANSI/AISC 360 的厚实截面要严格一些。厚实截面在板件局部屈曲发生前约有延性为 3 的转动能力。

S3 级截面，相较于 BCJ 的 FC 级截面，腹板 h_0/t_w 限值略松，但翼缘 b/t 限值则更严。相较于 EC 3，受压翼缘和腹板的 b/t 限值均较 2 级截面的大。即 S3 级截面的抗震性能与 BCJ 的 FC 级截面相当，但劣于 EC3 的 2 级截面而优于其 3 级截面，即其性能介于 EC3 的 2 级和 3 级截面之间。

S4 级截面，翼缘的 b/t 限值，略小于 BCJ 的 FC 级截面的，但腹板 h_0/t_w 限值则超出了 FC 截面的范围。S4 级截面，与 EC 3 的 3 级截面的要求基本相当。

S5 级截面，即允许弹性设计但腹板发生局部屈曲的板件宽厚比限值。与 BCJ 的 FD 级同属弹性设计时允许板件屈曲的截面，与 EC 3 的 4 级截面十分接近。

6.3.2 板件宽厚比等级对应的地震作用

1. 板件宽厚比等级对应的地震作用比较

BCJ 的 D_s 是采用部分结构或全部结构形成的破损机构计算保有承载力的，与我国规范体系和设计习惯不尽相容。因此，主要将国内规范体系与 EC 8/EC 3 进行参照比较。

EC 8（50 年超越概率 10%，重现期 475 年）和 GB 50011 规范（设防烈度，50 年超越概率为 10%，重现期 475 年）都可采用底部剪力法，在基本相当的条件下，通过底部剪力比较。EC 8 取性能因子 $q=4$ 时的设计地震作用，相当于 GB 50011 中"小震"下的地震作用 F_{Ek}（图 6.3.3）。但是，EC 8 的反应谱考虑了土系数（Soil factor），而我国的反应谱则无此系数。一种观点认为，既然我国反应谱不提土系数，地震作用比较就无需考虑。我们认为比较的目标是结构的地震作用，而不是反应谱本身，因此需要计入土系数，在地震作用调整系数取值时可适度考虑。

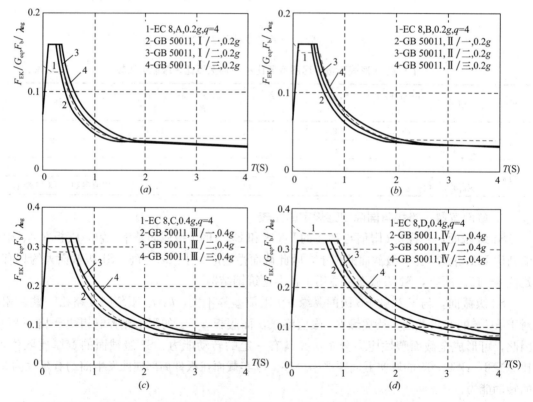

图 6.3.3 GB 50011 规范与 EC 8 规范的底部剪力比较
(a) GB 50011，Ⅰ 类场地～EC 8，A 类场地；(b) GB 50011，Ⅱ 类场地～EC 8，B 类场地；
(c) GB 50011，Ⅲ 类场地～EC 8，C 类场地；(d) GB 50011，Ⅳ 类场地～EC 8，D 类场地

因此，采用与 EC 8 的地震作用比较结果（比较时计入土系数）来对照校正各类板件宽厚比等级可采用的设计地震作用。

弹塑性截面 S3 级的性能，优于 EC 3 的 3 级截面（1.5＜q≤2），而劣于 2 级截面（2＜q≤4），即介于 EC 3 的 3 级与 4 级截面之间，并考虑到 EC 8 有土系数，而我国反应谱无此系数，因此，取 q＝3 时的地震作用是合宜的，即相当于取我国规范"小震"作用的 1.5 倍。

弹性截面 S4 的性能与 EC 3 的 3 级截面相当，故地震作用取 EC 3 采用 3 级截面时 DCM（中等延性框架）的上限，q＝2，折算得到相当于我国规范"小震"作用的 2 倍。门式刚架类采用 S5 级截面的，等价于 EC 3 的 4 级截面，也可采用不小于"小震"作用的 2 倍。

塑性强度截面 S2，与 EC 3 的 2 级截面近似，可取"小震"反应谱计算分析。

塑性转动截面 S1，相当于 EC 3 的 1 级截面，适用于延性要求高的结构，取"小震"反应谱计算分析是偏向安全一方的。

2. 基于小震效应组合的构件承载力抗震验算方法

鉴于构件抗震承载力验算公式以小震效应组合的方式表达，我国工程师已十分习惯。因此，执行 GB 50011 规范体系，可得地震作用效应和其他效应的基本组合进行工业建筑钢结构构件的抗震验算公式，即：

$$\gamma_G S_{GE} + \gamma_{Eh} \Omega S_{Ehk} + \gamma_{Ev} \Omega S_{Evk} \leqslant R/\gamma_{RE} \qquad (6.3.3)$$

式中　Ω——地震效应调整系数，可按表 6.3.3 取值。其他系数同 GB 50011—2010 规范。

基于结构延性性能的地震效应调整系数 Ω 值　　　　　表 6.3.3

截面板件宽厚比等级	S1	S2	S3	S4	S5
地震效应调整系数 Ω	≤1	1	1.5	2.0	≥2.0

式（6.3.3）中取基于结构性能的地震效应调整系数 Ω＝1 时，即是采用 GB 50011 的地震作用效应和其他效应的基本组合进行抗震验算。显然，式（6.3.3）取 Ω≤1 正是遵循"延性耗能"的设计思路进行结构构件的抗震验算，相应地，结构采用塑性强度截面（S2 截面）和塑性转动截面（S1 截面），按此要求的框架可简称为"高延性"框架。取 Ω＝2 即是执行"承载力超强"抗震设计思路进行结构抗震验算，结构采用弹性截面（S4 截面），门式刚架可采用薄柔截面（S5 截面），这类框架可简称为"低延性框架"或"弹性框架"。介于两者之间的，取 Ω＝1.5，结构采用弹塑性截面（S3 截面），即是所谓的"中等延性，中等承载力"框架，简称为"中等延性框架"或"弹塑性框架"。

但是，不论 Ω 取用何值的组合内力进行厂房框架构件的弹性设计，其层间位移限值仍需借用（或折算到）多遇地震组合（即 Ω＝1）的计算结果来控制。

采用"承载力超强"思路进行抗震设计的轻型围护厂房，一般采用 S4 级截面（弹性截面）和 S3 级截面（部分塑化截面）。设计实践表明，对于目前普遍流行的压型钢板围护的单层钢结构厂房，直接采用弹性截面（S4 级截面）并取 Ω＝2，虽然提高了设计地震作用，但由于这类厂房重量（质量）小，地震作用一般不控制构件受力，却因放松了板件宽厚比的限值，可在保证安全性的条件下降低耗钢量。

此外，轻型围护的钢结构厂房，用脉动法和起重机刹车进行大位移自由衰减阻尼比测试的结果，小位移阻尼比在 0.012～0.029 之间，平均阻尼比 0.018；大位移阻尼比在 0.0188～0.0363 之间，平均阻尼比 0.026。然而，线性黏滞阻尼是计算模型的属性，而不是实际结构的属性。阻尼比增减的影响，可由设计地震作用的取值大小所体现，可认为上述的地震作用系数 Ω 已包含了这种影响。因此，单层厂房结构抗震分析的阻尼比可取 0.05。

3. 轻型门式刚架的抗震验算

目前，单层厂房广泛流行轻型门式刚架，轻型门式刚架可采用 S5 等级（薄壁截面）的截面板件宽厚比。

轻型门式刚架厂房在地震中有良好的表现，但这并非是其抗震性能好，而是由于其质量很小，使结构承受的地震惯性力很小，遭遇强烈地震时也可处于弹性状态工作。计算分析表明，有些无桥式起重机的门式刚架轻型厂房，即使采用 8 度区的罕遇地震进行计算分析，还仍有静力设计内力控制的。

轻型门式刚架的设计原则，是采用基于有效截面概念的弹性设计。柱脚铰接轻型门式刚架构件变截面的设计思想，是期望实施构件等应力设计。轻型门式刚架冗余度低，既不能塑性耗能，也不能发生塑性重分布，从而只能采用"承载力超强"的抗震设计思路。轻型门式刚架采用多遇地震组合进行抗震验算，过度借助结构延性耗能来降低计算地震作用，既不合理也不恰当。

根据日本 AIJ《鋼構造限界状態設計指針・同解説》，轻型门式刚架（腹板宽厚比 150～200）仍会有些许塑性变形。因此，轻型门式刚架抗震设计时，可取计算阻尼比 0.05，基于结构性能的地震效应调整系数 $\Omega \geqslant 2.0$ 进行抗震验算。其实，采用 $\Omega \geqslant 2.0$ 所作的抗震验算，大都不控制轻型门式刚架构件的受力（或对变截面作稍微调整），而其真正价值在于发现并针对性地排除门式刚架的抗震局部薄弱环节，改善其抗震构造。同时，对于腹板厚度小于 6mm 的 I 形截面，采用单面焊接不影响其抗震安全性。

根据震害资料，遭遇强烈地震时轻型门式刚架变形较大，但未见有坍塌破坏的报道，只是变形大可能导致卷帘门卡轨等影响正常使用的非结构受损。因此，抗震设计时，要求机械非结构、电气非结构不应与厂房有过多联系。

轻型门式刚架围护质量轻，计算分析表明其二阶效应影响可略去不计。地震时轻型门式刚架的位移限值取决于与其相连的非结构的要求。纯粹由压型钢板围护而柱脚铰接的轻型门式刚架厂房，只要满足静力设计使用功能的位移限值要求，一般无需对其抗震设计规定位移限值。轻型门式刚架的端板连接节点，应能可靠传递设防烈度的地震作用。

6.4 支撑的抗震设计

6.4.1 中心支撑

框架采用中心支撑抵抗侧向地震作用，是目前工业建筑、民用建筑广泛应用的抗侧力结构体系。中心支撑可显著增强框架的抗侧刚度，减少侧向位移。中心支撑设计是抗震钢结构设计的一个重要方面。

1. 支撑承载力验算公式

中心支撑的抗震性能十分复杂，包含了受拉屈服、受压屈服和屈曲、往复荷载下的承载力劣化、弹塑性状态下的板件局部屈曲、低周疲劳失效等诸多物理现象，准确计算地震作用下支撑的承载力十分困难。图 6.4.1 为中心支撑在地震反复荷载作用下发生整体屈曲的实况，可见反复荷载下整体失稳后的中心支撑承载力应是很低的。

(a)　　　　　　　　　　　　　　　　　　(b)

图 6.4.1　中心支撑的整体屈曲震害

（<i>a</i>）中心支撑整体失稳一；（<i>b</i>）中心支撑整体失稳二

日本 BCJ 规范规定，二次设计中支撑的保有水平承载力极限状态验算可采用两种方法：其一，一对支撑的抗水平地震作用的承载力，取支撑压杆屈曲临界承载力的 2 倍；其二，根据受压和受拉杆件的承载力曲线，考虑支撑拉压杆件的变形协调。该规范认为，取支撑压杆屈曲临界承载力的 2 倍设计支撑，是偏向安全侧的。

AIJ《鋼構造限界状態設計指針·同解説》（以下简称 AIJ-LSD）的拉压支撑杆协调计算方法，系采用 51 根宽翼缘 H 型钢支撑的试验结果（单调加载，轴向压应变达到 1.0％；反复加载，轴向压应变 0.5％），归纳出一对支撑的极限抗剪承载力 Q_u 的计算公式为：

$\lambda_B \leqslant 0.3$ 时　　　　　　　　$Q_u = 2A_{br}f_y\cos\theta$　　　　　　　　　（6.4.1a）

$\lambda_B > 0.3$ 时　　　　　　　$Q_u = \left(1 + \dfrac{1}{6\lambda_B + 0.85}\right)A_{br}f_y\cos\theta$　　　　　（6.4.1b）

$$\lambda_B = \sqrt{\frac{N_y}{N_E}} = \frac{\sqrt{\varepsilon_y}\,l_B}{\pi r} \qquad\qquad (6.4.1c)$$

式中　λ_B、l_B——支撑的正则化长细比和有效计算长度；

　　　　θ——支撑杆与水平线的夹角；

　　　　N_E——考虑了边界条件影响的 Euler 临界荷载；

　　　　N_y——屈服压力；

　　　　r——截面回转半径；

　　　　ε_y——屈服应变。

AIJ-LSD 考虑支撑屈曲后稳定承载力的有效计算长度 l_B 与习用的计算长细比在数值上差距不大，所以 λ_B 可视为相当于正则化长细比 λ_n。式（6.4.1）的分段曲线中，受压支撑杆在循环荷载反复作用下剩余的承载力可采用下式的连续函数近似地描述：

$$\eta = 0.65 + 0.35\tanh(4 - 10.5\lambda_n) \qquad\qquad (6.4.2)$$

式中　η——支撑压杆受循环荷载时的承载力剩余系数。

式（6.4.2）中，对于长细比大于 60 的压杆，其承载力剩余系数为 0.3，这与 GB 50011 规范钢结构单层工业厂房给出的卸载系数相同，也与 EC 8 的一致。

图 6.4.2 为支撑按以上几种承载力公式计算结果的对比。显然，与 AIJ-LSD 计算公式相比，我国抗震规范公式在常用支撑长细比范围内，过度高估反复荷载循环作用下的承载力。而式（6.4.2）与 AIJ-LSD 计算公式十分接近。在常用支撑长细比范围内，式（6.4.2）与 GB 50017 规范单层钢结构厂房的公式计算重合，也就是与 EC 8 重合。由

此可认为，式（6.4.2）用于计算支撑压杆在反复荷载下的剩余承载力是合适的。

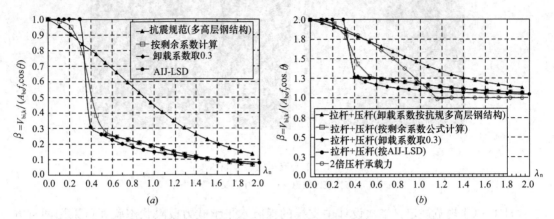

图 6.4.2　支撑压杆按几种计算公式的承载力比较

(a) 单根支撑；(b) 一对支撑

一对支撑取 2 倍支撑压杆承载力的简化计算，根据 AIJ《鋼構造座屈設計指針》，当两根支撑压杆计算的受压承载力之和大于按一根拉杆计算的承载力时，取 2 倍的受压承载力并乘以 0.75 的折减系数；而小于一根拉杆的承载力时，则取一根拉杆的承载力。图 6.4.2（b）的 2 倍压杆承载力未乘以 0.75 的折减系数。采用 Q235 时，图 6.4.2（b）中坐标横轴（长细比）的拐点是 $108\varepsilon_k$。

综上所述，式（6.4.2）确定的支撑压杆受循环荷载时的承载力剩余系数可用于实际工程。

2. 中心支撑的抗震性能

（1）支撑杆的性能

1）循环荷载下压杆随长细比的承载力变化

在大变位循环荷载作用下，多种长细比的压杆试验表明，压杆的受压承载力随循环次数增加而逐步降低。由图 6.4.3 可见，在循环荷载作用下，中等长细比的压杆，其承载力急剧发生退化；而细柔长细比的压杆，承载力也随荷载循环作用而退化，但其退化的趋势却相对平缓。

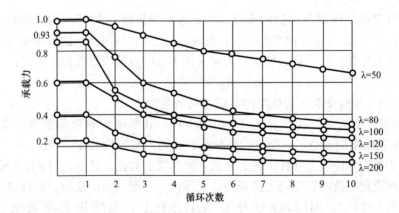

图 6.4.3　循环荷载作用下构件承载力与循环次数的关系

2）循环荷载下中心支撑随长细比的滞回性能

图 6.4.4 为 BCJ 规范中不同长细比的 Λ 形支撑在循环荷载下的荷载-位移曲线。BCJ 规范指出，随着长细比的减小，支撑受压杆更不易屈曲，且屈曲后承载力上升，滞回环面积增大，也即吸收耗散地震能量的能力增强。仅就此角度讲，减小长细比有利于抗震。然而，如果设计时支撑按压杆考虑，受压支撑屈曲后承载力将退化，支撑楼层可能进入弹塑性，层间水平承载力降低，地震能量则容易在该层集中。相对地，长细比大的支撑，压杆在荷载较小时就发生屈曲，而靠拉杆的强度和变形能力抵抗地震作用。故长细比大的支撑是强度抵抗型，而长细比小的支撑是能量耗散型。因此，与梁柱的塑性变形能力一样，支撑的长细比及其截面构成，当遭受强烈地震时，对支撑框架结构的极限承载能力有较大影响。图 6.4.4（c）与图 6.4.4（b）、（d）比较可见，中等长细比的支撑，既不能说是强度抵抗型，也不能说是能量吸收型。从图 6.4.4（c）中更可以看出，中等长细比支撑显示出不稳定的性能，其抗震性能比小长细比和细柔长细比支撑的都要差。

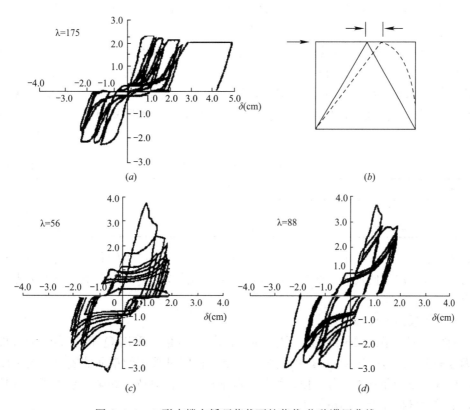

图 6.4.4　Λ 形支撑在循环荷载下的荷载-位移滞回曲线

由图 6.4.4 可知，长细比大的支撑结构（图 6.4.4b）受压侧的支撑压杆，在很小的荷载下就开始失稳，其恢复力特征呈滑移型，在受拉侧支撑杆进入屈服状态的同时，保持稳定的变形能力。与之相反，中等长细比的支撑结构（图 6.4.4c），受压侧的支撑在失稳前强度和刚度都很好，但一旦失稳，即呈现不稳定的恢复力特征，不能期待其变形能力。

（2）对支撑长细比限值的抗震规定

我国有关抗震规范对中心支撑的长细比都给出明确限值。例如，支撑杆的长细比，按压杆设计时不应大于$120\varepsilon_k$等。大多数规范、规程对钢结构建构筑物中心支撑长细比基本采用不大于$120\varepsilon_k$控制。实际设计的支撑长细比也通常尽量向此规定限值靠近。而此限值（或控制值）恰好是落在抗震性能最差的中等长细比范围内。其中：

1）EC 8 规范对 X 形中心支撑的长细比限值规定为：

$$1.3 < \lambda_n \leqslant 2.0(\text{相当于：}120\varepsilon_k < \lambda \leqslant 185\varepsilon_k) \tag{6.4.3}$$

式中，λ_n 为正则化长细比；ε_k 为钢号修正系数。

2）ANSI/AISC 341 规范 2010 版对特殊中心支撑框架（SCBF）的支撑长细比限值，明确规定采用式（6.4.4）的上限为长细比限值，即采用细柔长细比支撑。并在其 2002 版的基础上，增加了采用细柔长细比的条文：如果柱的承载力不小于所连接的支撑传递来的最大内力时，也容许采用下式规定的支撑长细比：

$$4\sqrt{E/f_y} < \lambda \leqslant 200 \tag{6.4.4}$$

ANSI/AISC 341 规范 2010 版的条文说明指出，按受压承载力设计的细柔支撑框架，由于支撑的受拉承载力超强，具有良好的抗震性能。同时，支撑构件屈曲后在循环荷载下的疲劳断裂寿命，反而随长细比的增大而提高。

3）日本 BCJ 规范按长细比，将支撑划分为 BA、BB 和 BC 三个类别（表 6.4.1）。长细比限值对中等长细比的支撑构件（$58\varepsilon_k < \lambda < 129\varepsilon_k$）特别对待。在保有耐力验算时，对采用中等长细比支撑（BC）的框架，取用比细柔长细比支撑（BB）框架更高的结构特性系数。即以提高地震作用的方式考虑中等长细比支撑在反复荷载下承载力不稳定的影响。

支撑类别和长细比限值　　　　　　　　　　　　　表 6.4.1

支撑类别	BA	BB		BC
规定值	$\lambda \leqslant 495/\sqrt{f_y}$	$495/\sqrt{f_y} < \lambda \leqslant 890/\sqrt{f_y}$	$\lambda \geqslant 1980/\sqrt{f_y}$	$890/\sqrt{f_y} < \lambda < 1980/\sqrt{f_y}$
相当值	$\lambda \leqslant 32\varepsilon_k$	$32\varepsilon_k < \lambda \leqslant 58\varepsilon_k$	$\lambda \geqslant 129\varepsilon_k$	$58\varepsilon_k < \lambda < 129\varepsilon_k$

显然，表 6.4.1 考虑了长细比在弹塑性屈曲范围内的承载力的急剧退化现象。青木博文指出，实际一般不使用 BA 类支撑，而采用约束屈曲支撑，利用其高于 BA 类支撑的变形能力。

（3）支撑长细比设计要点

一般结构宜采用细柔长细比，可按 $130 \leqslant \lambda \leqslant 180$ 取值，采用 Q345 等高强钢时长细比无需钢号修正，或者采用 $\lambda \leqslant 65\varepsilon_k$ 的支撑。重要结构则可采用约束屈曲支撑。约束屈曲支撑无需维修，设计和制作十分方便，可与一般钢构件一样对待。如果必须采用中等长细比支撑，则需适度提高设计地震作用。

3. 构件长细比的钢号修正

（1）压杆的钢号修正问题

目前，除 GB 50017 规范 2010 版外，只要涉及钢结构抗震的规范、规程和教材中的构件长细比，动辄就要求进行钢号修正，无论构件是受拉还是受压，也不管构件的长细比大小。毫无疑问，Euler 公式是压杆弹性稳定分析的基础。Euler 公式十分明确地表述，压杆发生弹性屈曲与材料的屈服强度无关。因此，发生弹性屈曲的细柔构件不存在长细比钢号修正问题。

（2）长细比的钢号修正错误之改正

就构件长细比的钢号修正存在的问题，给出简易的判定准则：

1）拉杆长细比不需作钢号修正。对拉杆长细比设定上限值，主要是为了防止拉杆在外界振源激励下发生抖动、挠曲、下垂和松弛。例如，工厂生产用的动力基础、落锤、破碎机等皆可以是激励拉杆抖动的振源，甚至曾有起重机刹车引起过度细长杆件抖动的实例。

2）压杆的长细比是否需要进行钢号修正，与它是发生弹性屈曲还是发生非弹性屈曲有关。欧拉临界长细比 λ_E 为：

$$\lambda_E = \pi \sqrt{E/f_p} \tag{6.4.5}$$

式中　f_p——钢材的比例极限。

当压杆的长细比 $\lambda > \lambda_E$ 时，发生弹性屈曲（属于细柔长细比），临界承载力与钢材屈服强度无关，故其长细比限值不必进行钢号修正。反之，如 $\lambda \leqslant \lambda_E$，则压杆进入非弹性屈曲状态（属于中等长细比），与钢材的屈服强度紧密相关，因而需作钢号修正。

低碳钢热轧型钢的残余应力可达 $0.5f_y$，焊接型钢的残余应力可大于 $0.5f_y$（可高达 $0.65f_y$），但残余应力并不随钢号提高而增加，即 Q235 钢和 Q345 钢的残余应力大体相当。AIJ《鋼構造設計規準—許容応力度設計法》（以下简称 AIJ-ASD）的弹性限界长细比为 $\lambda_E = \pi \sqrt{E/0.6f_y} \approx 120\varepsilon_k$。考虑到日本广泛应用热轧型钢，而我国则焊接型钢居多，残余应力大，经综合权衡并参考美国文献，取 $f_p = 0.5f_y$，则根据式（6.4.5），对于 Q235 钢 $\lambda_E \approx 130$。因此，当采用 Q345 等低合金钢时，如压杆长细比大于 130，则不需进行钢号修正。反之，则需进行钢号修正。

（3）压弯构件的临界荷载和长细比钢号修正

压弯构件（梁柱）的屈曲荷载 N_{cr}，铁摩辛柯定义为弯矩趋向于无限增大时的轴向荷载，有的稳定理论专著也定义压弯构件的屈曲荷载 N_{cr} 为使其弯曲刚度等于 0 时的轴向荷载。因此，弹性失稳的压弯构件的临界荷载与横向荷载（或弯矩）无关，关于压杆钢号修正的判定准则，同样适用于压弯构件。

6.4.2　柱间支撑

采用轻型围护材料的单层钢结构厂房基本采用"承载力超强"抗震设计思路进行抗震设计。然而，厂房建筑柱间支撑的一些条文大都是参照民用建筑的，忽视了厂房建筑有自身的特色。柱间支撑的作用是通过屋盖水平支撑把山墙和屋盖重量产生的水平地震作用直接传递到柱列。柱间支撑破坏，就意味着山墙和屋面等有损伤。因此，明确柱间支撑框架系统的抗震设计思想，给出具体的设计方法，配套相应的构造措施，对提高工业建筑的抗震能力很有必要。

1. 柱间支撑框架系统

单层钢结构厂房纵向框架主要由柱间支撑抵御水平地震作用。对于 H 形截面柱弱轴受弯的纵向柱列框架，柱间支撑框架大体上要承担 80% 以上的纵向水平地震作用。并且，厂房纵向柱列往往只有柱间支撑框架一道防线，是震害多发部位。因此，柱间支撑框架是厂房纵向框架抗震设计的核心。

柱间支撑框架系统的主要震害如图 6.4.5，除了我国规范、规程中包含的支撑杆整体失稳（图 6.4.5*a*）、支撑杆交叉节点板断裂（图 6.4.5*b*）、支撑杆端节点破坏（图 6.4.5*c*）、支撑杆拼接节点损坏（图 6.4.5d）等之外，还有与支撑相连接的钢柱损坏（图 6.4.5e、f）。因此，工业厂房柱间支撑框架系统的抗震设计，不只是支撑斜杆与钢柱连接节点的设计，而应把与支撑杆连接的梁、柱以及基础拉梁、柱脚作为支撑框架系统整体加以考虑并进行设计。

图 6.4.5　柱间支撑框架系统震害

（a）格构门式柱间支撑屈曲；（b）角钢 X 形柱间支撑连接断裂；（c）支撑杆端连接螺栓剪断；（d）支撑拼接扭曲；（e）与支撑连接的 H 截面柱整体屈曲；（f）与支撑连接的 H 截面柱整体屈曲

对于采用细柔长细比支撑的工业建筑柱间支撑框架系统的抗震设计原则，是支撑斜杆必须先于相连梁柱屈曲或连接破裂之前受拉屈服。换言之，过度强大的柱间支撑将使结构遭遇强烈地震时，大量吸收地震作用从而可能伤害与其连接的钢柱。图 6.4.6 为遭遇强烈地震时，过度强大的柱间支撑引起底层钢柱屈曲而导致柱底截面破坏的震害。

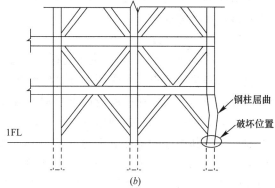

图 6.4.6　强大支撑的框架底层柱屈曲震害
（a）强大支撑框架震害位置；（b）钢柱柱底截面断裂

根据阪神地震的震害（图 6.4.7）调查，M. Nakashima 等指出："大截面支撑的损坏，几乎都集中在与支撑相连的梁、柱连接部位"。

图 6.4.7　与大截面支撑相连的钢柱破坏

与纯框架相比，设置支撑可有效地增大结构整体刚度，减小水平位移。设计实践表明，钢结构的自振周期 T_1 在反应谱的下降段和下平台段（$T_g - 5T_g$）之间的较多，此范围的地震影响系数变化梯度大。所以，设置柱间支撑使结构的自振周期降低，会较大地增加水平地震作用。计算比较表明，设置支撑往往可减小钢柱承受的地震剪力，但对其轴力的影响却很大。

因此，谨慎使用大截面（小长细比）支撑，更不得使用按"小震"结果仅扩大支撑设计内力而不增加钢柱承载力的方式。支撑截面大，按"强节点、弱构件"的抗震设计原则，将使支撑斜杆与周边柱、梁的连接节点庞大。

一般钢结构抗震宜采用细柔长细比支撑（可按 $130 \leqslant \lambda \leqslant 180$ 控制），采用 Q235、Q345 等钢材，而无需钢号修正。细柔长细比支撑十分适合于目前普及的压型钢板轻型围护厂房建筑。对于刚度要求高的多层厂房建筑的柱间支撑，可采用 $\lambda \leqslant 65\varepsilon_k$ 控制，但最佳选择是采用约束屈曲支撑。

2. 单层厂房柱间支撑框架系统

轻型围护的单层钢结构厂房，上柱一般采用 H 形截面，下柱通常采用格构式柱。下柱可采用型钢或钢管混凝土制作，且钢管混凝土格构式下柱的应用愈来愈多。柱脚已由传统的外露式变革到插入式。

（1）X 形柱间支撑

单层厂房 X 形（交叉形）柱间支撑，一般采用细柔长细比，按常遇地震组合进行设计。但当遭遇强烈地震时，受压侧支撑杆可能屈曲，也可能未屈曲，但细柔长细比支撑的受压稳定承载力不大，在抗震设计时通常可略去。而受拉侧支撑杆可能屈服，也可能未屈服。但对于受拉侧支撑在强烈地震作用下，与常遇地震组合的设计内力相比，受力已大幅度增加，而与其相连的钢柱受力也同样增加。震害表明，这可引起上 H 柱截面沿弱轴的整体失稳（图 6.4.5e、f）。因此，与 X 形柱间支撑相连钢柱的承载力设计应考虑支撑杆受力的增加。参考有关国外标准，按"小震"组合验算时，可考虑增加 50％的支撑杆计算内力（即上柱支撑杆 150％的计算内力）的竖向分量施加于相连钢柱的柱顶，并与屋盖传至钢柱的轴力叠加进行上柱的长细比选择及稳定性验算（图 6.4.8）。相应地，柱间支撑开间的柱顶刚性系杆，也应能承受上述支撑杆所传递内力的水平分量。

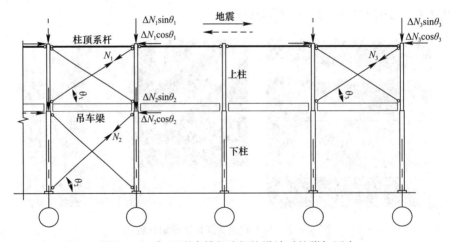

图 6.4.8　与 X 形支撑相连钢柱设计时的附加压力

增加 50％的"小震"计算的支撑内力作用于柱顶，相当于要求钢柱承受支撑斜杆达到受拉屈服状态时的拉力。GB 50017 规范规定，支撑杆件的截面应力比不宜大于 0.75，由此得：

$$0.75 A_{brn} f \times 150\% \approx A_{brn} f_y \tag{6.4.6}$$

式中　A_{brn}——支撑净截面积；

　　　f——支撑钢材屈服强度设计值；

　　　f_y——支撑钢材屈服强度。

因此，柱间支撑框架的上柱应该在支撑斜杆呈屈服状态时不发生整体屈曲。

原则上，下柱与 X 形支撑相连处也需附加内力（图 6.4.8），可以与柱顶附加内力一起进行下柱的承载力设计。不过，下柱 X 形支撑与设置的起重机的工作机制紧密相关，其截面（长细比）有时系由设置的起重机情况所决定。然而，源于起重机荷载的移动属性，导致正常使用状态和地震作用状态框架下柱的承受荷载有较大差异,静力设计赋予下柱的承载能力在遭遇地震时则转化为抗震能力。即,厂房框架下柱沿纵向有较大的抗震超强(抗震能力储备),特别是目前较多的下柱采用钢管混凝土格构柱插入式柱脚。因此,在这种情况下,可不再考虑进行支撑传递的附加内力作用下的下柱承载力验算。

如果厂房纵向框架采用设防烈度的地震动参数(阻尼比取0.05)计算分析,X形柱间支撑受拉侧不屈服,相连钢柱的稳定承载力满足要求,则与支撑相连的钢柱就无需采用附加压力进行验算。

单层厂房中也存在采用V形支撑的,通常只用于特殊情况。V形支撑下端往往与强大的吊车梁系统连接,而上端与上柱柱顶连接。因此,V形支撑也应按X形柱间支撑一样考虑柱顶附加内力。

(2) Λ形柱间支撑

Λ形(人字形)支撑杆与其尖顶横梁形成抗侧力柱间支撑。单层厂房柱距较大时,通常采用Λ形柱间支撑。而柱顶刚性系杆一般兼作上柱柱间支撑的尖顶横梁。显然,遭遇强烈地震时,Λ形柱间支撑对单层厂房框架柱的附加压力较小,但这种形式的柱支撑自身的受力性能却存在不足,其抗震性能不好。特别是采用压型钢板轻型围护后,目前的一些设计对Λ形支撑斜杆的长细比取得很大,尖顶刚性系杆截面却很小。

Λ形柱间支撑的拉杆和压杆的受力性能显著不同。发生屈曲时,尽管压杆可保持弹性,但随长细比增大其几何非线性性质逐步显现(图6.4.9a)。因此,长细比较大时,压杆可失去其线性性能,要满足Λ形柱间支撑尖顶横梁处的变形协调条件,受压杆的轴力N_c比受拉杆的轴力N_t要小得多(图6.4.9b)。

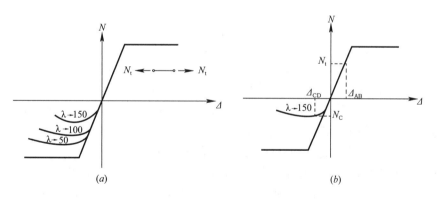

图 6.4.9 轴心拉压杆的性能
(a) 拉杆、压杆(随长细比 λ)的性能;(b) 相同位移下拉杆、压杆的内力

GB 50017规范形式上采用边缘纤维屈服准则导出的公式(Perry公式),实质上采用的却是极限荷载准则。即,钢结构的拉杆和压杆在取用相同承载力时,拉杆的变形小,压杆的变形大(图6.4.10)。但这在结构力学弹性分析时是不可计算的。

在水平力作用下,当受压侧支撑杆发生一定的屈曲(支撑压杆不可避免存在初始几何缺陷,在自重下就有可轻微挠曲),再加上前述的钢构件拉压杆在相同承载力时存在结构弹性分析不可计算位移差,就可使Λ形柱间支撑的尖顶横梁出现较大的不平衡力,从而在横梁中产生弯矩。Λ形支撑(图6.4.11a),如按拉杆设计,只计入支撑斜杆的拉力作用,

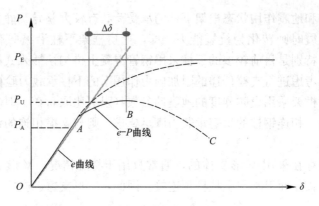

图 6.4.10　钢结构理论拉压构件的承载力确定

则使尖顶横梁的弯矩增加，成为压弯构件（图 6.4.11c）。此时，设计计算必须考虑尖顶横梁存在的弯矩。

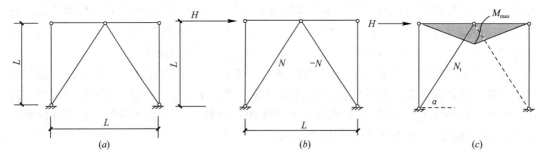

图 6.4.11　Λ 形支撑的受力

(a) Λ 或 V 形柱间支撑；(b) 按压杆设计；(c) 按拉杆设计

在长细比较小或者截面应力较小时，拉压杆在同等内力下位移是基本协调的。因此，Λ 形支撑，如使支撑斜杆能承受绝对值相等的拉力、压力（图 6.4.11b），则尖顶横杆的弯矩降低至最小。即取一对水平支撑力为 2 倍压杆水平支撑力（图 6.4.11b）进行设计，相当于支撑斜杆与横梁的汇交点铰接的桁架。一般情况下，这就要求按压杆设计法选取支撑杆的长细比，GB 50017 规范中压杆的长细比上限值是 150。

鉴于 Λ 形支撑取 2 倍压杆水平支撑力的设计方法，就是视 Λ 形支撑为桁架（图 6.4.11b）。因此。特别指出，采用长细比不小于 150 的支撑压杆时，现行 GB 50017 规定其承载力按一半取用。对于水平地震作用小的厂房，如果斜杆采用长细比大于 150 时，就必须执行此规定。

显然，按"小震"弹性分析的结果不能正确预估 Λ 形支撑斜杆是否会屈曲。然而，单层厂房建筑纵向柱间支撑（一道防线）中，需要传递山墙和屋盖重量产生的水平地震作用到柱列，两端铰接的横梁不应在其跨中出现塑性铰。因此，考虑到单层钢结构厂房柱间支撑的重要性，厂房纵向框架采用"小震"组合计算的稳定承载力的截面应力比应小于 0.5（长细比大于 150 时为 0.25）。然后，按设防烈度的地震动参数（阻尼比取 0.05）验算不屈曲。即，Λ 形柱间支撑应以"中震"不屈曲为控制条件。此外，Λ 形支撑尖顶不能作为柱顶刚性系杆长细比选择时的支点。

（3）拉梁、柱脚

拉梁和柱脚是厂房柱间支撑框架系统的一部分。柱间支撑框架系统传递至基础的水平力应尽量借助厂房地坪快捷传递，故而地坪与基础承台之间的缝隙应采用沥青等材料填充。厂房柱基采用桩基时，柱间支撑框架系统一般需设置柱基拉梁传递柱底地震剪力，特别是在软土地基。支撑杆也可采用直接与基础承台连接的方式，以减小柱间支撑传递的柱底水平剪力。

柱间支撑框架系统的钢柱当采用外露式柱脚时，应比其他厂房柱的柱脚锚栓的设计内力提高 1.25 倍。柱间支撑框架系统的外露式柱脚，不论计算是否需要，都必须设置剪力键，以可靠抵抗水平地震作用。

3. 多层厂房的柱间支撑框架系统

多层框架厂房的柱间支撑有 X 形、V 形或 Λ 形。为了消除 V 或 Λ 形柱间支撑对横梁竖向不平衡力的不利影响，可通过选择合适的支撑几何构形抵消或部分抵消（图 6.4.12）。但是，在地震情况下多层工业厂房的支撑斜杆内力一般不可能同时达到最大值。

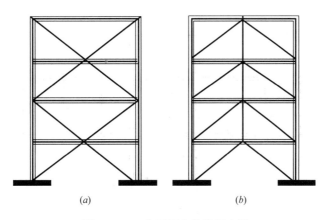

(a)　　　　　　　　　　(b)

图 6.4.12　多层厂房的柱间支撑

对于采用 X 形柱间支撑和图 6.4.12a 柱间支撑的框架，原则上也应与单层工业厂房类似，考虑支撑对框架柱的附加内力，至少对轻屋盖厂房框架的顶层，应按单层工业钢结构厂房的方法设计。

6.5　节点的抗震设计

6.5.1　框架节点域

据 GB 50011 规范，工业建筑钢框架抗震设计可按"延性耗能"或"承载力超强"两类思路进行，其间可插入"中等延性，中等承载力"的设计。即可在结构的"弹性承载力"和"延性耗能"之间权衡、选择，既可采用提高钢结构延性耗能性能而降低承载力的设计方法，也可采用提高结构承载力而降低其延性的设计方法，从而获得较好的经济性和安全性。这两类抗震设计思路对节点域的要求是不同的。

1. 高延性框架节点域宽厚比限值

试验表明，框架柱节点域塑性机构延性好且稳定。然而，节点域却不能作为抗弯框架基本的局部耗能机构。按"延性耗能"抗震思路设计抗弯框架时，需遵守"强柱弱梁"准则，期望遭遇强烈地震时整个框架实现"梁铰机构"，而避免出现"柱铰机构"，希冀框架柱保持弹性。但若接受节点域作为框架的基本耗能机构，则与"强柱弱梁"准则发生冲突。进而，如果柱节点域发生过度的剪切塑性变形，则将导致梁柱连接焊缝的应力集中，从而在地震初期即可伴随着大量的焊接连接破损。因此，对于高延性框架，国际规范皆接受限定的节点域剪切塑性变形，容许梁端塑性铰变形与节点域剪切变形同时发生（如欧洲 EC 8/EC 3 规范），或者梁端塑性铰先于节点域发生塑性变形（如日本 BCJ 规范），或者防止节点域在循环的大塑性剪切变形中过早发生屈曲（美国 AISC 341-SMF）。因此，为限止节点域不致过早屈曲，需对节点域的宽厚比限值、承载力等作出相应规定。

节点域的几何尺寸如图 6.5.1 所示，其抗剪能力可采用正则化宽厚比 λ_s 来描述。

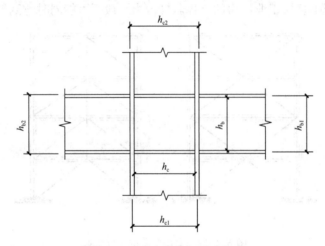

图 6.5.1　节点域几何尺寸示意

正则化宽厚比 λ_s 定义为：

$$\lambda_s = \sqrt{f_{yv}/\tau_{cr}}\tag{6.5.1}$$

式中　τ_{cr}——节点域临界抗剪应力；

f_{yv}——节点域钢材的剪切屈服强度，$f_{yv}=f_y/\sqrt{3}$。

对框架节点域腹板厚度限值，可按下述要求选取：

（1）遵循"延性耗能"抗震思路设计，采用 S1（塑性转动截面）、S2（塑性强度截面）截面的高延性框架，一般情况下应要求节点域满足 $\lambda_s \leqslant 0.4$。

在 $0.8 \leqslant \alpha \leqslant 1.45$ 范围内，对于 Q235，$\lambda_s \leqslant 0.4$ 相当于采用 AISC 341-SMF 的节点域板厚要求；对于 Q345 钢，$\lambda_s \leqslant 0.4$ 则相当于 $t_w \geqslant (h_b + h_c)/74$ 控制。

（2）按"中等延性，中等承载力"进行抗震设计，采用 S3 截面（部分塑化截面）的中等延性框架，一般情况下可要求节点域宽厚比满足 $\lambda_s \leqslant 0.6$。

（3）按"承载力超强"抗震思路设计的框架，即采用 S4 截面（弹性截面）的低延性框架，取 $\lambda_s \leqslant 0.8$。而对于采用薄柔截面（S5 截面）的轻型门式刚架等单层或低层厂房，考虑到节点域腹板不宜过薄，故取 λ_s 的上限为 1.2。

2. 基于宽厚比的节点域抗剪承载力验算

（1）基于宽厚比的节点域抗剪承载力

节点域的抗剪承载力与其宽厚比紧密相关，因此受剪承载力可据节点域受剪正则化宽厚比 λ_s 描述。

我国规范历史上对节点域承载力验算公式是借用日本 AIJ-ASD 的公式，采用节点域抗剪强度提高到 4/3 倍的方式，以考虑略去柱剪力（一般的框架结构中，略去柱端剪力项，会导致节点域弯矩增加约 1.1～1.2 倍）、节点域弹性变形占结构整体的份额小、节点域屈服后的承载力有所提高等有利因素，鉴于节点域承载力的这种简化验算公式已施行了十多年，工程师已很习惯，因此仍然采用这种形式的公式是合宜的，但需进行折算修正。

AIJ《鋼構造接合部設計指針》介绍了抗剪承载力提高系数取 4/3 的定量评估。定量评估均基于试验结果，并给出了试验的范围。据核算，试验范围的节点域受剪正则化宽厚比上限为 $\lambda_s = 0.52$。鉴于 EC 3、AISC 360、GB 50017 规范认为，发生塑性和弹塑性剪切屈曲的拐点是 $\lambda_s \approx 0.8$，此时节点域抗剪承载力已不适宜提高到 4/3 倍。有的文献认为 $\lambda_s \approx 0.6$ 是弹塑性屈曲的下限值。为方便设计计算，可把节点域抗剪承载力提高到 4/3 倍的上限宽厚比确定为 $\lambda_s \approx 0.6$；而在 $0.6 < \lambda_s \leqslant 0.8$ 的过渡段，节点域抗剪承载力按 λ_s 在 f_{yv} 和 $4/3 f_{yv}$ 之间插值计算。综上，节点域的承载力可由下列公式描述：

当 $\lambda_s \leqslant 0.6$ 时
$$f_{ps} = \frac{4}{3} f_{yv} \tag{6.5.2a}$$

当 $0.6 < \lambda_s \leqslant 0.8$ 时
$$f_{ps} = \frac{1}{3}(7 - 5\lambda_s) f_{yv} \tag{6.5.2b}$$

当 $0.8 < \lambda_s \leqslant 1.2$ 时
$$f_{ps} = [1 - 0.75(\lambda_s - 0.8)] f_{yv} \tag{6.5.2c}$$

式中　f_{ps}——基于宽厚比的节点域抗剪承载力。

（2）抗剪承载力的轴压比修正

对于 H 截面梁柱连接的节点域，腹板面积占节点域总面积的比例较小。试验表明，当节点域轴压比小于 0.5 时，对其变形的影响不大。当轴压比等于 0.5 时，节点域开始屈服，轴向压力就大部分传递给翼缘承担，节点域屈服应力大约降低 13%。然而，对于箱形（正方形）等厚板截面柱，翼缘与腹板的面积相等，假定节点域轴向压力全由翼缘承担，不尽合宜。

参考日本 AIJ-LSD，轴力对节点域抗剪承载力的影响在轴压比较小时可略去，而轴压比大于 0.4 时，则按屈服条件进行修正，受剪承载力 f_{ps} 应乘以修正系数。当 $\lambda_s \leqslant 0.8$ 时，修正系数可取为 $\sqrt{1 - (N/Af)^2}$。

式（6.5.2c）限用于门式刚架轻型房屋等采用薄柔截面（S5 截面）的单层和低层结构，但其适用范围为 $0.8 < \lambda_s \leqslant 1.2$。一般情况下这类结构的柱轴力较小，其对节点域抗剪承载力的影响可略去。如轴力较大，则可按板件局部稳定承载力的相关公式采用 $\sqrt{1 - N/(Af_{cr})}$（f_{cr} 为受压临界应力）系数对节点域抗剪承载力进行修正。然而，这种修正十分复杂，故宜采用在节点域设置斜向加劲肋加强的措施。

3. 基于节点域宽厚比的承载力验算

（1）高延性框架（$\Omega \leqslant 1$，$\lambda_s \leqslant 0.4$）

采用"延性耗能"思路进行抗震设计的高延性框架（$\Omega \leqslant 1$），其节点域较厚。当满足

$\lambda_s \leqslant 0.4$，梁、柱翼缘采用塑性设计截面，并且与梁翼缘平齐的横向加劲肋的厚度不小于梁翼缘厚度时，无需引入节点域承载力抗震调整系数 γ_{RE}。结合边柱节点域和中柱节点域两侧重力作用弯矩和地震作用弯矩的差异（图 6.5.2、图 6.5.3），可按下式进行节点域的承载力验算：

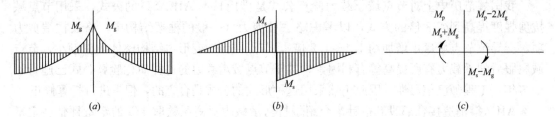

图 6.5.2　中柱节点域的弯矩
(*a*) 重力作用的弯矩；(*b*) 地震作用弯矩；(*c*) 总弯矩

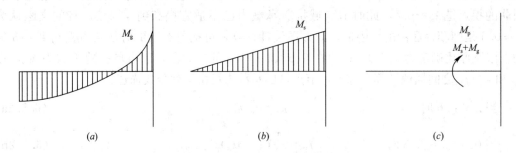

图 6.5.3　边柱节点域的弯矩
(*a*) 重力作用的弯矩；(*b*) 地震作用弯矩；(*c*) 总弯矩

$$\psi_p \frac{\min(M_{pbL} + M_{pbR}, M_{pcB} + M_{pcT})}{V_p} \leqslant f_{ps} \qquad (6.5.3)$$

式中　ψ_p——调整系数，中柱取 0.85，边柱取 0.95。

（2）中等延性框架和低延性框架

中等延性框架（$\Omega = 1.5$，$\lambda_s \leqslant 0.6$）和低延性框架（$\Omega = 2$，对于轻型门式刚架厂房 $\lambda_s \leqslant 1.2$），按节点域可靠传递结构系统最大内力的途径进行节点域抗剪承载力验算，即按下列公式进行验算：

$$\frac{M_{bL}^{(\Omega)} + M_{bR}^{(\Omega)}}{V_p} \leqslant \frac{f_{ps}}{\gamma_{RE}} \qquad (6.5.4a)$$

$$\text{或} \quad \frac{M_{cB}^{(\Omega)} + M_{cT}^{(\Omega)}}{V_p} \leqslant \frac{f_{ps}}{\gamma_{RE}} \qquad (6.5.4b)$$

式中　$M_{bL}^{(\Omega)}$、$M_{bR}^{(\Omega)}$——取地震作用调整系数 Ω 计算得到的节点左右侧的梁端弯矩；

　　　$M_{cB}^{(\Omega)}$、$M_{cT}^{(\Omega)}$——取地震作用调整系数 Ω 计算得到的柱端弯矩；

　　　f_{ps}——基于宽厚比的节点域抗剪承载力，按式（6.5.2）确定。

显然，式（6.5.4a）和式（6.5.4b）是等价的。若不满足式（6.5.4）的要求，则可在节点域衬贴钢板加厚腹板，或采用较厚的钢板，或设置竖向、斜向加劲肋。

4. 节点域加劲肋的效果分析

节点域极限状态如劲肋受力如图 6.5.4 所示。为了满足节点域正则化宽厚比要求，设计师通常会利用节点域内的加劲肋（例如，利用钢柱侧向 H 截面梁与节点域连接时所伸入的腹板连接板，见图 6.5.4d），以按加劲肋之间的小区格计算来达到节点域的构造厚度要求。显然，当竖向加劲肋抗弯刚度足够时，可以提高节点域的抗剪临界应力，但不能提高节点域的抗剪强度承载力。

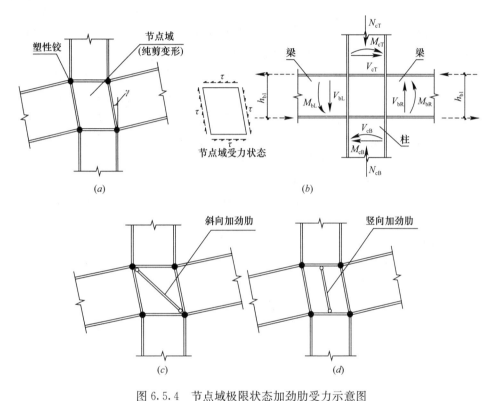

图 6.5.4　节点域极限状态加劲肋受力示意图
(a) 梁柱节点力系；(b) 节点域极限受力变形状态；(c) 设置斜向加劲肋；(d) 设置竖向加劲肋

节点域设置竖向加劲肋（图 6.5.4d）与设置斜向加劲肋（图 6.5.4c）提高抗剪强度承载力的受力情况不同。由图 6.5.4 (d) 可知，节点域承受剪力作用，若其腹板足够厚，则节点域内设置竖向、横向加劲肋都不致提高其抗剪承载力。大量的有限元分析表明，$\lambda_s \leqslant 0.4$ 的节点域设置竖向加劲肋并不提高其抗剪承载力。由图 6.5.4 (c) 可知，节点域设置的斜向加劲肋呈拉压受力状态，可以提高其抗剪承载力；对于 $\lambda_s \geqslant 0.4$ 的节点域设置竖向加劲肋，可以提高节点域腹板的稳定承载力，但不提高其强度承载力。也就是说，对于中等延性框架和低延性框架，可以采用设置竖向加劲肋以满足节点域的正则化宽厚比要求，但其承载力验算仍按式（6.5.2）进行。

6.5.2　梁端塑铰区截面优化

多层工业建筑的横向框架采用刚接框架结构形式的居多。设计师期望在遭遇强烈地震时刚接框架可呈梁铰机构，即在框架梁端形成塑性耗能区以吸收和耗散地震能量。通常，按延性耗能抗震思路设计的框架结构，要求耗能区采用塑性截面（S1、S2 截面），防止框架梁端在全截面塑性屈服前板件屈曲，保证塑性铰的转动能力并在转动过程中维持截面承载力，以确保塑性耗能区的延性性能。塑性截面对板件宽厚比有严格的限制。而框架结构梁柱的板件宽厚比是影响单位面积耗钢量的关键因素，特别是工业建筑有些框架梁截面十分高大，若按实腹截面的方式控制其腹板的宽厚比，将导致单位面积耗钢量大幅度增加。

在水平地震作用下，框架结构的抗震性能主要取决于其梁端塑性耗能区的性能，而弹性区可采用常规钢结构的部分塑化截面（S3 截面）和弹性截面（S4 截面），受弯边缘屈服前板件不发生弹性屈曲。因此，如能确保框架塑性耗能区的抗震性能，框架梁在弹性区按常规钢梁进行设计，则可不降低框架的抗震能力而达到降低耗钢量的目的。

工程设计实践表明，严格要求梁翼缘的板件宽厚比，不至于造成浪费，因为梁翼缘的应力往往较足；而腹板中的应力通常很小，特别是高大截面的工业建筑框架梁，严格控制梁腹板的宽厚比将使耗钢量大幅度上升。因此，在梁腹板设置纵向加劲肋，限定腹板在区格内屈曲，防止腹板发生弹性屈曲，抑制弹塑性屈曲。可见，在框架梁端塑性耗能区设置纵向加劲肋以减薄腹板，是确保框架抗震性能而减小耗钢量的一条重要途径。

1. 塑性铰区加劲腹板的恰当宽厚比和加劲肋布置

梁端塑性铰区腹板的加劲肋布置，与塑性铰区塑性极限状态的受力特征和加劲腹板的恰当宽厚比紧密相关。

（1）加劲腹板的恰当宽厚比

GB 50011 规定，钢结构构件的尺寸应合理控制，避免局部失稳或整体失稳。因此，除了按"承载力超强"思路进行抗震设计的情况外，抗震钢框架一般不采用薄柔截面（S5 截面）。据新版 GB 50017 规范，弹性截面 S4 的梁腹板宽厚比限值为 $124\varepsilon_k$；弹塑性截面 S3 的梁腹板宽厚比限值为 $93\varepsilon_k$。S3 和 S4 是构成框架耗能区加劲腹板的基板。

建构筑物设计，除了考虑安全性、经济性外，多高层建筑尚应保证易居性，工业建筑则需满足功能性。从工程应用的角度看，单层、低层工业钢框架的梁截面有时很高，容许、适宜或受力、功能都需要设置横向加劲肋，因而加劲腹板的宽厚比按弹性截面（$h_0/t_w \leqslant 124\varepsilon_k$）控制是合宜的。多层钢结构厂房则可按弹塑性截面（$h_0/t_w \leqslant 93\varepsilon_k$）控制。一般的多高层建筑框架，其梁截面的尺度限制和受力要求，习惯上不考虑梁腹板设置横向加劲肋，故其腹板宽厚比一般可按 $80\varepsilon_k$ 控制。因此，多高层建筑框架梁腹板的 h_0/t_w 超过 $80\varepsilon_k$ 也是合规的，只是需在梁的弹性区段设置横向加劲肋。

在加劲腹板的恰当宽厚比内，整根框架梁可先按弹性设计的要求，梁端和跨中择用同一厚度的腹板；进而在梁端塑性铰区设置纵向加劲肋，通过构造处理即可满足抗震性能要求。显然，避免腹板采用不等厚钢板对接接长，十分有利于梁构件加工制作，这也正是框架梁端塑性铰区采用加劲腹板可以施行的重要方面。

（2）加劲肋的布置

框架梁端塑性铰区腹板，设置纵向加劲肋可以改变塑性机构转动中心的位置，显著提高转动能力；相反，设置横向加劲肋则减小塑性铰区的长度，从而降低延性性能。

1）横向加劲肋

横向加劲肋的位置应在塑性铰区外，不可在塑性铰区内。框架塑性铰区的长度，如按屈强比 $f_y/f_u = 0.8$ 估算，约为 1/10 梁净跨；由试验归纳的上限值，一般不超过 1.5 倍梁高（梁高愈小，塑性铰区长度与梁高的倍数愈大，反之则愈小）。因此，框架梁端塑性铰区长度一般可按不超过 1.5 倍梁截面高和 1/10 梁净跨的较大值预估。于是，横向加劲肋通常可设在距钢柱边 1.5～2 倍梁截面高度之间，并校验是否满足不小于 1/10 梁净跨的要求；从抗震框架的整体受力考虑，还需校验横向加劲肋截面处作用的弯矩不超过 $0.8M_p$（M_p 为梁截面塑性弯矩）。横向加劲肋应双侧设置，使其发挥抑制梁端塑性铰区畸变屈曲（Distortion）的功效。另外，纵横向加劲的板梁，横向加劲肋的线刚度不得低于纵向加劲肋的。

2）纵向加劲肋

纵向加劲肋的最佳位置，提高抗剪能力则宜设置在腹板中央。纵向加劲肋布置在距翼缘 $0.75h_0$ 区域内（对循环交变受力情况即是腹板中央 $0.5h_0$ 区域内），可显著提高截面的转动能力。鉴于梁端腹板的临界承载力由宽厚比大的区格所决定，在塑性铰形成过程中截面剪应力向腹板中央集中。因此，纵向加劲肋承受交变地震作用，一道可设在腹板中心线，两道则可取三等分梁高。

纵向加劲肋可单侧设置或双侧设置。单侧设置纵向加劲肋，旨在方便框架梁柱现场连接的构造处理。鉴于梁端塑性极限状态，纵向加劲肋承受集中于腹板中央的剪应力作用，并通过其受拉的"架越作用"传递集中的剪应力至腹板刚度大（塑性开展深度小）的区域，故其单侧布置则宜采用 T 形钢、L 形钢等面外刚度大的截面，槽钢形成的闭口加劲肋性能最好，双侧布置可采用平板条。

2. 框架塑性铰区腹板加劲肋的刚度要求

框架塑性铰区腹板纵向加劲肋的刚度要求，可参考板梁屈曲后极限状态的要求粗略给出。

（1）塑性铰区加劲肋的计算假定和简图

1）加劲腹板的剪力限值和塑性弯矩

遭遇强烈地震时，抗弯框架塑性铰区既要弯曲塑性耗能，又必须直接支承楼面结构竖向荷载。这与偏心支撑在梁端区域剪切耗能时，支撑斜杆和框架梁柱形成稳定的三角形子结构能可靠承受竖向荷载的情况有所不同。框架梁端弯矩剪力都最大，在塑性铰形成过程中向腹板中央集中的剪应力，在梁端塑性铰截面将产生较大的竖向剪切变形，可大幅度降低截面的塑性承载力，并急剧驱动翼缘屈曲和断裂，从而使截面丧失竖向承载力。其实，遭遇强烈地震时框架梁端 H 截面下翼缘的屈曲和断裂，大多是塑性弯曲和剪应力集中屈服双重作用所致，不纯粹是弯曲应力的缘故，故而需限制梁端剪力，以保证塑性铰的承载力和转动能力。梁端塑性铰区腹板中央区的纵向加劲肋的刚度要求中，剪力效应占主要地位。

GB 50011 规范未涉及梁端剪力对塑性弯矩的影响问题。EC 8 规范采用控制梁端剪力而不降低塑性弯矩的方式，AIJ-LSD 则采用在梁端塑性弯矩计算中计入剪力的方式，在AIJ "钢结构塑性设计指针"的基础上，进一步考虑梁端剪力对塑性弯矩的降低。

剪应力与临界剪应力的比值（τ/τ_{cr}）不超过 0.4 时，剪应力对弯曲应力临界值的影响很小（铁摩辛柯，《弹性稳定理论（第二版）》）。从实际工程看，框架的梁端塑性铰区极限状态的剪力，按 $\tau_{avg}/f_{ayv} \leqslant 0.50$ 控制是容易达到的。

2）中性轴

钢框架梁与混凝土楼板共同工作时的中性轴位置是多变的。不过，从工程设计的角度看，对于大多数钢与混凝土组合梁，假设钢梁弹性极限状态时的中性轴位于钢梁与混凝土板交界处（除了中性轴位于混凝土楼板内的情况外），大致已可描述钢梁受力的最不利工况。

3）分析简图

框架塑性铰区弹性极限状态时的截面应力分布可用图 6.5.5 描述。一道纵向加劲肋二等分梁腹板时，加劲肋处的正应力和剪应力近似按 $0.5f_y$ 和 $0.5f_{yv}$ 计算；两道纵向加劲肋三等分梁腹板时，加劲肋处的正应力近似考虑为 $0.65f_y$ 和 $0.35f_y$，剪应力为 $0.45f_{yv}$。图 6.5.5 中，腹板与翼缘交界处的 Mises 应力与屈服强度相当。

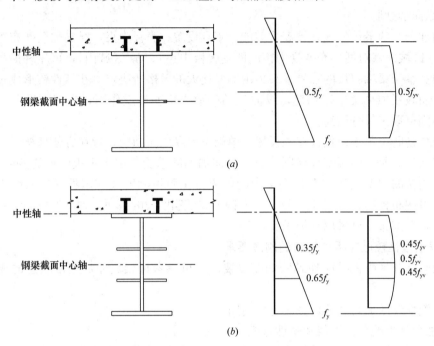

图 6.5.5　框架梁塑性铰区弹性极限状态的截面应力分布假设
（a）一道纵向加劲肋；（b）两道纵向加劲肋

而图 6.5.5 未涵盖的、中性轴位于混凝土楼板内的情况（包括梁承受较小轴力引起中性轴上移而上翼缘受压的情况），可通过调整图 6.5.5 中的正应力分布使上钢梁翼缘受压，采用评估的方式予以解决。

（2）优化肋板刚度比

假设整个预定的钢梁塑性铰区各截面达弹性极限状态时，恰好是线性屈曲理论的临界状态，则可得到所推荐的两种加劲肋布置的优化肋板刚度比 γ_σ^* 和 γ_τ^*。

1）一道纵向加劲肋等分腹板

四周简支腹板、三角形压应力分布情况下，其优化肋板刚度比 γ_σ^*（Ballio G 等，《Theory and Design of Steel Structures Johnston》、Narayanan R，《Plated Structures-Stability and Strength》）为：

$$\gamma_\sigma^* = (0.53 + 0.47\psi)\left\{\alpha^2\left[8(1+2\delta)-1\right] - \frac{\alpha^4}{2} + \frac{1+2\delta}{2}\right\} \quad (\alpha \leqslant \sqrt{8(1+2\delta)-1}) \quad (6.5.5)$$

式中　α——腹板长宽比，$\alpha = a/h_0$。

ψ——应力分布参数，取值范围 $0 \leqslant \psi \leqslant 1$；$\psi = 1$ 时为均匀受压分布，$\psi = 0$ 时为压应

力三角形分布。

式（6.5.5）中，取 $\psi=0$ 即是腹板在图 6.5.5（a）所示的三角形压应力分布下的 γ_σ^*。

纯剪应力作用下，四周简支板的优化肋板刚度比 γ_τ^*（Johnston B. G，《金属结构稳定设计准则解说》）为：

$$\gamma_\tau^* = 5.4\alpha^2(2\alpha+2.5\alpha^2-\alpha^3-1) \quad (0.5 \leqslant \alpha \leqslant 2.0) \tag{6.5.6}$$

2）二道纵向加劲肋三等分腹板

两道纵向加劲肋三等分腹板的情况，崔德刚（《结构稳定设计手册》）以图表方式给出了在三角形压应力分布的 γ_σ^* 和纯剪应力作用下的优化肋板刚度比 γ_τ^*。

四边简支板，三角形压应力分布：当 $\alpha=1.5$ 时，$\gamma_\sigma^*=20$；当 $\alpha=2.0$ 时，$\gamma_\sigma^*=30$。

四边简支板，纯剪应力作用下：当 $\alpha=1.5$ 时，$\gamma_\tau^*=140$；当 $\alpha=2.0$ 时，$\gamma_\tau^*=220$。

（3）塑性极限状态的纵向加劲肋刚度

1）塑性极限状态的优化肋板刚度比

据 Ballio G 和 Mazzolani F M 的《Theory and Design of Steel Structures Johnston》和 Narayanan R 的《Plated Structures－Stability and Strength》，四周简支板中央设置一道纵向加劲肋，三角形应力分布和纯剪应力作用的放大系数 ξ 都等于 3，即 $\gamma_\sigma^0=3\gamma_\sigma^*$，$\gamma_\tau^0=3\gamma_\tau^*$。

设置二道纵向加劲肋三等分四周简支板，Ballio G 和 Mazzolani F M 推荐放大系数 $\xi=4$；但 Narayanan R 建议按腹板宽厚比 h_0/t_w 取值，h_0/t_w 越大 ξ 值也越大，ξ 的上限值为4，下限值为 1.25，并设置两道纵向加劲肋时可乘以 0.8 系数折减。结合框架梁端加劲腹板的恰当宽厚比限值，经综合比较，取 $\xi=2$，即塑性极限状态优化肋板刚度比取为 $\gamma_\sigma^0=2\gamma_\sigma^*$，$\gamma_\tau^0=2\gamma_\tau^*$。

根据式（6.5.5）、式（6.5.6）可求出框架塑性铰区腹板以一道和两道加劲肋均分梁高时，弯剪共同作用下的优化肋板刚度比 $\gamma_{\sigma,\tau}^0$ 值，如表 6.5.1。为了对比，与 GB 50017 规范要求纵向加劲肋刚度的比值也列入其中。

纵向加劲肋的 $\gamma_{\sigma,\tau}^0$ 值与 GB 50017 规范刚度值的对比　　　　　　表 6.5.1

$\alpha=a/h_0$ 加劲肋情况	一道加劲肋二等分腹板		两道纵向加劲肋三等分腹板	
	$\gamma_{\sigma,\tau}^0=3\gamma_{\sigma,\tau}^*$	与 GB 50017 规范值之比	$\gamma_{\sigma,\tau}^0=2\gamma_{\sigma,\tau}^*$	与 GB 50017 规范值之比
1.5	79	1.8	129	2.9
2.0	165	2.4	184	2.6

由表 6.5.1 可见，三等分腹板的二道加劲肋的刚度要求，比在腹板中央一道加劲肋的刚度要求高，这是合理的。除了图 6.5.5 所示的应力分布条件的原因外，设置二道加劲肋的腹板比设置一道的腹板更薄，而加劲肋的刚度要求与腹板宽厚比 h_0/t_w 有关。

2）对中性轴在楼板内等情况的评估

固然，上述的 $\gamma_{\sigma,\tau}^0$ 系按图 6.5.5 的中性轴位于上翼缘与楼板的混凝土交界面所导出，但是梁端塑性铰区的纵向加劲肋刚度要求中，剪力占据主导地位。加劲肋刚度的要求，在很大程度上取决于作用的剪力大小。因而有如下评估结果：

腹板中心线处设纵向加劲肋时，调整式（6.5.5）的应力分布参数 ψ，使其在 $0<\psi\leqslant0.5$ 范围内波动，对中性轴上移的影响进行评估，表明：考虑中性轴在混凝土楼板内（包

括梁受较小轴力作用的情况）时，对 $\gamma_{\sigma,\tau}^0$ 的影响较小，增大值不足 5%。

两道纵向加劲肋三等分腹板时，结合 Narayanan R 的《Plated Structures-Stability and Strength》中腹板宽厚比与 ξ 系数的对应关系，取放大系数 $\xi=2$ 时已留有余地，可认为已考虑了中性轴位于混凝土楼板内的工况。

采用铺设钢板、网格板的楼盖，虽中性轴不至于过多偏离钢梁截面中心轴，但纵向加劲肋的刚度也可偏安全地取用上述值。

3）加劲肋刚度的设计实用计算公式

综上所述，兼顾设计的便利性，塑性铰区纵向加劲肋的优化肋板刚度比 $\gamma_{\sigma,\tau}^0$ 以及相应的惯性矩 I_s，无论中性轴位于钢梁内还是位于混凝土楼板内，在 $1.5 \leqslant \alpha \leqslant 2$（$\alpha=a/h_0$，$a$ 取横向加劲肋到钢柱翼缘的距离）范围内，都可采用下列公式进行设计计算：

一道纵向加劲肋二等分腹板： $\quad\quad\quad \gamma_{\sigma,\tau}^0 \geqslant 170(\alpha-1)$ （6.5.7a）

二道纵向加劲肋三等分腹板： $\quad\quad\quad \gamma_{\sigma,\tau}^0 \geqslant 110(\alpha-0.3)$ （6.5.7b）

纵向加劲肋对腹板中面的惯性矩： $\quad\quad I_s \geqslant \dfrac{\gamma_{\sigma,\tau}^0 h_0 t_w^3}{11}$ （6.5.7c）

毋需赘述，采用式（6.5.7）计算框架塑性铰区的纵向加劲肋刚度时，梁端剪力须符合限值要求。其实，不设置加劲肋的框架梁端塑性铰区，也宜符合式（6.5.5）的剪力限值。如纵向加劲肋采用闭口截面，则其刚度可按式（6.5.7）乘以约 65% 估计。

塑性铰区外的横向加劲肋，按 GB 50017 规定的要求（$I_s \geqslant 3h_0 t_w^3$）设计，并满足相应的构造要求即可。从便于工程实用的角度考虑，加劲肋取用 GB 50017 规范中公式计算值的 3 倍及以上作为构造措施即可。板条加劲肋一般取腹板切割而成，很容易达到上述要求，并且耗钢量很小。

第7章 工业构筑物抗震设计技术

7.1 工业构筑物抗震特征

随着国民经济的发展，构筑物作为工业生产的承载体正呈现着日新月异的变化，主要表现在：人们对结构的安全重视程度越来越高，对经济性越来越重视，相应地，对结构的抗震要求也越来越严格；钢结构的大量使用，一些低效笨重的结构或材料也逐步被淘汰替换掉，比如钢筋混凝土锅炉构架；在工业生产中，新项目、新工艺不断涌现，一些原有的结构、材料对新的工程应用的不适用也逐步显现出来，急需对现有结构进行改进优化或者开发出新结构，比如钢井塔、索道支架、挡土结构、锅炉钢结构等。全面提高构筑物抗震设计技术水平，积极开展构筑物相关技术的研究，提高技术标准水平与质量，将是一项长期重要的任务。

工业构筑物往往与设备工艺紧密相关，这些设备在企业运营中相对于构筑物而言有举足轻重的意义。一旦设备毁坏，将直接影响连续生产和经济效益，而修复这些设备往往是困难的，因此带来的次生灾害更是不可估量。

7.1.1 设防分类和设防标准

构筑物的抗震设防分类和设防标准与现行国家标准《建筑工程抗震设防分类标准》GB 50223 完全相同。确定构筑物抗震设防类别的标准是根据其重要性和受地震破坏后果的严重程度，其中包括人员伤亡、经济损失、社会影响等，构筑物的抗震设防可分为甲类、乙类、丙类、丁类。

对于《建筑工程抗震设防分类标准》GB 50223 以外的如尾矿坝等构筑物，应按《构筑物抗震设计规范》GB 50191 的规定确定抗震设防分类，并采用相应的设防标准。

构筑物一般仍规定 50 年设计使用年限内三个水准设防目标，即"小震不坏，中震可修，大震不倒"。

采用二阶段设计来实现三个水准的设防目标：第一阶段设计是承载力验算，按第一水准的地震动参数计算结构的弹性地震作用标准值和相应的地震作用效应，继续采用《建筑结构可靠度设计统一标准》GB 50068 规定的分项参数设计表达式进行结构构件的截面承载力抗震验算，既满足第一水准下承载力的可靠度，又满足第二水准下结构损坏可修的目标。对大多数结构而言，仅通过第一阶段设计、符合概念设计和抗震构造措施要求，可以满足第三水准的设计要求。

第二阶段设计是针对地震时易倒的结构或有明显薄弱层的不规则结构，以及有专门研究要求的构筑物，要进行结构薄弱部位的弹塑性层间变形验算，并采取相应的抗震构造措施，以实现第三水准下不倒塌的设计要求。

工业构筑物的设计使用年限可能比 50 年低，如框排架结构在电力部门使用年限可能为 30 年，高炉的使用年限为 15 年。但抗震设计仍按 50 年考虑，即第一水准（小震）——50 年内超越概率为 63% 的多遇地震，第二水准（中震）——50 年内超越概率为 10% 的设防地震，第三水准（大震）——50 年内超越概率为 2%～3% 的罕遇地震。设防目标仍同其他构筑物，也按二阶段设计。从抗震安全和经济性方面进行综合分析。

遭受罕遇地震影响时，因为构筑物中工作人员很少或无操作人员，只要不倒塌就不会产生危及生命安全情况。

7.1.2 地震影响

构筑物在特定场地条件下所受到的地震影响，除与地震震级（地震动强度）大小有关外，主要取决于该场地条件下反应谱频谱特性中的特征周期值。反应谱（地震影响系数曲线）的特征周期又与震级大小和震中距远近有关。

"概念设计"也是构筑物抗震设计的主要内容之一。破坏性地震是一种巨大的自然灾害，由于地震动具有明显的不确定性和复杂性，人们对地震的规律性认识还很不足。历次大地震的震害表明，在某种意义上，建筑物的抗震设计仍然是一门"艺术"，依赖于设计人员的抗震理念。因此，抗震计算和抗震措施是不可分割的两个组成部门，而且"概念设计"（Conceptual design）要比"计算设计"（numerical design）更为重要。"概念设计"，是根据震害和工程经验等所形成的基本设计思想和设计原则，进行建筑和结构总体布置并确定细部构造的过程。建筑结构的抗震性能好坏，仍然取决于概念设计的水平高低。主要包括以下方面：

1. 地震动的不确定性和复杂性

每次地震三要素（震幅、频谱、持时）不同，对结构物的破坏作用也不相同。例如，同为 8 度区完全相同设计的构筑物，有的完好，有的严重破坏，甚至倒塌。

（1）地震动幅值（震幅）

1）早期人们认为地震动的破坏作用是加速度峰值大小控制。

2）后来有人主张用速度指标来衡量地震动的强弱，即与地震的动能有关。

3）也有人主张用地震动位移指标来衡量地震动强弱。

实际上，上述观点均有正确的一面。当地震科学家对每一次地震做了谱分析，尤其后来通过数百条地震记录所作的反应谱表明，反应谱的短周期段（$T \leqslant T_g$），其破坏作用主要由于加速度峰值控制，即短周期结构加速度是主要破坏因素；中等周期段（$T_g < T \leqslant 5T_g$），地震动速度峰值起控制作用；长周期段（$T > 5T_g$），地震动位移峰值起控制作用，即对长周期结构破坏作用大。

纽马克-罗森布卢思建议一种设计反应谱：在双对数坐标上，分别绘出加速度反应谱 S_a、速度反应谱 S_r 和位移反应谱 S_d 在同一个图中，用统一曲线表示，只是竖向坐标分别按 S_a、S_v 和 S_d 取值。这是一个很好的主意，但用起来很不便。我国与世界上大多数国家的设计规范一样，仅采用加速度作为衡量地震动震幅的指标，但加速度反应谱考虑了速度和位移因素作了调整。

关于竖向地震作用，过去研究较少，竖向地震记录也很少，因为只有靠近震中区竖向地震动强烈，所以人们一直认为水平地震动是建筑物的主要破坏因素。同时，人们认为静力计算时竖向荷载的安全储备较多，竖向地震作用不会导致严重后果。后来震害表明，在高烈度地区一些高耸、大跨度结构的破坏与竖向地震动有直接关系。

根据地震记录统计结果表明，竖向地震动峰值 α_r 与水平地震动峰值 α_H 之比值，一般在 $1/2\sim2/3$ 范围内波动。1970 年美国英佩里亚尔谷地震时，在靠近断层约 10km 处的 11 条记录 α_r/α_H 平均值达到 1.12；1976 年苏联加兹里地震达到 1.63。我国规范取 0.65，相当于 2/3。竖向和水平向的平均反应谱的形状相差不大，因此，仍采用水平反应谱，即 $\alpha_r=0.65\alpha_H$。

（2）频谱

地震记录表明，一次地震动的加速度（或速度、位移）的振幅和频率（或周期）均是迅速变化的一个过程，波形非常复杂，频率成分十分丰富，频率的组成（各种频率出现的频度）又各不相同。频谱是指按其频率高低、次序排列而成的图形。每一次地震都有不同的频谱。人们发现，频谱特征对结构反应有重要影响，尤其在地震动的"卓越"频率与结构自振频率接近时，将发生"类共振"现象，结构震害加重。

1923 年日本关东地震，坚硬场地上的土坯房屋（刚性建筑）破坏严重，而软弱场地上的二层木屋（柔性建筑）也破坏大。

1970 年 3 月 28 日土耳其格迪兹地震，在布尔萨（Bursa）的非亚特-托法期厂内记录的地震动卓越周期为 1.2s，RC 结构质量很好，但破坏严重，经分析认为其结构自振周期与地震卓越周期一致，发生"共振"现象。在同一种地基土上的相邻的刚性建筑（$T=0.25s$）和较柔性建筑（$T=2.5s$）均未破坏或震害很轻。

1976 年唐山地震时，塘沽区（8 度），4 层及以下楼房（刚性建筑）震害较轻，产生屋盖单层 RC 厂房（柔性建筑）震害严重。1957 年、1977 年和 1985 年三次墨西哥地震，在软弱土地基上的柔性的高层建筑倒塌 265 栋（绝大多数为 6~15 层房屋），其中有些低层（$T<2.0s$）建筑也倒塌，后来分析认为，由于地基转动和初始破坏后使自振周期显著加长而发生"共振"现象。

地震的破坏性，既有地震本身的频谱特性的因素，也有场地和结构振动特性因素，即地震反应的"选择"和场地的"滤波"作用。

（3）持时（激烈震动时段长度）

一般地震动持续时间为 15~45s。持时越长，输入结构的地震能量越多，破坏越大。

目前，只有时程分析法计算时考虑持时因素，后面将说明取值规定。持时的影响因素有：

1）震级：震级大、断裂带长，持时长。

2）震中距：随震中距增大，持时增长。

3）场地条件：软弱场地比岩石场地持时长。

2. 地震烈度与地震动加速度峰值的对应关系的离散性

从烈度与加速度峰值的对应关系统计图可以看出，二者之间的离散性是很大的，7 度时加速度峰值可能相差 20 倍。因此，采用在一定范围内取其平均值作为对应关系，即舍弃一些较大和较小值后取平均值，并作了调整。

7.1.3 场地和地基基础

在抗震设计中，场地指具有相似的反应谱特征的建筑群体所在地，相当于一个厂区，在平坦地区一般不小于 $1km^2$。

选择构筑物场地时，应根据工程规划、地震活动情况、工程地质和地震地质等有关资料，对抗震有利地段、一般地段、不利地段和危险地段作出综合评价。对不利地段，应提出避开要求；当无法避开时，应采取有效的抗震措施。经综合评价后划分为危险地段的工程场地，严禁建造甲类、乙类构筑物，不应建造丙类构筑物。

在下列工程或地区的抗震设防要求，需作专门研究：

（1）抗震设防要求高于本地地震动参数区划图抗震设防要求的重大工程，可能发生严重次生灾害的工程、核电站和其他有特殊要求的核设施建设工程；

（2）位于地震动参数区划分界线附近的新建、扩建、改建建设工程；

（3）某些地震研究程度和资料详细程度较差的边远地区；

（4）位于复杂的地质条件区域的大城市、大型厂矿企业、长距离生命线工程以及新建开发区等。

对体型不大构筑物一般能够满足要求；但对于大型构筑物若不满足要求时，应通过地基沉降计算和结构反应分析结果，确定地基基础和上部结构的抗震措施。

构筑物的地基除要求满足承载力外，还要防止不均匀沉降对结构的不利影响（如倾斜、吊车梁不平）。强调"主要持力层范围内"存在液化，软弱黏性土、新近填土或严重不均匀土的情况，采取地基、基础或上部结构的措施。

根据 2008 年汶川地震的经验教训，针对山区构筑物选址和地基基础设计，应包含主要抗震要求。

有关山区构筑物距边坡边缘的距离，参照《建筑地基基础设计规范》GB 50007 计算时，其边坡坡角需按地震烈度高低修正，即减去地震角，滑动力矩须计入水平地震和竖向地震产生的效应。

有关边坡地震稳定性验算和挡土结构计算，作为特殊构筑物进行了抗震设计的规定，见后面章节介绍。

在具体实践中，项目组进行了武钢、宝钢、首钢、鞍钢、包钢等重要厂区的小区划和地震危险性分析，提供了更加详尽的地震动参数。

7.1.4 结构体系和设计要求

构筑物设计应符合平面、立面和竖向的规则性要求。不规则的构筑物应按规定采取加强措施；特别不规则的构筑物应进行专门的研究和论证，并应采取特别的加强措施，不应采用严重不规则的结构设计方案。构筑物在平面和竖向规则，是指平面、立面外形简单、匀称，抗侧力构件布置对称、均匀，质量分布均匀，结构承载力分布均匀、无突变等。

构筑物的结构体系，应根据工艺和功能要求、抗震设防类别、抗震设防烈度、结构高度、场地条件、地基、结构材料和施工等因素，经技术、经济和使用条件进行综合比较确定；8 度、9 度时，可采用隔震和消能减震设计。

在进行抗震计算时，要明确的计算简图和合理的地震作用传递途径，包括以下三重含义：①在地震作用下结构的实际受力状态与计算简图相符；②结构传递地震作用的路线不能中断；③结构的地震反应通过最简捷的传力路线向地基反馈，充分发挥地基逸散阻尼效应对上部结构的减震作用。

以下关于薄弱层（部位）的概念，是构筑物抗震的重要内容：

（1）在罕遇地震作用下，结构的强度安全储备所剩无几，此时应按构件的实际承载力标准值来分析，判定薄弱层（部位）的安全性。

（2）楼层（部位）的实际承载力和设计计算的弹性受力之比（即楼层的屈服强度系数）在高度方向要相对均匀变化，突变将会导致塑性变形集中和应力集中。

（3）要避免仅对结构中某些构件或节点采取局部加强措施，造成整体结构的刚度、强度的不协调而使其他部位形成薄弱环节。

（4）在抗震设计时要控制薄弱层（部位）有较好的变形能力，以避免薄弱层（部位）发生转移。

关于多道抗震防线问题。当采用几个结构体系组联成整体结构体系时，要通过延性好的构件连接并达到协同工作。如框架-抗震墙体系，是由延性框架和抗震墙两个系统组合；双肢或多肢抗震墙体系由若干个单肢墙分系统组成。尽量增加结构体系的赘余度，吸收更多的地震能量，一个分体系遭到地震破坏，可保护整体结构，局部受损构件可以在震后修复。

构筑物抗侧力结构的平面布置宜规则对称，结构沿竖向侧移刚度宜均匀变化，竖向抗侧力构件的截面尺寸和材料强度宜自下而上逐渐减小，宜避免抗侧力结构的侧移刚度和承载力突变。

体型复杂、平立面特别不规则的构筑物，可按实际需要在适当部位设置防震缝。防震缝应根据抗震设防烈度、结构材料种类、结构类型、结构单元的高度和高差情况，留有足够的宽度，其两侧的上部结构应完全分开。当设置伸缩缝和沉降缝时，其宽度应符合防震缝的要求。

7.1.5 结构分析

构筑物的结构应按多遇地震作用进行内力和变形分析，可假定结构与构件处于弹性工作状态，内力和变形分析可采用线性静力方法或线性动力方法。不规则且具有明显薄弱部位，地震时可能导致严重破坏的构筑物，应按罕遇地震作用下的弹塑性变形分析。可根据结构特点采用弹塑性静力分析或弹塑性时程分析方法。

当结构在地震作用下的重力附加弯矩大于初始弯矩的10%时，应计入重力二阶效应的影响。结构抗震分析时，应根据各结构层在平面内变形情况确定为刚性、半刚性和柔性等的横隔板，再按抗侧力系统的布置确定抗侧力构件间的共同工作，并应进行构件的地震内力分析。

7.1.6 非结构构件

非结构构件，包括构筑物主体结构以外的结构构件、设施和机电等设备，自身及其与结构主体的连接，应进行抗震设计。对于重要设备，一般采用楼层反应谱进行抗震设计。部分进行构筑物和设备的耦联抗震综合分析。

7.2 工业构筑物抗震分析

7.2.1 场地、地基和基础

1. 场地

选择构筑物场地时，对构筑物抗震有利、一般、不利和危险地段，应按表7.2.1划分。

有利、一般、不利和危险地段的划分 表 7.2.1

地段类别	地质、地形、地貌
有利地段	稳定基岩，坚硬土、开阔、平坦、密实、均匀的中硬土等
一般地段	不属于有利、不利和危险的地段
不利地段	软弱土，液化土，条状突出的山嘴，高耸孤立的山丘，陡坡，陡坎，河岸和边坡的边缘，平面分布上成因、岩性、状态明显不均匀的土层（如故河道、疏松的断层破碎带、暗埋的塘浜沟谷和半填半挖地基），高含水量的可塑黄土，地表存在结构性裂缝等
危险地段	地震时可能发生滑坡、崩塌、地陷、地裂、泥石流等及发震断裂带上可能发生地表错位的部位

构筑物场地的类别划分，应以土层等效剪切波速和场地覆盖层厚度为准。

场地岩土工程勘察，应根据实际需要划分的对构筑物有利、不利和危险的地段，提供构筑物的场地类别和滑坡、崩塌、液化和震陷等岩土地震稳定性评价，对需要采用时程分析法补充计算的构筑物，尚应根据设计要求提供土层剖面、场地覆盖层厚度和有关的动力参数。

2. 天然地基和基础

天然地基基础抗震验算时，应采用地震作用效应标准组合，且地基抗震承载力应按地基承载力特征值乘以地基抗震承载力调整系数计算。

验算天然地基地震作用下的竖向承载力时，按地震作用效应标准组合的基础底面平均压力和边缘最大压力，应符合下列公式的要求：

$$P \leqslant f_{aE} \tag{7.2.1}$$

$$P_{max} \leqslant 1.2 f_{aE} \tag{7.2.2}$$

式中 P——地震作用效应标准组合的基础底面平均压力；

P_{max}——地震作用效应标准组合的基础边缘的最大压力。

验算天然地基的抗震承载力时，基础底面零应力区的面积大小，应符合下列规定：

（1）形体规则的构筑物，零应力区的面积不应大于基础底面面积的 25%。

（2）形体不规则的构筑物，零应力区的面积不宜大于基础底面面积的 15%。

（3）高宽比大于 4 的高耸构筑物，零应力区的面积应为零。

3. 液化土地基

饱和砂土和饱和粉土（不含黄土）的液化判别和地基处理，6 度时，可不进行判别和处理，但对液化沉陷敏感的乙类构筑物可按 7 度的要求进行判别和处理；7～9 度时，乙类构筑物可按本地区抗震设防烈度的要求进行判别和处理。

地面下 20m 深度范围内存在饱和砂土和饱和粉土时，除 6 度外，应进行液化判别；存在液化土层的地基，应根据构筑物的抗震设防类别、地基的液化等级，结合具体情况采取相应的措施（该处饱和土液化判别要求不包括黄土、粉质黏土）。

当液化砂土层、粉土层较平坦且均匀时，宜按表 7.2.2 选用地基抗液化措施；尚可计入上部结构重力荷载对液化危害的影响，并可根据液化震陷量的估计适当调整抗液化措施。未经处理的液化土层不宜作为天然地基持力层。

构筑物抗震设防类别	地基的液化等级		
	轻微	中等	严重
乙类	部分消除液化沉陷，或对基础和上部结构处理	全部消除液化沉陷，或部分消除液化沉陷且对基础和上部结构处理	全部消除液化沉陷
丙类	基础和上部结构处理，亦可不采取措施	基础和上部结构处理，或更高要求的措施	全部消除液化沉陷，或部分消除液化沉陷且对基础和上部结构处理
丁类	可不采取措施	可不采取措施	基础和上部结构处理，或其他经济的措施

注：甲类构筑物的地基抗液化措施应进行专门研究，但不宜低于乙类的相应要求。

减轻液化影响的基础和上部结构处理，可综合采用下列措施：

(1) 可选择合适的基础埋置深度。

(2) 可调整基础底面积和减小基础偏心。

(3) 可采用箱基、筏基或钢筋混凝土十字形基础，独立基础加设基础连梁等加强基础的整体性和刚度的措施。

(4) 可减轻荷载、增强上部结构的整体刚度和均匀对称性、合理设置沉降缝、采用对不均匀沉降不敏感的结构形式等。

(5) 管道穿过构筑物处应预留足够尺寸或采用柔性接头等。

在故河道以及临近河岸、海岸和边坡等有液化侧向扩展或流滑可能的地段内，不宜修建永久性构筑物，必须修建永久性构筑物时，应进行抗滑动验算、采取防止土体滑动或提高结构整体性等措施。

7.2.2 地震作用和结构抗震验算

1. 一般要求

构筑物的地震作用计算，应符合下列规定：

(1) 应至少在构筑物结构单元的两个主轴方向分别计算水平地震作用并进行抗震验算，各方向的水平地震作用应由该方向的抗侧力构件承担。

(2) 有斜交抗侧力构件的结构，当相交角度大于 15°时，应分别计算各抗侧力构件方向的水平地震作用。

(3) 质量或刚度分布明显不对称的结构，应计入双向水平地震作用下的扭转影响；其他情况，应允许采用调整地震作用效应的方法计入扭转影响。

(4) 8 度和 9 度时的大跨度结构、长悬臂结构及双曲线冷却塔、电视塔、石油化工塔型设备基础、高炉，以及 9 度时的井架、井塔、锅炉钢结构等高耸构筑物，应计算竖向地震作用。

各类不同的构筑物，应分别采用不同的方法进行抗震计算：

(1) 质量和刚度沿高度分布比较均匀且高度不超过 55m 的框排架结构、高度不超过 65m 的其他构筑物，以及近似于单质点体系的结构，可采用底部剪力法，其他结构宜采用振型分解反应谱法。

（2）甲类构筑物和特别不规则的构筑物，除应按规定采用振型分解反应谱法外，尚应采用时程分析法或经专门研究的方法进行补充计算。计算结果可取时程分析法的平均值和振型分解反应谱法的较大值。

每类场地上的反应谱是由该类场地的大量地震记录的反应谱值统计平均得到的，而任意选择的几条地震记录的反应谱有可能与此场地的典型特征相差甚远。还由于结构可能在某组（条）地震动作用下，反应结果偏小，说明该地震动的选择不是很适当，应另外补选一组（条）。采用时程分析法时，应选择不少于2组相似场地条件的实际加速度记录和1组拟合设计反应谱的人工地震加速度时程曲线，其平均地震影响系数曲线应与振型分解反应谱法所采用的地震影响系数曲线在统计意义上相符。底部剪力可取多条时程曲线计算结果的平均值，但不应小于按底部剪力法或振型分解反应谱法计算值的80%，且每条时程曲线计算所得结构底部剪力不应小于底部剪力法或振型分解反应谱法计算结果的65%。

选择地震加速度时程曲线时，要充分考虑地震动三要素（频谱特性、加速度峰值和持续时间）。

频谱特性可用地震影响系数曲线表征，依据所处的场地类别和设计地震分组确定。

输入的地震加速度时程的持续时间，不论是实际的强震记录还是人工模拟波，一般应大于结构基本自振周期的5倍。

当结构需要进行同时双向（2个水平向）或三向（2个水平和1个竖向）地震波输入时，其加速度最大值通常按1（水平1）：0.85（水平2）：0.65（竖向）的比例调整。选用的实际加速度记录，可以是同一组的三个分量，也可以是不同组的记录。

计算地震作用时，构筑物的重力荷载代表值应取结构构件、内衬和固定设备自重标准值和可变荷载组合值之和；考虑到某些构筑物的积灰荷载不容忽略，可变荷载中包含了积灰荷载，可变荷载的组合值系数，应按表7.2.3采用。

可变荷载的组合值系数　　　　　　　　　　　表7.2.3

可变荷载种类		组合值系数
雪荷载（不包括高温部位）		0.5
积灰荷载		0.5
楼面和操作台面活荷载	按实际情况计算时	1.0
	按等效均布荷载计算时	0.5～0.7
吊车悬吊物重力	硬钩吊车	0.3
	软钩吊车	不计入

注：硬钩吊车的吊重较大时，组合值系数应按实际情况采用。

构筑物的地震影响系数，应根据烈度、场地类别、设计地震分组和结构自振周期，以及阻尼比确定。其水平地震影响系数最大值 α_{max} 应按表7.2.4采用；当计算的地震影响系数值小于 $0.12\alpha_{max}$ 时，应取 $0.12\alpha_{max}$。特征周期应根据场地类别和设计地震分组按表7.2.5采用；计算罕遇地震作用时，特征周期应增加0.05s。周期大于7.0s的构筑物，其地震影响系数应专门研究。

水平地震影响系数最大值 表 7.2.4

地震影响	6度	7度	8度	9度
多遇地震	0.04	0.08（0.12）	0.16（0.24）	0.32
设防地震	0.12	0.23（0.34）	0.45（0.68）	0.90
罕遇地震	0.28	0.50（0.72）	0.90（1.20）	1.40

注：括号内数值分别用于设计基本地震加速度为 $0.15g$ 和 $0.30g$ 的地区；多遇地震，50年超越概率为 63%；设防地震（设防烈度），50年超越概率为 10%；罕遇地震，50年超越概率为 2%～3%。

特征周期值（s） 表 7.2.5

设计地震分组	场地类别				
	I_0	I_1	II	III	IV
第一组	0.20	0.25	0.35	0.45	0.65
第二组	0.25	0.30	0.40	0.55	0.75
第三组	0.30	0.35	0.45	0.65	0.90

2. 水平地震作用计算

对于构筑物来说，除了以剪切变形为主的剪切型结构外，还存在着剪弯型和弯曲型的结构。

采用底部剪力法时，结构水平地震作用计算可按图 7.2.1 采用；水平地震作用和作用效应应按下式计算：

（1）结构总水平地震作用标准值

应按下列公式确定：

$$F_{Ek} = \alpha_1 G_{eq} \tag{7.2.3}$$

$$G_{eq} = \frac{\left[\sum G_i X_{1i}\right]^2}{\sum G_i X_{1i}^2} \quad (i=1, 2\cdots\cdots n) \tag{7.2.4}$$

$$X_{1i} = (h_i/h)_{\delta} \tag{7.2.5}$$

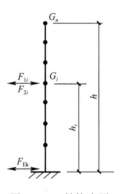

图 7.2.1 结构水平
地震作用计算

式中 F_{Ek}——结构总水平地震作用标准值；

α_1——相应于结构基本自振周期的水平地震影响系数，应按《构筑物抗震设计规范》GB 50191 的规定确定；

G_{eq}——相应于结构基本自振周期的等效总重力荷载，按单质点时应取总重力荷载代表值，按多质点时可取总重力荷载代表值的 85%；

G_i——集中于质点 i 的重力荷载代表值，应按《构筑物抗震设计规范》GB 50191 的规定确定；

X_{1i}——结构基本振型质点 i 的水平相对位移；

h_i——质点 i 的计算高度；

h——结构的总计算高度；

δ——结构基本振型指数，可按表 7.2.6 取值；

n——质点数。

结构基本振型指数 表 7.2.6

结构类型	剪切型结构	剪弯型结构	弯曲型结构
δ	1.00	1.50	1.75

205

（2）结构基本振型和第二振型质点 i 的水平地震作用标准值

$$F_{1i} = F_{Ek1} \frac{G_i X_{1i}}{\sum G_i X_{1i}} \qquad (7.2.6)$$

$$F_{2i} = F_{Ek2} \frac{G_i X_{2i}}{\sum G_i X_{2i}} \qquad (7.2.7)$$

$$F_{Ek1} = \frac{\alpha_1}{\eta_h} G_{eq} \qquad (7.2.8)$$

$$F_{Ek2} = \sqrt{F_{Ek}^2 - F_{Ek1}^2} \qquad (7.2.9)$$

$$X_{2i} = (1 - h_i/h_0)h_i/h_0 \qquad (7.2.10)$$

式中　F_{1i}、F_{2i}——分别为结构基本振型和第二振型质点 i 的水平地震作用标准值；

　　　F_{Ek1}、F_{Ek2}——分别为结构基本振型和第二振型的总水平地震作用标准值；

　　　　　　X_{2i}——结构第二振型质点 i 的水平相对位移；

　　　　　　h_0——结构第二振型曲线的交点计算高度，可采用结构总计算高度的 80%。

（3）水平地震作用标准值效应

按多遇地震计算时：

$$S_{Ek} \quad \sqrt{S_{Ek1}^2 + S_{Ek2}^2} \qquad (7.2.11)$$

按设防地震计算时：

$$S_{Ek} = \xi \sqrt{S_{Ek1}^2 + S_{Ek2}^2} \qquad (7.2.12)$$

式中　S_{Ek}——水平地震作用标准值效应；

　　S_{Ek1}、S_{Ek2}——分别为结构基本振型和第二振型的水平地震作用标准值效应；

　　　　　ξ——地震效应折减系数。

当采用振型分解反应谱法，且不进行扭转耦联计算时，水平地震作用和作用效应应按下列要求计算：

1）结构 j 振型 i 质点的水平地震作用标准值，按下列公式确定：

$$F_{ji} = \alpha_j \gamma_j X_{ji} G_i \quad (i = 1, 2, \cdots m) \qquad (7.2.13)$$

$$\gamma_j = \sum_{i=1}^{n} G_i X_{ji} \Big/ \sum_{i=1}^{n} G_i X_{ji}^2 \qquad (7.2.14)$$

式中　F_{ji}——j 振型 i 质点的水平地震作用标准值；

　　　α_j——相应于 j 振型自振周期的水平地震影响系数，应按《构筑物抗震设计规范》GB 50191 的规定确定；

　　　X_{ji}——j 振型 i 质点的水平相对位移；

　　　γ_j——j 振型的参与系数；

　　　m——振型数。

2）水平地震作用标准值效应（弯矩、剪力、轴向力和变形），当相邻振型的周期比小于 0.85 时，可按下式确定：

按多遇地震计算时：

$$S_{Ek} = \sqrt{\sum S_j^2} \qquad (7.2.15)$$

按设防地震计算时：

$$S_{Ek} = \xi \sqrt{\sum S_j^2} \qquad (7.2.16)$$

式中 S_j——j 振型水平地震作用标准值效应，除《构筑物抗震设计规范》GB 50191 规定外，振型数可只取前 3~5 个振型；当基本自振周期大于 1.5s 时，振型数目可适当增加，振型数应使振型参与质量不小于总质量的 90%；

S_{Ek}——水平地震作用标准值效应。

构筑物估计水平地震作用扭转影响时，应按下列规定计算其地震作用和作用效应：

对于平面对称构筑物，可能存在偶然荷载、施工质量等引起的偶然偏心，可以不进行扭转耦联计算，采用增大外侧构件内力的简化处理方法；进行偏心结构扭转耦联反应分析时，两个水平和扭转参振振型均要考虑到，所以规定每个方向的参振振型数量至少包含该方向的前三阶振型。同样还规定了所选取的振型数应使振型参与质量不小于总质量的 90%，以便当分析复杂结构且不能确信参振振型数量足够时，据此原则确定振型数量。

对于偏心构筑物，进行扭转耦联地震作用和效应计算时，可采用三维空间有限元分析模型，也可采用多质点体系平动-扭转耦联分析模型。采用振型分解法计算时，应选取包括两个正交水平方向和扭转的振型，每个方向的振型数不应少于含有该方向的前三阶振型，且振型数应使振型参与质量不小于总质量的 90%。单向水平地震作用标准值效应采用完全二次项平方根法。双向水平地震作用标准值效应，可按下列公式中的较大值确定：

$$S_{Ek} = \sqrt{S_x^2 + (0.85S_y)^2} \tag{7.2.17}$$

$$或 \quad S_{Ek} = \sqrt{S_y^2 + (0.85S_x)^2} \tag{7.2.18}$$

式中 S_x、S_y——分别为 x 向、y 向按扭转耦联分析得出的单向水平地震作用标准值效应。

突出构筑物顶面的小型结构，采用底部剪力法计算时，除规范另有规定外，其地震作用效应宜乘以增大系数 3，增大部分可不往下传递，但与该突出部分相连的构件设计时应予以计入。

抗震验算时，任意结构层的水平地震剪力，应符合下式要求：

$$V_{Eki} > \lambda \sum_{j=1}^{n} G_j \tag{7.2.19}$$

式中 V_{Eki}——第 i 层对应于水平地震作用标准值的结构层剪力；

λ——剪力系数，不应小于表 7.2.7 的规定，对竖向不规则结构的薄弱层，尚应乘以 1.15 的增大系数；

G_j——第 j 层的重力荷载代表值。

结构层最小地震剪力系数值　　　　　　　　　　表 7.2.7

类别	6 度	7 度	8 度	9 度
扭转效应明显或基本自振周期小于 3.5s 的结构	0.008	0.016（0.024）	0.032（0.048）	0.064
基本自振周期大于 5.0s 的结构	0.006	0.012（0.018）	0.024（0.036）	0.048

注：1. 基本自振周期介于 3.5~5.0s 的结构，采用插入法取值。
　　2. 括号内数值分别用于设计基本地震加速度为 0.15g 和 0.30g 的地区。
　　3. 竖向地震作用计算

在高烈度下，高耸构筑物在竖向地震作用中上部可产生拉力。因此，对这类构筑物，竖向地震作用不可忽视，应在抗震验算时考虑。对这类结构在地震作用下的研究结果表明：第一振型起主要作用，且第一振型接近一直线；结构基本自振周期均在0.1～0.2s附近，因此其地震影响系数可取最大值；若将竖向地震作用表示为竖向地震影响系数最大值与第一振型等效质量的乘积，其结果与按振型分解反应谱法计算的结果非常接近。因此，竖向地震影响系数最大值与结构等效总重力荷载的乘积，等效总重力荷载可取为结构重力荷载代表值的75%，总竖向地震作用沿结构高度的分布，可按第一振型曲线，即倒三角形分布。

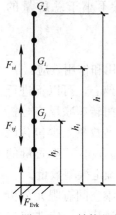

图7.2.2 结构竖向地震作用计算

结构层的竖向地震作用效应，可按各构件承受的重力荷载代表值的比例进行分配；当按多遇地震计算竖向地震作用时，根据不同结构类型对竖向地震作用的反应特性，规定其作用效应应乘以效应增大系数1.5～2.5，这是因为按多遇地震计算结果比按设防地震计算结果增大1.5～2.5倍。

井架、井塔以及质量、刚度分布与其类似的筒式或塔式结构，竖向地震作用标准值（图7.2.2），可按下列公式确定。

$$F_{Evk} = \alpha_{vmax} G_{eqv} \qquad (7.2.20)$$

$$F_{vi} = F_{Evk} \frac{G_i h_i}{\sum G_j h_j} \qquad (7.2.21)$$

式中　F_{Evk}——结构总竖向地震作用标准值；

　　　F_{vi}——质点i的竖向地震作用标准值；

　　　h_i、h_j——分别为质点i、j的计算高度；

　　　α_{vmax}——竖向地震影响系数最大值，按《构筑物抗震设计规范》GB 50191 的规定采用；

　　　G_{eqv}——结构等效总重力荷载，可按其重力荷载代表值的75%采用。

8度和9度时，跨度大于24m的桁架、长悬臂结构和其他大跨度结构，竖向地震作用标准值可采用其重力荷载代表值与竖向地震作用系数的乘积；竖向地震作用，可不向下传递，但构件节点设计时应予以计入；竖向地震作用系数可按表7.2.8采用。

竖向地震作用系数　　　　　　　　　　　　　　　　　表7.2.8

结构类别	烈度	场地类别		
		I_0、I_1	II	III、IV
平板型网架钢桁架	8度	可不计算（0.10）	0.08（0.12）	0.10（0.15）
	9度	0.15	0.15	0.20
钢筋混凝土桁架	8度	0.10（0.15）	0.13（0.19）	0.13（0.19）
	9度	0.20	0.25	0.25
长悬臂和其他大跨度结构	8度	0.10（0.15）		
	9度	0.20		

注：括号内数值系设计基本地震加速度为0.30g的地区。

分析研究表明，在地震烈度为8度、9度时，大跨度桁架各主要杆件的竖向地震内力与重力荷载内力之比，彼此相差一般不大，这个比值随烈度和场地条件而异。因此，这类结构的竖向地震作用标准值，可取其重力荷载代表值与表7.2.8中所列竖向地震作用系数的乘积。

（4）截面抗震验算

在进行截面抗震验算时，针对不同特点的构筑物，分别采用多遇地震和设防地震计算结构的地震作用及其作用效应，计算时均采用弹性分析方法，多遇地震的地震作用效应和乘以效应折减系数后的设防地震的地震作用效应，均可认为基本上处于结构的弹性工作范围内。因此，在两种情况下，结构构件承载力极限状态设计表达式，均可按现行国家标准《工程结构可靠度设计统一标准》GB 50153 采用。

结构构件的截面抗震验算，除规范 GB 50153 另有规定外，地震作用标准值效应和其他荷载效应的基本组合，应按下式计算：

$$S = \gamma_G S_{GE} + \gamma_{Eh} S_{Ehk} + \gamma_{Ev} S_{Evk} + \gamma_w \psi_w S_{wk} + \gamma_t \psi_t S_{tk} + \gamma_m \psi_m S_{mk} \qquad (7.2.22)$$

式中　　S——结构构件内力组合的设计值，包括组合的弯矩、轴向力和剪力的设计值等；

γ_G——重力荷载分项系数，应采用1.2；当重力荷载效应对构件承载能力有利时，不应大于1.0；当验算结构抗倾覆或抗滑时，不应小于0.9；

S_{GE}——重力荷载代表值效应，重力荷载代表值应按《构筑物抗震设计规范》GB 50191 的规定确定；

γ_{Eh}、γ_{Ev}——分别为水平、竖向地震作用分项系数，应按表7.2.9采用；

S_{Ehk}——水平地震作用标准值效应，尚应乘以相应的增大系数或调整系数；

S_{Evk}——竖向地震作用标准值效应，尚应乘以相应的增大系数或调整系数；

S_{wk}——风荷载标准值效应；

S_{tk}——温度作用标准值效应；

S_{mk}——高速旋转式机器主动作用标准值效应；

γ_w、γ_t、γ_m——分别为风荷载、温度作用和高速旋转式机器动力作用分项系数，均应采用1.4，冷却塔的温度分项系数应取1.0；

ψ_w——风荷载组合值系数，高耸构筑物应采用0.2，一般构筑物，应取0.0；

ψ_t——温度作用组合值系数，一般构筑物应取0.0，长期处于高温条件下的构筑物应取0.6；

ψ_m——高速旋转式机器动力作用组合值系数，对大型汽轮机组、电机、鼓风机等动力机器，应采用0.7，一般动力机器应取0.0。

地震作用分项系数　　　　　　　　　　　表7.2.9

地震作用		γ_{Eh}	γ_{Ev}
仅按水平地震作用计算		1.3	0.0
仅按竖向地震作用计算		0.0	1.3
同时按水平和竖向地震作用计算	水平地震作用为主时	1.3	0.5
	竖向地震作用为主时	0.5	1.3

对于与建筑物特性相近的构筑物，按《工程结构可靠度设计统一标准》GB 50153 规定的原则，在确定荷载分项系数的同时，已给出与抗力标准值相应的抗力分项系数，它可转换为抗震承载力设计值。为了在进行截面抗震验算时采用有关结构规范的承载力设计值，将抗震设计的抗力分项系数改用非抗震设计的构件承载力设计值的抗震调整系数。对于特性与建筑物不同的构筑物，与前述原因相同，也采用相同承载力抗震调整系数。

结构构件的截面抗震验算，应采用下列设计表达式：

$$S \leqslant R / \gamma_{RE} \tag{7.2.23}$$

式中 R——结构构件承载力设计值；

γ_{RE}——承载力抗震调整系数。

（5）抗震变形验算

震害表明，对一般构筑物在满足规定的抗震措施和截面抗震验算的条件下，可保证不发生超过极限状态的变形，故可不进行多遇地震作用下的抗震变形验算。但对于位于高烈度区以及特殊结构，应进行罕遇地震作用下薄弱层弹塑性变形验算。

钢筋混凝土柱承式筒仓的最大弹塑性位移，可按下式计算：

$$\Delta u_p = \frac{\Delta u_y}{2.78} \left[\left(\frac{M_E}{M_y} \right)^2 + 1.32 \right] \tag{7.2.24}$$

式中 Δu_p——柱顶最大弹塑性位移；

Δu_y——柱顶屈服位移，可在柱顶作用 1.42 倍的屈服弯矩，采用弹性分析确定；

M_E——柱顶弹性地震弯矩；

M_y——柱顶屈服弯矩。

根据各国抗震规范和抗震经验，目前采用层间位移角作为衡量结构变形能力的指标是比较合适的。对于没有楼层概念的构筑物，可以根据结构布置视其沿高度方向由一定数量的结构层组成，取结构最薄弱层间的相对位移角值检验是否超过规范限值。

对柱承式筒仓，将柱承式筒仓的弹塑性位移角定义为支承柱柱顶的水平位移除以柱高。分析研究表明，支承柱的极限延性系数控制着柱的地震破坏，故取极限延性系数的 84% 作为柱的变形限值。对带横梁和不带横梁的柱承式筒仓的分析发现，容许位移角限值 θ_p 随结构自振周期和柱的混凝土强度而变化，经回归分析求得其经验关系如式（7.2.25），由此经验公式计算的 θ_p 与弹塑性时程反应分析结果吻合较好。

结构薄弱层（部位）的弹塑性位移，应符合下式要求：

$$\Delta u_p \leqslant [\theta_p] h \tag{7.2.25}$$

式中 h——薄弱层（部位）的高度或柱承式筒仓柱的全高（m）；

$[\theta_p]$——弹塑性层间位移角限值，见表 7.2.10。

结构弹塑性层间位移角限值，可按表 7.2.10 采用；对于钢筋混凝土柱承式筒仓，可按下式确定：

$$[\theta_p] = 0.25 \frac{T_1^{1.4}}{f_{ck}} \tag{7.2.26}$$

式中 T_1——筒仓的基本自振周期；

f_{ck}——混凝土轴心抗压强度标准值。

结构弹塑性层间位移角限值   表 7.2.10

结构类型	$[\theta_p]$
钢筋混凝土框架结构	1/50
钢排架	1/30
钢框架、钢井架（塔）等	1/50

注：对于没有楼层概念的结构，根据结构布置视其沿高度方向由一定数量的结构层组成，其弹塑性位移角值可取最薄弱结构层间的相对位移角值。

7.3 钢筋混凝土框排架结构的抗震设计

框架与排架连接组成的框排架结构，是冶金、电力、水泥、化工和矿山等常用的结构形式。其特点是平面、立面布置不规则、不对称，纵向、横向和竖向的质量分布很不均匀，结构的薄弱环节较多；结构地震反应特征和震害要比框架结构和排架结构较复杂，表现出更显著的空间作用效应。

震害调查及试验研究表明，钢筋混凝土结构的抗震设计要求，不仅与设防类别、设防烈度和场地有关，而且与结构类型和结构高度等有关。如设筒仓、短柱和薄弱层等的框架结构应有更高的抗震要求，高度较高结构的延性要求相对更严格。

7.3.1 侧向框架与排架结构

该类框排架结构的抗侧力构件在平面和竖向宜规则布置，这对抗震设计是非常重要的。

震害表明，规则的结构在地震时破坏较轻，甚至没有破坏。规则和不规则的结构与结构单元平面和竖向的抗侧力结构布置、质量分布等有关，框排架结构的形式是由工艺流程要求确定的，一般都不太规则。因此结构设计人员应与工艺人员密切配合，尽量减少框排架结构的不规则布置，不应采用严重不规则的框排架结构。

框排架结构中通常设有筒仓或大型设备，质量和刚度沿纵向分布有突变、结构的平面布置不规则等，在强烈地震作用下，震害比较严重。为了减小结构的地震作用效应，采用防震缝分隔处理，比其他措施更为有效。当选择合理的结构方案时，可不设防震缝。设防震缝存在两个问题：一是在强烈地震作用下相邻结构仍可能局部碰撞，造成破坏；二是防震缝过大在立面处理上和构造处理上有一定的困难。因此也可通过合理选择结构方案尽量不设防震缝。

固定设备不允许跨抗震缝布置，胶带运输机和链带设备可以跨抗震缝布置。链带设备是指烧结机、球团焙烧机、带式冷却机和链篦机等。

排架跨屋盖与框架跨的连接结点设在框架跨的层间，会使排架跨屋盖的地震作用集中到框架柱的中间（层间处），并形成短柱，从而成为结构的薄弱环节。地震震害表明，排架跨屋盖设在框架柱层间时，在该处多数的框架柱发生裂缝或破坏。故在设计中应避免排架跨屋盖设在框架柱的层间，否则应采取相应的抗震构造措施。

排架跨的屋架或屋面梁支承在框架柱顶伸出的单柱上时，要求该柱在横向形成排架，在纵向形成框架。当该柱较高时可在柱中间增加一道框架纵向横梁，这是经过实践总结出的经验。

框排架结构由于刚度、质量分布不均匀等原因，在地震作用下将产生显著的扭转效应，因此应采用空间计算模型，能较好地反映结构实际的地震作用效应。

框排架结构是复杂结构，多遇地震作用下的内力与变形计算时，应采用空间模型和平面模型两个不同的力学模型计算，按不利情况设计。

框排架结构计算周期调整，主要是考虑以下几方面的因素：由于围护结构、隔墙的多少、节点的刚接与铰接、地坪嵌固及排架跨内的操作平台等影响，使结构实际刚度大于计算刚度，实际周期比计算周期小。若按计算周期计算，地震作用要比实际的小，偏于不安全，因此结构计算周期需要调整。

框排架结构当质量和刚度分布明显不对称时，要计入双向水平地震作用下的扭转影响。双向水平地震作用下的地震效应组合，根据强震观测记录分析，两个水平方向地震加速度的最大值不相等，且两个方向的最大值不一定同时出现，因此采用平方和开方计算两个方向地震作用效应组合。

"支承贮仓竖壁的框架柱"，框架结构的底层柱底和支承筒仓竖壁的框架柱的上端和下端，在地震作用下如果过早出现塑性屈服，将影响整体结构的变形能力，因此将这些部位适当增强，这是概念设计的"强底层"措施。

海城、唐山及汶川地震有关调查报告表明：框排架结构排架跨和单层厂房的屋盖破坏、倒塌的主要原因之一是由于屋盖支撑系统薄弱，强度和稳定不满足要求所致。框排架结构纵向抗震计算由于柱列刚度、屋盖刚度等影响，在屋盖产生的位移差引起的屋盖横向水平支撑杆件内力比较大。

剪跨比是影响钢筋混凝土柱延性的主要因素之一，一般剪跨比以 2 为界限。剪跨比大于 2 时，是以弯曲变形为主。当剪跨比小于和等于 2 时，称为短柱，以剪切变形为主，延性较差，当剪跨比小于 1.5 时，为剪切脆性破坏型，故须采取特殊构造措施。

当因工艺要求不可避免采用短柱时，除了对箍筋提高一个抗震等级要求外，还应采用井字形复合箍。试验研究表明：采用复合箍筋不但可以有效地约束核心混凝土提高柱的混凝土抗压强度，放宽柱的轴压比限值，而且增加延性，耗能能力强，改善变形能力。在柱内配置对角斜筋可以改善短柱的延性，控制裂缝宽度，这是参考国内外成功经验制定的。

7.3.2 底部框架与顶部排架结构

对于下部为框架、上部（顶层）为排架的竖向框排架结构，可按现行《建筑抗震设计规范》GB 50011 附录 H 的规定设计。

竖向框排架的上部排架结构布置应满足以下要求：

（1）排架重心宜与下部结构刚度中心接近或重合，多跨排架宜等高等长。

（2）楼盖应采用现浇，顶层排架嵌固楼层应避免开设打洞口，且楼板厚度不宜小于150mm。

（3）排架柱应竖向延伸至框架底部。

（4）顶层排架设置纵向支撑处，楼盖不应设有楼梯间或开洞；柱间支撑斜杆中心线应与连接处的柱梁中心线交汇于一点。

对于竖向框排架厂房的地震作用计算，宜采用空间结构模型，根据所编制框排架空间计算专用程序 KPH，以及大量工程实例的空间模型分析计算，一般取 8～10 个振型才能保证计算精度。

计算质点宜设在梁柱轴线交点、牛腿、柱顶、柱变截面处和柱上集中荷载部位。

对上部排架柱的计算长度进行计算时，建议下柱系数取 2.0，上柱系数取 2.0～3.0。

由于平台层会有各种设备和物料等，在确定重力荷载代表值时，可变荷载应根据实际情况取用合理的楼面活荷载组合值系数。

结构自振周期的调整主要考虑两方面因素：①计算模型与实际结构空间整体性的差别，如墙体、铰接点的刚性及地坪嵌固影响；②实测周期与理论计算周期的差异。

7.4 构筑物基础的抗震设计

7.4.1 石油化工塔式设备基础

塔型设备的基础一般分为钢筋混凝土圆柱式基础和钢筋混凝土框架式基础，也有在基础地面以上采用钢结构作为基础的一部分与上部设备连接的。

总高度不超过 65m 的圆筒式、圆柱式塔基础受力状态接近于单质点体系，其变形特征属于弯曲型结构，所以，可采用底部剪力法计算地震作用。框架式塔基础的地震反应特征与框架接近，质量和刚度沿高度分布不均匀，因此，宜采用振型分解反应谱法计算地震作用。

塔型设备与基础的质量和刚度均有很大差异，且两者之间是通过螺栓连接起来的，最不利的是设备竖向地震作用直接作用在塔基础或框架顶层梁板上。考虑到以上情况，本规范规定仅考虑设备作用于塔基础或框架顶部的竖向地震作用。

石油化工塔型设备的基本自振周期，采用理论公式计算很繁琐，同时公式中的参数难以取准，管线，平台及塔与塔相互间的影响无法考虑，因而理论公式计算值与实测值相差较大，精度较低。一般根据塔的实测周期值进行统计回归，得出通用的经验公式，较为符合实际。周期计算的理论公式中主要参数是 h^2/D_0，除考虑影响周期的相对因素 h/D_0 外，还考虑高度 h 的直接影响，所以，统计公式采用 h^2/D_0 为主要因子是适宜的。

圆筒（柱）形塔基础的基本自振周期公式，是分别由 50 个壁厚不大于 30mm 的塔的实测资料（$h^2/D_0 < 700$）和 31 个塔实测资料（$h^2/D_0 \geqslant 700$）统计回归得到。框架式基础塔的基本自振周期公式，是由 31 个塔的实测基本自振周期数据统计回归得出的。

壁厚大于 30mm 的塔型设备，因实测数据较少，回归公式不能适用，可用现行国家规范的有关规定计算。

排塔是几个塔通过联合平台连接而成，沿排列方向形成一个整体的多层排列结构，因此，各塔的基本自振周期互相起着牵制作用，实测的周期值并非单个塔自身的基本自振周期，而是受到整体的影响，各塔的基本自振周期几乎接近。实测结果表明，在垂直于排列方向，是主塔的基本自振周期起主导作用，故规定采用主塔的基本自振周期值。在平行于排列方向，由于刚度大大加大，周期减小，根据 40 个塔的实测数据分析，约减少 10% 左右，所以乘以折减系数 0.9。

7.4.2 焦炉基础

我国炭化室高度不大于 6m 的大、中型焦炉，绝大多数采用的是钢筋混凝土构架式基础。震害调查表明，该种形式的焦炉炉体、基础震害较轻，大都基本完好。震害经验和理论分析是抗震设计的基础。

焦炉是长期连续生产的热工窑炉，包括焦炉炉体和焦炉基础两部分。焦炉基础包括基础结构和抵抗墙。基础结构一般都采用钢筋混凝土构架形式。

焦炉基础抗震计算：

焦炉基础横向计算简图假设为单质点体系，是因为基础结构顶板以上的炉体和物料等重量约占焦炉及其基础全部重量的90％以上，类似刚性质点，并且刚心、质心对称，无扭转，顶板侧向刚度很大，可随构架式基础结构的构架柱整体振动。此外，根据辽南、唐山地震时焦炉及其基础的震害经验，即使在10度区基础严重损坏的条件下，炉体外观仍完整，没有松动、掉砖，炉柱顶丝无松动，设备基本完好。说明在验算焦炉基础抗震强度时，将炉体假定为刚性质点是适宜的。

根据某焦化厂焦炉基础结构震害调查结果，基础结构边列柱的上、下两端和侧边窄面呈局部挤压破坏，少数边柱的梁在柱边呈挤压劈裂；中间柱在上端距梁底以下600～700mm范围内和下端距地坪以上800mm范围内，出现单向斜裂缝或交叉斜裂缝，严重者柱下端的两侧混凝土剥落、钢筋压曲，呈灯笼式破坏，这是横向构架柱的典型震害。

焦炉基础纵向计算简图是根据焦炉炉体及其基础（基础结构、抵抗墙、纵向钢拉条）处于共同工作状态的结构特点和震害调查分析的经验而确定的。

焦炉用耐火材料砌筑，连续生产焦炭。为消除焦炉炉体在高温下膨胀的影响，在炉体的实体部位预留出膨胀缝和滑动面，通过抵抗墙的反作用使滑动面滑动，从而保证了炉体的整体性。支承炉体的焦炉基础是钢筋混凝土结构，由基础顶板、构架梁、柱和基础底板组成。抵抗墙设在炉体纵向两端与炉体靠紧，是由炉顶水平梁、斜烟道水平梁、墙板和柱组成的钢筋混凝土构架。纵向钢拉条沿抵抗墙的炉顶水平梁长度方向每隔2～3m设置1根（一般共设置6根），其作用是拉住抵抗墙以减少因炉体膨胀而产生的向外倾斜。正常生产时，由于炉体高温膨胀，炉体与靠紧的抵抗墙之间，有相互作用的内力（对抵抗墙作用的是水平推力，纵向钢拉条中是拉力）和变形。这是焦炉及其基础的共同工作状态和各自的结构特点。

纵向水平地震作用计算时，假定焦炉炉体为刚性单质点（振动时仅考虑纵向水平位移）；抵抗墙和纵向钢拉条为无质量的弹性杆；支承炉体的基础结构和抵抗墙相互传力用刚性链杆，其位置设在炉体重心处并近似地取在抵抗墙斜烟道水平梁中线上；考虑到在高温作用下炉体与其相互靠紧的抵抗墙之间已经产生了相互作用的内（压）力和水平位移，在链杆端部与炉体接触处留无宽度的缝隙，以只传递压力。振动时，称振动方向前面的抵抗墙为前侧抵抗墙，后面的为后侧抵抗墙。

焦炉基础板顶长期受到高温影响，顶面温度可达100℃，底面也近60℃，这使基础结构构架柱（两端铰接和位于温度变形不动点部位者除外）受到程度不同的由温度引起的约束变形。对焦炉基础来说，温度应力影响较大，可作为永久荷载考虑。

焦炉炉体很高，在焦炉炉体重心处水平地震作用对基础结构顶板底面还有附加弯矩，此弯矩将使构架柱产生附加轴向（拉、压）力组成抵抗此附加弯矩的内力矩，沿基础纵向由于内力臂比横向大得多，因此，纵向构架柱受到的附加轴力远比横向构架柱为小，验算构架柱的抗震强度时，可以仅考虑此附加弯矩对横向构架的影响。

由于工艺的特殊性，焦炉基础构架是较典型的强梁弱柱结构。震害中柱子的破坏类型均属混凝土受压控制的脆性破坏，未见有受拉钢筋到达屈服的破坏形式。但由于柱数量较多，一般不致引起基础结构倒塌。所以，必须在构造上采取措施加强柱子的塑性变形能力。

7.4.3　常压立式圆筒型储罐基础

2007 年曾经对在役的 50 余台各类储油罐（其中拱顶储油罐 26 台、浮顶储油罐 24 台）和 19 台球形储罐进行了现场脉动振源（微震）条件下的实测，并对实测数据通过数理统计方法得到了 50 台储油罐的结构阻尼比平均值为 0.013，19 台球形储罐的结构阻尼比平均值为 0.0225。

考虑到大型储油罐这类设备，罐体是自由搁置在地面基础上的，其结构属大型空间壳体结构，内部储存大量的液体，结构动力特性属典型的壳-液耦联振动问题。据有关资料，自由搁置在地基上的大型立式储罐与基础大面积接触，地震时储罐很大一部分动能是由地基辐射出去，产生了很大的辐射阻尼。由于目前国内外还缺乏对大型立式储油罐的强震观测资料和对此类设备足尺寸或比例模型的振动台试验数据，因此，对大型储油罐这类设备如何根据微震条件下测得的结构阻尼比推算到实际结构的阻尼比，对储油罐在弹性阶段抗震计算用的阻尼比按照 0.04 取值。

由于球形储罐属典型的单质点体系结构，其振动特征以剪切变形为主，因此，对球形储罐在弹性阶段抗震计算用的阻尼比按 0.035 取值。

按反应谱理论计算储罐基础的地震作用，在确定地震影响系数时，需要先计算储罐的罐液耦联振动基本自振周期。目前与储罐设计有关的现行国家或行业标准中，给出的罐液耦联振动基本自振周期计算公式可以说是各不相同。中国石化工程建设公司利用对大量储油罐的现场实测周期值和有限元计算得到的自振周期值与目前现行国家或行业标准中给出的自振周期计算公式进行了对比计算分析。通过分析得出，考虑罐液耦联振动基本自振周期计算公式的计算值与实测值较接近。该公式是依据梁式振动理论推导出来的近似公式经简化而得来，同时考虑了储罐的剪切变形、弯曲变形及圆筒截面变形的影响。

7.4.4　卧式设备基础

大部分卧式容器是放置在地面上，而且结构的重心也比较低。因此，一般情况下对其基础可不进行地震作用计算，但应满足相应的抗震措施要求。

根据振动台试验和现场实测结果，卧式容器的结构基本自振周期均小于 0.2s，所以在计算基础的水平地震作用时，地震影响系数可直接采用其最大值。

7.5　井架、塔架、筒仓、双曲线冷却塔的抗震设计

7.5.1　井架

（1）立井井架是置于矿山井口上方，支承提升机天轮（导向轮）的构筑物。矿井提升机有单绳和多绳两种。井架形式大体上有五种：四柱或筒体悬臂式钢筋混凝土井架、六柱斜撑式钢筋混凝土井架、单斜撑式钢井架、双斜撑式钢井架、钢筋混凝土立架和钢斜撑组合式井架。

井架的提升平面系指提升容器的钢丝绳通过井架上部的天轮（导向轮）引向地面提升机所形成的与地面垂直的平面。它是井架主要的受力平面，结构的布置一般都以此平面为主。一个井筒布置两台提升设备时，一般也大都是将两台提升机布置在同侧或井筒相对的两侧，基本在同一提升平面内。所以该平面方向（纵向）和与其垂直的另一平面方向（横向），成为进行水平地震作用计算的两个主要方向。

四柱式钢筋混凝土井架，其纵向在 7、8 度水平地震影响时及六柱式钢筋混凝土结构井架，其纵向在 7 度水平地震影响时，内力组合值一般均小于断绳时的内力组合值，可不进行抗震验算。

无论钢筋混凝土井架还是钢井架，都是由若干空间杆件组成的结构体系，所以，井架的计算模型采用多质点空间杆系模型最符合结构的实际情况。当然这就须采用振型分解反应谱法。

四柱式钢筋混凝土井架纵向对称，横向接近对称，井架的刚度沿高度的分布比较均匀，水平力作用下的空间作用小。纵横两个方向的地震作用都可简化成平面结构进行计算（并且可只取平面结构的第一振型），所以可采用底部剪力法。

斜撑式钢井架采用时程分析法计算的结果基本上与唐山地震中的实际震害一致。因此，高烈度区设计钢井架时，除了采用振型分解反应谱法计算地震作用外，宜再用时程分析法进行多遇地震下的补充计算。用时程分析法进行补充计算的范围为 9 度区且高度大于 60m 的钢井架。

提升容器（箕斗、罐笼）、拉紧重锤（单提升容器的平衡锤、钢丝绳罐道及防坠钢丝绳的拉紧重锤等）是悬挂于钢丝绳上的，在地震作用下产生的惯性运动与井架结构的运动是不一致的。即使地震时箕斗恰巧在卸载曲轨处或罐笼恰巧在四角罐道处，由于箕斗与曲轨之间、罐笼与罐道之间都有一定间隙，在地震作用下，箕斗和罐笼的运动较井架的运动滞后，两者不同步。所以，在计算地震作用时，可不考虑提升容器及物料、拉紧重锤及有关钢丝绳的重力荷载。

提升工作荷载标准值的计算要考虑提升容器自重、物料重、提升钢丝绳自重、尾绳自重、提升加速度、运行阻力等，计算方法按井架设计的规定执行。

提升工作荷载的变异性大于一般永久荷载，所以设计上其分项系数取 1.3。

（2）对于钢筋混凝土井架的框架梁、柱在结构分析后，对组合内力的调整，根据井架的特点作进行抗震设计。

① 为避免底层框架柱下端过早出现塑性屈服，影响整个结构的变形能力，而将底层柱下端弯矩设计值乘以增大系数。

② 依照"强柱弱梁"的抗震设计思想，将中间各层框架的梁柱节点处上下柱端截面组合的弯矩设计值乘以增大系数。但考虑井架的框架基本上都是单跨，支承天轮梁的框架梁截面往往很大，所以，作适当修正是必要的。

③ 依照"强剪弱弯"的抗震设计思想，将框架梁、柱端截面组合的剪力设计值乘以剪力增大系数。

④ 钢井架在地震作用下变形较大，应计算其重力附加弯矩和初始弯矩，当重力附加弯矩大于初始弯矩的 10% 时，应计入重力二阶效应的影响。

（3）基于性能设计的井架抗震设计方法：

在井架设计中，结构的性能设计一般可采用以构件的承载力为主、结构的变形能力为辅的目标。

以常用的双斜撑式井架钢井架为例。矿山钢井架具有下天轮以上和以下主斜撑侧移刚度差别较大，结构竖向不规则；主斜撑和副斜撑抗侧移刚度差别较大；主斜撑由于天轮的存在，其重量远大于副斜撑，质心和刚心距离较远，地震时结构扭转较大的特点，井架为抗震救灾关键结构，关乎井下工人能否正常升井及生命安全，对尽快恢复生产，将震害损失降到最低非常关键；井架是露天高耸结构，结构高大，震后修复加固比较困难，重建周期长，且重建需要停产，对煤矿的正常安全生产造成严重的影响。可见矿山钢井架作为抗震重要结构，且结构复杂，存在抗震薄弱部位；虽建设投资并不大，但震后损失巨大，且难于修复，进行矿山钢井架基于性能的抗震设计非常可行且尤为必要。

进行矿山钢井架基于性能的抗震设计一般需做下列工作：

① 选定地震动水准。在低烈度地区建设的矿山钢井架也应进行基于性能的抗震设计，而不仅是在设防烈度为 8 度或更高的地区考虑抗震性能设计。矿山钢井架的抗震性能目标可选性能目标为在罕遇烈度下基本完好。

② 选定性能设计指标。基于性能的设计指标中一般有抗震承载力、变形及构造措施。进行矿山钢井架的性能化设计时考虑到现阶段设计的可操作性，可以选择承载力和变形同时提高的指标。

井架在工作荷载效应组合时的水平变形值，应控制在 $H/1000$ 以内。此规定已比较严格，所以在确定矿山钢井架的抗震性能设计指标设计时，宜以承载力为主，目的是推迟主斜撑和副斜撑进入塑性工作阶段，减少塑性变形；结构构件的承载力提高后相应的位移也会有一定的改善。

在钢井架结构中最为重要的构件是位于主斜撑支承天轮的天轮支座，若天轮支座安全，天轮就可以正常运转，该细部需要加强延性构造。当平台上布置有用以提升交通罐的小天轮时，支承小天轮的梁也相应加强。

因此，基于性能的矿山钢井架抗震设计应主要提高主、副斜撑的抗震性能目标；天轮支座及下天轮平台以上主斜撑部分为抗震设计关键构件，设计中应加强其抗震构造措施。

7.5.2 塔架

井塔是建于矿山井口上方，支承提升机及导向轮的构筑物。钢井塔的结构类型有框架、桁架、框桁架等。框桁架结构就是在框架结构的基础上再布置一定数量的斜撑，用以承受水平力，相当于钢结构房屋中的框架-支撑型。对框架-支撑型的一些规定是针对这类结构形式的钢井塔。桁架形式一般仅用于单跨，也即井塔平面不大时，它与框桁架的区别在于桁架的各面都有斜撑，横梁可以与柱铰接，但柱子还是连续的压弯构件，与框桁架结构的柱受力状态相似。

从安全、经济诸方面考虑，限制不同结构类型井塔高度，同时又结合井塔的特点而确定。

限制井塔的高宽比主要是保证井塔的倾覆稳定。限值结合井塔的特点而确定。当然如果通过抗倾覆计算可以保证井塔的倾覆稳定性也可突破规定限值。

框架结构中，框架柱是最主要的受力构件，除中柱可以只伸至提升机大厅楼面而在上部截断外，其他柱都不应在中间层截断，特别是底层柱，更不应被截断。

钢筋混凝土筒体井塔的筒壁是井塔的主要抗侧力构件，应双向布置。由于工艺要求，井塔下部筒壁经常需要开设较大的洞口。设计时，应尽量减小洞口尺寸。为了保证井塔有足够的侧移刚度和侧向承载能力，应在洞口两侧保证有足够宽度的筒壁延伸至基础。

井塔的各层楼板虽然开孔较多，一般情况下都不能将整个楼板当作绝对刚性楼板考虑。但楼板的平面刚度大对抗震更为有利。

井塔抗震计算时，井塔的结构类似于高层建筑，可以按多遇地震进行地震作用计算。

井塔楼面作为刚性楼板是很困难的，所以，井塔在抗震计算时很难采用平面结构空间协同计算模型。在大多数条件下，钢筋混凝土筒体井塔，可采用空间杆-薄壁杆系或空间杆-墙板元计算模型。楼面应根据开洞情况，将其看作整体刚性楼面、之间弹性连接的部分刚性楼面或弹性楼面等。

钢筋混凝土和钢框架型井塔及钢框架-支撑型井塔主要受力构件是梁、柱和支撑，所以应采用空间杆系模型。

井塔的竖向地震作用是按设防地震确定地震影响系数进行计算的，如按多遇地震进行抗震计算，竖向地震作用效应乘以 2.5 的增大系数。高耸建筑物的竖向振动自振周期较小，接近高频振动。高频振动时结构弹塑性地震反应所受到的地震作用量值几乎等于对应的弹性结构所受到的地震作用量值。也就是说按设防地震确定地震影响系数进行地震作用计算对竖向地震作用计算还是比较合适的。

钢筋混凝土筒-框型井塔，在水平地震作用下，剪力主要由筒壁承担。框架柱计算出的剪力一般都较小，为保证作为第二道防线的框架具有一定的抗侧力能力，需要对框架承担的剪力予以适当的调整。

钢框架-支撑型井塔在水平地震作用下，地震剪力主要由支撑承担。计算出的无支撑框架柱承受的剪力一般较小，需要对框架承担的剪力予以适当的调整。并根据井塔的具体特点给出。如果梁与柱铰接连接时，梁端内力可不予调整。

在抗震设计中，钢框架结构的节点域既不能太强，也不能太弱，太强了会使节点域不能发挥其耗能作用，太弱了将使框架的侧向位移太大。要求既能保证节点域的稳定，又保证节点域的强度，可以保证大震时节点域首先屈服，其次才是梁出现塑性铰。

支撑斜杆在地震时会反复受拉压，如遇大震，受压屈曲变形较大，转为受拉时变形不能完全拉直，再次受压时承载力就会降低，即出现退化现象。所以，在计算支撑斜杆的受压承载力时乘以一个强度降低系数。斜杆的长细比越大，这种退化越严重，因此该强度降低系数与斜杆长细比有关。

7.5.3 筒仓

我国煤炭、建材、冶金、电力、粮食等系统的大、中型筒仓，一般均与厂房脱开后建成独立的结构体系。这里涉及的筒仓，有别于框排架结构中的筒仓，筒仓平面也不限定为圆形。散状物料是指其粒径、颗粒形状、颗粒组成及其均匀度满足散体力学特性的粒状或粉状物料所组成的贮料，如矿石、煤、焦炭、水泥、砂、石灰、粮食、灰渣、矿渣及粉煤灰等。但不包括青贮饲料、液态及纤维状物料。唐山地震的震害调查资料表明，地下、半地下式筒仓的震害极其轻微；地面上的筒仓与地下构筑物相比，遭受的震害较为严重；柱支承的筒仓与筒壁支承的筒仓相比，前者震害较为严重。目前一般考虑架立于地面上的矩形筒仓或圆形筒仓。

筒壁支承的筒仓具有良好的抗震性能。在地震区，利用仓壁向上延伸并作为其支承结构的仓顶筛分间或输送机栈桥的转载间，同样具有良好的抗震性能。其他结构的筛分间或转载间会使筒仓上部结构与下部结构形成刚度突变，随着质心高度的提高，显然对抗震不利。因此，6度、7度时，除采用向上延伸的筒壁作为筛分间或输送胶带机转载间的支承结构外，也可采用具有抗震能力的其他结构形式。当8度和9度时，向上延伸的筒壁与其下部筒壁具有相同或相近的刚度，作为筛分间或输送胶带机转载间的支承结构，有良好的抗震性能，设计应优先选用这种结构形式。在无确实可靠的抗震措施时，不宜采用其他的支承结构形式。

筒仓结构的选型，应根据以往震害经验，并结合材料及生产工艺等因素综合考虑而确定。

筒仓的抗震能力主要取决于其支承结构。筒仓震害调查表明，柱承式矩形仓震害最严重，筒承式圆形筒仓震害最轻。

矩形、方形、圆形或其他几何形体的柱承式筒仓，尤其是支柱只到仓底不继续向上延伸的柱承式筒仓更是典型的上重下轻、上刚下柔的鸡腿式结构。其支承体系存在超静定次数低，柱轴压比大，仓体与支承柱之间刚度突变等不利因素，使得结构延性较差，对抗震不利。排仓或群仓，当各个仓体内贮料盈空不等或结构不对称时，在地震作用下还会引起扭转振动，偏心支承于群仓上的进料通廊还会加剧筒仓的地震扭转效应，在地震中有许多因此造成的破坏实例。

仓下的支承柱延伸至仓顶并增加下部支承结构的超静定次数，减少刚度突变，使柱子底端与基础的连接有较强的固接性能，增强基础与上部结构的整体性等是非常必要的构造措施。这些构造措施有利于结构吸收较多的地震能量，达到减少震害的目的，对柱承式矩形筒仓尤其重要。

由于散粒体贮料在地震时与仓体的运动有一定的相位差，从而产生耗能作用。国内外试验研究及震后调查结果表明，筒承式筒仓的贮料耗能效果非常显著。此外筒仓的抗震性能与其支承结构的刚度有关，刚度大者耗能效果相对也较大。

筒仓进行水平地震作用计算时，考虑以上耗能因素，贮料可变荷载的组合值系数，钢筋混凝土筒承式筒仓、砌体筒仓，应取0.8，其他各类筒仓均应取1.0。

钢筒仓，在多遇地震下的阻尼比可取0.03，在罕遇地震下的阻尼比可取0.04。

筒仓支柱的轴压比直接影响筒仓结构的承载力和塑性变形能力，对柱的破坏形式也有重要影响。因此，须合理确定柱轴压比的限值，避免轴压比过大而降低其延性，保证柱具有较好的变形能力。

柱承式筒仓的延性比一般框架差，柱的轴压比限值要从严掌握。因此，要求筒仓柱轴压比限值略低于框支柱。设计时，可通过提高混凝土的强度等级、增加柱的根数等方法来减小轴压比，也可增大柱截面，但应避免形成短柱。

鉴于支承筒壁对圆形筒仓抗震的重要性，以及为满足配置双层钢筋及施工的要求，结合以往设计经验，筒壁厚度不宜过小；洞口处筒壁截面被削弱且有应力集中，在应力集中区须加强钢筋的配置。对于大洞口设置的加强框，其截面不宜过大，与筒壁的刚度比过大将使洞口应力集中在加强框上，造成加强框严重超筋，甚至无法配置。为此，应通过洞口应力解析按应力分布状态配置钢筋更为合理；同时，为保证狭窄筒壁结构的稳定性，洞口间的筒壁尺寸不应小于《构筑物抗震设计规范》GB 50191—2012 第 9.3.7 条规定的最小尺寸。

在筒仓抗震分析中，针对以下课题进行了试验研究：

（1）柱承式筒仓赘余杆在地震中的耗能作用；

（2）筒仓与通廊的相互地震作用；

（3）动力作用下筒仓贮料对料仓的影响；

（4）多层仓顶室筒仓振动的鞭梢效应；

（5）筒仓不同开口率对抗震性能的影响；

（6）筒仓 P-Δ 效应的影响；

（7）柱承式筒仓群仓的扭转效应。

相关成果应用可参考《构筑物抗震设计规范》GB 50191—2012 的有关规定。

7.5.4 双曲线冷却塔

冷却塔分为塔筒和淋水装置两个部分。其中塔筒由旋转壳通风筒、斜支柱和基础（含贮水池壁）组成，淋水装置包括淋水构架、竖井、进出水管（沟）及除水器、淋水填料、填料格栅等。其他形状的自然通风冷却塔，仅指圆柱形、圆锥形（截锥）、箕舌形、钟形等钢筋混凝土旋转壳通风筒的冷却塔。

冷却塔系在地震时使用功能不能中断或需尽快恢复的构筑物，按其使用功能的重要性分类，应属乙类抗震设防类别的构筑物。在地震作用和抗震构造措施上，不同面积（高度）有不同的抗震要求。按照塔体越大，抗震等级越高，抗震构造措施要求越严。根据不同塔淋水面积进行分类。

冷却塔的抗震计算分析时，根据冷却塔抗震设防标准，以及其结构本身的抗震性能和计算分析，冷却塔按多遇地震确定地震影响系数进行地震作用和作用效应计算是适宜的。竖向地震影响系数最大值可采用水平地震影响系数最大值的 65％。

根据冷却塔专用程序计算，风载引起的环基内的环张力较小。而富氏谐波数等于 0、1 的竖向地震和水平地震所引起的环张力，在Ⅲ类场地上有可能大于风载引起的环张力而成为由地震组合控制。在这种情况下，在淋水面积小于 4000m² 的范围内可不进行验算。

当需考虑不均匀地基时，应考虑竖向与水平地震作用相互耦合，为简化计算可将不均匀地基简化为不均匀的等效刚度矩阵，按通用或专用有限元分析软件对冷却塔的竖向与水平向联合地震作用下整体结构进行地震响应分析。非均匀地基冷却塔塔筒地震作用标准值效应，应按下式计算：

$$S_{Egk} = \sqrt{\sum_{i=1}^{m}\sum_{j=1}^{m}\rho_{eij}S_{Ei}S_{Ej}} \tag{7.5.1}$$

式中，S_{Ei}、S_{Ej} 分别为水平向与竖向联合地震作用下耦联系统第 i 和第 j 个振型的标准值效应；ρ_{eij} 为水平与竖向联合地震作用下第 i 与第 j 振型的耦联系数。

根据冷却塔的结构特点和形式，对冷却塔塔筒的地震作用计算方法作了分析界定。当考虑材料及几何非线性时，宜考虑混凝土材料的软化等效应，并在环基础与基底弹簧间设置裂隙单元以模拟基础上拔力和滑移；但由于计算模型复杂，建议在 9 度或 $10000m^2$ 及以上特大塔进行非线性分析。

振型分解反应谱法和时程分析法进行补充计算，振型分解反应谱法，当按冷却塔专用有限元程序计算时，建议每阶谐波宜取不少于 5 个振型；按通用有限元程序计算时，建议宜取不少于 300 个振型。

冷却塔专用有限元软件。算例分析时，每个谐波分别取 3、5、7 个振型计算结果比较，3 个振型与 7 个振型相差稍大，而 5 个振型与 7 个振型相比，斜支柱及环基仅差 $0.1\%\sim2.53\%$；壳体底部纬向内力差 4.13%，壳顶部子午向内力差 6.25%，计算精度满足工程要求。因此建议每阶谐波宜取不少于 5 个振型。

采用通用有限元分析软件（如 ANSYS，ABAQUS 等）进行算例分析时，由于大部分的振型是前几阶谐波的耦合（前几阶振型是以高阶谐波为主，且存在大量的重频），对冷却塔的地震响应几乎不起作用，为了保证计算精度，需取足够多的振型进行计算才能达到所需的精度要求。根据设计经验，建议取不少于 300 个振型。

时程分析法进行补充计算时，由于输入不同地震波计算的结果相差很大，故对"选波"原则进行比选，目前在抗震设计中有关地震波的选择有以下两种方法：①直接利用强震记录。常用的强震记录有埃尔森特罗波、塔夫特波、天津波等。在选择强震记录时除了最大峰值加速度应与建筑地区的设防烈度相应外，场地条件也应尽量接近，也就是该地震波的主要周期应尽量接近建筑场地的卓越周期。②当所选择的实际地震记录的加速度峰值与建筑地区设防烈度所对应的加速度峰值不一致时，可将实际地震记录的加速度按比例放大或缩小来加以修正；对于强震持续时间，原则上应采用持续时间较长的波，一般为结构基本自振周期的 5～10 倍。

冷却塔是以风载为主的结构，对风载反应比较敏感，现行国家行业标准《火力发电厂水工设计规范》DL/T 5339 地震作用偶然组合条款中考虑了 $0.25\times1.4S_{wk}$ 风载作用效应值；此外还考虑了 $0.6S_{tk}$ 温度作用效应值。

德国 BTR 冷却塔设计规范中，地震荷载组合亦考虑了 $1/3S_{wk}$ 风载作用效应及 S_{tk} 温度作用效应。

根据计算，通风筒结构抗震验算中竖向地震作用效应和水平地震效应占总地震作用效应的百分比见表 7.5.1，可以看出，在总地震效应中水平向地震作用效应较大，但是竖向地震作用效应不可忽略，故需考虑水平地震作用效应与竖向地震作用效应的不利组合。

竖向与水平地震作用效应的比例　　　　　　　　　　　　　　表 7.5.1

通风筒壳体				通风筒基础	
竖向		水平		竖向	水平
子午向内力	纬向内力	子午向内力	纬向内力	环张力	环张力
$49.83\sim15.56$	$3.06\sim44.26$	$50.17\sim84.44$	$96.94\sim55.74$	26.41	73.59

冷却塔地震作用计算时要注意的两点要求：

(1) 考虑结构与土的共同作用，地震与上部结构宜整体计算。

(2) 塔筒的地震反应是竖向振动、水平振动与摇摆振动的耦合振动，因此计算时必须考虑地基压缩刚度系数、剪变刚度系数和动弹性模量等一系列土动力学特性指标，这些参数一般要通过现场试验取得。计算结果表明，考虑了上述共同作用后，基础环张力比较接近实际，不致过大。

整个冷却塔通风筒结构，按地震破坏次序，可分为主要部位（薄弱环节）和次要部位。斜支柱为主要部位，壳体、基础为次要部位，而最薄弱环节为斜支柱顶与环梁接触处。为了减少柱顶径向位移，布置斜支柱时要注意倾斜角的选择，倾斜角为每对斜支柱组成的侧向平面内夹角的 1/2，倾斜角大小将影响塔的自振频率和振动幅值。倾斜角小于 9°时柱顶径向位移将大于塔顶径向位移（图 7.5.1、图 7.5.2）。故建议倾斜角不宜小于 11°。为保持塔体结构与斜支柱的整体性和减小交接处的附加应力，斜支柱的倾角轴线应与环梁保持一致。

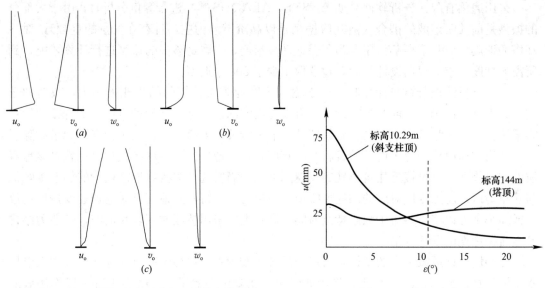

图 7.5.1　不同倾斜角对自振频率振幅的影响
(a) ε=0°，f=0.58Hz；(b) ε=11.1°，f=1.96Hz；
(c) ε=21.5°，f=2.26Hz

图 7.5.2　最大径向位移
与倾斜角的关系

地震时支柱的破坏和丧失承载力，将是冷却塔遭受震害和倒塌的最重要原因。影响钢筋混凝土支柱延性的主要因素是：剪跨比、轴压比、纵向配筋率和塑性铰区的箍筋配置。最小体积箍筋率斜支柱的量值按抗震等级给出的值，要比一般框架结构柱提高一级；相比剪跨比不大于 2 的框支柱其最小体积箍筋率不应小于 1.2%，9 度时不应小于 1.5%要小得多。原因在于冷却塔的斜支柱和框架、排架柱均为大剪跨比柱，而且斜支柱在地震受力方向均有一倾角，支柱一般是延性压弯破坏，而不易发生剪切破坏。

7.6　高炉系统结构与运输机通廊的抗震设计

7.6.1　高炉系统结构

高炉系统结构，主要包括高炉、热风炉、除尘器、洗涤塔及主皮带上料通廊五部分。

1. 高炉

水平地震作用的方向可以是任意的，并且每个方向都可以达到最大影响。但是，针对高炉结构的特点，抗震验算时，可只考虑沿平行或垂直炉顶吊车梁及沿下降管这三个主要方向的水平地震作用。一般情况，下降管方向与炉顶吊车方向是一致的，只有在场地条件有限时，下降管才斜向布置，所以实际上主要是两个方向。高炉结构（特别是炉顶平台以上部分）在这两个方向的结构布置和荷载情况明显不同，其地震反应差别也很大。根据国内的震害调研和高炉结构的抗震验算，这两个方向是起控制作用的。当下降管斜向布置时，还要考虑下降管的方向，以便更好地反映高炉、除尘器组合体在地震作用下的实际状况。

1000m³ 及以上大型高炉的下降管跨度较大，根据《构筑物抗震设计规范》GB 50191第5.3.2条有关大跨度结构竖向地震作用的规定和参考国外抗震设计规定中竖向地震作用的有关资料，对跨度大于或等于24m的下降管提出了应计算竖向地震作用的要求。

由于高炉生产条件特殊性，一般每隔10~15年要大修一次。目前国内除个别生产厂考虑快速大修外均需要较长的大修施工周期，因此在此期间有必要考虑发生地震的可能性。

关于确定高炉结构计算简图的几个原则：

（1）高炉结构是由炉体、粗煤气管及框架等部分组成的复杂空间结构体系，在任一方向水平地震作用下，均表现出明显的空间地震反应特征。所以，高炉结构应按空间结构模型进行地震作用计算。目前，采用的计算程序有 SAP2000、SAP8451、STAAD/PRO、ANSYS 等。

（2）炉体的侧移刚度主要取决于钢壳，炉料（包括散状、熔融状及液态）的影响可以不计。至于内衬砌体，由于以下原因，可不考虑其对炉体侧移刚度的影响：

1）内衬砌体经受到侵蚀，厚度逐步减少，而且各部位侵蚀情况不同；

2）内衬砌体抗拉性能极差；

3）砌体与钢壳之间不但没有连接，而且有填充隔热层分隔开，无法共同工作。

炉体上，特别是炉缸、炉腹部位开孔很多，但一般来说局部开孔对整体侧移刚度影响不大，而要精确计算开孔后的炉壳侧移刚度亦相当困难，并且大多数洞口都有法兰和内套加强。所以，建议炉壳侧移刚度的计算可以不计孔洞的影响。

（3）确定高炉的重力荷载代表值，需要考虑以下几个特殊问题：

1）热风围管是通过吊杆吊挂在炉体框架梁上，围管重力荷载产生的地震作用会直接传给各水平连接点。因此，规定将围管的全部重力荷载集中于高炉上的水平连接处，并根据连接关系和高炉上被连接部位的刚度，将全部重力荷载适当分配到高炉上的有关部位。这时，可以完全忽略吊杆传递地震作用。

2）确定通过铰接单片支架或滚动支座将皮带通廊的重力荷载传递给高炉框架时，要区分与皮带通廊方向平行和垂直的两种工况：

① 平行于皮带通廊方向。从理论上讲，铰接单片支架或滚动支座均不能传递水平力。但实际上理想的纯铰接是没有的，铰接单片支架在其平面外也有一定的侧移刚度，滚动支座靠摩擦也能传递一定的水平力。因此，计算水平地震作用时，对于规定皮带通廊在高炉框架上支座反力的30%集中于支承点处，是偏安全的。

② 垂直于皮带通廊方向。假定铰接单片支架或滚动支座能完全传递其水平力，所以计算水平地震作用时，取全部支座反力集中于支承点处。

料斗和料罐直接支承于炉顶刚架或炉顶小框架上，可以直接传递水平地震作用，所以计算水平地震作用时，料罐及其上的炉料的重力荷载应全部集中到炉顶及相应的料斗或料罐处。

炉底有一层较厚的实心砌体，其自重很大，但它直接座于基础上，因此在计算炉体的水平地震作用时，可只取其部分重力荷载。取值不应小于 50%，也是偏于安全的。

同一部位在不同振型下的地震响应不同，为尽量找出可能出现的薄弱部位并加以控制，建议一般取不少于 20 个振型。

高炉炉体框架基本上是一个矩形的空间结构，在非抗震设计的荷载作用下，框架柱和刚接梁的内力一般都不会是单向的。在地震作用下，由于实际地震动方向的随意性，框架梁柱的各向都将有较大的地震作用效应。因此，这些杆件要选用各向都具有较好的刚度、承载能力和塑性变形能力的截面形式。

2. 热风炉

内燃式热风炉的质量和刚度沿高度分布比较均匀，是一个较典型的悬臂梁体系。动力分析时，合理确定炉体的刚度是十分重要的。热风炉炉体一般主要由钢壳、内衬及蓄热格子砖组成，内衬与钢壳之间的空隙用松软隔热材料填充，其中格子砖及直筒部分的内衬都是直接支撑于炉底的自承重砌体。与高炉炉体不一样，炉体刚度取用了钢壳刚度与内衬刚度之和，主要考虑了下列因素：

（1）地震时炉体变形比较大，这时钢壳与内衬将明显地共同工作；

（2）正常生产时内衬能保持基本完整，地震时内衬一般也没有大的破坏，能承担一部分地震作用；

（3）取钢壳与内衬刚度之和，计算的基本周期与实测值比较接近。

对 21 座生产中的大、中、小型高炉的热风炉作过调查，其中 70% 炉底连接破坏，炉底严重变形，边缘翘起 10～30cm，呈锅底状。这种情况将严重影响炉体的稳定性，不仅对抗震十分不利，就是在正常使用时也应及时处理。只要炉底基本不变形，炉底连接螺栓或锚板一般也不会损坏。但在地震区，炉底连接对加强炉体稳定性是有作用的，比常规做法适当加强一些是合理的。

与热风炉相连的管道一般都比较粗大，其连接处往往是抗震薄弱环节，因此宜适当加强。在 9 度时，热风支管上要设置膨胀器，使其成为柔性连接。这不仅对抗震有力，对适应温度变形和不均匀沉降都有好处。

3. 除尘器、洗涤塔

重力除尘器和洗涤塔是一个比较典型的单质点体系，主要只有支架侧移一个自由度。中国地震局工程力学研究所曾作过分析比较，如果同时考虑筒体的转动和弯曲变形的影响，自振周期和地震作用效应的差别均不到 10%。鉴于除尘器与高炉的连接关系，故宜优先采用与高炉一起进行空间杆系模型分析。

7.6.2 运输机通廊

运输机通廊一般结构形式是指支承结构间采用杆式结构，廊身为普通桁架或梁板式结构的通廊。

通廊是两个不同生产环节的连接通道，属窄长型构筑物。其特点是廊身纵向刚度很大，横向刚度较小，其支架刚度亦较小，和相邻建筑物相比，无论刚度和质量都存在较大的差异。同时，通廊作为传力构件，地震作用将会互相作用，导致较薄弱的建筑物产生较大的破坏。若通廊偏心支承于建（构）筑物上，还将产生扭转效应，加剧其他建筑物的破坏。基于以上原因，8度及9度时应设防震缝脱开。

通廊和建（构）筑物之间防震缝的宽度，应比其相向振动时在相邻最高部位处弹塑性位移之和稍大，才能避免大的碰撞破坏。这个位移取决于烈度高低、建筑物高度、结构弹塑性变形能力、场地条件及结构形式等。通廊支承结构间距较大，相互之间没有加强整体性的各种连系，刚度较弱，地震时位移较大。

通廊抗震计算时，通常以进行通廊的整体分析，所以规定采用符合通廊实际受力情况的空间模型进行计算。

横向水平地震作用和自振周期计算时振型函数的选取：通廊体系视为具有多个弹簧支座的梁时，用能量法按拉格朗日方程可建立振动微分方程，求得自振频率计算公式。通过计算分析对比，发现通廊基频与廊身刚度取值关系不大，是支架刚度起主要作用；高振型以廊身弯曲变形为主，故廊身刚度起主要作用。

横向水平地震作用采用振型分解反应谱法，通廊廊身的纵向刚度相对于支架的刚度来说是很大的，且通廊廊身质量也远比支架为大，倾角一般较小。实测证实廊身纵向基本呈平移振动，故通廊可以假定按只有平动而无转动的单质点体系来计算。

由于工艺要求及结构处理上的困难，通廊和建（构）筑物不可能分开自成体系，为了减少地震中由于刚度、质量的差异所产生的不利影响，设计时推荐采用传递水平力小的连接构造，如球形支座（有防滑落措施）、悬吊支座、摇摆柱等。

7.7 管道支架与索道支架的抗震设计

7.7.1 管道支架

（1）在支架的静力计算中，支架的横向水平荷载主要是管道及支架所受的风荷载，并没有考虑管道和支架间的摩擦力，因此，在高烈度下横向水平地震作用可能大于作用于支架上的其他水平荷载，故应进行地震作用下的抗震计算。在管道纵向，当管道和支架发生相对滑移时，对刚性活动支架，作用于支架上的最大地震作用不会超过静力计算中支架所受的滑动摩擦力，可不进行抗震验算，只需满足相应的抗震构造措施要求。但对柔性活动支架，在静力计算中，由于它能适应管道变形的要求，主要承受支架柱的位移反弹力，其所受纵向水平荷载小于管道与支架间的滑动摩擦力，支架所受的纵向水平力为：

$$P_f = K\Delta \tag{7.7.1}$$

式中　K——支架柱的总侧移刚度（N/m）；

　　　Δ——支架顶的位移（m）。

① 管道横向刚度较小，支架之间横向共同工作可忽略不计，所以，取每个管架的左

右跨中至跨中区段作为横向计算单元。

② 管架结构沿纵向是一个长距离的连续结构，支架顶面由刚度较大的管道相互牵制。但在补偿器处纵向刚度比较小，可以不考虑管道的连续性。故采用两补偿器间区段作为纵向计算单元。

（2）水平地震作用点的位置，过去设计中极不统一，有取管道中心的，有取管道与管托的接触处，亦有取梁顶面的。因此水平地震作用点的位置，对上滑式管托，可近似取管道最低点；其他管托取梁顶面；对挡板式固定管托，地震作用位置为梁下 $e/3$ 处，由于离梁顶距离一般很小，建议偏安全统一取为支承梁顶面。

（3）对有滑动支架的计算单元，纵向地震作用的计算可分为两种状态：

① 支架和管道间没有发生滑移呈整体工作状态，此时各支架的侧移刚度可按结构力学方法确定，作用于支架上的水平地震作用小于管道与支架间的滑动摩擦力。

② 支架和管道间产生了相对滑移，呈非整体工作状态。此时支架本身的刚度没有发生变化，但支架刚度并没有充分发挥，即此时滑动支架参与工作的刚度小于支架自身的固有刚度。则在整体工作状态时，活动支架所承受的水平地震作用为：

$$F_{Ed} = \alpha_E G_E \cdot \frac{K_d}{K_D} \qquad (7.7.2)$$

式中　F_{Ed}——作用于活动支架上的总重力荷载代表值；

　　　G_E——计算单元的总重力荷载代表值；

　　　α_E——管道滑动前计算单元的地震影响系数；

　　　K_d——活动支架的总刚度；

　　　K_D——计算单元的总刚度。

（4）支架所承受的总水平荷载为：

$$F = \alpha_E G_E \cdot \frac{K_d}{K_D} + T \qquad (7.7.3)$$

式中　T——管道和活动支架间的静摩擦力。

管道滑动时，活动支架所受的总滑动摩擦力为：

$$P_m = G_D \cdot \mu \qquad (7.7.4)$$

管道的滑动系数 $\zeta = \dfrac{F_{Ed}}{P_m}$，即 $\zeta = \alpha_E \cdot \dfrac{G_E}{G_D} \cdot \dfrac{K_d}{K_D \cdot \mu}$，当 $T + F_{Ed} \geqslant P_m$，即 $\zeta \geqslant 1.0 - \dfrac{T}{P_m}$ 时，管道在支架上产生滑动。

T 值的大小会随着管道的运行状态和温度的变化等情况而变化，在实际工程中难以用简单的方法确定。根据管道支架的受力特点可以确定 T 在 $(0.0\sim0.3) G_D$ 之间。通过对比实际震害调查结果，可以确定当管道和支架间的静摩擦力 T 在 $(0.1\sim0.15) G_D$ 之间时，管道的滑动情况和实际震害调查结果基本吻合。为简单起见，偏于安全地取 $T = 0.15 G_D$。当 $\mu = 0.3$ 时，则很容易得出，管道滑动系数 $\zeta \geqslant 0.5$ 时，管道在支架上产生滑动。

如将作用于支架上的水平地震作用和水平静摩擦力总称为水平作用，当作用于活动支架上的水平作用等于管道和支架间的滑动摩擦力 P_m 时，支架所受水平作用已达到极限状态，此时水平作用和竖向荷载之间存在直接的联系，故可以设定支架在水平作用和竖向重力荷载代表值作用下，达到了临界状态。但由于支架并未达到其承载力极限状态，故其处于一种稳定的临界状态。此时，作用于支架上的重力荷载代表值即为其临界荷载，通过求解临界荷载，可间接求出支架此时参与振动的实际刚度（有效刚度）。当管道在支架上滑动时，活动支架实际参与振动的刚度就是据此原理推导得出。

7.7.2 索道支架

在以往的工程设计中，索道支架的抗震设计一般简单地将索系质量集中于支架顶部进行分析，未计入索系振动对支架的影响，对支架纵向、横向的分析均采用同一力学模型。为更准确分析支架在地震作用下的动力特性，计入了索系振动对支架的影响，分别采用不同的力学模型沿支架纵向、横向进行研究。结果表明，沿支架纵向、横向，索系振动对支架的影响程度有差异，因此应分别沿纵向和横向按不同力学模型计算支架的水平地震作用。

单线索道索系与支架之间的摩擦系数较小（约0.025），近似无摩擦滑动。同时研究表明索系自振周期较长，一般远大于支架自振周期。因此，计算单线索道支架的纵向水平地震作用时可不计入索系振动对支架的影响。双线索道，货车（或客车）地震作用的传递与单线索道情况类似，亦可不计入其对支架的影响；而承载索与支架之间的摩擦系数较大，承载索自身的重量不能忽略，为简化计算过程，可沿用了传统的分析方法。

研究表明，在某些情况下，索系振动对支架有减震作用。为保证支架具有足够的抗震能力，考虑索系有减震作用时的地震作用不应小于单独计算支架地震作用的80%。单独计算支架地震作用时，不计入索系的质量。

计入索系影响的支架横向振动力学模型为双自由度体系，可按振型分解反应谱法计算地震作用。《构筑物抗震设计规范》GB 50191—2012给出了一种计算结构第一、第二振型的圆频率和质点水平相对位移的方法。对高烈度区支架的地震作用效应进行增大，以保证支架具有足够的抗扭转能力。

7.8 尾矿坝与挡土墙的抗震设计

7.8.1 尾矿坝

尾矿库是人类活动产生的重大危险源，其溃坝带来的次生灾害，对下游居民和生态环境，往往是毁灭性的。因此，规定对可能产生严重次生灾害的尾矿坝，其抗震设防标准须提高一级；对一、二级高大的尾矿坝，其设计地震动参数应按现行国家标准《工程场地地震安全性评价》GB 17741的规定进行安全评价，并按主管部门批准的评价结果确定。

震害调查和理论研究都已表明，上游法尾矿坝抗震性能最差，下游法尾矿坝抗震性能较好。到目前为止，已发现的尾矿坝地震破坏事例皆属上游式坝型，其破坏原因多是尾矿液化所致。国外已有部分上游法尾矿坝在低烈度区发生地震破坏的事件。我国1976年唐山地震，位于震中约80km的天津汉沽碱厂尾矿坝的溃坝；2008年汶川地震，位于震中约300km的汉中略阳县尾矿坝溃决，是低烈度区上游法尾矿坝发生垮坝破坏的典型事例。这两座尾矿坝都位于地震烈度7度区。

我国现有的尾矿坝绝大多数为上游法尾矿坝。对于那些建在高烈度区又没有进行过论证的尾矿坝，均应进行抗震设计和研究，避免灾难发生。

尾矿坝是一种特殊的水工构筑物。一般来说，尾矿及地基土在设计地震作用下，其应变范围多处在非线性弹性和弹塑性阶段。所以，尾矿坝要按设防地震进行抗震设计。

液化、大变形和流滑是尾矿坝，特别是上游法尾矿坝地震表现的三大特点。尾矿液化是导致坝体大变形和地震破坏的主要原因。因此，液化判别是尾矿坝抗震设计的主要内容之一，也是判别坝体是否会发生大变形和流滑的基础。设计时，仅通过常规的拟静力稳定分析，难以解决尾矿坝的抗震问题。

尾矿坝的使用年限就是尾矿坝的建设施工期，尾矿坝是随采矿、选矿的进行而逐年增高的。通常，一座大中型尾矿坝的使用期为十几年，甚至几十年。随着尾矿坝的增高，坝体的固有动力特性也将随之发生改变。这意味着，对某一特定的地震地质环境，即场地未来可能遭遇的地震动，最终坝高不一定是坝的最危险的阶段。所以，在进行尾矿坝抗震设计时，还需要对 $1/3\sim1/2$ 设计高度时的工况进行抗震分析。

尾矿坝的地震液化分析方法还处在不断完善与发展之中。考虑到目前较为合理的分析方法（即二维或三维的时程分析方法）较复杂，所以目前对6、7、8度区的四、五级坝，可采用简化分析方法进行判别；而强震区或重要的尾矿坝，需采用二维或三维的时程分析方法进行。

目前工程界判别液化普遍采取的方法是剪应力对比法。尾矿坝地震液化简化判别方法现有十几种，其中有考虑 K_σ、K_α 的 Seed 简化法（ICOLD，2006）、日本尾矿场规程法（日本矿业协会，1982）和张克绪法（张克绪，1990）是其典型代表。这三种方法只要正确使用，均可得到满意结果。故此，在进行液化分析时，可根据具体情况选用一种或多种方法进行。

拟静力法不能对有液化的坝坡作出正确的安全评价，在工程实践中早已得到了验证，也得到了科学家和工程师们的认同。液化问题将本来就非常复杂的岩土工程地震稳定问题变得更加复杂。目前，工程界采用以下三个步骤，去评价液化边坡的地震稳定性，这也是当前解决此问题的最佳处理方法。

（1）确定坝坡的液化区；

（2）进行极限平衡分析，分析时，液化区采用残余强度（稳态强度）；

（3）安全系数小于1.1，坝坡可能出现流滑；大于1.1，进行变形分析。

拟静力法在我国尾矿坝工程界已使用多年，积累了较为丰富的经验，所以在评价坝体地震稳定时仍推荐此方法。由于过去我国从事尾矿工程的设计院在分析坝坡抗震问题时，多采用瑞典圆弧法，所以，推荐为尾矿坝抗滑稳定验算的主要分析方法。但是，与瑞典圆弧法相比，简化毕肖普（Bishop）法给出的结果更接近精确法，故建议在今后的工程实践中要采用简化毕肖普法进行分析，以便积累经验和使分析结果更可靠、合理。

7.8.2　挡土墙

为保持结构物两侧的土体、物料有一定高差的结构称为支挡结构或挡土结构。以刚性较大的墙体支承填土和物料并保证其稳定的称为挡土墙。挡土墙是用来抵挡和防止土体坍落的构筑物。凡土体有突变的地方，都需要做挡土墙。

在历次地震中，挡土结构常发生滑移、倾斜或连同地基整体破坏的现象。工业建筑中，因为厂区面积大，地形条件复杂，各类工业建筑物和构筑物的建造位置常常受到限制，挡土结构作为一种特殊的构筑物类型，对于高烈度山区的厂矿企业，一旦地震破坏，其后果显然也会非常严重。

（1）挡土墙在地震作用下产生破坏的主要原因有：

① 墙背侧向土压力增大；

② 墙前水压力减小；

③ 回填土及地基液化；

④ 软弱黏性土地基软化。

由于侧向土压力过大存在于所有挡土墙的情况，因此地震作用下挡土墙背面侧向土压力增大问题，也备受关注。

课题组主要对重力式挡土墙和浅埋式刚性边墙进行了分析及抗震研究。

研究挡土墙地震时土压力的途径可分为理论分析、模型试验、现场实测三类。在理论分析法中，基于刚性模型的拟静力法较为常用，而基于非线性弹性模型和弹塑性模型的动力有限元以及模型试验通常用于重要工程，现场实测则可用于理论分析结果的验证。

刚性浅埋基础边墙包括各种构筑物的刚性地下结构边墙、建（构）筑物的地下室边墙、基础边墙等。

采用拟静力法进行地震土压力计算和抗震设计，尚未考虑竖向地震影响。

以往的震害调查表明，强震区的高重力式挡土墙，明显受竖向震动等影响，对9度区高度超过15m的重力式挡土墙的抗震设计，建议进行进一步专门研究。

（2）地震土压力计算：

地震时边墙上作用的地震土压力（包括静止土压力）随着边墙附近地基土层的惯性力方向以及边墙与地基土层之间相对位移的大小和方向不同而变化。通常一侧为主动侧地震土压力，另一侧为被动侧地震土压力。地震土压力计算公式应考虑了惯性力方向和墙-土相对位移的影响。

所谓"中性状态"是指地震时墙体与土体间不产生相对位移的状态。当地震作用为零时，中性状态就是静止土压力状态。对墙基坚固的重力式挡土墙或者 L 形混凝土重力式挡土墙，地震时墙体与墙后填土之间几乎不会发生相对位移，建议采用中性状态时的地震土压力，其值明显比主动地震土压力要大。所以，采用中性状态时的地震土压力值要更为合理一些。

地震土压力可按下列公式计算：

$$E_{\circ} = \frac{1}{2}\gamma H^2 K_{E\cdot\circ} \qquad (7.8.1)$$

$$K_{E\cdot\circ} = \frac{2\cos^2(\phi-\beta-\theta)}{\cos^2(\phi-\beta-\theta)+\cos\theta\cos^2\beta\cos(\delta_{\circ}+\beta+\theta)\left[1+\sqrt{\dfrac{\sin(\phi+\delta_{\circ})\sin(\phi-\alpha-\theta)}{\cos(\delta_{\circ}+\beta+\theta)\cos(\beta-\alpha)}}\right]^2}$$

$$(7.8.2)$$

式中，θ 为挡土墙的地震角，按表 7.8.1 选取。

挡土墙的地震角 θ 表 7.8.1

类别	7 度		8 度		9 度
	0.1g	0.15g	0.2g	0.3g	0.4
水上	1.5°	2.3°	3.0°	4.5°	6°
水下	2.5°	3.8°	5.0°	7.5°	10°

对于墙体可能产生侧向位移的重力式挡土墙，可采用主动地震土压力，埋深不大于10m 的浅埋式刚性边墙，地震时作用在结构两侧边墙上的土压力（含静土压力），一侧应为主动侧地震土压力，另一侧应为被动侧地震土压力，其各侧的合力，可分别按下列公式计算：

$$P_a = \frac{1}{2} \gamma H^2 \frac{\cos^2(\phi + \theta)}{\cos\theta\cos(\delta - \theta)\left[1 + \sqrt{\frac{\sin(\phi + \delta)\sin(\phi + \theta)}{\cos(\delta - \theta)}}\right]^2} \quad (7.8.3)$$

$$P_p = \frac{1}{2} \gamma H^2 \frac{4\cos^2(\phi - \theta)}{3\cos^2(\phi - \theta) + \cos\theta\cos(\delta + \theta)\left[1 + \sqrt{\frac{\sin(\phi + \delta)\sin(\phi - \theta)}{\cos(\delta + \theta)}}\right]^2} \quad (7.8.4)$$

式中 P_a——主动侧地震土压力合力；

P_p——被动侧地震土压力合力。

（3）基于国内外的地震调查和震害，建议在进行挡土结构抗震设计时考虑以下抗震构造措施：

① 挡土墙的后填土应采取排水措施，可采用点排水、线排水或面排水。

② 当 8 度和 9 度时，重力式挡土墙不得采用干砌片石砌筑；7 度时，挡土墙可采用干砌片石砌筑，但墙高不应大于 3m。

③ 邻近甲、乙类构筑物的重力式挡土墙，不应采用干砌片（块）石砌筑。

④ 浆砌片石重力式挡土墙的高度，8 度时不宜超过 12m；9 度时不宜超过 10m，超过10m 时，应采用混凝土整体浇筑。

⑤ 混凝土重力式挡土墙的施工缝和衡重式挡土墙的转折截面处，应设置榫头或采用短钢筋连接，榫头的面积不应小于总截面面积的 20%。

⑥ 同类土层上建造的重力式挡土墙，伸缩缝间距不宜大于 15m。在地基土质或墙高变化较大处，应设置沉降缝。

⑦ 挡土墙的基础不应直接设在液化土或软土地基上。不可避免时，可采用换土、加大基底面积或采取砂桩、碎石桩等地基加固措施。当采用桩基时，桩尖应伸入稳定土层。

第8章 工业建筑抗震性能评价技术

8.1 既有工业建筑合理后续使用年限的确定

既有工业建筑由于其建造年代不同，当时的建造技术水平与质量、建筑使用过程中的维护情况不同，其抗震能力也会差异很大。如果这些建筑一律要求达到现行设计规范所要求的设防目标，必然需要更大的投入，有些可能是在现有技术条件下是无法完成的。根据1998年的国际标准《结构可靠性总原则》ISO 2394中提出的既有建筑可靠性评定方法，强调了可依据用户提出的使用年限对可变作用采用系数折减的方法，对结构实际承载力（包括实际尺寸、配筋、材料强度、已有缺陷等）与实际受力进行比较。

后续使用年限决定着建筑的设计标准，我国对新建普通建筑工程，其设计使用年限定为50年，因此，现有建筑的后续使用年限可少于50年。考虑我国自1989年版《建筑抗震设计规范》开始提出了"小震不坏、中震可修、大震不倒"的三水准设防目标，因此，既有工业建筑抗震鉴定时的后续使用年限也可以"89规范"作为分界线。"89规范"实施前建造的工业建筑，其后续使用年限可定为30年，这类建筑以保证大震下的不倒塌或砸坏和生产设备为设防目标，"89规范"实施后建造的工业建筑，其后续使用年限可定为40年，这类建筑同样不允许大震倒塌或砸坏生产设备，考虑到这类建筑也已使用多年，允许在小震与中震地震影响时有所损坏。

后续使用年限少于50年时，其地震作用及相应的抗震措施均略低于现行国家标准《建筑抗震设计规范》GB 50011—2010的要求。

8.2 不同后续使用年限的地震作用计算

1. 地震动烈度危险性曲线

根据对我国华北、西北、西南三个地区45个城镇地震危险性分析的结果，认为我国的地震烈度的概率分布符合极值Ⅲ型。对于随机变量 x，概率分布函数 $F(x)$ 和超越概率 $P(X \geqslant x)$ 的关系为：

$$F(x) = 1 - P(X \geqslant x) \tag{8.2.1}$$

因此，地震烈度的极值Ⅲ型概率分布表达式如下：

$$F(i) = 1 - P(I \geqslant i) = \exp\left[-\left(\frac{\omega - i}{\omega - \varepsilon}\right)^k\right] \quad (i \leqslant \omega) \tag{8.2.2}$$

式中，i 为烈度；ω 为烈度上限值；ε 为众值烈度；k 为形状参数，按表8.2.1取值。

现行抗震设计规范中的形状参数				表 8.2.1
设防烈度	6	7	8	9
形状参数 k	9.7932	8.3339	6.8713	5.4028

在已知 50 年内超越概率 10% 对应基本烈度 I_0 的情况下，按如下步骤就可以推导出烈度 i 危险性曲线表达式。

将式（8.2.2）两边取自然对数和常用对数可得：

$$\lg\{-\ln[1-P(I \geqslant i)]\} = k\lg\left(\frac{\omega-i}{\omega-\varepsilon}\right) = k\lg(\omega-i) - k\lg(\omega-\varepsilon) \tag{8.2.3}$$

将 50 年内超越概率 10% 对应的基本烈度 I_0 代入式（8.2.3）可得：

$$k\lg(\omega-\varepsilon) = k\lg(\omega-I_0) - \lg[-\ln(0.9)] \tag{8.2.4}$$

将式（8.2.4）代入（8.2.3），得到地震烈度危险性曲线表达式为：

$$\lg\{-\ln[1-P(I \geqslant i)]\} + 0.9773 = k\lg\left(\frac{\omega-i}{\omega-I_0}\right) \tag{8.2.5}$$

2. 地震动参数危险性曲线

抗震设计规范中烈度 i 与地震影响系数 α_{max} 的关系为：

$$\lg\alpha_{max} = 0.3i - 2.75 \tag{8.2.6}$$

抗震设计规范中烈度 i 与地震加速度 A_{max} 的关系为：

$$\lg A_{max} = 0.3i - 2.1 \tag{8.2.7}$$

将烈度与地震影响系数、地震加速度关系式（8.2.6）、（8.2.7）代入式（8.2.5），并利用 50 年内超越概率 10% 对应的地震影响系数 α_{max}^{10}、地震加速度 A_{max}^{10}，按照与烈度危险性曲线公式的推导方法便可推导出地震影响系数 α_{max}、A_{max} 危险性曲线公式为：

$$\lg\{-\ln[1-P(I \geqslant i)]\} + 0.9773 = k\lg\left(\frac{0.85 - \lg\alpha_{max}}{0.85 - \lg\alpha_{max}^{10}}\right) \tag{8.2.8}$$

$$\lg\{-\ln[1-P(I \geqslant i)]\} + 0.9773 = k\lg\left(\frac{1.5 - \lg A_{max}}{1.5 - \lg A_{max}^{10}}\right) \tag{8.2.9}$$

3. 不同后续使用年限的等效超越概率

为求得不同后续使用年限内的三水准的地震动参数，还需要先将不同后续使用年限内三水准的超越概率换算成 50 年内的超越概率——等效超越概率。具体换算方法如下：

$$P = 1 - (1-P')^{50/t} \tag{8.2.10}$$

式中：P' 为后续使用年限为 t 年内定义小震、中震、大震的超越概率，分别为 63.2%、10%、2%~3%；P 为换算成 50 年时等效超越概率。

按后续使用年限 30、40、50 年三个档次，根据式（8.2.10）可求得不同后续使用年限对应于三水准设防的等效超越概率，见表 8.2.2。

不同后续使用年限三水准地震的等效超越概率			表 8.2.2
后续使用年限（年）	设防水准		
	小震	中震	大震
30	81.1%	16.1%	3.3%~4.9%
40	71.3%	12.3%	2.5%~3.7%
50	63.2%	10%	2%~3%

4. 不同后续使用年限的地震动参数

根据上述公式可计算出不同后续使用年限三水准地震作用影响系数 α_{max} 与地震加速度 A_{max} 值分别见表 8.2.3 和表 8.2.4。

将不同后续使用年限各水准地震动参数的取值除以抗震设计规范各水准的取值，就可以得到同后续使用年限各水准地震动参数相对于抗震设计规范的调整系数，经过比较可知，地震影响系数 α_{max} 和地震加速度 A_{max} 的调整系数相差不大，为应用简单，将地震动参数调整系数统一取值，为偏于安全，取二者的较大值。经比较，不同设防烈度的调整系数差别不大，进一步简化将不同设防烈度的调整系数统一取一个值，得到表 8.2.5。

显然，现行《建筑抗震鉴定标准》GB 50023 中取得是小震时的地震作用折减系数。若今后我国采用性能化鉴定方法时，该折减系数用于中震、大震分析时是偏于不安全的。

不同后续使用年限各水准地震影响系数 α_{max}　　　　　　　表 8.2.3

后续使用年限（年）	设防水准	设防烈度			
		6	7	8	9
30	小震	0.029	0.060	0.115	0.227
	中震	0.090	0.185	0.364	0.734
	大震	0.207	0.415	0.755	1.168
40	小震	0.034	0.070	0.136	0.272
	中震	0.102	0.210	0.411	0.825
	大震	0.230	0.457	0.828	1.283
50	小震	0.040	0.080	0.160	0.320
	中震	0.112	0.230	0.450	0.900
	大震	0.250	0.500	0.900	1.400

不同后续使用年限各水准地震加速度 A_{max}　　　　　　　表 8.2.4

后续使用年限（年）	设防水准	设防烈度			
		6	7	8	9
30	小震	13	26	51	101
	中震	40	80	162	326
	大震	93	181	336	519
40	小震	15	30	60	120
	中震	45	91	183	367
	大震	103	200	368	570
50	小震	18	35	70	140
	中震	50	100	200	400
	大震	/	220	400	620

不同后续使用年限各水准地震动参数调整系数　　　　　　　表 8.2.5

后续使用年限（年）	设防水准	调整系数
30	小震	0.75
	中震	0.82
	大震	0.84

后续使用年限（年）	设防水准	调整系数
40	小震	0.88
	中震	0.92
	大震	0.92
50	小震	1
	中震	1
	大震	1

8.3 工业建筑综合抗震能力评定技术

8.3.1 综合抗震能力计算

1. 基本计算公式

钢筋混凝土厂房的抗震鉴定可采用基于屈服强度系数的综合抗震能力指数法，计算时可取典型一榀排架或框架进行计算，具体计算公式如下：

$$\beta = \psi_1 \psi_2 \xi_y \tag{8.3.1}$$

$$\xi_y = V_y / V_e \tag{8.3.2}$$

式中　β——单榀排架或框架的综合抗震能力指数；

　　　ψ_1——体系影响系数；

　　　ψ_2——局部影响系数；

　　　ξ_y——排架或框架楼层屈服强度系数；

　　　V_y——排架或框架楼层现有受剪承载力；

　　　V_e——排架或框架楼层的弹性地震剪力。

2. 排架或框架楼层现有受剪承载力 V_y 计算

排架柱或框架柱一般为受弯破坏，其受剪承载力可根据柱端受弯承载力换算成等效受剪承载力。

对于排架柱，等效受剪承载力可按下式计算：

$$V_y = M_P / h \tag{8.3.3}$$

式中　M_P——验算截面处的排架柱受弯承载力，验算截面可取阶形柱变截面处及排架柱底；

　　　h——排架柱顶到验算截面处的距离；

对于框架柱，等效受剪承载力可按下式计算：

$$V_y = (M_上 + M_下) / H_0 \tag{8.3.4}$$

式中　$M_上$、$M_下$——分别为框架柱顶部与底部截面的受弯承载力；

　　　H_0——框架柱净高；

关于排架柱或框架柱的受弯承载力 M（包括 M_P、$M_上$、$M_下$），对于对称配筋矩形截面偏压柱可按下列公式计算：

当　$N \leqslant \xi_{bk} f_{cmk} b h_0$ 时：

$$M = f_{yk}A_s(h_0 - a_s') + 0.5Nh(1 - N/f_{cmk}bh) \tag{8.3.5}$$

当 $N > \xi_{bk}f_{cmk}bh_0$ 时：

$$M = f_{yk}A_s(h_0 - a_s') + \xi(1 - 0.5\xi)f_{cmk}bh_0^2 - N(0.5h - a_s') \tag{8.3.6}$$

$$\xi = [(\xi_{bk} - 0.8)N - \xi_{bk}f_{yk}A_s]/[(\xi_{bk} - 0.8)f_{cm}bh_0 - f_{yk}A_s] \tag{8.3.7}$$

式中　N——对应于重力荷载代表值的柱轴向压力；

A_s——柱实有纵向受拉钢筋截面面积；

f_{yk}——现有钢筋抗拉强度标准值，Ⅰ级钢取 $235N/mm^2$，Ⅱ级钢取 $335N/mm^2$；

f_{cmk}——现有混凝土弯曲抗压强度标准值，C13 取 $9.6N/mm^2$，C18 取 $13.3N/mm^2$，C23 取 $17.0N/mm^2$，C28 取 $20.6N/mm^2$；

a_s'——受压钢筋合力点至受压边缘的距离；

ξ_{bk}——相对界限受压区高度，Ⅰ级钢取 0.6，Ⅱ级钢取 0.55；

h、h_0——分别为柱截面高度和有效高度；

b——柱截面宽度。

3. 排架或框架楼层的弹性地震剪力 V_e 计算

排架或框架楼层的弹性地震剪力 V_e 需特别注意的是：①对于钢筋混凝土排架厂房应考虑空间工作的影响，因此一般取厂房中间榀排架进行验算；②地震作用计算时，可根据后续使用年限的不同按本章8.2节的研究结果进行地震作用的折减。

4. 体系影响系数 ψ_1 的确定

体系影响系数 ψ_1 可根据建筑的后续使用年限参照相应的标准确定。

对于后续使用年限为 30 年的建筑，当其构造措施满足《建筑抗震鉴定标准》GB 50023 的要求时可取 1.0，当不满足时取 0.8。

对于后续使用年限为 40 年的建筑，当其构造措施满足《建筑抗震设计规范》GB 50011 的要求时可取 1.0，当仅满足《建筑抗震鉴定标准》GB 50023 的要求时取 0.8，当仅符合非抗震设计要求时，即可评定为不满足抗震鉴定要求需进行加固。

5. 局部影响系数 ψ_2 的确定

对于钢筋混凝土排架厂房一般可不考虑局部影响系数，钢筋混凝土框架类的工业建筑，考虑到其附属配楼有可能采用砌体结构形式，应取与砌体配楼相连的一榀框架进行验算，且应考虑 0.8~0.95 的局部影响系数。

8.3.2　屈服强度系数 ξ_y 与结构破坏程度试验研究

1. 振动台试验模型设计

设计了三个缩尺比例均为 1/10 的 10 层框架结构（简称模型 1~3），模型结构平面相同且均匀对称（图 8.3.1），柱距 800mm；柱截面尺寸 1~2 层为 70mm×70mm、3~4 层为 65mm×65mm、5~7 层为 60mm×60mm、8~10 层为 55mm×55mm；梁截面除底部两层不等外（模型 1 为 40mm×60mm、模型 2 为 60mm×60mm、模型 3 为 65mm×65mm），3~7 层均为 35mm×60mm，8~10 层均为 40mm×45mm；模型层高除底层外均为 360mm，底层层高模型 1~3 分别为 540mm、680mm、720mm（图 8.3.2）；梁混凝土强度等级均为 C30，柱 1~5 层为 C40，5~10 层为 C30。

实测模型混凝土强度及弹性模量：C40 混凝土的立方体抗压强度为 $41N/mm^2$、弹性

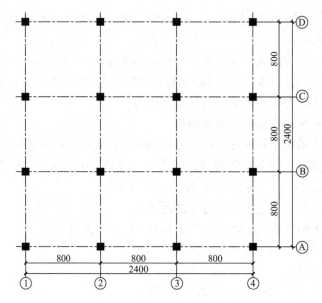

图 8.3.1　模型结构平面图

模型1　　　　　　　　模型2　　　　　　　　模型3

图 8.3.2　模型全景照片

模量为 $2.85 \times 10^4 N/mm^2$；C30 混凝土的立方体抗压强度 $36N/mm^2$，弹性模量为 $2.60 \times 10^4 N/mm^2$。模型用钢筋屈服强度为 $450N/mm^2$。

模型试验的主要动力相似关系：$S_a = 1.0$、$S_t = 3.16$。

2. 主要试验现象

模型 1：台面加速度 150gal 时，少量框架梁开裂；310gal 时，大部分梁端部出现裂缝；400gal 时底层个别柱开始有破坏迹象；510gal 时，底层柱有混凝土剥落现象；900gal 时底层柱根出现塑性铰。

模型 2：台面加速度 150gal 时，少量梁开裂；310gal 时，大部分梁端部出现裂缝，底层一根中柱柱顶有细微裂缝；400gal 时底层柱上、下端均开裂；510gal 时，底层柱上、下端出现较大裂缝；750gal 时柱混凝土剥落。

模型 3：台面加速度 150gal 时，首层少量梁、柱开裂；310gal 时，底层柱全部开裂且形成连通裂缝；400gal 时底层中柱开裂严重，柱根出现塑性铰；510gal 时底层中柱折断，其余柱上、下端均出现塑性铰。

3. 模型屈服强度系数计算

对模型试验各加载工况均进行了屈服强度系数的计算，表 8.3.1 中仅列出了关键试验阶段的屈服强度系数值。计算层间地震剪力时，反应谱采用现行国家标准《建筑抗震鉴定标准》GB 50023-2009 中的鉴定用反应谱，场地类别根据振动台试验时选用的地震波，定为Ⅱ类场地。

<table>
<tr><td align="center">模型各试验阶段屈服强度系数</td><td colspan="9"></td><td align="right">表 8.3.1</td></tr>
</table>

楼层	台面加速度峰值								
	模型 1	模型 2	模型 3	模型 1	模型 2	模型 3	模型 1	模型 2	模型 3
	150gal	150gal	150gal	400gal	400gal	400gal	900gal	750gal	510gal
10	3.95	4.00	4.09	1.82	1.84	1.99	0.89	1.08	1.68
9	2.41	2.44	2.50	1.11	1.13	1.21	0.54	0.66	1.03
8	2.04	2.06	2.10	0.94	0.95	1.02	0.46	0.56	0.87
7	2.29	2.31	2.35	1.06	1.06	1.14	0.52	0.62	0.97
6	2.20	2.22	2.25	1.01	1.02	1.10	0.50	0.60	0.93
5	2.13	2.14	2.17	0.98	0.98	1.05	0.48	0.58	0.89
4	2.46	2.47	2.50	1.14	1.14	1.22	0.56	0.67	1.03
3	2.46	2.45	2.48	1.13	1.13	1.21	0.55	0.66	1.02
2	2.87	2.85	2.88	1.32	1.00	1.40	0.65	0.77	1.19
1	2.17	2.13	2.00	1.00	0.98	0.97	0.49	0.58	0.82

4. 屈服强度系数与模型破坏形态大致关系

对比屈服强度系数值与模型破坏程度的相关关系，有以下规律：

（1）ξ_y 在 2.0 左右时，模型开始出现裂缝，裂缝位置或在梁端或在柱端，随着 ξ_y 的增大，裂缝的数量增加。模型破坏照片见图 8.3.3。

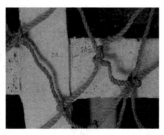

模型1　　　　　　　　　　模型2　　　　　　　　　　模型3

图 8.3.3　模型初始开裂（$\xi_y = 2.0$）

（2）ξ_y 在 1.0 左右时，模型将处于中等程度的破坏，体现在梁端裂缝继续发展、裂缝变宽，最主要的是柱端也出现了裂缝，模型照片见图 8.3.4。

模型1

模型2

模型3

图 8.3.4　模型中等破坏（$\xi_y = 1.0$）

（3）在模型濒临倒塌试验阶段，模型破坏比较严重，柱端出现塑性铰，模型照片见图 8.3.5，此阶段三个模型的 ξ_y 值差别较大，模型 1～3 的值分别为 0.49、0.58 和 0.82。本文分析的 3 个模型属平面规则结构，但竖向刚度分布不规则。从体系规则性对结构的影响看，在弹性阶段甚至进入中等破坏程度阶段，3 个模型的屈服强度系数计算值差别不大，但在结构的大震倒塌阶段差别较大。

模型1

模型2

模型3

图 8.3.5　模型倒塌（$\xi_y = 0.5 \sim 0.8$）

5. 竖向刚度不规则对结构综合抗震能力的影响

对 3 个模型的楼层受剪承载力及抗侧刚度进行了计算，结果见表 8.3.2。

从底层与二层的受剪承载力比值来看，模型 1～3 分别为 0.77、0.78、0.72，模型 1、2 接近于现行《建筑抗震设计规范》GB 50011 规定的层间受剪承载力不小于上一楼层的 80% 的要求，模型 3 相距要求也不大。因此，基本上可认为三个模型不属于有薄弱层的结构。

但从底层与二层的刚度比来看，模型 1～3 分别为 0.77、0.41、0.29，模型 1 满足现行《建筑抗震设计规范》GB 50011 规定的侧向刚度不小于上一楼层 70% 的规则性要求，而模型 2 明显属于不规则结构，模型 3 则为极不规则结构。

模型楼层受剪承载力与抗侧刚度　　　　　　　　　　　　　　　　表 8.3.2

楼层	受剪承载力（kN）			抗侧刚度（kN/m）		
	模型 1	模型 2	模型 3	模型 1	模型 2	模型 3
10	29.32	29.52	29.60	15224		
9	34.16	34.44	34.60	15224		
8	41.08	41.44	41.68	21108		
7	58.36	58.88	59.20	28864		
6	66.24	66.96	67.28	29564	同左	同左

楼层	受剪承载力（kN）			抗侧刚度（kN/m）		
	模型 1	模型 2	模型 3	模型 1	模型 2	模型 3
5	72.44	73.12	73.48	29564		
4	91.84	92.72	93.24	31764		
3	97.72	98.56	99.08	33560		
2	119.24	120.36	121.00	37424		
1	92.36	94.00	86.92	28860	15528	10748

三个模型在濒临倒塌时的屈服强度较大差异是由于结构的不规则性造成的，理论上三个模型在濒临倒塌时的综合抗震能力是相同的。因此，以规则结构的综合抗震能力指数（屈服强度系数）为基准，不规则结构乘上一个小于 1.0 的体系影响系数 ψ_1，使两种结构的综合抗震能力指数相等。对于不规则结构（刚度比 0.4），体系影响系数 $\psi_1 = 0.49/0.58 = 0.85$，对于极不规则结构（刚度比 0.3），体系影响系数 $\psi_1 = 0.49/0.82 = 0.60$。

6. 性能化抗震鉴定的控制指标

钢筋混凝土框架厂房在预期的地震作用下，如需保证完好无损，则应满足综合抗震能力指数 $\beta > 2.0$；如允许发生轻于中等程度的破坏，则应满足 $2.0 \geq \beta \geq 1.0$；如允许发生严重破坏但不允许倒塌时，则应 $1.0 > \beta \geq 0.5$。

8.4 工业建筑抗震鉴定技术

8.4.1 工业建筑抗震鉴定基本要求与方法

地震中建筑物的破坏是造成地震灾害的主要原因。地震区的既有工业建筑，或因原设计未作抗震设防或原有抗震加固不符合现行国家标准的鉴定要求，或因抗震设防分类的变化其抗震性能不满足抗震鉴定标准的要求，或因现行区划图中的设防烈度提高使之相应的设防要求也提高等，需要进行以预防为主的抗震鉴定，或者在进行静力鉴定的同时需要进行抗震鉴定。1977 年以来建筑抗震鉴定、加固的实践和震害经验表明，对现有建筑进行抗震鉴定，对不满足鉴定要求的建筑采取适当的抗震对策，是减轻地震灾害的重要途径。

由于地震灾害，常使现有工业建筑物发生倾斜、裂损等严重震害，及时抢救因地震造成的对建筑物的损害，恢复有修复价值和修复条件的建筑物的正常使用功能，也是保护现有工业建筑的一项重要任务。

1. 工业建筑抗震设防分类标准

（1）《建筑工程抗震设防分类标准》GB 50223 规定，建筑抗震设防类别划分应根据下列因素综合分析确定：

1）建筑破坏造成的人员伤亡、直接和间接经济损失及社会影响的大小；

2）城市的大小、行业的特点、工矿企业的规模；

3）建筑使用功能失效后，对全局的影响范围大小、抗震救灾影响及恢复的难易程度；

4）建筑各区段的重要性有显著不同时，可按区段划分抗震设防类别，下部区段的类别不应低于上部区段；

5）不同行业的相同建筑，当所处地位及地震破坏所产生的后果和影响不同时，其抗震设防类别可不相同。

注：区段指由防震缝分开的结构单元、平面内使用功能不同的部分，或上下使用功能不同的部分。

（2）建筑工程应分为以下四个抗震设防类别：

1）特殊设防类（甲类）：指使用上有特殊设施，涉及国家公共安全的重大建筑工程和地震时可能发生严重次生灾害等特别重大灾害后果，需要进行特殊设防的建筑。简称甲类。

2）重点设防类（乙类）：指地震时使用功能不能中断或需尽快恢复的生命线相关建筑，以及地震时可能导致大量人员伤亡等重大灾害后果，需要提高设防标准的建筑。简称乙类。

3）标准设防类（丙类）：指大量的除1）、2）、4）款以外按标准要求进行设防的建筑。简称丙类。

4）适度设防类（丁类）：指使用上人员稀少且震损不致产生次生灾害，允许在一定条件下适度降低要求的建筑。简称丁类。

（3）工业建筑抗震设防分类按照以下原则进行：

1）采煤、采油和矿山生产建筑，应根据其直接影响的城市和企业的范围及地震破坏所造成的直接和间接经济损失划分抗震设防类别。

采油和天然气生产建筑中，下列建筑的抗震设防类别应划分为重点设防类：

① 大型油、气田的联合站、压缩机房、加压气站泵房、阀组间、加热炉建筑；

② 大型计算机机房和信息贮存库；

③ 油品储运系统液化气站、轻油泵房及氮气站、长输管道首末站、中间加压泵站。

④ 油、气田主要供电、供水建筑。

采矿生产建筑中，下列建筑的抗震设防类别应划为重点设防类：

① 大型冶金矿山的风机室、排水泵房、变电室、配电室等；

② 大型非金属矿山的提升、供水、排水、供电、通风等系统的建筑。

2）冶金、化工、石油化工、建材、轻工业的原材料生产建筑，主要以其规模、修复难易程度及停产后相关企业的直接和间接经济损失划分抗震设防类别。

冶金工业、建材工业企业的生产建筑中，下列建筑的抗震设防类别应划为重点设防类：

① 大中型冶金企业的动力系统建筑，油库及油泵房，全厂性生产管制中心、通信中心的主要建筑；

② 大型和不容许中断生产的中型建材工业企业的动力系统建筑。

化工和石油化工生产建筑中，下列建筑的抗震设防类别应划为重点设防类：

① 特大型、大型和中型企业的主要生产建筑以及对正常运行起关键作用的建筑；

② 特大型、大型和中型企业的供热、供电、供气和供水建筑；

③ 特大型，大型和中型企业的通信、生产指挥中心建筑。

轻工原材料生产建筑中，大型浆板厂和洗涤剂原料厂等大型原材料生产企业中的主要装置及其控制系统和动力系统建筑，抗震设防类别应划为重点设防类。

冶金、化工、石油化工、建材、轻工业原料生产建筑中，使用或生产过程中具有剧毒、易燃、易爆物质的厂房，当具有泄毒、爆炸或火灾危险性时，其抗震设防类别应划为重点设防类。

240

3）加工制造业生产建筑应根据建筑规模和地震破坏所造成的直接和间接经济损失的大小划分抗震设防类别。

航空工业生产建筑中，下列建筑的抗震设防类别应划为重点设防类：

① 部级及部级以上的计量基准所在的建筑，记录和贮存航空主要产品（如飞机、发动机等）或关键产品的信息贮存所在的建筑；

② 对航空工业发展有重要影响的整机或系统性能试验设施、关键设备所在建筑（如大型风洞及其测试间，发动机高空试车台及其动力装置及测试间，全机电磁兼容试验建筑）；

③ 存放国内少有或仅有的重要精密设备的建筑；

④ 大中型企业的主要动力系统建筑。

航天工业生产建筑中，下列建筑的抗震设防类别应划为重点设防类：

① 重要的航天工业科研楼、生产厂房和试验设施、动力系统的建筑；

② 重要的演示、通信、计量、培训中心的建筑。

电子信息工业生产建筑中，下建筑的抗震设防类别应划为重点设防类：

① 大型彩管、玻壳生产厂房及其动力系统；

② 大型的集成电路、平板显示器和其他电子类的生产厂房；

③ 重要的科研中心、测试中心、试验中心的主要建筑。

纺织工业的化纤生产建筑中，具有化工性质的生产建筑，抗震设防分类宜按照化工和石油化工生产建筑划分原则划分。

大型药厂生产建筑中，具有生物制品性质的厂房及其控制系统，如研究、中试生产和存放剧毒生物制品、化学制品、天然和人工细菌，病毒（如鼠疫、霍乱、伤寒和新发高危险传染病等），抗震设防类别应划分为特殊设防类。

加工制造工业建筑中，生产或使用具有剧毒、易燃、易爆物质且具有火灾危险性的厂房及其控制系统的建筑，抗震设防类别应划为重点设防类。

大型的机械、船舶、纺织、轻工、医药等工业企业的动力系统建筑应划为重点设防类。

4）仓库类建筑

仓库类建筑，应根据其存放物品的经济价值和地震破坏所产生的次生灾害划分抗震设防类别。并应符合下列规定：

① 储存高、中放射性物质或剧毒物品的仓库不应低于重点设防类，储存易燃、易爆物质等具有火灾危险性的危险品仓库应划为重点设防类；

② 一般的储存物品价值低、人员活动少、无次生灾害的单层仓库可划为适度设防类。

在上述各类工业建筑和仓库类建筑中未有列出的建筑，均划为标准设防类。

2. 鉴定设防目标、基本原则

现有工业建筑的抗震鉴定，是通过检查既有建筑的设计、施工质量和现状，按规定的抗震设防要求，对其在地震作用下的安全性进行评估，从抗震承载力和抗震措施两方面综合判断结构实际具有的防御地震震害的能力，侧重于结构体系，注重对整个建、构筑物的综合抗震能力及整体抗震性能作出判断。

需要进行抗震鉴定的现有工业建筑主要分为三类：

第一类是使用年限在设计基准期内且设防烈度不变，但原规定的抗震设防类别提高的建筑；

第二类是虽然抗震设防类别不变，但现行的区划图设防烈度提高后又使之可能不符合相应设防要求的建筑；

第三类是设防类别和设防烈度同时提高的建筑。

据此，现有工业建筑接近或超过设计使用年限需要继续使用的现有工业建筑、原设计未考虑抗震设防或抗震设防要求提高的现有工业建筑、需要改变结构的用途和使用环境的现有工业建筑及其他有必要进行抗震鉴定的现有工业建筑应进行抗震鉴定。

(1) 抗震鉴定设防目标

按照国务院《建筑工程质量管理条例》的规定，结构设计必须明确其合理使用年限，对于鉴定和加固，则为合理的后续使用年限。近年来的研究表明，从后续使用年限内具有相同概率的角度，在全国范围内，30、40、50年地震作用的相对比例大致是0.75、0.88和1.00；抗震构造综合影响系数的相对比例，6度为0.76、0.9、1.00，7度为0.71、0.87、1.00，8度为0.63、0.84、1.00，9度为0.57、0.81、1.00。据此，考虑到1995年版《建筑抗震鉴定标准》GB 50023的抗力调整系数取设计规范的0.85倍，1989年版《建筑抗震设计规范》GBJ 11的场地设计特征周期比2001年版《建筑抗震设计规范》GB 50011减小10％且材料强度大致为2001年版规范系列的1.05～1.15，于是可以认为：1995年版《建筑抗震鉴定标准》GB 50023、1989年版《建筑抗震设计规范》GBJ 11和2001年版《建筑抗震设计规范》GB 50011大体上分别在使用年限30年、40年和50年具有相同的概率保证。

符合现行《建筑抗震鉴定标准》GB 50023的现有工业建筑，在预期的后续使用年限内具有相应的抗震设防目标：后续使用年限50年的现有建筑，具有与现行《建筑抗震设计规范》GB 50011相同的设防目标；后续使用年限少于50年的现有建筑，在遭遇同样的地震影响时，其损坏程度略大于按后续使用年限50年的建筑。

上述抗震鉴定设防目标是在后续使用年限内具有相同概率保证前提条件下得到的，意味着现有建筑的抗震鉴定与新建工程的设防目标同样要保证大震不倒，但小震可能会有轻度损坏，中震可能损坏较为严重。

(2) 抗震鉴定基本原则

抗震设防烈度为6～9度地区的现有工业建筑的抗震鉴定，不适用于新建建筑工程的抗震设计和施工质量的评定。

抗震设防烈度，一般情况下，采用中国地震动参数区划图的地震基本烈度或现行《建筑抗震设计规范》GB 50011规定的抗震设防烈度。

1) 后续使用年限确定：

现有工业建筑建造于不同的年代，结构类型不同、设计时所采用的设计规范、地震动区划图的版本不同、施工质量不同、使用者的维护也不同，投资方也不同，导致彼此的抗震能力有很大不同，需要根据实际情况区别对待和处理，使之在现有的经济技术条件分别达到其最大可能达到的抗震防灾要求。

现有建筑应根据实际需要和可能，按下列规定选择其后续使用年限：

① 在20世纪70年代及以前建造经耐久性鉴定可继续使用的现有建筑，其后续使用年限不应少于30年；在20世纪80年代建造的现有建筑，宜采用40年或更长，且不得少于30年。

② 在20世纪90年代（按当时施行的抗震设计规范系列设计）建造的现有建筑，后续使用年限不宜少于40年，条件许可时应采用50年。

③ 在 2001 年以后（按当时施行的抗震设计规范系列设计）建造的现有建筑，后续使用年限宜采用 50 年。

2）不同使用年限鉴定方法的确定：

不同后续使用年限的现有建筑，其抗震鉴定方法应符合下列要求：

① 后续使用年限 30 年的建筑（简称 A 类建筑），应采用 A 类建筑抗震鉴定方法。

② 后续使用年限 40 年的建筑（简称 B 类建筑），应采用 B 类建筑抗震鉴定方法。

③ 后续使用年限 50 年的建筑（简称 C 类建筑），应按现行《建筑抗震设计规范》GB 50011 的要求进行抗震鉴定。

3）不同设防分类抗震鉴定要求：

现有工业建筑进行抗震鉴定时，应按现行《建筑工程抗震设防分类标准》GB 50223 分为四类，其抗震措施核查和抗震验算的综合鉴定应符合下列要求：

① 丙类，即标准设防类，应按本地区设防烈度的要求核查其抗震措施并进行抗震验算。

② 乙类，即重点设防类，是需要比当地一般建筑提高设防要求的建筑。6～8 度应按比本地区设防烈度提高一度的要求核查其抗震措施，9 度时应适当提高要求，指 A 类 9 度的抗震措施按 B 类 9 度的要求、B 类 9 度按 C 类 9 度的要求进行检查，规模很小的工业建筑以及 I 类场地的地基基础抗震构造应符合有关规定；抗震验算应按不低于本地区设防烈度的要求采用。

③ 甲类，应经专门研究按不低于乙类的要求核查其抗震措施，抗震验算应按高于本地区设防烈度的要求采用。

④ 丁类，7～9 度时，应允许按比本地区设防烈度降低一度的要求核查其抗震措施，抗震验算应允许比本地区设防烈度适当降低要求；6 度时应允许不做抗震鉴定。

4）现有工业建筑的两级鉴定方法：

抗震鉴定分为两级。第一级鉴定应以宏观控制和构造鉴定为主进行综合评价，第二级鉴定应以抗震验算为主结合构造影响进行综合评价。

① 类工业建筑的抗震鉴定，当符合第一级鉴定的各项要求时，建筑可评为满足抗震鉴定要求，不再进行第二级鉴定；当不符合第一级鉴定要求时，除有明确规定的情况外，应由第二级鉴定作出判断。

② 类工业建筑的抗震鉴定，应检查其抗震措施和现有抗震承载力再作出判断。当抗震措施不满足鉴定要求而现有抗震承载力较高时，可通过构造影响系数进行综合抗震能力的评定；当抗震措施鉴定满足要求时，主要抗侧力构件的抗震承载力不低于规定的 95%、次要抗侧力构件的抗震承载力不低于规定的 90%，也可不要求进行加固处理。

3. 鉴定内容和基本要求

抗震鉴定系对现有工业建筑物是否存在不利于抗震的构造缺陷和各种损伤进行系统的"诊断"，因而必须对其需要包括的基本内容、步骤、要求和鉴定结论作统一的规定，并要求强制执行，才能达到规范抗震鉴定工作，提高鉴定工作质量，确保鉴定结论的可靠性。

（1）现有建筑的抗震鉴定应包括下列内容及要求：

1）搜集建筑的勘察报告、施工和竣工验收的相关原始资料；当资料不全时，应根据鉴定的需要进行补充实测。

2）调查建筑现状与原始资料相符合的程度、施工质量和维护状况，发现相关的非抗震缺陷。

3）根据各类建筑结构的特点、结构布置、构造和抗震承载力等因素，采用相应的逐级鉴定方法，进行综合抗震能力分析。

4）对现有建筑整体抗震性能作出评价，对符合抗震鉴定要求的建筑应说明其后续使用年限，对不符合抗震鉴定要求的建筑提出相应的抗震减灾对策和处理意见。

（2）现有工业建筑的抗震鉴定，除了抗震设防类别和设防烈度区别外，应根据下列情况区别对待，使鉴定工作有更强的针对性：

1）建筑结构类型不同的结构，其检查的重点、项目内容和要求不同，应采用不同的鉴定方法。关于工业建筑现况的调查，主要有三个内容：其一，建筑的使用状况与原设计或竣工时有无不同；其二，从结构受力角度，检查结构的使用与原设计有无明显的变化判断建筑存在的缺陷是否仍属于"现状良好"的范围，即建筑外观不存在危及安全的缺陷，现存的质量缺陷属于正常维修范围内；其三，检测结构材料的实际强度等级。

2）对重点部位与一般部位，应按不同的要求进行检查和鉴定。重点部位指影响该类建筑结构整体抗震性能的关键部位和易导致局部倒塌伤人的构件、部件，以及地震时可能造成次生灾害的部位。

3）对抗震性能有整体影响的构件和仅有局部影响的构件，在综合抗震能力分析时应分别对待。前者以组成主体结构的主要承重构件及其连接为主，不符合抗震要求时可能引起连锁反应，对结构综合抗震能力的影响较大，采用"体型影响系数"来表示；后者指次要构件、非承重构件、附属构件和非必需的承重构件，不符合抗震要求时只影响结构的局部，有时只需结合维修加固处理，采用"局部影响系数"来表示。

（3）对工业建筑结构抗震鉴定的结果，统一规定为五个等级：合格、维修、加固、改变用途和更新。

1）维修：指综合维修处理。适用于仅有少数、次要部位局部不符合鉴定要求的情况。

2）加固：指有加固价值的建筑。大致包括：

① 无地震作用时能正常使用；

② 建筑虽已存在质量问题，但能通过抗震加固使其达到要求；

③ 建筑因使用年限就或其他原因（如腐蚀等），抗侧力体系承载力降低，但楼盖或支持系统尚可利用；

④ 建筑各局部缺陷尚多，但易于加固或能够加固。

3）改变用途：包括将生产车间改为不引起次生灾害的仓库，将使用荷载大的多层房屋改为使用荷载小的次要房屋，使用上属于乙类设防的房屋改为使用功能为丙类设防的房屋。改变使用功能性质后的建筑，仍应采取适当的加固措施，以达到相应使用功能房屋的抗震要求。

4）更新：指无加固价值而仍需继续使用的建筑或在计划中近期要拆迁的不符合鉴定要求的建筑，需采取应急措施。

要求根据建筑的实际情况，结合使用要求、城市规划和加固难易等因素的分析，通过技术经济比较，提出综合的抗震减灾对策。

（4）抗震措施鉴定：

现有工业建筑抗震措施鉴定以宏观控制和构造鉴定为主，主要从房屋高度、平立面和墙体布置、结构体系、构件变形能力、连接的可靠性、非结构构件的影响和场地、地基等方面检查现有工业建筑是否存在影响其抗震性能的不利因素。

1) 当建筑的平、立面，质量、刚度分布和墙体等抗侧力构件的布置在平面内明显不对称时，应进行地震扭转效应不利影响的分析；当结构竖向构件上下不连续或刚度沿高度分布突变时，应找出薄弱部位并按相应的要求鉴定。

2) 检查结构体系，应找出其破坏会导致整个体系丧失抗震能力或丧失对重力的承载能力的部件或构件；当房屋有错层或不同类型结构体系相连时，应提高其相应部位的抗震鉴定要求。

3) 检查结构材料实际达到的强度等级，当低于规定的最低要求时，应提出采取相应的抗震减灾对策。

4) 多层建筑的高度和层数，应符合本标准各章规定的最大值限值要求。

5) 当结构构件的尺寸、截面形式等不利于抗震时，宜提高该构件的配筋等构造抗震鉴定要求。

6) 结构构件的连接构造应满足结构整体性的要求；装配式厂房应有较完整的支撑系统。

7) 非结构构件与主体结构的连接构造应满足不倒塌伤人的要求；位于出入口及人流通道等处，应有可靠的连接。

8) 当建筑场地位于不利地段时，尚应符合地基基础的有关鉴定要求。

(5) 抗震验算：

现有工业建筑的抗震验算按《建筑抗震鉴定规范》GB 50023 的具体规定进行；当 6 度第一级鉴定不满足时，可通过抗震验算进行综合抗震能力评定；其他情况，至少在两个主轴方向分别按《建筑抗震鉴定规范》GB 50023 规定的具体方法进行结构的抗震验算。

现有工业建筑抗震验算可采用现行《建筑抗震设计规范》GB 50011 规定的方法，按下式进行结构构件抗震验算：

$$S \leqslant R/\gamma_{Ra} \tag{8.4.1}$$

式中　S——结构构件内力（轴向力、剪力、弯矩等）组合的设计值；计算时，有关的荷载、地震作用、作用分项系数、组合值系数，应按现行《建筑抗震设计规范》GB 50011 的规定采用；场地的设计特征周期可按表 8.4.1 确定，地震作用效应（内力）调整系数应按《建筑抗震鉴定规范》GB 50023 各章的规定采用，8、9 度的大跨度和长悬臂结构应计算竖向地震作用；

　　　　R——结构构件承载力设计值，按现行《建筑抗震设计规范》GB 50011 的规定采用；其中，各类结构材料强度的设计指标应按《建筑抗震鉴定规范》GB 50023 附录 A 采用，材料强度等级按现场实际情况确定；

　　　γ_{Ra}——抗震鉴定的承载力调整系数，除 GB 50023 各章节另有规定外，一般情况下，可按现行《建筑抗震设计规范》GB 50011 的承载力抗震调整系数值采用，A 类建筑抗震鉴定时，钢筋混凝土构件应按《建筑抗震设计规范》GB 50011 承载力抗震调整系数值的 0.85 倍采用。

特征周期值（s）　　　　　　　　　　　　　　表 8.4.1

设计地震分组	场地类别			
	Ⅰ	Ⅱ	Ⅲ	Ⅳ
第一、二组	0.20	0.30	0.40	0.65
第三组	0.25	0.40	0.55	0.85

现有建筑的抗震鉴定要求，可根据建筑所在场地、地基和基础等的有利和不利因素，作下列调整：

1）Ⅰ类场地上的丙类建筑，7～9度时，构造要求可降低一度。

2）Ⅳ类场地、复杂地形、严重不均匀土层上的建筑以及同一建筑单元存在不同类型基础时，可提高抗震鉴定要求，此类建筑要求上部结构的整体性更强，或抗震承载力有较大富余，一般可根据建筑实际情况，将部分抗震构造措施的鉴定要求提高一度考虑。

3）建筑场地为Ⅲ、Ⅳ类时，对设计基本地震加速度 0.15g 和 0.30g 的地区，与现行规范协调，各类建筑的抗震构造措施要求宜分别按抗震设防烈度 8 度（0.20g）和 9 度（0.40g）采用。

4）有全地下室、箱基、筏基和桩基的建筑，可降低上部结构的抗震鉴定要求。

5）对密集的建筑，包括防震缝两侧的建筑，应提高相关部位的抗震鉴定要求。

8.4.2　地震灾后建筑鉴定的基本要求与原则

本部分适用于地震灾后救援抢险阶段的应急评估与排险处理，并适用于恢复重建阶段为恢复正常生活与生产而对地震损伤建筑进行的结构承载能力与抗震能力的鉴定和加固。不适用于未受地震影响地区建筑物的常规抗震鉴定与加固，应急处理的建议不适用于有较大余震的震中区域。

震损建筑物的抗震鉴定的工作程序，一般可分为两个阶段：震后救援抢险阶段和恢复重建阶段。

1. 灾后鉴定设防目标、基本原则

（1）受损建筑恢复重建的抗震设防目标

地震受损建筑恢复重建的设防烈度，应以国家批准的抗震设防烈度为依据确定。建筑工程抗震设防分类，应按现行国家标准《建筑工程抗震设防分类标准》GB 50023 的规定执行。对于震损的建筑进行的抗震鉴定，主要针对基本完好级、轻微损坏级、中等破坏级的震损建筑。其灾后恢复重建阶段的鉴定时的设防目标，有别于新建建筑。参照《地震灾后建筑鉴定与加固技术指南》，地震受损建筑抗震鉴定的设防目标为：

对丙类建筑应达到"当遭受相当于本地区抗震设防烈度地震影响时，可能损坏，但经一般修理后仍可继续使用；当遭受高于本地区抗震设防烈度预估的罕遇地震影响时，不致倒塌或发生危及生命安全的严重破坏。"

对乙类建筑应达到"当遭受相当于本地区抗震设防烈度地震影响时，不应有结构性损坏，不经修理或稍经一般修理后仍可继续使用；当遭受高于本地区抗震设防烈度预估的罕遇地震影响时，其个体建筑可能处于中等破坏状态。"

以上两类可以概括为"中震不坏或可修，大震不倒"。

对于政府制定的地震避险场所的建筑，设防类别不应低于重点设防类，其设防目标应达到当遭受相当于本地区抗震设防烈度地震影响时，不应有结构性损坏，不经修理即可继续使用；当遭受高于本地区抗震设防烈度预估的罕遇地震影响时，其建筑总体状态可能介于轻微损坏与中等破坏之间。这一类可以概括为"中震不坏，大震可修"。

（2）地震灾后建筑鉴定原则

地震灾害发生后，对受地震影响建筑的检查、评估、鉴定与加固，应根据救援抢险阶段和恢复重建阶段的不同目标和要求分别进行安排。

震后救援抢险阶段对建筑受损状况的检查，评估与排险应符合下列规定：

1）应立即对震灾区域的建筑进行紧急的宏观勘查，并根据勘查结果划分为不同受损区，为救援抢险指挥提供组织部署的依据；

2）应对受地震影响建筑现有的承载能力和抗震能力进行应急评估，为判断余震对建筑可能造成的累计损伤和排除其安全隐患提供依据；

3）应根据应急评估结果划分建筑的破坏等级，并迅速组织应急排险处理；

4）在余震活动强烈期间，不宜对受损建筑物进行按正常设计使用期要求的系统性加固改造。

恢复重建阶段建筑加固前的鉴定，应以国家抗震救灾权威机构判定的地震趋势为依据。在预期余震作用为不构成结构损伤的小震作用时，方允许启动恢复重建前的系统鉴定工作。

恢复重建阶段建筑抗震鉴定对象，主要为中等破坏的建筑、有恢复价值的严重破坏建筑。

受地震损坏的建筑，应在应急评估确定的结构承载能力、抗震能力和使用功能的基础上，根据恢复重建的抗震设防目标，进行结构可靠性鉴定与抗震鉴定相结合的系统鉴定。

受地震损坏建筑，应进行结构损伤的检查和结构构件材料强度及其变形和位移的检测，为结构可靠性鉴定与抗震鉴定提供可靠的计算参数。结构检测应执行现行国家标准《建筑结构检测技术标准》GB/T 50344、《砌体工程现场检测技术标准》GB/T 50315 和现行行业标准《建筑变形测量规范》JGJ 8 以及其所引用的其他标准、规范的规定。对于工业建筑，结构可靠性鉴定时，选用现行的国家标准《工业建筑可靠性鉴定标准》GB 50144—2008。

抗震鉴定时，应根据结构的类型和使用年限的不同，根据《建筑抗震鉴定标准》GB 50023 的规定进行鉴定。同时，一些地方的区域参照该标准，颁布了相应的地方标准，现有工业建筑的抗震鉴定操作中的一些具体的要求和标准可能有一些调整变化。因此，具体执行时尚应考虑到地方标准规定以及委托方的要求。

恢复重建阶段结构可靠性与抗震性能鉴定，应在应急评估基础上对建筑的震害情况进行详细调查。调查时，应仔细核实承重结构构件和非结构构件破坏及损伤程度；在鉴定中应计入震害对结构承载力和抗震能力的影响。抗震鉴定内容，应包括结构布置、结构体系、抗震构造和构件抗震承载力、结构抗震变形能力及结构现状质量与地震损伤状况等内容。

抗震鉴定应区分重点部位与一般部位，按结构的震害特征，对结构整体抗震性能的重点部位进行认真的检查。单层钢筋混凝土柱厂房，天窗架应列为可能破坏部位的鉴定检查重点；有檩和无檩屋盖中，支承长度较小的构件间的连接也应是鉴定检查的重点；结构损伤严重时，不仅应重视各种屋盖系统的连接和支撑布置，还应将高低跨交接处和排架柱变形受约束的部位也应列为鉴定检查的重点。

灾后恢复重建阶段的建筑鉴定应符合下列规定：

1）灾后的恢复重建应在预期余震已由当地救灾指挥部判定为对结构不会造成破坏的小震，其余震强度已趋向显著减弱后进行；

2）应对中等破坏程度以内的建筑进行系统鉴定，为建筑的修复性加固提供技术依据；

3）建筑结构的系统鉴定，应包括常规的可靠性鉴定和抗震鉴定，并应通过与业主的协商，共同确定结构加固后的设计使用年限；

4）根据系统鉴定的结论，应选择科学、有效、适用的加固技术和方法，并由有资质的设计、施工单位实施，使加固后的建筑能满足结构安全与抗震设防的要求。

2. 抢救救援阶段的应急鉴定方法

震后救援抢险阶段的主要工作是应急调查、勘察和排险，主要是指震后对震损灾区的建筑进行紧急的宏观勘察、评估和排险，主要内容有：

（1）分区

较强地震发生后，立即对震灾区域的建筑进行紧急的宏观勘察，并根据勘察结果划分为不同受损区。根据《地震灾后建筑抗震鉴定与加固技术指南》，按照下列分区原则，将地震区域内各受灾城镇（或乡）按其建筑群体的宏观受损程度划分为极严重受损区、严重受损区和轻微受损区。

1）极严重受损区

该区建筑大多数倒塌；尚存的建筑也破坏严重，已无修复价值；勘查评估：属于需要重建或迁址重建的城镇。划分该区的参照指标为：超过该地区抗震设防烈度2度以上，且不低于9度。

2）严重受损区

该区建筑部分倒塌；尚存的建筑仅少数无修复价值，可考虑拆除；多数通过加固修理后仍可继续使用；勘查评估：属于可修复的城镇。划分该区的参照指标为：超过该地区抗震设防烈度1~2度，且介于7度与9度之间。

3）轻微受损区

该区建筑基本完好或完好；少数虽有损伤，但易修复；勘查评估：属于可以正常运作的城镇。划分该区的参照指标为：达到或低于该地区抗震设防烈度，且介于6度与7度之间。

（2）分级原则

较强地震发生后，应立即对灾区建筑现有的承载能力和抗震能力进行应急评估。应急评估应以建筑结构体系中每一独立部分为对象进行。应急评估应由地震灾区省级建设行政主管部门统一组织有关专业机构和高等院校的专家和技术人员，经短期培训后进行。

应急评估应以目测建筑损坏情况和经验判断为主；必要时，应查阅尚存的建筑档案或辅以仪器检测。应急评估应采用统一编制的检查、检测记录。

应急评估的结果，应以统一划分的建筑地震破坏等级表示。本指南按下列原则划分为五个等级：

1）基本完好级。其宏观表征为：地基基础保持稳定；承重构件及抗侧向作用构件完好；结构构造及连接保持完好；个别非承重构件可能有轻微损坏；附属构、配件或其固定、连接件可能有轻度损伤；结构未发生倾斜和超过规定的变形。一般不需修理即可继续使用。

2）轻微损坏级。其宏观表征为：地基基础保持稳定；个别承重构件或抗侧向作用构件出现轻微裂缝；个别部位的结构构造及连接可能受到轻度损伤，尚不影响结构共同工作和构件受力；个别非承重构件可能有明显损坏；结构未发生影响使用安全的倾斜或变形；附属构、配件或其固定、连接件可能有不同程度损坏。经一般修理后可继续使用。

3）中等破坏级。其宏观表征为：地基基础尚保持稳定；多数承重构件或抗侧向作用构件出现裂缝，部分存在明显裂缝；不少部位构造的连接受到损伤，部分非承重构件严重破坏，经立即采取临时加固措施后，可以有限制地使用。在恢复重建阶段，经鉴定加固后可继续使用。

4）严重破坏级。其宏观表征为：地基基础出现震害；多数承重构件严重破坏；结构构造及连接受到严重损坏；结构整体牢固性受到威胁；局部结构濒临坍塌；无法保证建筑物安全，一般情况下应予以拆除。若该建筑有保留价值，需立即采取排险措施，并封闭现场，为日后全面加固保持现状。

5）局部或整体倒塌级。其宏观表征为：多数承重构件和抗侧向作用构件毁坏引起的建筑物倾倒或局部坍塌。对局部坍塌严重的结构应及时予以拆除，以防在余震发生时，演变为整体坍塌或坍塌范围扩大而危及生命和财产安全。

（3）单层工业厂房地震破坏等级划分标准

1）单层钢筋混凝土柱厂房的地震破坏等级按下列标准划分：

① 基本完好：屋盖、柱完好；支撑完好；个别墙体轻微裂缝。

② 轻微损坏：部分屋面构件连接松动；预埋板偶有松动，致使预埋板下混凝土开裂；柱完好，个别可有细裂缝，承重山墙顶部可有细微裂缝，不外闪；围护墙可有裂缝，但不外闪。

③ 中等破坏：屋面板错位，个别塌落；部分柱轻微裂缝；部分天窗架竖立支撑压屈；部分柱间支撑明显破坏；部分墙体倒塌。

④ 严重破坏：部分屋架塌落；部分柱明显破坏；部分支撑压屈或节点破坏。

⑤ 局部或整体倒塌：多数屋盖塌落。多数柱破坏。

2）单层砖柱厂房的地震破坏等级应按下列标准划分：

① 基本完好：屋盖或柱完好；山墙、围护墙轻微裂缝；屋面与柱连接无松动，屋架无倾斜，瓦屋盖有溜瓦现象。

② 轻微损坏：个别柱、墙轻微裂缝；屋架无倾斜，个别屋架与柱连接处位移。

③ 中等破坏：部分柱、墙明显裂缝；屋架明显倾斜，山墙尖局部塌落；个别屋面构件塌落。

④ 严重破坏：多数砖柱、墙严重裂缝或局部酥碎；部分屋盖塌落。

⑤ 局部或整体倒塌：多数柱、墙倒塌。

3. 灾后重建阶段鉴定方法

（1）建筑场地、地基基础对建筑物上部结构的影响可从以下方面进行鉴定：

1）Ⅰ类场地的建筑，上部结构的构造鉴定要求，一般情况可按降低一度确定。

2）对整体性较好的基础类型，上部结构的部分鉴定要求可在一定范围内作适当降低的调整，但不得全面降低。

3）Ⅳ类场地、复杂地形、严重不均匀土层和同一单元存在不同的基础类型或埋深不同的结构，其鉴定要求应作相对提高的调整。

4）抗震设防为8度、9度时，尚应检查饱和砂土、饱和粉土液化的可能并根据液化指数判断其危害性。

（2）建筑结构布置的规则性，应在综合考虑下列影响因素要求的基础上进行鉴定：

1）平面上局部突出的尺寸不大（如 $L \geqslant b$，且 $b/B < 1/5 \sim 1/3$）。

2）抗侧向作用构件设置及其质量分布在本层内基本对称。

3）抗侧向作用构件宜呈正交或基本正交分布，使抗震分析可在两个主轴方向分别进行。

（3）结构体系的合理性鉴定，除应对结构布置的规则性进行判别外，还应包括下列内容：

1）应注意部分结构或构件破坏将导致整个体系丧失抗震能力或承载能力的可能性。

2）当同一建筑有不同的结构类型相连，如天窗架为钢筋混凝土，而端部由砌体墙承重；排架柱厂房单元的端部和锯齿形厂房四周直接由砌体墙承重等情况时，应考虑各部分动力特性不一致，相连部分受力复杂等可能对相互间工作产生的不利影响。

3）厂房有局部平台与主体结构相连，或有高低跨交接的构造时，应考虑局部地震作用效应增大的不利影响。

（4）结构构件的尺寸、长细比和截面形式应从下列方面进行鉴定：

1）单层砌体柱厂房不应有变截面的砖柱。

2）单层钢筋混凝土柱厂房不应采用Ⅱ形天窗架、无拉杆组合屋架；薄壁工字形柱、腹板大开孔工字形柱和双肢管柱等不利抗震的构件形式也不应采用。

（5）非结构构件包括围护墙、隔墙等建筑构件，女儿墙等附属构件，各种装饰构件和幕墙等的构造、连接应符合下列规定：

1）女儿墙等出屋面悬臂构件应采用构造柱与压顶圈梁进行可靠锚固；人流出入口尤应细致鉴定。

2）砌体围护墙、填充墙等应与主体结构可靠拉结，应防止倒塌伤人；对布置不合理，如不对称形成的扭转，嵌砌不到顶形成的短柱或对柱有附加内力，厂房一端有墙一端敞口或一侧嵌砌一侧贴砌等现况，均应考虑其不利影响；但对构造合理、拉结可靠的砌体填充墙，必要时，可视为抗侧向作用构件并考虑其抗震承载力。

3）较重的装饰物与承重结构应有可靠固定或连接。

8.4.3 单层钢筋混凝土厂房抗震鉴定及应用

1. 单层钢筋混凝土柱厂房主要震害及特征

单层钢筋混凝土柱厂房有较丰富的震害经验。未经过抗震设计的单层钢筋混凝土柱厂房，在7度地震作用下，主要震害是围护墙体的局部开裂或外闪，厂房主体结构完好、支撑系统包括屋盖正常基本完好。在8度地震作用下，围护墙体破坏严重，部分墙体局部倒塌，山墙顶部多数外闪倒塌，厂房排架柱出现开裂、有的严重开裂破坏，天窗架立柱开裂，屋盖和柱间支撑系统出现杆件压曲或节点拉脱。在9度地震作用下，围护墙体大面积倒塌，主体结构严重破坏，支撑系统大部分压曲，屋盖破坏严重甚至局部倒塌。支撑系统大部分压曲，节点拉脱破坏；砖围护墙大面积倒塌；有的厂房整个严重破坏。

（1）屋盖系统

单层厂房的屋盖，尤其是重型屋盖（指采用钢筋混凝土屋架，屋面梁或钢屋架，上铺钢筋混凝土槽形板或大型屋面板的屋盖），集中了整个厂房绝大部分的质量，是地震作用首当其冲之处，是厂房主体结构最易遭到地震破坏的部位。同时，屋盖又是厂房形成整体稳定性的重要部位，屋盖构件连接或屋盖支撑体系的局部破坏往往会引起严重的后果。历次大地震表明，屋盖构件的破坏是造成厂房倒塌的主要原因。

单层钢筋混凝土柱厂房大部分采用无檩屋盖，即大型屋面板，少量为有檩屋盖。在地震作用下无檩屋盖破坏相对严重。

1) 钢筋混凝土无檩屋盖

① 屋面板

大型屋面板（指1.5m×6m的钢筋混凝土大型屋面板）与屋架（屋面梁）的焊接质量差时（漏焊、焊缝长度不足等），地震时往往造成屋面板错动和大面积滑脱坠落屋面板与上弦连接的支座部位发生纵向错动移位，更严重的屋面板从屋架上塌落。该现象7度时就有发生，8度时较为普遍。屋面板主肋端头支承处产生开裂破坏，这一破坏主要发生在屋架（屋面梁）端头上第一块屋面板的外侧主肋，而且破坏最重的是位于柱间支撑开间上面的屋面板。

在轻型屋盖（指采用钢屋架、钢擦条，上铺瓦楞铁或波形石棉瓦，钢丝网水泥槽瓦等的屋盖）中，当屋面瓦材未与擦条钩牢，或檩条未与屋架连牢时，也会发生屋面大面积下滑坠落的情况。屋面板的另一震害是：屋架端部第一块屋面板外侧主肋端头发生斜裂缝，或与屋架的连接遭破坏，而且越靠近柱间支撑，这种震害就越多越重。

② 混凝土屋架

屋架本身的震害主要是端头混凝土裂损（见图8.4.1、图8.4.2），支承大型屋面板的支墩折断，端节间上弦剪断等。设有柱间支撑的跨间，纵向刚度大，屋盖纵向水平地震作用在一该处最为集中，震害在该处也最为常见。当屋面外侧纵肋与屋架的连接遭破坏后，纵向地震作用的传递改由屋面板内肋承担，以致使该处屋架上弦杆受到过大的地震作用而破坏。

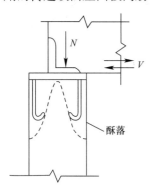

图8.4.1　端头混凝土裂损

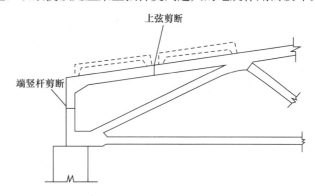

图8.4.2　端头混凝土裂损

在8度及8度以上地震作用下，由于屋盖整体刚度不足，支撑布置不完整或不合理等原因造成。屋架发生部分杆件的局部破坏和屋架的整榀倒塌，如屋架端头顶面与屋面板支座焊连的预埋板下混凝土开裂剥落；拱形屋架端头上部支承屋面板的小立柱水平剪裂；屋架上弦第一节间弦杆剪裂，严重者混凝土断裂，梯形屋架的端竖杆水平剪裂；厂房受力比较集中和复杂的区段屋架倒塌；在高烈度区，屋架沿厂房纵向发生倾斜变位，严重者屋架上弦向一边倾斜，变位可达300～40mm。

③ 天窗架

突出屋面的门式天窗架是厂房抗震的最薄弱部位之一。天窗架立柱的截面为T形，以往在6度区就有震害的实例，在8、9度区则普遍遭遇到不同程度的破坏。震害主要表现为两侧竖向支撑杆件失稳压曲，支撑与天窗立柱连接节点被拉脱，天窗立柱根部在与侧板连接处水平开裂，严重者天窗架立柱纵向折断倒塌（图8.4.3）。

钢筋混凝土天窗架在地震作用下主要是沿厂房纵向破坏，轻者开裂，重则倒塌，其主

图 8.4.3 天窗架破坏

要破坏现象是立柱开裂倒塌。

钢天窗架在地震中震害较轻，8 度区的主要震害是产生沿厂房纵向的倾斜变形，个别厂房因钢天窗架的严重倾斜，立柱变形失稳导致天窗屋架倒塌。

2）钢筋混凝土有檩屋盖

钢筋混凝土有檩屋盖震害较无檩屋盖较轻，在屋面瓦、板与檩条间既未很好地连接又无拉结的情况下，地震作用下相互间发生移位，屋面坡度较大时，易造成下滑和塌落。

（2）柱系统

排架柱是单层钢筋混凝土厂房的主要抗侧力构件。在设计中考虑了风荷载和吊车作用，因此在结构强度和刚度上具有一定的抗侧力能力，因而在 7～9 度区，未发生因排架柱破坏而致整个厂房倒塌的震害。汶川地震中发现整体性不好的排架柱厂房破坏严重，故应注意排架柱选型。

阶形柱的上柱根部为薄弱环节，在上柱根部和吊车梁标高处出现水平开裂（见图 8.4.4、图 8.4.5）；下柱根部靠地面处开裂，严重者混凝土剥落，纵向钢筋压曲；不等高厂房高低跨交接处中柱支承低跨屋盖牛腿以上柱截面出现水平裂缝、柱肩遭受水平拉力导致开裂、破坏（见图 8.4.6），6、7 度时就出现裂缝，8、9 度时普遍拉裂、劈裂，9 度时其上柱底部多有水平裂缝，甚至折断，导致屋架塌落；平腹双肢柱和薄壁开孔预制腹板工字形柱发生剪切破坏（见图 8.4.7）；大柱网厂房中部根部破坏等；受力比较集中的柱头，特别是侧向变形受约束的柱子的柱头在 8 度地震作用下，出现斜向开裂破坏，严重者混凝土酥裂。

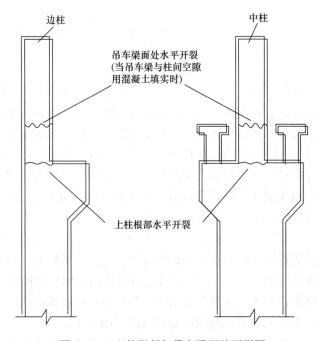

图 8.4.4　上柱根部与吊车梁面处开裂图

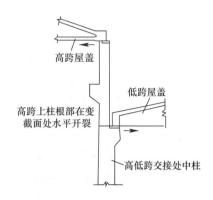

图 8.4.5　吊车梁标高处出现水平开裂　　　　图 8.4.6　高低跨交接处上柱水平剪裂

图 8.4.7　平腹双肢柱剪切破坏

（3）支撑系统

单层钢筋混凝土柱厂房的支撑系统包括屋盖支撑、天窗架支撑和柱间支撑三部分。地震时破坏最多、最重的是突出屋面的天窗架支撑和厂房纵向柱列的柱间支撑。屋架支撑系统、柱间支撑系统不完整，7 度时震害不大，8、9 度时就有较重的震害：屋盖倾斜、柱间支撑压曲、有柱间支撑的上柱柱头和下柱柱根开裂甚至酥碎。

1）天窗架支撑

天窗架支撑的破坏主要是两侧竖向支撑杆件的失稳。当交叉支撑斜杆压曲，则出现支撑斜杆与天窗架立柱连接节点的拉脱。震害统计表明，支撑间距大的比支撑间距小的破坏量大；X 形交叉支撑的破坏率高于 M 形支撑；支撑杆件长细比大的比长细比小的破坏率高；采用焊接连接节点的比采用螺栓连接节点破坏率高。

2）柱间支撑

柱间支撑的破坏，主要出现在 8 度及 8 度以上地震区，而 7 度区较少。其破坏特征是：支撑斜杆在平面内或平面外压曲、支撑与柱连接节点拉脱。杆件压曲可发生在上、下柱间支撑，但以上柱支撑为多。节点拉脱也以上柱支撑居多，但下柱支撑的下节点破坏最重。根据对柱间支撑破坏资料统计，边列柱（有贴砌墙）的柱撑破坏率，上柱支撑为 2.51％，下柱支撑为 11.06％，而中列柱（无嵌砌墙）的柱撑破坏率则明显提高，上柱支撑为 20.2％，下柱支撑为 65.5％。

图 8.4.8　山墙的山尖部分向外倒塌

（4）围护结构系统

山墙和围护墙是单层厂房在地震作用下最易出现震害的部位，无拉结的女儿墙、封檐墙和山墙山尖等，6 度则开裂、外闪，7 度时有局部倒塌；位于出入口、披屋上部时危害更大。其破坏特征是：檐墙（柱顶以上部分）和山墙的山尖部分向外倾斜或倒塌（见图 8.4.8），一般倒至厂房最上一根圈梁面就不再往下延伸；圈梁与厂房柱锚拉不良，则圈梁随墙体一起倒塌；不等高厂房的高跨封檐墙绝大部分向低跨屋盖一侧倒塌，砸坏低跨屋盖，甚至造成屋面板塌落。

（5）结构构件连接

1）支撑杆件与主体结构连接节点的破坏

天窗支撑与天窗架立柱的连接节点、柱间支撑与柱连接节点地震破坏常见特征为：立柱上节点预埋板拔出；预埋板随同支撑斜杆拔出；连接节点板与预埋件的连接焊缝拉脱；支撑杆件与节点板的连接焊缝拉脱。

2）屋架与柱顶连接节点的破坏

屋架与柱顶的连接节点是单层厂房屋盖抗震的一个重要节点，是该连接节点把屋盖的地震作用传递到厂房柱上。一般厂房屋架与柱顶的连接多数采用屋架端头支座钢板直接与柱顶的预埋板焊连的连接构造，而该连接节点接近与刚性节点，没有变形能力，在柱顶产生的地震作用引起变位时，连接节点就出现破坏，轻则是焊缝和预埋板下混凝土的开裂；重则出现焊缝拉断，屋架支座板与柱顶埋板脱开，或是预埋件从柱顶拔出，柱头混凝土酥碎破坏，更严重的是整个柱头断裂破坏。

3）不等高厂房中柱支撑低跨屋盖柱牛腿顶面预埋件连接节点的破坏

此连接节点的破坏特征是，预埋件随低跨屋盖位移方向移动，预埋件的移位导致其下混凝土牛腿的开裂，裂缝沿排架方向斜向延伸，严重者牛腿破坏，屋架大幅移位，甚至濒临塌落。

4）柱间支撑开间两侧柱子柱顶预埋件的纵向剪移破坏

破坏特征是柱撑开间两侧柱子的柱顶预埋板，在纵向地震作用下沿厂房纵向产生移位，锚筋剪断，预埋板水平移出柱边，同时出现柱头混凝土剪裂。

（6）披屋

披屋的梁、板直接搁置在山墙或纵墙上，在 7、8 度时不仅山墙（或纵墙）有局部裂缝，而且出现梁（板）拔出的震害；梁、板直接搁置在排架柱的牛腿上，地震作用下容易遭受牛腿劈裂。生活间等设置在厂房角隅局部设置，造成厂房刚度分布不对称和角柱的局部受力突变，加重厂房主体结构的震害。生活间等与厂房之间或厂房纵横跨之间设置防震缝，若缝宽不够，也因相邻部分碰撞而破坏。

2. 单层钢筋混凝土柱厂房抗震鉴定的一般规定

（1）适用条件

本章所适用的厂房为装配式结构，柱子为钢筋混凝土柱，屋盖为大型屋面板与屋架、屋面梁构成的无檩体系或槽板、槽瓦等屋面瓦与檩条、各种屋架构成的有檩体系。混合排架厂房中的钢筋混凝土结构部分也可适用。

（2）检查重点部位与有关规定

1）检查重点部位

单层钢筋混凝土柱厂房的震害表明，装配式结构的整体性和连接的可靠性是影响厂房抗震性能的重要因素，因而，不同烈度的单层钢筋混凝土柱厂房，应对下列关键薄弱环节进行重点检查：

① 6度时，应检查钢筋混凝土天窗架的形式和整体性，排架柱的选型，并注意出入口等处的女儿墙，高低跨封墙等构件的拉结构造。

② 7度时，除按上述要求检查外，尚应检查屋盖中支撑长度较小构件连接的可靠性，并注意出入口等处的女儿墙、高低跨封墙等构件的拉结构造。

③ 8度时，除按上述要求外，尚应检查各支撑系统的完整性、大型屋面板连接的可靠性、高低跨牛腿（柱肩）和各种柱变形受约束部位的构造，并注意圈梁、防风柱的拉结构造及平面不规则、墙体布置不匀称等和相连建筑物、构筑物导致质量分布不均匀、刚度不协调的影响。

8，9度时，厂房质量分布不匀称、纵向或横向刚度不协调时，导致高振型影响、应力集中、扭转效应和相邻建筑的碰撞，将加重震害。

④ 9度时，除按上述要求检查外，尚应检查柱间支撑的有关连接部位和高低跨柱列上柱的构造。

2）有关规定

单层钢筋混凝土柱厂房的抗震鉴定，既要考虑抗震构造措施鉴定，又要考虑抗震承载力评定。根据震害调查和分析，规定多数A类单层钢筋混凝土柱厂房不需进行抗震承载力验算，这是一种分级鉴定方法，详见图8.4.9。

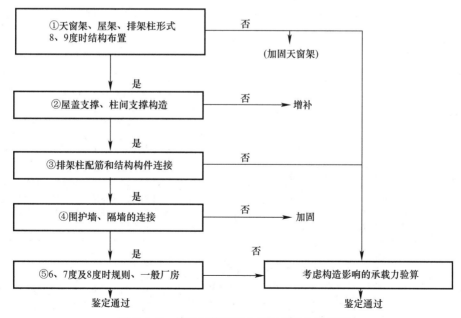

图8.4.9 单层钢筋混凝土柱厂房的分级鉴定

对于 A、B 类厂房，其抗震构造措施鉴定都要求检查结构布置、构件构造、支撑、结构构件连接和墙体连接构造等，但是他们鉴定要求的宽严程度、依据的标准不同。A 类厂房的抗震构造措施的鉴定要求，基本与原 1995 年版抗震鉴定标准相同；B 类厂房的抗震构造措施，基本采用原 1989 年版抗震设计规范要求，并根据现行《建筑抗震设计规范》适当增加了鉴定要求，比 A 类厂房的鉴定要求偏严。抗震承载力评定，在有些情况下还应结合抗震承载力验算进行综合抗震能力评定。

当关键薄弱环节不符合鉴定要求时，应进行加固或处理，这是提高厂房抗震安全性的经济而有效的重要措施；一般部位的构造、抗震承载力不符合鉴定要求时，可根据不符合的程度和影响的范围等具体情况，提出相应对策。

（3）厂房的外观和内在质量检查要求

单层钢筋混凝土柱厂房的外观及内在质量宜符合：

混凝土承重构件仅有少量微小裂缝或局部剥落，钢筋无露筋和锈蚀；屋盖构件无严重变形和歪斜；构件连接处无明显裂缝或松动；无不均匀沉降；无砖墙、钢结构构件的其他损伤。

3. 单层钢筋混凝土柱厂房抗震鉴定

（1）抗震措施鉴定

抗震措施鉴定的鉴定要求，应包括：结构布置、构件形式、屋盖支撑布置及构造、柱间支撑、厂房连接构造、围护结构等方面。

1）结构布置（表 8.4.2）

结构布置的鉴定要求包括：主体结构刚度、质量沿平面分布基本均匀对称、沿高度分布无突变的规则性检测，变形缝及其宽度、砌体墙和工作平台的布置及受力状态的检查等。

单层钢筋混凝土柱厂房结构布置 表 8.4.2

鉴定部位	A 类厂房鉴定	B 类厂房鉴定
贴建建筑与防震缝	8、9 度时，厂房侧边贴建生活间、变电所、炉子间和运输走廊等附属建筑物、构筑物，宜有防震缝与厂房分开；当纵横跨不设缝时应提高鉴定要求。一般情况宜为 50～90mm，纵横跨交界处宜为 100～150mm	厂房角部不宜有贴建房屋，厂房体型复杂或有贴建房屋时，宜有防震缝。一般情况宜为 50～90mm，纵横跨交接处宜为 100～150mm
天窗部位及选型要求	突出屋面天窗的端部不应为砖墙承重	6～8 度时突出屋面的天窗宜采用钢天窗架或矩形截面杆件的钢筋混凝土天窗架；9 度时，宜为下沉式天窗或突出屋面钢天窗架；天窗屋盖及端壁板宜为轻型板材；天窗架宜从厂房单元端部第三柱间开始设置
工作平台	工作平台宜与排架柱脱开或柔性连接	
砖围护墙	8、9 度时，砖围护墙宜为外贴式，不宜为一侧有墙另一侧敞开或一侧外贴而另一侧嵌砌，但单跨厂房可两侧均为嵌砌式	砖围护墙宜为外贴式，不宜为一侧有墙另一侧敞开或一侧外贴而另一侧嵌砌等，但单跨厂房可两侧均为嵌砌式
其他	8、9 度时，厂房两端和中部不应为无屋架的砖墙承重，锯齿形厂房的四周不应为砖墙承重；8、9 度时，仅一端有山墙厂房的敞开端和不等高厂房高跨的边柱列等存在扭转效应时，其内力增大部位的构造鉴定要求应适当提高	厂房跨度大于 24m，或 8 度Ⅲ、Ⅳ类场地和 9 度时，屋架宜为钢屋架；柱距为 12m 时，可为预应力混凝土托架；端部宜有屋架，不宜用山墙承重

根据震害总结，这里增加了防震缝宽度的鉴定要求。砖墙作为承重构件，所受地震作用大而承载力和变形能力低，在钢筋混凝土厂房中是不利的；7度时，承重的天窗砖端壁就有倒塌，8度时，排架与山墙、横墙混合承重的震害也较重。当纵向外墙为嵌砌砖墙而中列柱为柱肩支撑，或一侧有墙，或一侧为外贴式另一侧为嵌砌式，均属于纵向各柱列刚度明显不协调的布置。厂房仅一端有山墙或纵向为一侧敞口，以及不等高厂房等，凡不同程度地存在扭转效应问题时，其内力增大部位的鉴定要求适当提高。对纵横跨不设缝的情况，应据提高鉴定要求。B类钢筋混凝土柱厂房结构布置采用1989年版抗震规范的要求，并根据2001版抗震规范的要求对9度时的屋架、天窗架选型增加了鉴定要求。

2）结构构件形式（表8.4.3）

单层钢筋混凝土柱厂房结构构件形式鉴定　　　　　　　　表8.4.3

鉴定部位	A类厂房鉴定	B类厂房鉴定 3
钢筋混凝土Ⅱ形天窗架	8度Ⅰ、Ⅱ类场地在竖向支撑处的立柱及8度Ⅲ、Ⅳ类场地和9度时的全部立柱，不应为T形截面；当不符合时，应采取加固或增加支撑等措施	
屋架上弦端部支撑屋面板的小立柱	截面两个方向的尺寸均不宜小于200mm，高度不宜大于500mm； 小立柱的主筋，7度有屋架上弦横向支撑和上柱柱间支撑的开间处不宜小于4φ12，8、9度时不宜小于4φ14； 小立柱的箍筋间距不宜大于100mm	截面不宜小于200mm×200mm，高度不宜大于500mm； 小立柱的主筋，6～7度时不宜小于4φ12，8～9度时不宜小于4φ14； 小立柱的箍筋间距不宜大于100mm
屋架杆件	现有的组合屋架的下弦杆宜为型钢；8、9度时，其上弦杆不宜为T形截面。 钢筋混凝土屋架上弦第一节间和梯形屋架现有的端竖杆的配筋，9度时不宜小于4φ14	钢筋混凝土屋架上弦第一节间和梯形屋架现有的端竖杆的配筋，6～7度时不宜小于4φ12，8～9度时不宜小于4φ14。 梯形屋架的端竖杆截面宽度宜与上弦宽度相同
排架柱	对薄壁工字形柱、腹板大开孔工字型柱、预制腹板的工字形和管柱等整体性差或抗剪能力差的排架柱（包括高大山墙的抗风柱）的构造鉴定要求应适当提高；对薄壁工字形柱、腹杆大开孔工字型柱和双肢管柱，在地震中容易变为两个肢并联的柱，受弯承载力大大降低。鉴定时着重检查其两个肢连接的可靠性，或进行相应的抗震承载力验算。 8、9度时，排架柱柱底至室内地坪以上500mm范围内和阶形柱上柱自牛腿面至吊车梁顶面以上300mm范围内的截面宜为矩形；8、9度时，山墙现有的抗风砖柱应有竖向配筋	8、9度时，不宜有腹板大开孔工字型柱、预制腹板的工字形柱等整体性差或抗剪能力差的排架柱（包括高大山墙的抗风柱），排架柱柱底至室内地坪以上500mm范围内和阶形柱上柱宜为矩形

根据震害调查总结，Ⅱ形天窗架立柱、组合屋架上弦为T形截面，不利于抗震的构件形式。因此对排架上柱、柱根及支承屋面板小立柱的截面形式应进行调查。

薄壁工字形柱、腹杆大开孔工字形柱和双肢管柱，在地震中容易变为两个肢并联的柱，受弯承载力大大降低。A类厂房鉴定时着重检查其两个肢连接的可靠性，或进行相应的抗震承载力验算；B类厂房明确不宜采用。鉴于汶川地震中薄壁双肢柱厂房的大量倒塌，应适当提高此类厂房的鉴定要求。

3）屋架支承布置及构造（表8.4.4～表8.4.8）

钢筋混凝土厂房无檩屋盖的支撑布置　　　　　　表8.4.4

| 支撑名称 | | 厂房类别 | 烈度 | | |
			6、7度	8度	9度
屋架支撑	上弦横向支撑	A	同非抗震设计	厂房单元端开间及柱间支撑开间各有一道；天窗跨度大于6m时，天窗开洞范围的两端有局部的支撑一道	
		B	屋架跨度小于18m时同非抗震设计，跨度不小于18m是在厂房单元端开间各有一道	厂房单元端开间及柱间支撑开间各有一道；天窗开洞范围的两端有局部的支撑一道	
	上弦通长水平系杆	B	同非抗震设计	沿屋架跨度不大于15m有一道，但装配整体式屋面可没有；围护墙在屋架上弦高度有现浇圈梁时，其端部处可没有	沿屋架跨度不大于12m有一道，但装配整体式屋面可没有；围护墙在屋架上弦高度有现浇圈梁时，其端部处可没有
	下弦横向支撑	A	同非抗震设计		厂房单元端开间各有一道
		B	同非抗震设计		同上弦横向支撑
	跨中竖向支撑	A	同非抗震设计		同上弦横向支撑
		B	同非抗震设计		同上弦横向支撑
	两端竖向支撑	屋架端部高度≤900mm	A	同非抗震设计		厂房单元端开间及每隔48m各有一道
			B	同非抗震设计	厂房单元端开间各有一道	厂房单元端开间及每隔48m各有一道
		屋架端部高度>900mm	A	同非抗震设计	同上弦横向支撑	同上弦横向支撑，且间距不大于30m
			B	厂房单元端开间各有一道	厂房单元端开间及柱间支撑开间各有一道	厂房单元端开间、柱间支撑开间及每隔30m各有一道
天窗两侧竖向支撑		A	厂房单元天窗端开间及每隔42m各有一道	厂房单元天窗端开间及每隔30m各有一道	厂房单元天窗端开间及每隔18m各有一道
		B	厂房单元天窗端开间及每隔30m各有一道	厂房单元天窗端开间及每隔24m各有一道	厂房单元天窗端开间及每隔18m各有一道
天窗上弦横向支撑		B	同非抗震设计	天窗跨度≥9m时，厂房单元天窗端开间及柱间支撑开间宜各有一道	厂房单元天窗端开间及柱间支撑开间宜各有一道

<h3 style="text-align:center">钢筋混凝土中间井式天窗无檩屋盖支撑布置　　　　表 8.4.5</h3>

支撑名称		厂房类别	烈度		
			6、7度	8度	9度
上、下弦横向支撑		A	厂房单元端开间各有一道	厂房单元端开间及柱间支撑开间各有一道	
		B	厂房单元端开间各有一道	厂房单元端开间及柱间支撑开间各有一道	
上弦通长水平系杆		A	在天窗范围内屋架跨中上弦节点处有		
		B	在天窗范围内屋架跨中上弦节点处有		
下弦通长水平系杆		A	在天窗两侧及天窗范围内屋架下弦节点处有		
		B	在天窗两侧及天窗范围内屋架下弦节点处有		
跨中竖向支撑		A	在上弦横向支撑开间处有，位置与下弦通长系杆相对应		
		B	在上弦横向支撑开间处有，位置与下弦通长系杆相对应		
两端竖向支撑	屋架端部高度 ≤900mm	A B	同非抗震设计		同上弦横向支撑，且间距不大于48m
	屋架端部高度 >900mm	A B	厂房单元端开间各有一道	同上弦横向支撑，且间距不大于48m	同上弦横向支撑，且间距不大于30m

<h3 style="text-align:center">钢筋混凝土厂房有檩屋盖的支撑布置　　　　表 8.4.6</h3>

支撑名称		厂房类别	烈度		
			6、7度	8度	9度
屋架支撑	上弦横向支撑	A	厂房单元端开间各一道		厂房单元端开间及厂房长度大于42m时在柱间支撑的开间各有一道
		B	厂房单元端开间各一道	厂房单元端开间及厂房单元长度大于66m的柱间支撑开间各有一道 天窗开窗范围的两端各有局部的支撑一道	厂房单元端开间及厂房单元长度大于42m的柱间支撑开间各有一道 天窗开窗范围的两端各有局部的上弦横向支撑一道
	下弦横向支撑	A	同非抗震设计		厂房单元端开间及厂房长度大于42m时在柱间支撑的开间各有一道
		B	同非抗震设计		支撑一道厂房单元端开间及厂房单元长度大于42m的柱间支撑开间各有一道 天窗开窗范围的两端各有局部的上弦横向支撑一道

支撑名称		厂房类别	烈度		
			6、7度	8度	9度
屋架支撑	跨中竖向支撑	B	同非抗震设计		支撑一道厂房单元端开间及厂房单元长度大于42m的柱间支撑开间各有一道天窗开窗范围的两端各有局部的上弦横向支撑一道
	竖向支撑	A	同非抗震设计		厂房单元端开间及厂房长度大于42m时在柱间支撑的开间各有一道
		B（端部竖向支撑）	屋架端部高度大于900mm时，厂房单元端开间及柱间支撑开间各有一道		
天窗	上弦横向支撑	A	厂房单元的天窗端开间各有一道		厂房单元的天窗端开间及柱间支撑的开间各有一道
		B	厂房单元的天窗端开间各有一道	厂房单元的天窗端开间及每隔30m各有一道	厂房单元的天窗端开间及每隔18m各有一道
	两侧竖向支撑	A	厂房单元的天窗端开间及每隔42m各有一道	厂房单元的天窗端开间及每隔30m各有一道	厂房单元的天窗端间及每隔18m各有一道
		B	房单元的天窗端间及每隔36m各有一道		

钢筋混凝土厂房屋架的支撑布置补充要求 表 8.4.7

A类厂房	B类厂房
天窗单元端开间有天窗时，天窗开洞范围内相应部位的屋架支撑布置要求适当提高； 8~9度时，柱距不小于12m的托架（梁）区段及相邻柱距段的一侧（不等高厂房为两侧）应有下弦纵向水平支撑； 柱距不小于12m的托架（梁）区段及相邻柱距段的一侧（不等高厂房为两侧）应有下弦纵向水平支撑； 拼接屋架（屋面梁）应适当提高要求； 跨度不大于15m的无腹杆钢筋混凝土组合屋架，厂房单元两端应各有一道上弦横向支撑，8度时每隔36m，9度时每隔24m尚应有一道；屋面板之间用混凝土连成整体时，可无上弦横向支撑	8~9度时跨度不大于15m的薄腹梁无檩屋盖，可仅在厂房单元两端各有竖向支撑一道； 柱距不小于12m的托架（梁）区段及相邻柱距段的一侧（不等高厂房为两侧）应有下弦纵向水平支撑

A 类厂房	B 类厂房
7～9 度时,上、下弦横向支撑和竖向支撑杆件应为型钢	上、下弦横向支撑和竖向支撑杆件应为型钢
8～9 度时,横向支撑的直杆应符合压杆要求,交叉杆在交叉处不宜中断,不符合时应加固	8～9 度时,横向支撑的直杆应符合压杆要求,交叉杆在交叉处不宜中断,不符合时应加固
8 度时Ⅲ、Ⅳ类场地跨度大于 24m 和 9 度时,屋架上弦横向支撑宜有较强的杆件和较牢的端节点构造	

A 类钢筋混凝土厂房锯齿形厂房三角形刚架立柱间竖向支撑布置　　　　表 8.4.8

窗框类型	6、7 度	8 度	9 度
钢筋混凝土	同非抗震设计		厂房单元端开间各有一道
钢、木	厂房单元端开间各有一道	厂房单元端开间及每隔 36m 各有一道	厂房单元端开间及每隔 24m 各有一道

工程经验和震害表明,厂房设置完整的屋盖支撑是使装配式屋盖形成整体稳定的空间体系、提高屋盖结构的整体刚度,以承担和传递水平荷载的重要构造措施。

屋盖支撑布置的非抗震要求,可按标准图或有关的构造手册确定。大致包括:

① 跨度大于 18m 或有天窗的无檩屋盖,厂房单元或天窗开洞范围内,两端有上弦横向支撑;

② 抗风柱与屋架下弦相连时,厂房单元两端有下弦横向支撑;

③ 跨度为 18～30m 时在跨中,跨度大于 30m 时在其三等分处,厂房单元两端有竖向支撑,其余柱间响应位置处有下弦水平系杆;

④ 屋架端部高度大于 1m 时,厂房单元两端的屋架端部有竖向支撑,其余柱间在屋架支座处有水平压杆;

⑤ 天窗开洞范围内,屋架脊节点处有通长水平系杆。

4) 排架柱构造 (表 8.4.9)

钢筋混凝土排架柱构造　　　　表 8.4.9

检查项目	A 类厂房	B 类厂房
箍筋加密区	7 度时Ⅲ、Ⅳ类场地和 8、9 度时,有柱间支撑的排架柱,柱顶以下 500mm 范围内和柱底至设计地坪以上 500mm 范围内,以及柱变位受约束的部位上下各 300mm 的范围内; 8 度时Ⅲ、Ⅳ类场地和 9 度时,阶形柱牛腿面至吊车梁顶面以上 300mm 范围内	柱顶以下 500mm,并不小于柱截面长边尺寸; 阶形柱牛腿面至吊车梁顶面以上 300mm; 牛腿或柱肩全高; 柱底至设计地坪以上 500mm; 柱间支撑与柱连接节点和柱变位受约束的部位上下各 300mm

检查项目	A类厂房	B类厂房			
			6度和7度Ⅰ、Ⅱ类场地	7度Ⅲ、Ⅳ类场地和8度Ⅰ、Ⅱ类场地	8度Ⅲ、Ⅳ类场地和9度
加密区箍筋最小直径	φ8	一般柱头、柱根	φ8	φ8	φ8
		上柱、牛腿有支撑的柱根	φ8	φ8	φ810
		有支撑的柱头,柱变位受约束的部位	φ8	φ10	φ10
加密区箍筋最大间距	100mm	100mm			
支承低跨屋架的中柱牛腿（柱肩）	承受水平力的纵向钢筋应与预埋件焊牢	承受水平力的纵向钢筋应与预埋件焊牢。6~7度时，承受水平力的纵向钢筋不应小于2φ12，8度时不应小于2φ14，9度时不应小于2φ16			

排架柱的构造与配筋，主要是指排架柱的箍筋构造（箍筋直径与间距），以及高低跨厂房中柱牛腿承受水平力的纵向钢筋的配置与构造，对排架柱的抗震能力有着重要影响。

A类厂房的排架柱箍筋构造规定主要包括：

① 有柱间支撑的柱头和柱根，柱变形受柱间支撑、工作平台、嵌砌砖墙或贴砌披屋等约束的各部位；

② 柱截面突变的部位；

③ 高低跨厂房中承受水平力的支承低跨屋盖的牛腿（柱肩）。

5）柱间支撑（表8.4.10）

钢筋混凝土柱间支撑构造　　　　　　　　　　　　　表8.4.10

检查项目	A类厂房	B类厂房
基本要求	现有的柱间支撑应为型钢	现有的柱间支撑应为型钢，其斜杆与水平面的夹角不宜大于55°
上下柱柱间支撑	7度时Ⅲ、Ⅳ类场地和8、9度时，厂房单元中部应有一道上下柱柱间支撑，8、9度时单元两端宜各有一道上柱支撑；单跨厂房两侧均有与柱等高且与柱可靠拉结的嵌砌纵墙，当墙厚不小于240mm，开洞所占水平截面不超过截面面积的50%，砂浆强度等级不低于M2.5时，可无柱间支撑	厂房单元中部应有一道上下柱柱间支撑，有吊车或8~9度时，单元两端宜各有一道上柱支撑
水平压杆	8度时跨度不小于18m的多跨厂房中柱和9度时多跨厂房各柱，柱顶应有通长水平压杆，此压杆可与梯形屋架支座处通长水平系杆合并设置，钢筋混凝土系杆端头与屋架间的空隙应采用混凝土填实；锯齿形厂房牛腿柱柱顶在三角屋架的平面内，每隔24m应有通长水平压杆	8度时跨步不小于18m的多跨厂房中柱和9度时多跨厂房各柱，柱顶应有通长水平压杆，此压杆可与梯形屋架支座处通长水平系杆合并设置，钢筋混凝土系杆端头与屋架间的空隙应采用混凝土填实

续表

<table>
<tr><th>检查项目</th><th>A类厂房</th><th colspan="5">B类厂房</th></tr>
<tr><td>下柱支撑下节点</td><td>7度Ⅲ、Ⅳ类场地和8度Ⅰ、Ⅱ类场地，下柱柱间支撑的下节点在地坪以下时应靠近地面处；8度时Ⅲ、Ⅳ类场地和9度时，下柱柱间支撑的下节点位置和构造应能将地震作用直接传给基础</td><td colspan="5">下柱支撑的下节点位置和构造应能将地震作用直接传给基础。6～7度时，下柱支撑的下节点在地坪以上时应靠近地面处</td></tr>
<tr><td rowspan="4">支撑斜杆长细比及交叉支撑节点板</td><td rowspan="4">无具体规定</td><td></td><td>6度</td><td>7度</td><td>8度</td><td>9度</td></tr>
<tr><td>上柱支撑</td><td>250</td><td>250</td><td>200</td><td>150</td></tr>
<tr><td>下柱支撑</td><td>200</td><td>200</td><td>150</td><td>150</td></tr>
<tr><td colspan="5">交叉支撑在交叉点应设置节点板，其厚度不应小于10mm，斜杆与该节点板应焊接，与端节点板宜焊接</td></tr>
</table>

工程经验和震害表明，设置柱间支撑是增强厂房整体性和纵向刚度、承受和传递纵向水平力的重要构造措施。

根据震害经验，柱肩支撑的顶部有水平压杆时，柱顶受力小，震害较轻，9度时边柱柱列在上柱柱间支撑的顶部应有水平压杆，8度时对中柱列有同样要求。柱间支撑下节点的位置，烈度不高时，只要节点靠近地坪则震害较轻；高烈度时，则应使地震作用能直接传给基础。

B类厂房要求：对于有吊车厂房，当地震烈度不大于7度，吊重不大于5t的软钩吊车，上柱高度不大于2m，上柱柱列能够传递纵向地震力时，也可以没有上柱支撑。当单跨厂房跨度较小，可以采用砖柱或组合砖柱承重而采用钢筋混凝土柱承重，两侧均有与柱等高且与柱可靠拉结的嵌砌纵墙时，可按单层砖柱厂房鉴定。当两侧墙厚不小于240mm，开洞所占水平截面不超过总截面的50%，砂浆强度等级不低于M2.5时，可无柱间支撑。

6）厂房连接构造（表8.4.11）

钢筋混凝土柱厂房连接构造鉴定　　　　表8.4.11

检查项目	A类厂房	B类厂房
檩条	7～9度时，檩条在屋架（屋面梁）上的支承长度不宜小于50mm，且与屋架（屋面梁）应焊牢，槽瓦等与檩条的连接不应漏缺或锈蚀	有檩屋盖的檩条在屋架（屋面梁）上的支撑长度不宜小于50mm，且与屋架（屋面梁）应焊牢；双脊檩应在跨度1/3处相互拉结；槽瓦、瓦楞铁、石棉瓦等与檩条的连接件不应漏缺或锈蚀
大型屋面板	7～9度时，大型屋面板在天窗架、屋架（屋面梁）上的支承长度不宜小于50mm，8、9度时尚应焊牢	大型屋面板应与屋架（屋面梁）焊牢，靠柱列的屋面板与屋架（屋面梁）的连接焊缝长度不宜小于80mm；6、7度时，有天窗厂房单元的端开间，或8、9度各开间，垂直屋架方向两侧的大型屋面板的顶面宜彼此焊牢；8、9度时，大型屋面板端头底面宜采用角钢，并与主筋焊牢
锯齿形厂房双梁	7～9度时，锯齿形厂房双梁在牛腿柱上的支承长度，梁端为直头时不应小于120mm，梁端为斜头时不应小于150mm	

检查项目	A类厂房	B类厂房
天窗架，屋架，屋盖支撑，柱间支撑之间连接	天窗架与屋架，屋架，托架与柱子，屋盖支撑与屋架，柱间支撑与排架柱之间应有可靠连接；6、7度时Ⅱ形天窗架竖向支撑与T性截面立柱连接节点的预埋件及8、9度时柱间支撑与柱连接节点的预埋件应有可靠锚固	突出屋面天窗架的侧板与天窗立柱宜采用螺栓连接
走道板	8、9度时，吊车走道板的支承长度不应小于50mm	
抗风柱与屋架	山墙抗风柱与屋架（屋面梁）上弦应有可靠连接。当抗风柱与屋架下弦相连接时，连接点应设在下弦横向支撑节点处	山墙抗风柱与屋架（屋面梁）上弦应有可靠连接。当抗风柱与屋架下弦相连接时，连接点应设在下弦横向支撑节点处；此时，下弦横向支撑的截面和连接节点应进行抗震承载力验算
缝隙	天窗端壁板、天窗侧板与大型屋面板之间的缝隙不应为砖块封堵	
屋架与柱连接		屋架（屋面梁）与柱子的连接，8度时宜为螺栓，9度时宜为钢板铰或螺栓；屋架（屋面梁）端部支承垫板的厚度不宜小于16mm；柱顶预埋件的锚筋，8度时宜为4φ14，9度时宜为4φ16，有柱间支撑的柱子，柱顶预埋件还应有抗剪钢板；柱间支撑与柱连接节点预埋件的锚件，8度Ⅲ、Ⅳ类场地和9度时，宜采用角钢加端板，其他情况可采用HRB335、HRB400钢筋，但锚固长度不应小于30倍锚筋直径

屋面瓦与檩条，檩条与屋架连接不牢时，7度时就有震害。钢天窗架上弦杆一般较小，使大型屋面板支承长度不足，应注意检查；8、9度时，增加了大型屋面板与屋架焊牢的鉴定要求。柱间支撑节点的可靠连接，是使厂房纵向安全的关键。一旦焊缝或锚固破坏，则支撑退出工作，导致厂房柱列震害严重。震害表明，山墙抗风柱与屋架上弦横向支撑节点相连最有效，鉴定时要注意安全。

B类厂房结构构件连接的鉴定要求，参考现行抗震规范，应对抗风柱与屋架下弦连接进行鉴定。

7）围护结构（表8.4.12）

单层钢筋混凝土柱工业厂房的围护结构主要包括黏土砖围护墙和砌体内隔墙，黏土砖围护墙主要包括纵墙、山墙、高低跨封墙和纵横跨交接处的悬墙。

钢筋混凝土柱厂房围护结构鉴定　　　　　　　　　　表8.4.12

检查项目		A类厂房	B类厂房
黏土砖围护墙	连接构造	纵墙、山墙、高低跨封墙和纵横跨交接处的悬墙，沿柱高每隔10皮砖均应有2φ6钢筋和柱（包括抗风柱）、屋架（包括屋面梁）端部、屋面板和天沟板可靠拉结。高低跨厂房的高跨封墙不应直接砌在低跨屋面上	纵墙、山墙、高低跨封墙和纵横跨交接处的悬墙，沿柱高每隔500mm均应有2φ6钢筋和柱（包括抗风柱）、屋架（包括屋面梁）端部、屋面板和天沟板可靠拉结。高低跨厂房的高跨封墙不应直接砌在低跨屋面上

检查项目		A类厂房	B类厂房
黏土砖围护墙	圈梁	7～9度时，梯形屋架端部上弦和屋顶标高处应有现浇钢筋混凝土圈梁各一道，但屋架端部长度不大于900mm时可合并设置。 8、9度时，沿墙高每隔4～6m宜有圈梁一道。沿山墙顶应有卧梁并宜与屋架端部上弦高度处的圈梁连接。 圈梁与屋架或柱应有可靠连接；山墙卧梁与屋面板应有拉结；顶部圈梁与柱锚拉的钢筋不宜少于4φ12，变形缝处圈梁和柱顶、屋架锚拉的钢筋均应有所加强	梯形屋架端部上弦和屋顶标高处应有现浇钢筋混凝土圈梁各一道，但屋架端部长度不大于900mm时可合并设置。 8、9度时，应按上密下疏的原则沿墙高每隔4m左右宜有圈梁一道。沿山墙顶应有卧梁并宜与屋架端部上弦高度处的圈梁连接，不等高厂房的高低跨封墙和纵横跨交接处的悬墙，圈梁的竖向间距应不大于3m。 圈梁宜闭合，当柱距不大于6m时，圈梁的截面宽度宜与墙厚相同，高度不应小于180mm，其配筋6～8度时不应小于4φ12，9度时不应小于4φ14。厂房转角处柱顶圈梁在端开间范围内的纵筋，6～8度时不宜小于4φ14，9度时不应少于4φ16，转角两侧各1m范围内的箍筋直径不宜小于φ8，间距不宜大于100mm；各圈梁在转角应有不少于3根且直径与纵筋相同的水平斜筋。 圈梁与屋架或柱应有可靠连接；山墙卧梁与屋面板应有拉结；顶部圈梁与柱锚拉的钢筋不宜少于4φ12，且锚固长度不宜少于35倍钢筋直径；变形缝处圈梁和柱顶、屋架锚拉的钢筋均应有所加强
	墙梁	预制墙梁与柱应有可靠连接，梁底与其下的墙顶宜有拉结	墙梁宜采用现浇；当采用预制墙梁时，预制墙梁与柱应有可靠连接，梁底与其下的墙顶宜有拉结；厂房转角处相邻的墙梁，应相互可靠连接
	女儿墙	位于出入口、高低跨交接处和披屋上部的女儿墙当砌筑砂浆的强度等级不低于M2.5且厚度为240mm时，其突出屋面的高度，对整体性不良或刚性结构的房屋不应大于0.5m；对钢筋结构房屋的封闭女儿墙不宜大于0.9m	
砌体内隔墙	材料强度	独立隔墙的砌筑砂浆，实际达到的强度等级不宜低于M2.5；厚度为240mm，高度不宜超过3m	独立隔墙的砌筑砂浆，实际达到的强度等级不宜低于M2.5
	拉结	到顶的内隔墙与屋架（屋面梁）下弦之间不应有拉结，但墙体应有稳定措施。 当到顶的内隔墙必须和屋架下弦相连时，此处应有屋架下弦水平支撑	到顶的内隔墙与屋架（屋面梁）下弦之间不应有拉结，但墙体应有稳定措施
	隔墙与柱连接	8、9度时，排架平面内的隔墙和局部柱列间的隔墙应与柱柔性连接或脱开，并应有稳定措施	隔墙应与柱柔性连接或脱开，并应有稳定措施，顶部应有现浇钢筋混凝土压顶梁

　　突出屋面的女儿墙、高低跨封墙等无拉结，6度时就有震害。根据震害增加了高低跨的封墙不宜直接砌在低跨屋面上的鉴定要求。圈梁与柱或屋架需牢固拉结；圈梁宜封闭，变形缝处纵墙外甩力大，圈梁需与屋架可靠拉结。根据震害经验并参照设计规范，增加了预制墙梁等的底面与其下部的墙顶宜加强拉结的鉴定要求。到顶的横向内隔墙不得与屋架下弦杆拉结，以防其对屋架下弦的不利影响。嵌砌的内隔墙应与排架柱柔性连接过脱开，

以减小其对排架柱的不利影响。

根据震害和现行抗震设计规范，对 B 类厂房中高低跨封墙和纵横向交接处的悬墙，增加了圈梁的鉴定要求；明确了圈梁截面和配筋要求主要针对柱距为 6m 的厂房；变形缝处圈梁和屋架锚拉的钢筋应有所加强。

（2）抗震承载力验算

A 类厂房的抗震验算，下列规定应符合

1）下列情况的 A 类厂房，应进行抗震验算：

① 8、9 度时，厂房的高低跨柱列；支承低跨屋盖的牛腿（柱肩）；双向柱距不小于 12m、无桥式吊车且无柱间支撑的大柱网厂房；高大山墙的抗风柱；9 度时，还应验算排架柱；

② 8、9 度时，锯齿形厂房的牛腿柱；

③ 7 度 Ⅲ、Ⅳ 类场地和 8 度时结构体系复杂或改造较多的其他厂房。

2）上述钢筋混凝土柱厂房可按《建筑抗震设计规范》GB 50011 的规定进行纵、横的抗震计算，并按《建筑抗震鉴定标准》GB 50023 规定的验算公式进行结构构架的抗震承载力验算，但结构构件的内力调整系数、抗震鉴定的承载力调整系数等，均应按 A 类建筑相关规定采用．

B 类厂房的抗震验算，下列规定应符合：

6 度和 7 度 Ⅰ、Ⅱ 类场地，柱高不超过 10m 且两端有山墙的单跨及等高多跨 B 类厂房（锯齿形厂房除外），当抗震构造措施符合规定时，可不进行截面抗震验算。其他 B 类厂房按《建筑抗震设计规范》GB 50011 的规定进行纵、横的抗震计算，并按《建筑抗震鉴定标准》GB 50023 规定的验算公式进行结构构件的抗震承载力验算。

8.4.4 单层砖柱厂房抗震鉴定及应用

砖砌体属脆性材料，延性系数小，变形能力低，而且抗剪、抗拉、抗弯能力均很低。砖墙平面内受剪，虽然容易出现斜裂缝，但即使角变形比较大、斜裂缝的竖缝宽度达数厘米时，砖墙还不致坍塌。而砖柱和砖墙的出平面弯曲就更加脆弱，不太大的倾向变形，就会使柱发生水平断裂。随着侧移的增加，水平裂缝向砖柱截面深部延伸，砖柱的受压区愈来愈小，局压应力愈来愈大，以致受压区砌体压碎崩落，砖柱截面随之减小，地震继续强烈运动，就会造成房屋倒塌。所以，同样都未抗震设防，单层砖柱厂房的抗震性能特别是抗倒塌能力，要比民用砖墙承重房屋还要差。从多次地震各烈度区内的房屋破坏程度来看，未经抗震设计的单层砖排架房屋，7 度区，主体结构一般无破坏，少数房屋的砖柱（或砖墙）出现弯曲水平裂缝；8 度区，主体结构有破坏，少数房屋局部倒塌或全部倒塌；9 度区，破坏更严重，倒塌的比率更大。从以上情况看，要做到安全生产，必须针对砖柱抗弯能力低，这一抗震薄弱环节采取有效措施。地震调查资料也初步证实，只要措施得当，房屋的破坏程度可以限制在某一限度内。

混合排架防倒塌能力较砖排架柱结构强。采用砖混排架的单层厂房，外圈为承重的带壁柱砖墙，内部为独立的钢筋混凝土柱。尽管由不同材性构件组成的混合结构，因变形能力有差异，地震时往往由于不能同步工作，砖墙首先平面的弯曲破坏，但是，因为有抗震能力较强的钢筋混凝土柱充当主要的抗侧力构件，来抵御地震作用，因而，即使是 8 度地震区，也未发生过厂房倒塌事例。说明，混合排架厂房的抗震性能优于单层砖柱厂房，如再经过合理的抗震设计，在7度和8度地震区内建造，是可以确保安全的。

1. 层砖柱厂房主要震害特征

单层砖排架柱厂房，单跨为砖墙承重；多跨，外圈为砖墙承重，内部为独立砖柱承重、虽然主体承重结构是砖墙，但是，因为内部空旷，横墙间距大，地震时的破坏状况与多层砖墙承重房屋的破坏状况有所不同。

（1）7度区破坏程度较轻，仅少数厂房（包括仓库）出现破坏，通过对历次地震的破坏情况进行统计发现，7度区的破坏率为10％左右，倒塌率为0。破坏现象一般为：

1）墙体外闪：山墙外闪，檩条由墙顶拔出10～20mm；与屋架无锚拉的纵墙，发生轻度外倾，屋架与砖墙间的水平错位约10～20mm。

2）墙体出现水平裂缝：房屋中段的纵墙（包括壁柱）在窗台高度处出现细微水平裂缝；个别情况下，山尖下部出现轻微水平裂缝。

3）其他：地面裂隙通过房屋处，墙体被拉裂；南方地区的屋面楞摊小青瓦，有下滑现象。

（2）8度区，9度区破坏情况相似，只是9度区破坏程度更重、更普遍，通过对历次地震的破坏情况进行统计发现，8度区的破坏率为40％左右，倒塌率为5％左右，9度区破坏率为80％左右，倒塌率为30％左右。破坏现象一般为：

1）墙体外倾或折断：山墙外倾，少数砖木厂房的山尖向外倒塌，端开间屋面局部塌落；外纵墙在窗台高度处水平折断（极少数在外纵墙底部），并常伴有壁柱砖块局部压碎崩落，情况严重的，整个厂房沿横轴一侧倾倒；砖木敞棚也曾发生纵向倾倒；地面裂隙通过房屋处，墙体被拉裂。

2）砖柱开裂折断：内部独立砖柱躲在底部发生水平裂缝，柱顶混凝土垫块底面出现水平裂缝，少数发生水平错位；高低跨处砖柱，或是上柱水平折断，或是支承低跨屋架的柱肩产生竖向裂缝。

3）屋架倾斜支撑破坏：楞摊瓦屋面，木屋架沿厂房纵轴向一侧倾斜，屋脊水平位移有的达400mm，与此同时下弦被屋架间的竖向交叉支撑顶弯；木屋架及其楼间的竖向交叉支撑，或结点拉脱，或是木杆件被拉断；重屋盖的天窗架竖向支撑，或结点拉脱，或钢杆件被压曲。

4）屋面小青瓦向下滑移；平瓦震乱，檐口瓦片坠落。

5）9度区，山墙和纵墙除发生平面的弯曲破坏外，也发生平面内的剪切破坏，窗间墙和实墙面出现很宽的交叉斜裂缝。

（3）通过对单层砖柱厂房震害总结，单层砖柱厂房的震害特征为：

1）厂房的最薄弱部位是砖柱，其抗弯强度低，是厂房倒塌的主要原因。无筋砖柱的破坏程度和倒塌率，与砖柱的高厚比值无明显关系。

2）山墙和承重纵墙（或带壁柱），主要发生以水平裂缝为代表的平面外弯曲破坏，与多层房屋砖墙以斜裂缝为主的平面内剪切破坏不同。

3）砖木厂房纵墙（或带壁柱）窗台口处或下端的水平裂缝，一直延伸到离山墙仅一两个开间处。与此同时，山墙却很少出现交叉斜裂缝，说明瓦木屋盖的空间作用很差。

4）重屋盖厂房的破坏程度稍重于轻屋盖厂房。

5）楞摊瓦和稀铺望板的瓦木屋盖，纵向水平刚度也很差，不能阻止木屋架的倾斜。

6）山墙与檩条、屋架与砖柱之间的水平错位，暴露了连接的脆弱。

2. 单层砖柱厂房抗震鉴定的一般规定

（1）适用条件

单层砖柱厂房指砖柱（墙垛）承重的单跨或等高多跨且无桥式吊车的车间、仓库等中小型工业厂房，大型企业中的辅助厂房和仓库也常采用，其内部很少设置纵墙和横墙；跨度一般为 9～15m，个别达 18m；屋架下弦高度一般为 4～8m，个别达 10m；屋盖可分为重、轻两类，重屋盖通常指采用钢筋混凝土实腹梁或桁架，上覆钢筋混凝土槽形板或大型屋面板，轻屋盖通常指采用木屋架、木檩条，上铺木望板和机瓦；或钢屋架、钢檩条，上覆瓦楞铁或波形石棉水泥瓦。有些厂房还设有 5t 以下的吊车，砖柱为变截面，呈阶形。

（2）检查重点与有关规定

抗震鉴定时，根据震害规律特征，对不同烈度下的影响房屋整体性、抗震承载力和易倒塌伤人的关键薄弱部位重点检查：

1）6 度时，应检查女儿墙、门脸和出屋面小烟囱和山墙山尖；

2）7 度时，除按第 1 款检查外，尚应检查舞台口大梁上的砖墙、承重山墙；

3）8 度时，除按第 1、2 款检查外，尚应检查承重柱（墙垛）、舞台口横墙、屋盖支撑及其连接、圈梁、较重装饰物的连接及相连附属房屋的影响。

4）9 度时，除按 1～3 款检查外，尚应检查屋盖的类型等。

单层砖柱厂房，按规定检查结构布置、构件形式、材料强度、整体性连接和易损部位的构造等；当检查的各项均符合要求时，A 类砖柱厂房一般情况下可评为满足抗震鉴定要求，特殊情况下按规定，结合抗震承载力验算进行综合抗震能力评定；B 类砖柱厂房除检查以上项目外，应按《建筑抗震鉴定标准》GB 50023 的规定进行抗震承载力验算，然后评定其抗震能力。

当关键部位不符合规定时，应要求加固或处理；一般部位不符合规定时，可根据不符合的程度和影响的范围，提出相应对策。

砖柱厂房的钢筋混凝土部分和附属房屋的抗震鉴定，应根据其结构类型分别按《建筑抗震鉴定标准》GB 50023 相应规定进行，但附属房屋与大厅或车间相连的部位，尚应符合本章要求并计入相互的不利影响。

（3）厂房的外观和内在质量检查要求

砖柱厂房的外观和内在质量宜符合下列要求：

1）承重柱、墙无酥碱、剥落、明显裂缝、露筋或损伤；

2）木屋盖构件无腐朽、严重开裂、歪斜或变形，节点无松动；

3）混凝土构件及节点仅有少量微小开裂或局部剥落，钢筋无露筋、锈蚀；

4）主体结构构件无明显变形、倾斜或歪扭。

3. 单层砖柱厂房抗震鉴定

（1）抗震措施鉴定

1）适用范围

按 A 类要求进行抗震鉴定的单层砖柱厂房为砖柱（墙垛）承重的单层厂房，混合排架厂房中的砖结构部分，包括仓库、泵房等按 B 类要求进行抗震鉴定的单层砖柱厂房，宜为单跨、等高且无桥式吊车的厂房，6～8度时跨度不大于12m且柱顶标高不大于6m，9度时跨度不大于9m且柱顶标高不大于4m；

2）结构布置和构件形式（表8.4.13）

单层砖柱厂房结构布置和构件形式鉴定要求 表8.4.13

鉴定项目	A类厂房	B类厂房
对厂房高度和跨度的控制性要求	有桥式吊车，或6～8度时跨度大于12m且柱顶标高大于6m，或9度时跨度大于9m且柱顶标高大于4m的厂房应提高抗震鉴定要求	单层砖柱厂房，宜为单跨、等高且无桥式吊车的厂房，6～8度时跨度不大于12m且柱顶标高不大于6m，9度时跨度不大于9m且柱顶标高不大于4m
防震缝要求		轻型屋盖房屋，可没有防震缝；钢筋混凝土屋盖房屋与贴建的建（构）筑物间宜有防震缝，宽度可采用50～70mm，防震缝处宜设有双柱或双墙
排架柱要求	多跨厂房为不等高时，低跨的屋架（梁）不应削弱砖柱截面；7度Ⅲ、Ⅳ类场地和8、9度时，砖柱（墙垛）应有竖向配筋，纵向边柱列应有与柱等高且整体砌筑的砖墙	6～8度时可为十字形截面的无筋砖柱，8度时宜为组合砖柱，8度时Ⅲ、Ⅳ场地和9度时边柱应为组合砖柱、中柱应为钢筋混凝土柱；厂房纵向独立砖柱柱列，可在柱间由与柱等高的抗震墙承受纵向地震作用；8度时Ⅲ、Ⅳ场地钢筋混凝土无檩屋盖厂房，无砖抗震墙的柱顶，应有通长水平拉杆
对墙体要求	承重山墙的厚度不应小于240mm 开洞的水平截面面积不应超过山墙总截面面积的50%；与柱不等高的砌体隔墙，宜与柱柔性连接或脱开	砖抗震墙应与柱同时咬槎砌筑，并应有基础；厂房两端均应有承重山墙；横向内隔墙宜为抗震墙，非承重和非整体砌筑且不到顶的纵向隔墙宜为轻质墙，非轻质墙应考虑隔墙对柱及其与屋架连接节点的附加地震剪力
屋盖要求	9度时，不宜为重屋盖厂房；双曲砖拱屋盖的跨度，7、8、9度时分别不宜大于15m、12m和9m；拱脚处应有拉杆，山墙应有壁柱	6～8度时，宜为轻型屋盖，9度时应为轻型屋盖；双曲砖拱屋盖的跨度，7、8、9度时分别不宜大于15m、12m和9m，砖拱的拱脚处应有拉杆，并应锚固在钢筋混凝土圈梁内；地基为软弱黏性土、液化土、新近填土或严重不均匀土层时，不应采用双曲砖拱

A、B类厂房对房屋高度和跨度规定更严格。

A类厂房结构布置的鉴定要求：对砖柱截面沿高度变化的鉴定要求；对纵向柱列，在柱间需有与柱等高砖墙的鉴定要求。房屋高度和跨度的控制性检查。承重山墙厚度和开洞的检查。钢筋混凝土面层组合砖柱、砖包钢筋混凝土柱的轻屋盖房屋在高烈度下震害轻微，保留了不配筋砖柱、重屋盖使用范围的限制。设计合理的双曲砖拱屋盖本身震害就是较轻的，但山墙及其与砖拱的连接部位有时震害明显；保留其跨度和山墙构造等的鉴定要求。

B类厂房结合《建筑抗震设计规范》GB 50011—2001增加了防震缝处宜设有双柱或双墙的鉴定要求。明确了烈度从低到高，可采用无筋砖柱、组合砖柱和钢筋混凝土柱，补充了非整体砌筑且不到顶的纵向隔墙宜采用轻质墙。

3）材料强度等级和配筋表（表 8.4.14）

根据震害调查和计算分析，为减少抗震承载力验算工作，保留了材料强度等级的最低鉴定要求，并根据震害保留了 8、9 度时砖柱要有配筋的鉴定要求。

单层砖柱厂房材料强度等级要求 表 8.4.14

鉴定项目	A 类厂房	B 类厂房
砖	不宜低于 MU7.5	不宜低于 MU7.5
砂浆	6、7 度时不宜低于 M1 8、9 度时不宜低于 M2.5	不宜低于 M2.5
竖向配筋	8 度：4ϕ10 9 度：4ϕ12	8 度：4ϕ12 9 度：4ϕ14

4）整体性连接构造（表 8.4.15、表 8.4.16）

单层砖柱厂房木屋盖支撑布置 表 8.4.15

检查项目		厂房类别	烈度					
			6、7 度	8 度			9 度	
			各类屋盖	满铺望板		稀铺或无望板	满铺望板		稀铺或无望板
				无天窗	有天窗	有、无天窗	无天窗	有天窗	有、无天窗
屋架支撑	上弦横向支撑	A	同非抗震要求	房屋单元两端的天窗开洞范围内各有一道	屋架跨度大于 6m 时，房屋单元端开间及每隔 30m 左右各有一道	同非抗震要求	同 8 度	屋架跨度大于 6m 时，房屋单元端开间及每隔 20m 左右各有一道
		B	同非抗震要求	房屋单元两端的天窗开洞范围内各有一道	屋架跨度大于 6m 时，房屋单元两端第二开间及每隔 20m 有一道	屋架跨度大于 6m 时，房屋单元两端第二开间各有一道		屋架跨度大于 6m 时，房屋单元两端第二开间及每隔 20m 有一道
	下弦横向支撑	A	同非抗震要求			同非抗震要求	同 8 度	屋架跨度大于 6m 时，房屋单元端开间及每隔 20m 左右各有一道
		B	同非抗震要求					屋架跨度大于 6m 时，房屋单元两端第二开间及每隔 20m 有一道
	跨中竖向支撑	A	同非抗震要求			隔间有，并有下弦通长水平系杆		
		B	同非抗震要求			隔间设置并有下弦通长水平系杆		
天窗架支撑	两侧竖向支撑，	A	天窗两端第一开间各有一道			天窗端开间及每隔 20m 左右各有一道		
		B	天窗两端第一开间各有一道			天窗两端第一开间及每隔 20m 左右各有一道		

检查项目		厂房类别	烈度					
			6、7度	8度		9度		
			各类屋盖	满铺望板	稀铺或无望板	满铺望板		稀铺或无望板
				无天窗	有天窗	有、无天窗	无天窗	有天窗	有、无天窗
天窗架支撑	上弦横向支撑	A	跨度较大的天窗，同无天窗屋架的支撑布置（在天窗开洞范围内的屋架脊点处应有通长系杆）					
		B	跨度较大的天窗，参照无天窗屋架的支撑布置					
	连接	A	木屋架的支撑与屋架、天窗架应为螺栓连接；6、7度时可为钉连接；对接檩条的搁置长度不应小于60mm，檩条在砖墙上的搁置长度不宜小于120mm					
		B	支撑与屋架、天窗架，应采用螺栓连接					

注：波形瓦、瓦楞铁、石棉瓦、钢屋架等屋面的支撑布置按照无无望板屋盖采用钢筋混凝土屋盖的支撑布置及构造鉴定要求，参照钢筋混凝土柱厂房有关规定进行。

单层砖柱厂房连接鉴定

表 8.4.16

鉴定项目	A类厂房	B类厂房
圈梁布置要求	7度时屋架底部标高大于4m和8、9度时，屋架底部标高处沿外墙和承重内墙，均应有现浇闭合圈梁一道，并与屋架或大梁等可靠连接 8度Ⅲ、Ⅳ类场地和9度，屋架底部表达大于7m时，沿高度每隔4m左右在窗顶标高处还应有闭合圈梁一道	柱顶标高处沿房屋外墙及承重内墙应有闭合圈梁，8、9度时，还应沿墙每隔3～4m设有圈梁一道，圈梁的截面高度不应小于180mm，配筋不应少于4φ12；地基为软弱黏性土、液化土、新近填土或严重不均匀土层时，尚应有基础圈梁一道
屋面拉结	7度时，屋盖构件应与山墙可靠连接，山墙壁柱宜通道墙顶，8、9度时山墙顶尚应有钢筋混凝土卧梁； 跨度大于10m且屋架底部标高大于4m时，山墙壁柱应通到墙顶，竖向钢筋应锚入卧梁内	山墙沿屋面应有现浇钢筋混凝土卧梁，并与屋盖构件锚拉；山墙壁柱的截面和配筋，不宜小于排架柱，壁柱应通到墙顶并与卧梁或屋盖构架连接
垫块	8、9度时，支承钢筋混凝土屋盖的混凝土垫块宜有钢筋网片并与圈梁可靠拉结	屋架（屋面梁）与墙顶圈梁或柱顶垫块，应为螺栓连接或焊接；柱顶垫块的厚度不应小于240mm，并应有直径不小于φ8，间距不大于100mm的钢筋网两层；墙顶圈梁应与柱顶垫块整浇，9度时，在垫块两侧各500mm范围内，圈梁的箍筋间距不应大于100mm

　　A类房屋整体性连接鉴定包括木屋盖的支撑布置要求、波形瓦等轻屋盖的鉴定要求；鉴于7度时木屋盖震害极轻，6、7度时屋盖构件的连接可采用钉接的要求；屋架（梁）与砖柱（墙）的连接，要有垫块的鉴定要求；对独立砖柱、墙体交接处的连接要求。

　　5）房屋易损部位及其连接构造

　　房屋易引起局部倒塌部位，包括悬墙、封檐墙、女儿墙、顶棚等。7～9度时，砌筑在大梁上的悬墙、封檐墙应与梁、柱及屋盖等有可靠连接。女儿墙当砌筑砂浆的强度等级不低于 M2.5 且厚度为 240mm 时，其突出屋面的高度，对整体性不良或刚性结构的房屋不应大于 0.5m；对刚性结构房屋的封闭女儿墙不宜大于 0.9m。

（2）抗震承载力鉴定

试验研究和震害表明，砖柱的承载力验算只相当于裂缝出现阶段，到房屋倒塌还有一个发展过程。为简化鉴定时的验算，A 类厂房规定了较宽的不验算范围。

1）A 类单层砖柱厂房的下列部位，应按《建筑抗震设计规范》GB 50011 的规定进行纵横向抗震分析，并按《建筑抗震鉴定标准》GB 50023 进行构件的抗震承载力验算。

① 7 度 Ⅰ、Ⅱ类场地，单跨或多跨等高且高度超过 6m 的无筋砖墙垛、高度超过 4.5m 的等截面无筋独立砖柱和混合排架房屋中高度超过 4.5m 的无筋砖柱及不等高厂房中的高低跨柱列。

② 7 度 Ⅲ、Ⅳ类场地的无筋砖柱（墙垛）。

③ 8 度时每侧纵筋少于 $3\phi10$ 的砖柱（墙垛）。

④ 9 度时每侧纵筋少于 $3\phi12$ 的砖柱（墙垛）和重屋盖房屋的配筋砖柱。

⑤ 7～9 度时开洞的水平截面面积超过截面总面积的 50% 的山墙。

⑥ 8、9 度时，高大山墙的壁柱应进行平面外的截面抗震验算。

2）B 类单层砖结构厂房抗震承载力验算按 01 抗规的方法验算。规定 6 度和 7 度的 Ⅰ、Ⅱ类场地，柱顶标高不超过 4.5m，且两端均有山墙的单跨或多跨等高的 B 类砖柱厂房，当抗震构造措施满足鉴定要求时，可评为符合抗震鉴定要求，不进行抗震验算。其他情况应按《建筑抗震设计规范》GB 50011 的规定进行纵横向抗震分析，并按《建筑抗震鉴定标准》GB 50023 进行构件的抗震承载力验算。

第9章　工业建筑抗震性能提升技术

对在役工业建筑进行抗震鉴定，对不满足鉴定要求的建筑采取适当的抗震对策，是减轻地震灾害的重要途径。近年来不少经过抗震加固的工程经受住了地震的考验，证明抗震加固是保障人民生命安全和生产发展的积极而有效的措施。

工业建筑抗震加固一般情况下不能影响工业建筑的使用，这里有两个含义，一是不能影响原有建筑的使用功能，由于生产流程和生产工艺的需要，不能改变原有的结构布置，二是很多情况下工业建筑加固期间不能停止使用或仅可以短时间停止使用，因此抗震加固不能影响工业建筑的生产运行。

工业建筑的加固尽量减少对原有设备等的影响，因为原有设备的改造会影响整个建筑的使用，因此如果涉及到原有设备的改造代价过大，得不偿失。

9.1　抗震加固设计基本要求

9.1.1　加固设计原则

1. 全面了解原有结构的材料和结构体系

结构加固方案确定前，必须对工业建筑进行可靠性和抗震鉴定分析，了解结构的性能、结构构造和结构体系以及结构缺陷和损伤等情况，分析结构的受力现状和承载能力水平，为加固方案的确定奠定基础。因此，必须先鉴定后加固，避免在加固工程中留下隐患甚至发生工程事故。

2. 加固方案应技术可靠、经济合理、方便施工

加固方案应根据抗震鉴定结果经综合分析后确定，依据鉴定结果的不同，可以采用结构整体加固、区段（单元）加固或构件加固，提高结构的整体抗震能力，保证结构满足规范"大震不倒"的要求，在提高结构整体性的同时，对构件构造不符合要求及局部构件承载能力不足的情况，应根据实际情况尽量提高构件的抗震能力，重点对薄弱层部位进行加强。

在役工业建筑的抗震加固的概念设计，应充分考虑已有结构实际现状和加固后结构的受力特点，对结构整体进行分析，保证加固后传力路径明确；应采取措施保证新旧结构或材料的可靠连接；应尽量考虑综合经济指标，考虑加固施工的具体特点和技术水平，在加固方法的设计和施工组织上采取有效措施，减少对使用环境和临近结构的影响，缩短施工周期。

抗震加固的结构布置和连接构造的概念设计，直接关系到加固后建筑的整体综合抗震能力是否能得到应有的提高。加固或新增构件的布置，应消除或减少不利因素，防止局部加强导致结构刚度或强度突变。抗震加固设计时，应根据结构的实际情况，正确处理好下列关系，是改善结构整体抗震性能、使加固达到有效合理的重要途径：

（1）减少扭转效应。增设构件或加强原有构件，均要考虑对整个结构产生扭转效应的可能，尽可能使加固后结构的重量和刚度分布比较均匀对称。虽然现有建筑的体型难以改变，但结合加固、维修和改造，减少不利于抗震的因素，仍然是有可能的。

（2）改善受力状态。加固设计要防止结构构件的脆性破坏；要避免局部加强导致刚度和承载力发生突变，加固设计要复核原结构的薄弱部位，采取适当的加强措施，并防止薄弱部位的转移。

（3）加强薄弱部位的抗震构造。对不同结构类型的连接处，平、立面局部突出部位等，地震反应加大。对这些薄弱部位，加固时要采取相应的加强构造。

（4）考虑场地影响。针对建筑和场地条件的具体情况，加固后的结构要选择地震反应较小的结构体系，避免加固后地震作用的增大超过结构抗震能力的提高。

（5）新增构件与原有构件之间应可靠连接。连接的可靠性是使加固后结构整体工作的关键，设计时要予以足够的重视。

（6）加固所用材料类型与原结构相同时，其强度等级不应低于原结构材料的实际强度等级。如加固所用砂浆强度和混凝土强度一般比原结构材料强度提高一级，但强度过高并不能发挥预期效果。

3. 减少对原有建筑的损伤，尽量利用原有结构的承载能力

加固方案必须满足现场的实际情况，便于施工，同时尽量减少对原结构的损伤、减少对原有结构或构件的拆除和损伤。对其结构组成和承载能力等有了全面了解的基础上，应尽量保留并利用其作用。若大量拆除原有结构构件，对保留的原有结构部分可能会带来较严重的损伤，新旧结构的连接难度加大，这样既不经济，还有可能留有隐患。

4. 加固实施过程中应加强对实际结构的检查，并及时消除隐患

尽管在加固方案确定之前对已有结构进行了全面的鉴定，但是由于诸多客观原因，对已有结构的实际状况、结构损伤和缺陷情况无法全面掌握。因而，在加固实施过程中，工程技术人员应加强对实际结构的检查工作，发现与鉴定结论不符或检测鉴定时未发现的结构缺陷和损伤，应及时采取措施消除隐患，最大程度地保证加固的效果和可靠性。

9.1.2 加固方案选择

1. 抗震加固的方案、结构布置和连接构造

（1）加固方案必须满足现场的实际情况，尽量减少对原结构的损伤，便于施工，具有可实施性。

（2）对不规则的现有建筑，宜使加固后结构质量和刚度分布较均匀、对称。

（3）对抗震薄弱部位、易损部位和不同类型结构的连接部位，其承载力或变形能力宜采取比一般部位增强的措施。

（4）宜减少地基基础的加固工程量，多采取提高上部结构抵抗不均匀沉降能力的措施，并应计入不利场地的影响。

（5）加固方案应结合原结构的具体特点和技术经济条件的分析，采用新技术、新材料。

（6）加固方案宜结合维修改造、改善使用功能。

（7）加固方法应便于施工，并应减少对生产的影响。

2. 针对建筑缺陷的抗震加固方案

（1）对不符合抗震鉴定要求的建筑进行抗震加固，一般采用提高承载力、提高变形能力或既提高承载力又提高变形能力的方法，需针对存在的缺陷，对可选择的加固方法逐一进行分析，以提高结构综合抗震能力为目标予以确定。如对不规则的现有建筑，宜使加固后结构质量和刚度分布较均匀、对称；对抗震薄弱部位、易损部位和不同类型结构的连接部位，其承载力或变形能力宜采取比一般部位增强的措施。

（2）当需要提高承载力同时提高结构刚度时，则以扩大原构件截面、新增部分构件为基本方法；当仅需要提高承载力而不提高刚度时，则以外包钢构套、粘钢或碳纤维加固为基本方法；当需要提高结构变形能力时，则以增加连接构件、外包钢构套、粘贴碳纤维等为基本方法。

（3）当原结构的结构体系明显不合理时，若条件许可，应采用增设构件的方法予以改善；否则，需要采取同时提高承载力和变形能力的方法，以使其综合抗震能力能满足抗震鉴定的要求。

（4）当结构的整体性连接不符合要求时，应对整体性连接进行处理或采取提高变形能力的方法。

（5）当局部构件的构造不符合要求时，应采取不使薄弱部位转移的局部处理方法；或通过结构体系的改变，使地震作用由增设的构件承担，从而保护局部构件。

（6）当构件的纵筋或箍筋不足时，可采用型钢加固，也可采用粘钢或粘贴碳纤维、玻璃纤维复合材加固的方法。

（7）当结构的总体刚度较弱、地震作用下变形过大，或有显著的扭转效应时，可选择增设柱间支撑的方案。

（8）当传统抗震加固技术难以保证工艺建筑的抗震性能有效提升时，可采用减隔震加固方案。

9.1.3 抗震加固计算要求

1. 抗震加固设计

一般情况应在两个主轴方向分别进行抗震验算；在下列情况下，加固的抗震验算要求有所放宽：当抗震设防烈度为 6 度时（建造于 Ⅳ 类场地的较高的高层工业建筑除外），可不进行截面抗震验算，但应符合相应的构造要求。对局部抗震加固的结构，当加固后结构刚度不超过加固前的 10％或者重力荷载的变化不超过 5％时，可不再进行整个结构的抗震分析。

2. 结构的计算简图

应根据加固后的荷载、地震作用和实际受力状况确定，并采用符合加固后结构实际情况的计算简图与计算参数，包括实际截面构件尺寸、钢筋有效截面、实际荷载偏心、结构构件变形等造成的附加内力；并应计入加固后的实际受力程度、新增部分的应变滞后二次受力和新旧部分协同工作的程度对承载力的影响。当加固后结构刚度和重力荷载代表值的变化分别不超过原来的 10％和 5％时，应允许不计入地震作用变化的影响；在条状突出的山嘴、高耸孤立的山丘、非岩石的陡坡、河岸和边坡边缘等不利地段，水平地震作用应按现行国家标准《建筑抗震设计规范》GB 50011 的规定乘以增大系数 1.1～1.6。

3. 结构抗震计算

采用现行国家标准《建筑抗震设计规范》GB 50011、《构筑物抗震设计规范》GB 50191 的方法进行抗震验算时，宜计入加固后仍存在的构造影响。

对于后续使用年限 50 年的结构，材料性能设计指标、地震作用、地震作用效应调整、结构构件承载力抗震调整系数均应按国家现行设计规范、规程的有关规定执行。

对于后续使用年限少于 50 年的结构，即《建筑抗震鉴定标准》GB 50023、《构筑物抗震鉴定标准》GB 50117 规定的 A、B 类建筑结构，其设计特征周期、原结构构件的材料性能设计指标、地震作用效应调整等应按《建筑抗震鉴定标准》GB 50023、《构筑物抗震鉴定标准》GB 50117 规定采用。

9.2　工业建筑震损建筑恢复加固基本原则

9.2.1　工业建筑震后修复加固的基本原则

1. 恢复重建阶段的结构加固

主要是以中等破坏建筑和有恢复价值的严重破坏建筑为对象，并要求恢复后的结构能达到现行标准规定的抗震性能水平。对轻度受损的建筑，经抗震鉴定不满足要求，仍需采取有效地抗震措施进行处理。

2. 地震受损结构的加固

应以恢复重建阶段进行的结构可靠性鉴定与抗震鉴定的综合结论为依据进行加固设计。

3. 加固后结构的安全等级、设计使用年限和抗震设防目标

应符合《地震灾后建筑鉴定与加固技术指南》（建标〔2008〕132 号文）的规定；对一些有特殊要求的结构以及非公有的建筑，可在不低于《地震灾后建筑鉴定与加固技术指南》（建标〔2008〕132 号文）规定的前提下，由委托方和设计方共同商定。

4. 中等破坏建筑的抗震加固

应根据结构实际状况及使用条件，按国家现行标准进行设计；对钢筋混凝土结构、钢结构应分别按现行国家标准《混凝土结构加固设计规范》GB 50367 和中国工程建设标准化协会《钢结构加固设计规范》CECS 77 的有关规定执行；对砌体结构应参照国家标准《砌体结构加固技术规范》GB 50702 有关规定执行。

5. 地震受损结构的抗震加固

应按现行行业标准《建筑抗震加固技术规程》JGJ 116 的有关规定执行。

9.2.2　震后工业建筑抗震加固有关要求

1. 地震受损建筑的恢复性加固

不应仅对地震损伤部位进行抗震加固，而应使加固后的整个结构的承载能力、抗震能力和正常使用功能均应得到应有的提高和改善，以满足现行有关标准规定的安全、适用和耐久的要求。当构件有局部损伤时，应首先恢复其原有承载力，然后再做相应的抗震加固，避免原构件内部原有损伤使新增加固措施不能收达到预期效果。厂房柱间支撑的下节点位置不符合要求时可采用加固柱子的方案，也可采用加固节点或改变或改善支撑传力体系等方案。加固后的结构应具有多道抗震防线，同时，尚应通过采取拉结、锚固、增设支撑系统或剪力墙等措施使整个结构具有良好的整体牢固性。结构沿水平向和竖向不应有严重不规则的结构布置，且不应有不合理的刚度与承载力分布。

2. 地震受损建筑的恢复性加固

除应以恢复重建阶段的综合鉴定报告为依据，并考虑救援抢险阶段的临时性加固可能造成的影响外，尚应通过设计计算做出不同加固方案。如应对整幢建筑还是其中部分区段或构件进行加固，当增设支撑系统等抗侧向作用的构件时应保持还是改变原有结构体系。加固后结构的质量、刚度、承载力和变形能力等将发生变化，若采用以提高承载力为主的方案，应使承载力的提高能承受由于质量刚度加大是否导致的地震作用的增大；若采用以提高变形能力为主的方案，应衡量现有承载力是否能满足安全使用的最低要求。

9.3 工业建筑抗震加固技术

9.3.1 单层钢筋混凝土厂房抗震加固及应用

1. 一般规定

钢筋混凝土厂房是装配式结构，抗震加固的重点与抗震鉴定的重点相同，侧重于提高厂房的整体性和连接的可靠性，而不增加原厂房的地震作用。增设支撑等构件时，应避免有关节点应力的加大和地震作用在原有构件间的重分配；对一端有山墙和体型复杂工业建筑，宜采取减少厂房扭转效应的措施。厂房加固后，各种支撑杆的截面、阶形柱上柱的钢构套等，多数可不进行抗震验算；需要验算时，内力分析与抗震鉴定时相同，均采用《建筑抗震设计规范》GB 50011 的方法，构件的抗震承载力验算，牛腿的钢构套可用本节的方法，其余按《建筑抗震设计规范》GB 50011 的方法，但采用"抗震加固的承载力调整系数"替代设计规范的"承载力抗震调整系数"。

2. 抗震加固设计要求

以往地震灾害表明，单层钢筋混凝土柱厂房在地震作用下主要为屋盖系统、排架柱、柱间支撑、山墙抗风柱的破坏，应采取对应的加固方法进行加固。

（1）当厂房整体性抗震措施不满足要求时，应增设支撑、增设构件改变传力方向等措施进行加固。如厂房的屋盖支撑布置或柱间支撑布置不符合鉴定要求时，应增设支撑，6、7 度时也可采用钢筋混凝土窗框代替天窗架竖向支撑。

（2）当厂房构件抗震承载力不满足要求时，应采取以下加固方法进行加固，以下列举了天窗架、屋架和排架柱承载力不足时可选择的加固方法：

1）天窗架立柱的抗震承载力不满足要求时，可加固立柱或增设支撑并加强连接节点。

2）混凝土屋架杆件不符合鉴定要求时，可增设钢构套、粘贴碳纤维等方法加固。

3）排架柱箍筋或截面形式不满足要求时，可增设钢构套、粘贴碳纤维等方法加固。

4）排架柱纵向钢筋不满足要求时，可增设钢构套加固或采取加强柱间支撑系统且加固相应柱的措施。

（3）厂房构件连接不符合鉴定要求时，可采用下列加固方法：

1）下柱柱间支撑的下节点构造不符合鉴定要求时，可在下柱根部增设局部的现浇钢筋混凝土套加固，但不应使柱形成新的薄弱部位。

2）构件的支承长度不满足要求时或连接不牢固，可增设支托或采取加强连接的措施。

3）墙体与屋架、钢筋混凝土柱连接不符合鉴定要求时，可增设拉筋或圈梁加固。

4）女儿墙超过规定的高度时，宜降低高度或采用角钢、钢筋混凝土竖杆加固。

5）柱间的隔墙、工作平台不符合鉴定要求时，可采取剔缝脱开、改为柔性连接、拆除或根据计算加固排架柱和节点的措施。

3. 抗震加固方法

（1）整体性加固

1）消能减震加固

消能减震加固技术是一种通过在主体建筑结构（主结构）中某些部位增设耗能减震构件（包括减震阻尼器和连接构件），与主体结构共同工作组成减震结构，在地震动等外部作用施加于减震结构时以减小主体结构动力响应、减轻主体结构损伤破坏的抗震加固方法。该加固技术不同于通过增加结构刚度和构件强度提高结构抗震性能的传统技术手段，主要依靠安装在主体结构中的减震装置耗散地震能量，推迟并减少主体结构在此过程中消耗的地震能量，以避免结构主要承重构件过早的发生屈服或破坏，确保主体结构的安全性。

2）增设支撑加固

增设支撑加固法是在柱子、屋架之间增设支撑构件，减少结构构件的计算跨度（长度），减少荷载效应，发挥构件潜力，增加结构的稳定性。通过增设支撑等构造措施使多个结构构件形成整体，共同工作。由于整体结构破坏的概率明显小于单个构件，因此在不加固原有构件中任一构件的情况下，整体结构的可靠度提高了，达到了加强整体性的目的。

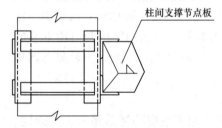

图9.3.1 新增柱间支撑与立柱连接的加固示意图

柱间支撑是单层厂房纵向的主要抗侧力构件，其抗侧刚度约占整个中柱列抗侧刚度90％以上，地震期间厂房的纵向水平地震作用主要由它来承担。增设柱间支撑能提高厂房整体抗震性能。支撑可采用钢箍套与原有钢筋混凝土柱可靠连接，应采取措施将支撑的地震内力可靠地传递到基础，新增柱间支撑与柱连接节点见图9.3.1。

对于未设柱间支撑，或柱间支撑设置不够的厂房，要提高厂房抗侧力刚度，应增设柱间支撑，并应符合下列要求：

① 增设的柱间支撑应采用型钢；支撑钢筋的长细比和板件的宽厚比，应依据设防烈度的不同，按《建筑抗震设计规范》GB 50011对钢结构设计的有关规定采用。对于A类厂房，上柱支撑的长细比，当为8度时不应大于250，当为9度时不应大于200；下柱支撑的长细比，当为8度时不应大于200，当为9度时不应大于150。对于B类厂房，上柱支撑的长细比，当为7度时不应大于250，当为8度时不应大于200，当为9度时不应大于150；下柱支撑的长细比，当为7度时不应大于200，当为8、9度时不应大于150。

② 柱间支撑在交叉点应设置节点板，斜杆与该节点板应焊接；支撑与柱连接的端节点板厚度，对于A类厂房，当为8度时不宜小于8mm，当为9度时不宜小于10mm。对于

B类厂房，当为7～9度时不宜小于10mm。

③ 柱间支撑开间的基础之间宜增加水平压梁。

对已经增设支撑的厂房，地震作用下，柱支撑的下节点容易发生破坏。通常采用增设钢筋混凝土套加固下柱支撑的下节点（见图9.3.2）。混凝土宜采用细石混凝土，其强度等级宜比原柱的混凝土强度提高一个等级；厚度不宜小于60mm且不宜大于100mm，并应与基础可靠连接；纵向钢筋直径不小于12mm，箍筋应封闭，其直径不宜小于8mm，间距不宜大于100mm。加固后，柱根沿厂房纵向的抗震受剪承载力可按整体构件进行截面抗震验算，但新增的混凝土和钢筋强度应乘以0.85的折减系数。施工时，原柱加固部位的混凝土表面应凿毛、清除酥松杂质，灌注混凝土前应用水清洗并保持湿润。

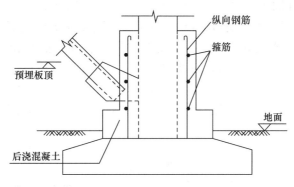

图9.3.2 增设柱支撑时柱根部加固

3）屋盖整体性加固

厂房屋盖支撑系统主要是保证屋盖的整体性和稳定性，对屋盖结构安全起重要作用。因此，单层工业厂房屋盖支撑系统不符合《建筑抗震鉴定标准》GB 20023—2009的要求时，应增设屋盖支撑。增设的支撑应满足《建筑抗震鉴定标准》的要求。新增支撑与原屋架连接节点见图9.3.3。

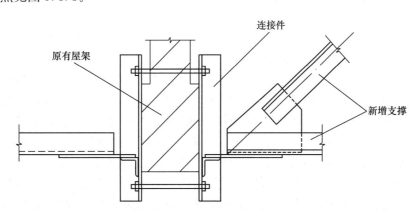

图9.3.3 新增支撑与屋架连接节点示意图

当增设屋盖支撑时，原有上弦横向支撑设在厂房单元两端的第二开间时，可在抗风柱柱顶与原有横向支撑节点间增设水平压杆；增设的竖向支撑与原有的支撑宜采用同一形式；当原来无支撑时，宜采用"W"形支撑，且各杆应按压杆设计；当支撑全部为新增时，W形的刚度较好，但支撑高大于3m时，其腹杆较长，需要较大的截面尺寸，改用X

形比较经济；屋架和天窗支撑杆件的长细比，压杆不宜大于200，当为6、7度时，拉杆不宜大于350，当为8、9度时，拉杆不宜大于300。

（2）构件加固——钢构套法、外包钢板、碳纤维、增设构件辅助加固

1）钢构套加固法

钢构套加固法是把型钢或钢板等材料包裹在被加固构件（钢筋混凝土）的外侧，通过外包钢与原构件的共同作用，提高构件的承载能力和刚度，达到加固的目的（见图9.3.4）。一般钢构套加固法用于需要提高承载力和抗震能力的钢筋混凝土梁、柱结构的加固。当前的外包型钢系以结构胶（如改性环氧树脂）为粘结材料，并通过压力灌注工艺形成饱满而高强的胶层，从而使设计、计算所采用的整体截面基本假定，可以建立在可靠的基础上。

2）粘贴碳纤维加固法

粘贴碳纤维加固是一种利用树脂胶结材料将碳纤维布或碳纤维板粘贴于构件表面，从而提高结构承载力及延性的加固方法（见图9.3.5）。采用此法加固的优点是：碳纤维轻质高强，外贴加固用量少（厚度小），荷载增加极少，几乎不改变原结构的外形和尺寸；具有较强的抗化学腐蚀能力和对被加固结构的保护能力，提高了结构的耐久性；施工周期短，操作简单；维护费用较低。加固时需要专门的防火处理，适用于加固多种受力性质的混凝土结构构件。

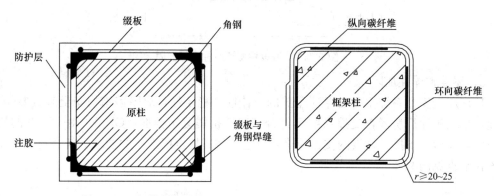

图9.3.4　钢构套加固法　　　　　图9.3.5　贴纤维片材加固法

3）增设构件加固法或辅助结构加固法

增设构件加固法或辅助结构加固法为抗震与静力结合加固的方法。增设构件加固法是在原有构件之间增加新的构件，施工易于操作，但由于增加了新构件，对原结构的建筑功能可能会有影响，一般适合于生产厂房或增加构件后不影响使用要求的建筑梁柱等的加固。辅助结构加固法是一种体外加固方法。它是直接用设置在被加固构件位置处的型钢、钢构架或其他预制构件分担作用在被加固构件上的荷载。辅助结构与原构件形成组合结构，原有结构通过变形把荷载转嫁给后加辅助结构，使两者共同抗力，以达到提高结构承载力的目的。此法避免拆除工作，施工简单，结构自重增加较小，能够大幅度提高结构承载能力，但占用空间较大，连接构造比较复杂。辅助结构加固法适用于原有构件承载力不足，需要大幅度提高承载能力和刚度的构件的加固。

4）屋盖结构杆件加固

① 天窗架加固

对于A类厂房的Ⅱ形天窗架为T形截面立柱的加固处理，包括节点加固、有支撑的

立柱加固和全部立柱加固。当为 6、7 度时，应加固竖向支撑的节点预埋件；当为 8 度 I、II 类场地时，尚应加固竖向支撑的立柱；当为 8 度 III、IV 类场地或 9 度时，除按以上的要求加固外，尚应加固所有的立柱。某天窗立柱钢构套加固示意图见图 9.3.6。

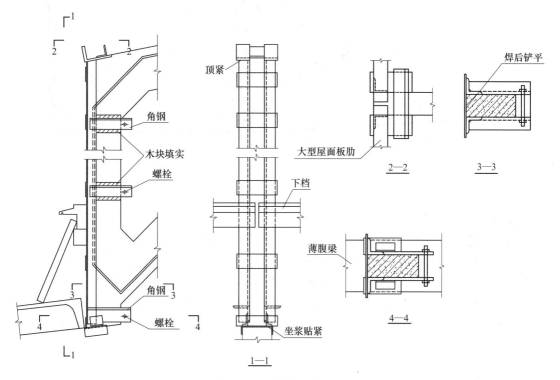

图 9.3.6 天窗架立柱加固

② 屋架加固

屋架本身的震害主要是端头混凝土裂损掉角，支承大型屋面板的支墩折断，端节间上弦剪断等。拱形屋架端头上部支承屋面板的小立柱容易水平剪裂；屋架上弦第一节间弦杆剪裂，严重者混凝土断裂，梯形屋架的端竖杆水平剪裂。针对以上问题，屋架加固通常采用承载力加固和抗震加固相结合的方法。例如某屋架整体承载力或下弦承载力不足时，可采用加设预应力元宝筋的加固方法，即在屋架下弦加的预应力 II 级钢筋；当屋架上弦混凝土强度不足时，可采用增设节点，减少压杆自由长度的办法；当对端节点开裂和脱肩时，采用在端节点处加设钢靴的办法，即在屋架端节点加一个刚性很大的钢构套，在构钢套和混凝土之间压入环氧树脂，使之充满钢套与混凝土之间的缝隙和充满混凝土的裂缝；当屋架个别腹杆因强度不足时，采用外包角钢的加固办法，也可采用增设腹杆的加固办法（见图 9.3.7）。

5）排架柱加固

① 柱整体加固

当柱子的混凝土强度、承载力、构造配筋、轴压比、延性等不满足《建筑抗震鉴定标准》GB 50023—2009 的要求时，应对柱进行整体加固。单层钢筋混凝土柱厂房的柱抗震加固通常采用钢构套法和粘碳纤维法。

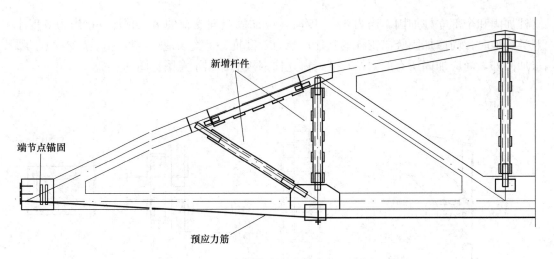

图 9.3.7　钢筋混凝土屋架加固示意图

A. 钢构套法加固柱应根据柱的类型、截面形式、所处位置及受力情况等的不同，采用相应构造方法见图 9.3.8。柱的纵向受力角钢以及横向缀板应由计算确定，且角钢应≥∟75×6、缀板应≥-60×6。柱纵向受力角钢应通长设置，中间不得断开。纵向角钢上下两端应有可靠锚固。加固的型钢与原柱头顶部的承压钢板相互焊接。对于二阶柱，上下柱交接处及牛腿处的连接构造应予加强。角钢下端可在基础顶面设置现浇钢筋混凝土套锚固。对于原基础埋深较浅或根部弯矩较大时，应同时采用植筋技术将角钢锚入基础。

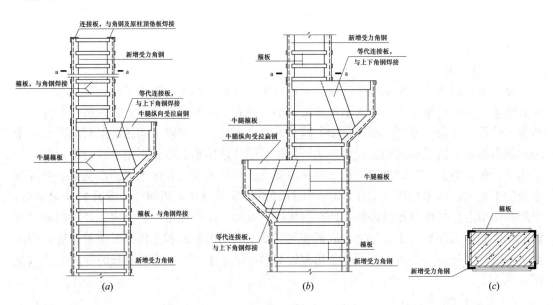

图 9.3.8　钢构套加固示意图

(*a*) 边柱加固；(*b*) 中柱加固；(*c*) a-a 剖面

加固后，柱箍筋构造的体系影响系数可取 1.0，柱的抗震验算应符合下列要求：

柱加固后的初始刚度计算：

$$K = K_0 + 0.5E_a I_a \qquad (9.3.1)$$

式中　K——加固后的初始刚度；

　　　K_0——原柱截面的弯曲刚度；

　　　E_a——角钢的弹性模量；

　　　I_a——外包角钢对柱截面形心的惯性矩。

柱加固后的现有正截面受弯承载力计算：

$$M_y = M_{y0} + 0.7A_a f_{ay} h \qquad (9.3.2)$$

式中　M_{y0}——原柱现有正截面受弯承载力；对 A、B 类钢筋混凝土结构，可按《建筑抗震鉴定标准》GB 50023 的有关规定确定；

　　　A_a——柱一侧外包角钢的截面面积；

　　　f_{ay}——角钢抗拉屈服强度；

　　　h——验算方向柱截面高度。

柱加固后的现有斜截面受剪承载力计算：

$$V_y = V_{y0} + 0.7f_{ay}(A_a/s)h \qquad (9.3.3)$$

式中　V_y——柱加固后的现有斜截面受剪承载力；

　　　V_{y0}——原柱现有斜截面受剪承载力，对 A、B 类钢筋混凝土结构，可按《建筑抗震鉴定标准》GB 50023 的有关规定确定；

　　　A_a——同一柱截面内扁钢缀板的截面面积；

　　　f_{ay}——扁钢抗拉屈服强度；

　　　s——扁钢缀板的间距。

B. 碳纤维加固法用于柱正截面、受弯加固、斜截面受剪加固以及提高柱延性加固，见图 9.3.9。原结构构件实际的混凝土强度不应低于 C15，且混凝土表面的正拉粘结强度不应低于 1.5MPa。

碳纤维的受力方式应设计成承受拉应力作用。碳纤维提高正截面受弯承载力加固，纤维片材是沿柱轴线方向顺贴于柱的受拉表面；斜截面受剪加固及提高柱延性加固，纤维片材是以环形垂直于柱轴线方向隔地或连续地绕贴于柱周表面；方形、矩形柱应进行圆角处理，圆角半径 r 不应小于 25mm。目的在于提高柱抗压强度和延性时，环形围束的纤维织物层数，圆形柱应≥2 层，方形和矩形柱应≥3 层；连续环向围束上下层之间的搭接宽度应≥50mm，环向断点的延伸搭接长度应≥200mm，且位置应错开。

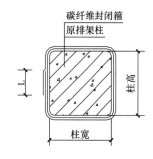

图 9.3.9　碳纤维加固柱图

碳纤维和粘结剂的材料性能、加固的构造和承载力验算可按《混凝土结构加固设计规范》GB 50367 的有关规定执行，其中对构件承载力的新增部分，其加固承载力调整系数宜采用 1.0，且对 A、B 类钢筋混凝土结构，原构件的材料强度设计值和抗震承载力，应按《建筑抗震鉴定标准》GB 50023 的有关规定采用。

② 柱节点局部加固

实际工程中发现，排架柱最容易发生破坏的部位为柱顶、有吊车的阶形柱上柱的底部或吊车梁顶标高处以及不等高厂房排架柱支承低跨屋盖牛腿处。以上钢构套整体加固柱对

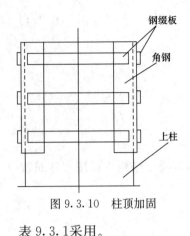

图 9.3.10 柱顶加固

节点加固也适应，以下给出《建筑抗震加固技术规程》JGJ 116 的有关加固方法。

A. 柱顶加固

柱顶加固构件的截面尺寸，系参照《建筑抗震设计规范》GB 50011 对抗剪箍筋的要求，考虑加固现有建筑时需引入"抗震加固的承载力调整系数"，分别给出 A、B 类厂房加固的简图（见图 9.3.10）和构件的选用表（见表 9.3.1），用于柱截面宽度不大于 500mm 的情况。排架柱上柱柱顶采用钢构套加固时，钢构套的长度不应小于 600mm，且不应小于柱截面高度；角钢不应小于 ∟ 63×6，钢缀板截面可按表 9.3.1 采用。

钢缀板截面（mm）　　表 9.3.1

烈度和场地	7 度Ⅲ、Ⅳ类场地 8 度Ⅰ、Ⅱ类场地	7 度Ⅲ、Ⅳ类场地 8 度Ⅰ、Ⅱ类场地	9 度Ⅲ、Ⅳ类场地
钢缀板（A 类厂房）	−50×6	−60×6	−70×6
钢缀板（A 类厂房）	−60×6	−70×6	−85×6

B. 上柱根部或吊车梁面高度处

单层厂房中，有吊车的阶形柱上柱的底部或吊车梁顶标高处，以及高低跨的上柱，在水平地震作用下容易产生水平断裂破坏。这种震害在 8 度时较多，高于 8 度时更为严重。因此，提供了 8、9 度时加固的简图（见图 9.3.11）和所用的角钢、钢缀板的截面尺寸（见表 9.3.2），钢构套上端应超过吊车梁顶面，且超过值不应小于柱截面高度。

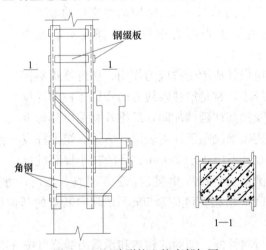

图 9.3.11　阶形柱上柱底部加固

角钢和钢缀板（mm）　　表 9.3.2

烈度和场地		7 度Ⅲ、Ⅳ类场地 8 度Ⅰ、Ⅱ类场地	7 度Ⅲ、Ⅳ类场地 8 度Ⅰ、Ⅱ类场地	9 度Ⅲ、Ⅳ类场地
角钢	（A 类厂房）	—	∟ 75×8	∟ 100×10
	（B 类厂房）	∟ 75×8	∟ 90×8	∟ 100×10

烈度和场地		7度Ⅲ、Ⅳ类场地 8度Ⅰ、Ⅱ类场地	7度Ⅲ、Ⅳ类场地 8度Ⅰ、Ⅱ类场地	9度Ⅲ、Ⅳ类场地
钢缀板	（A类厂房）	—	−60×6	−70×6
	（B类厂房）	−60×6	−70×6	−85×6

支承低跨屋盖的牛腿不足以承受地震下的水平拉力时，不足部分由钢构套的钢缀板或钢拉杆承担，其值可根据牛腿上重力荷载代表值产生的压力设计值和纵向受力钢筋的截面面积，参照《建筑抗震设计规范》GB 50011 规定的方法求得。钢缀板、钢拉杆截面验算时，考虑钢构套与原有牛腿不能完全共同工作，将其承载力设计值乘以 0.75 的折减系数。

当厂房跨度不大于 24m 且屋面荷载不大于 3.5kN/m² 时，钢缀板、钢拉杆和钢横梁的截面，A类厂房可按表 9.3.3 采用，B类厂房可按表 9.3.3 增加 15％采用。

A类厂房的钢构套杆件截面（mm） 表 9.3.3

烈度和场地		7度Ⅲ、Ⅳ类场地 8度Ⅰ、Ⅱ类场地	7度Ⅲ、Ⅳ类场地 8度Ⅰ、Ⅱ类场地	9度Ⅲ、Ⅳ类场地
钢缀板		−60×6	−70×6	−80×6
钢拉杆		φ16	φ20	φ25
钢横梁	柱宽 400mm	L 75×6	L 90×8	L 110×10
	柱宽 500mm	L 90×6	L 110×8	L 125×10

不符合上述条件且为 8、9 度时，钢缀板、钢拉杆的截面可按下列公式计算，钢横梁的截面面积可按钢拉杆截面面积的 5 倍采用。

$$N_t \leqslant \frac{1}{\gamma_{Rs}} \cdot \frac{0.75 n A_a f_a h_2}{h_1} \tag{9.3.4}$$

$$N_t = N_E + N_G a / h_0 - 0.85 f_{y0} A_{s0} \tag{9.3.5}$$

式中 N_t——钢拉杆（钢缀板）承受的水平拉力设计值；

N_E——地震作用在柱牛腿上引起的水平拉力设计值；

N_G——柱牛腿上重力荷载代表值产生的压力设计值；

n——钢拉杆（钢缀板）根数；

A_a——1 根钢拉杆（钢缀板）的截面面积；

f_a——钢材抗拉强度设计值，应按《钢结构设计标准》GB 50017 的规定采用；

h_1、h_2——分别为柱牛腿竖向截面受压区 0.15h 高度处至水平力、钢拉杆（钢缀板）截面重心的距离；

a——压力作用点至下柱近侧边缘的距离；

A_{s0}——柱牛腿原有受拉钢筋的截面面积；

f_{y0}——柱牛腿原有受拉钢筋的抗拉强度设计值；

γ_{Rs}——抗震加固的承载力调整系数，应按本章第 9.3.1 节的规定采用。

高低跨上柱底部采用钢构套加固时（见图 9.3.12），应符合下列要求：上柱底部和牛腿的钢构套应连成整体；钢构套的角钢和上柱钢缀板的截面，A类厂房可按表 9.3.4 采用，B类厂房角钢和钢缀板的截面面积宜比表 9.3.4 相应增加 15％；牛腿钢缀板的截面应按表 9.3.4 的规定采用。

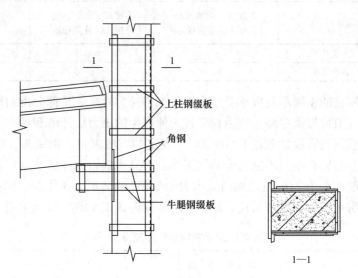

图 9.3.12 高低跨上柱底部加固

A 类厂房的角钢和上柱钢缀板截面（mm） 表 9.3.4

烈度和场地	7度Ⅲ、Ⅳ类场地 8度Ⅰ、Ⅱ类场地	7度Ⅲ、Ⅳ类场地 8度Ⅰ、Ⅱ类场地	9度Ⅲ、Ⅳ类场地
角钢	L 63×6	L 80×8	L 110×12
上柱缀板	—60×6	—100×8	—120×10

6) 山墙抗风柱加固

抗风柱是排架结构中支撑山墙墙板抵抗水平风荷载作用的主要构件。抗风柱通常影响到与之相连的屋架、屋面支撑和基础的设计与受力。抗风柱加固与排架柱加固方法相同，通常采用钢构套加固。

除抗风柱自身加固外，应加强抗风柱与屋架、山墙、卧梁的连接。当抗风柱与屋架连接不牢时，可参照图 9.3.13 加固。

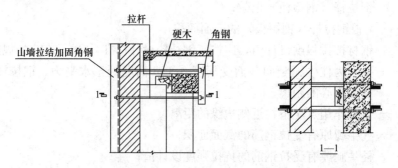

图 9.3.13 抗风柱与屋架连接加固

抗风柱与山墙拉结加固主要加固封檐墙，通常采用角钢进行加固（图 9.3.14），拉结且高度不超过 1.5m 时，对 A 类厂房，竖向角钢可按 9.3.5 选用；对 B 类厂房，角钢和钢筋的截面面积宜相应增加 15%。

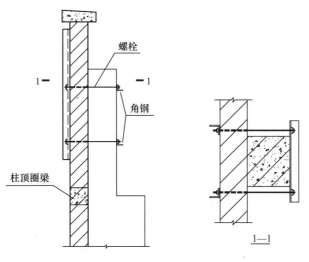

图 9.3.14　山墙拉结加固

A 类厂房的竖向角钢   表 9.3.5

无拉结高度 h（mm）	烈度和场地			
	7 度Ⅰ、Ⅱ类场地	7 度Ⅲ、Ⅳ类场地 8 度Ⅰ、Ⅱ类场地	8 度Ⅲ、Ⅳ类场地 9 度Ⅰ、Ⅱ类场地	9 度Ⅲ、Ⅳ类场地
$h{\leqslant}1000$	2L 63×6	2L 63×6	2L 90×6	2L 100×10
1000<$h{\leqslant}$1500	2L 75×6	2L 90×8	2L 100×10	2L 125×12

4. 加固施工要求

（1）钢构套施工要求

1）加固前应卸除或大部分卸除作用在结构上的活荷载。

2）原有的梁柱表面应清洗干净，缺陷应修补，角部应磨出小圆角。

3）凿洞时，应避免损伤原有钢筋。

4）构架的角钢应采用夹具在两个方向夹紧，缀板应分段焊接。注胶应在构架焊接完后进行，胶缝厚度宜控制在 3～5mm。

（2）钢筋混凝土套施工要求

1）加固前应卸除或大部分卸除作用在结构上的活荷载。

2）原有的梁柱表面应清洗干净，缺陷应修补，角部应磨出小圆角。

3）凿洞时，应避免损伤原有钢筋。

4）浇筑混凝土前应用水清洗并保持湿润，浇筑后应加强养护。

（3）碳纤维加固施工要求

碳纤维加固应按照《碳纤维片材加固修复混凝土结构技术规程》CECS 146：2003 的要求施工，还应注意以下事项：

1）碳纤维布规格一般采用 300g/m²，应使用碳纤维布、配套树脂类粘结材料。这些材料应具有产品合格证和质检部门的产品性能检测报告，其物理力学性能指标应符合《碳纤维片材加固修复混凝土结构技术规程》的要求。

2）碳纤维布沿纤维受力方向的搭接长度 150mm；采用多条或多层碳纤维布加固时，各条或各层碳纤维布之间的搭接位置应相互错开。

3）碳纤维布沿其纤维方向需绕构件转角处粘贴时，转角处构件外表面打磨后的曲面半径不小于 20mm。

4）施工要求按照《碳纤维片材加固修复混凝土结构技术规程》要求进行。

5）碳纤维加固完成后，不得在其上施焊、穿孔。

6）加固完成后，需在其表面用耐火涂料涂刷进行保护。

9.3.2 单层砖柱厂房抗震加固及应用

1. 一般规定

单层砖柱厂房抗震加固方案，应有利于砖柱（墙垛）抗震承载力的提高、屋盖整体性的加强和结构布置上不利因素的消除。房屋加固后，可按现行国家标准《建筑抗震设计规范》GB 50011 的规定进行纵、横向的抗震分析，并可采用本章第 9.3.1 节和本节规定的方法进行构件的抗震验算。混合排架房屋的钢筋混凝土部分，应按单层钢筋混凝土柱厂房的有关要求加固。

2. 加固要求

根据近年来单层砖柱厂房在抗震加固中存在的实际问题，为更有效地通过加固提高它们的抗震能力，建议按以下要求进行抗震加固：

（1）对厂房结构构件，支撑系统以及主要的连接节点进行严格的现场检查和抗震鉴定。特别是对受腐蚀，遭破损，有裂缝，存在变形，强度明显降低的部位更需细致鉴定；抗震加固方案应在上述工作基础上有针对性地提出和确定。

（2）对厂房应采用整体加固原则，提高其总体抗震能力。不宜只对部分结构构件进行局部加固，而且在对结构进行局部加固时，应考虑此加固部位对厂房整体性的影响，避免出现因局部加固而给厂房整体结构带来不利影响。

（3）当对砖柱采用角钢加固，钢筋混凝土外套或配筋水泥砂浆外包加固时，加固用的角钢和纵向钢筋截面面积以及连接缀板和箍筋用量均应按计算确定。对于砖柱柱头（含柱顶的钢筋混凝土垫块）顶面以下 $h+500$mm，并不小于柱截面长边尺寸范围内的柱截面，应验算其加固后的抗剪能力（h 为垫块厚度）。

（4）砖柱加固应采用由柱根到柱顶的全高均匀加固。不宜采用只对柱身一段高度进行局部增大截面的加固方法。对已有裂缝的砌体和酥蚀的砌体，尤其是位于砖柱柱头部位的破损砌体，应先对砌体进行修补后再进行外包加固。

（5）在厂房砖柱顶部（或屋架、屋面梁端头）标高处应增设抗震圈梁，可采用钢筋混凝土，也可采用型钢。圈梁必须与砖柱顶或屋盖构件牢固锚拉，可采用螺栓拉杆拉紧。对砖柱厂房这是很重要的抗震措施。山墙应增设钢筋混凝土或型钢组成的卧梁（桁架），并使其与屋盖构件整体锚拉，以确保山墙顶部砌体的抗震强度与稳定。

（6）要特别重视厂房屋盖支撑的完整性。尤其要注意厂房端部第一开间的上弦横向支撑的设置。如有采用圆钢作为支撑杆件的，必须换成角钢。对于砖柱厂房的钢筋混凝土屋盖（屋架或屋面梁加大型屋面板），考虑现有厂房的生产重要性，其支撑布置可参照《建筑抗震设计规范》的规定采用。

表 9.3.6 列出了单层砖柱厂房抗震鉴定时房屋整体性连接、局部结构构件或非结构构件和砖柱抗震承载力不满足《建筑抗震鉴定标准》GB 50023 要求时提出的具体加固方法。

不满足抗震鉴定要求		加固方法
房屋的整体性连接	屋盖支撑布置	增设支撑
	构件的支承长度	增设支托或采取加强连接的措施
	墙体交接处连接或圈梁布置	增设圈梁
局部的结构构件或非结构构件	高大的山墙山尖	采用轻质隔墙替换或山墙顶增设卧梁
	砌体隔墙	将砌体隔墙与承重构件间改为柔性连接
砖柱抗震承载力		(1) 6、7度时或抗震承载力低于要求在30%以内的轻屋盖房屋，可采用钢构套加固。钢构套加固，着重于提高延性和抗倒塌能力，但承载力提高不多，适合于6、7度和承载力差距在30%以内时采用。 (2) 乙类设防，或8、9度的重屋盖房屋或延性、耐久性要求高的房屋，宜采用钢筋混凝土壁柱或钢筋混凝土套加固。壁柱和混凝土套加固，其承载力、延性和耐久性均优于钢筋砂浆面层加固，但施工较复杂且造价较高。一般在乙类设防时或8、9度的重屋盖时采用。 (3) 除以上两种情况外，可增设钢筋网面层与原有柱形成面层组合柱加固。 (4) 独立砖柱房屋的纵向，可增设到顶的柱间抗震墙加固

3. 抗震加固方法

（1）整体性加固——外加圈梁

圈梁可增加房屋的整体性，减小不均匀沉降。

1）圈梁的布置、材料和构造

增设的圈梁宜在屋盖标高的同一平面内闭合，变形缝两侧的圈梁应分别闭合；圈梁应采用现浇、其混凝土强度等级不应低于C20，钢筋宜采用Ⅰ级或Ⅱ级钢。圈梁截面高度不应小于180mm，宽度不应小于120mm；也可采用型钢圈梁，当采用槽钢时不应小于$\phi 8$，当采用角钢时不应小于∟75×6；圈梁的纵向钢筋，7、8、9度时可分别采用4$\phi 8$、4$\phi 10$和4$\phi 12$；箍筋可采用$\phi 6$，其间距宜为2。

2）圈梁的连接

增设的圈梁应与墙体可靠连接（见图9.3.15）。钢筋混凝土圈梁可采用钢筋混凝土销键、螺栓、锚栓连接；型钢圈梁宜采用螺栓连接。销键的高度宜与圈梁相同，其宽度和锚入墙内的深度均不应小于180mm，销键的柱间可采用4$\phi 8$，箍筋可采用$\phi 6$，宜设在窗口两侧，其水平间距可为1～2m；对砌筑砂浆强度等级不低于M2.5的墙体，可采用$d 10 \sim d 16$的锚栓连接。

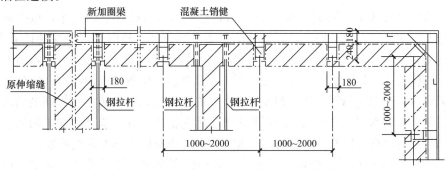

图 9.3.15　新增圈梁与墙体连接加固图

（2）构件加固——钢构套法、板墙、碳纤维、增设构件辅助加固

1）砖柱加固

根据砖柱抗震承载力不满足程度，可采用钢筋网砂浆面层、增设壁柱、钢筋混凝土套和钢构套加大柱截面进行加固。

① 面层组合柱加固

增设钢筋网砂浆面层与原有砖柱（墙垛）形成面层组合柱时，面层应在柱两侧对称布置；纵向钢筋的保护层厚度不应小于 20mm，钢筋与砌体表面的空隙不应小于 5mm，钢筋的上端应与柱顶的垫块或圈梁连接，下端应锚固在基础内；柱两侧面层沿柱高应每隔 600mm 采用 $\phi 6$ 的封闭钢箍拉结。

增设面层组合柱的材料和构造：水泥砂浆的强度等级宜采用 M10，钢筋宜采用 HPB235 级钢筋；面层的厚度可采用 35~45mm；纵向钢筋直径不宜小于 8mm，间距不应小于 50mm；水平钢筋的直径不宜小于 4mm，间距不应大于 400mm，在距柱顶和柱脚的 500mm 范围内，间距应加密；面层应深入地坪下 500mm。

面层组合柱的抗震验算应符合下列要求：

A. 7、8 度区的 A 类房屋，轻屋盖房屋组合砖柱的每侧纵向钢筋分别不少于 $3\phi 8$、$3\phi 10$，且配筋率不小于 0.1%，可不进行抗震承载力验算。

B. 加固后，柱顶在单位水平力作用下的位移可按下式计算：

$$\mu = \frac{H_0^3}{3(E_m I_m + E_c I_c + E_s I_s)} \tag{9.3.6}$$

式中　　μ——面层组合柱柱顶在单位水平力作用下的位移；

H_0——面层组合柱的计算高度，可按《砌体结构设计规范》GB 50003 的规定采用；但当为 9 度时均应按弹性方案取值，当为 8 度时可按弹性或刚弹性方案取值；

I_m、I_c、I_s——分别为砖砌体（不包括翼缘墙体）、混凝土或砂浆面层、纵向钢筋的横截面面积对组合砖柱折算截面形心轴的惯性矩；

E_m、E_c、E_s——分别为砖砌体、混凝土或砂浆面层、纵向钢筋的弹性模量；砖砌体的弹性模量应按《砌体结构设计规范》GB 50003 的规定采用；混凝土和钢筋的弹性模量应按《混凝土结构设计规范》GB 50010 的规定采用；砂浆的弹性模量，对 M7.5 取 7400N/mm²，对 M10 取 9300N/mm²，对 M15 取 1200N/mm²。

C. 计算组合砖柱的刚度时，加固面层与砖柱视为组合砖柱整体工作，包括面层中钢筋的作用。因为计算和试验均表明，钢筋的作用是显著的。确定组合砖柱的计算高度时，对于 9 度地震，横墙和屋盖一般有一定的破坏，不具备空间工作性能，屋盖不能作为组合砖柱的不动铰支点，只能采用弹性方案；对于 8 度地震，屋盖结构尚具有一定的空间工作性能，因而可采用弹性和刚弹性两种计算方案。必须指出，组合砖柱计算高度的改变，不会对抗震承载力验算结果产生明显的不利影响。因为抗震承载力验算时亦采用同一个计算高度。同时，对组合砖柱的弯矩和剪力，亦应乘以考虑空间工作的调整系数。

D. 加固后形成的面层组合柱，当不计入翼缘的影响时，计算的排架基本周期，宜乘以表 9.3.7 的折减系数。对 T 形截面砖柱，为了简化侧向刚度计算而不考虑翼缘，当翼缘

宽度不小于腹板宽度 5 倍时，不考虑翼缘将使砖柱刚度减少 20％以上，周期延长 10％以上。因而相应的计算周期需予以折减。当然，对钢筋混凝土屋架等重屋盖房屋，按铰接排架计算的周期，尚应再予以折减。

基本周期的折减系数　　　　　　　　　　　　　　表 9.3.7

屋架类别	翼缘宽度小于腹板宽度 5 倍	翼缘宽度不小于腹板宽度 5 倍
钢筋混凝土和组合屋架	0.9	0.8
木、钢木和轻钢屋架	1.0	0.9

E. 面层组合柱的抗震承载力验算，可按《建筑抗震设计规范》GB 50011 的规定进行。其中，抗震加固的承载力调整系数，应按规范第 3.0.4 条的规定采用；增设的砂浆（或混凝土）和钢筋的强度应乘以折减系数 0.85；A、B 类房屋的原结构材料强度应按《建筑抗震鉴定标准》GB 50023 的规定采用。

F. 试验研究和计算表明，面层材料的弹性模量及其厚度等，对组合砖柱的刚度值有很大的影响，因而面层不宜采用较高强度等级的材料和较大的厚度，以免地震作用增加过大。由于水泥砂浆的拉伸极限变形值低于混凝土的拉伸极限值较多，容易出现拉伸裂缝，为了保证组合砖柱的整体性和耐久性，规定砂浆面层内仅采用强度等级较低的 HPB235 级钢筋。

G. 对加固组合砖柱拉结腹杆的间距、拉结腹杆的横截面尺寸及其配筋的规定，是考虑到使它们能传递必要的剪力，并使组合砖柱两侧的加固面层能整体工作。

H. 震害表明，刚性地坪对砖柱等类似构件的嵌固作用很强，使其破坏均在地坪以上一定高度处。因而对埋入刚性地坪内的砖柱，其加固面层的基础埋深要求可适当放宽，即不要求与原柱子有同样的埋深。

② 组合壁柱加固

增设钢筋混凝土壁柱或套与原有砖柱（墙垛）形成组合壁柱时（图 9.3.16），应符合下列要求：

A. 壁柱应在砖墙两面相对位置同时设置，并采用钢筋混凝土腹杆拉结。在砖柱（墙垛）周围设置钢筋混凝土套遇到砖墙时，应设钢筋混凝土腹杆拉结。壁柱或套应设基础，基础的横截面面积不得小于壁柱截面面积的一倍，并应与原基础可靠连接。

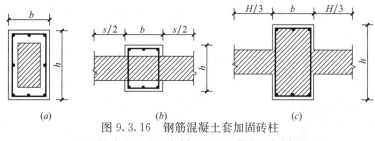

图 9.3.16　钢筋混凝土套加固砖柱
(a) 砖柱加固；(b) 砖墙加固；(c) 带壁柱砖墙加固

B. 壁柱或套的纵向钢筋，保护层厚度不应小于 25mm，钢筋与砌体表面的净距不应小于 5mm；钢筋的上端应与柱顶的垫块或圈梁连接，下端应锚固在基础内。

C. 壁柱或套加固后按组合砖柱进行抗震承载力验算，但增设的混凝土和钢筋的强度应乘以规定的折减系数。

D. 增设钢筋混凝土壁柱或钢筋混凝土套加固砖柱（墙垛）和独立砖柱的设计，尚应符合下列要求：

壁柱和套的混凝土宜采用细石混凝土，强度等级宜采用C20；钢筋宜采用HRB335级或HPB235级热轧钢筋。采用钢筋混凝土壁柱加固砖墙（见图9.3.17a）或钢筋混凝土套加固砖柱（墙垛）（见图9.3.17b）时，其构造尚应符合下列规定：

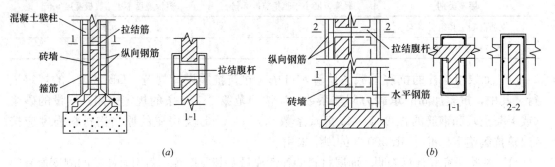

图 9.3.17 砖柱（墙垛）加固

(a) 钢筋混凝土壁柱加固砖墙；(b) 钢筋混凝土套加固砖柱（墙垛）

• 壁柱和套的厚度宜为60～120mm；

• 纵向钢筋宜对称配置，配筋率不应小于0.2%；

• 箍筋的直径不应小于4mm且不小于纵向钢筋直径的20%，间距不应大于400mm且不应大于纵向钢筋直径的20倍，在距柱顶和柱脚的500mm范围内，其间距应加密；当柱一侧的纵向钢筋多于4根时，应设置复合箍筋或拉结筋；

• 钢筋、混凝土拉结腹杆沿柱高度的间距不宜大于壁柱最小厚度的12倍，配筋量不宜少于两侧壁柱纵向钢筋总面积的25%；

• 壁柱或套的基础埋深宜与原基础相同，当有较厚的刚性地坪时，埋深可浅于原基础，但不宜浅于室外地面下500mm。

E. 采用壁挂或套加固后的抗震承载力验算，符合面层组合柱的抗震验算，应考虑应力滞后，将混凝土和钢筋的强度乘以折减系数0.85；A、B类房屋的材料强度应按《建筑抗震鉴定标准》GB 50023的有关规定采用。

F. 采用壁柱和混凝土套加固，其承载力、延性和耐久性均优于钢筋砂浆面层加固。壁柱加固要有效，加固的细部构造应确保壁柱与砖墙形成组合构件。

③ 钢构套加固

钢构套加固法常用角钢约束砌体砖柱，并在卡具卡紧的条件下，将组板与角钢焊接连成整体（图9.3.18）。钢构套加固，构件本身要有足够的刚度和强度，以控制砖柱的整体变形和保证钢构套的整体强度；加固着重于提高延性和抗倒塌能力，但承载力提高不多，适合于6、7度和承载力差距在30%以内时采用，一般不作抗震验算。钢构套加固砖垛的细部构造应确实形成砖垛的约束，为确保钢构套加固能有效控制砖柱的整体变形，纵向角钢、缀板和拉杆的截面应使构件

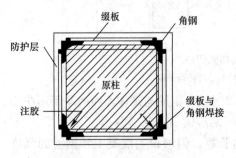

图 9.3.18 钢构套加固砖柱

本身有足够的刚度和承载力，其中，横向缀板的间距比钢结构中相应的尺寸大，因不要求角钢肢杆充分承压，且角钢紧贴砖柱，不像通常的格构式组合钢柱中能自由地失稳。

增设钢构套加固砖柱（墙垛）的设计，应符合下列规定：

A. 钢构套的纵向角钢不应小于∟56×5。角钢应紧贴砖砌体，下端应伸入刚性地坪下200mm，上端应与柱顶垫块、圈梁连接。

B. 钢构套的横向缀板截面不应小于35mm×5mm，系杆直径不应小于16mm，缀板或系杆的间距不应大于纵向单肢角钢最小截面回转半径的40倍，在柱上下端和变截面处，间距应加密。

C. 对于A类房屋，当为7度时或抗震承载力低于要求在30%以内的轻屋盖房屋，增设钢构套加固后，砖柱（墙垛）可不进行抗震承载力验算。

④ 山墙壁柱加固

山墙壁柱通常也可采用钢筋网砂浆面层、增设壁柱、钢筋混凝土套和钢构套加大柱截面进行加固，加固设计与砖柱加固设计相同。根据《建筑抗震鉴定标准》，地震区的单层工业厂房山墙应有壁柱，7度区壁柱宜通到顶；大于8度时山墙顶尚应设卧梁。壁柱为通到顶时，可采用以下三种方式进行接长加固（图9.3.19）：

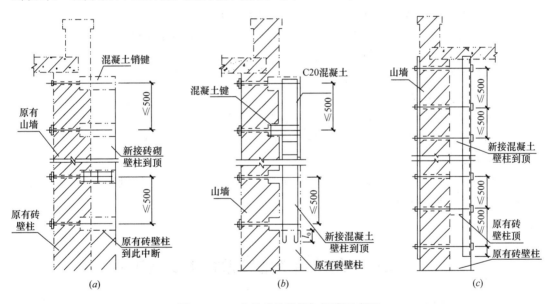

图 9.3.19 山墙壁柱接长加固图示意图

(*a*) 砖壁柱接砌＋U形螺栓箍＋混凝土键；(*b*) U形螺栓＋混凝土键＋钢筋混凝土壁柱；

(*c*) 砖柱接砌＋外包钢＋螺栓

A. 原砖柱接砌，以U形螺栓箍混凝土键与山墙拧紧结为一体；

B. 新接钢筋混凝土壁柱，以U形螺栓箍混凝土键与山墙拧紧结为一体；

C. 原砖柱接砌，以外包钢＋螺栓夹紧与山墙结为一体。

4. 加固施工要求

（1）圈梁、钢拉杆施工要求

1）增设圈梁处的墙面有酥碱、油污或饰面层时，应清除干净；圈梁与墙体连接的孔洞应用水冲洗干净；混凝土浇筑前，应浇水润湿墙面和木模板；锚筋和胀管螺栓应可靠锚固。

2）圈梁的混凝土宜连续浇筑，不得在距钢拉杆（或横墙）1m 范围内留施工缝，圈梁顶面应做泛水，其底面应做滴水槽。

3）钢拉杆应张紧，不得弯曲和下垂；外露铁件应涂刷防锈漆。

（2）面层加固施工要求

1）面层宜按下列顺序施工：原有墙面清底、钻孔并用水冲刷，孔内干燥后安设锚筋并铺设钢筋网，浇水湿润墙面，抹水泥砂浆并养护，墙面装饰。

2）原墙面碱蚀严重时，应先清除松散部分并用 1∶3 水泥砂浆抹面，已松动的勾缝砂浆应剔除。

3）在墙面钻孔时，应按设计要求先画线标出锚筋（或穿墙筋）位置，并应采用电钻在砖缝处打孔，穿墙孔直径宜比 S 形筋大 2mm，锚筋孔直径采用锚筋直径的 1.5～2.5 倍，其孔深宜为 100～120mm，锚筋插入孔洞后可采用水泥基灌浆料、水泥砂浆等填实。

4）铺设钢筋网时，竖向钢筋应靠墙面并采用钢筋头支起。

5）抹水泥砂浆时，应先在墙面刷水泥一道再分层抹灰，且每层砂浆厚度不应超过 15mm。

6）面层应浇水养护，防止阳光暴晒，冬季应采用防冻措施。

（3）钢筋混凝土套施工要求

1）加固前应卸除或大部分卸除作用在结构上的活荷载。

2）原有的梁柱表面应清洗干净，缺陷应修补，角部应磨出小圆角。

3）凿洞时，应避免损伤原有钢筋。

4）浇筑混凝土前应用水清洗并保持湿润，浇筑后应加强养护。

（4）钢构套施工要求

1）加固前应卸除或大部分卸除作用在结构上的活荷载。

2）原有的柱表面应清洗干净，缺陷应修补，角部应磨出小圆角。

3）凿洞时，应避免损伤原有钢筋。

4）构架的角钢应采用夹具在两个方向夹紧，缀板应分段焊接。注胶应在构架焊接完后进行，胶缝厚度宜控制在 3～5mm。

9.4 工业建筑抗震消能减振技术及其应用

1972 年，美国首次将结构减震控制概念引入土木工程领域，将用于军工、航天的技术应用于大型建筑结构减震控制方面，之后在欧美等国，尤其在日本，该项技术迅速发展应用，同时减震控制技术的理论研究也得到高速发展，消能器的种类也得以丰富。近些年来国内也已经有工程应用消能减震技术，对消能减震的研究也已经日渐成熟，大量新型消能器已经被研发、应用。

减震结构则是通过对结构增加消能减震装置，来增大结构自身阻尼比、减少结构构件在地震中吸收的能量，结构依靠消能器中消能部分在地震中的滞回运动来消耗地震输入能量。减震结构可以简单的划分为主动控制、被动控制、半主动控制及智能控制。相对传统结构加固方式，结构振动控制装置简单，施工周期短，易于人工安装，材料用量也不大，且能较大幅度提升结构抗震能力，投资较少，技术可行性更高，是目前应用较广的消能建筑结构加固形式。

9.4.1 液体黏滞消能减振技术

某二层框架工业厂房结构，主框架东西向柱距 6.000m，南北向柱距 6m、18m。主体部分总长度 54.000m，宽度 47.050m。该建筑一层层高约 5.3m，二层层高约 8.50m，抗震设防水平不满足现行国家标准要求，需进行抗震加固改造。通过对结构计算发现，抗侧刚度仅为一层抗侧刚度的 1/8，层间位移是一层层间位移 3 倍以上，为相对薄弱层。

1. 试验模型的设计

振动台台面尺寸 3m×3m，最大试件质量 10t，满载最大加速度 ±1.0g，频率范围 0.1～50Hz，单水平方向振动。按照结构台面尺寸设计，将原结构进行简化，对简化后结构进行模型试验。简化结构为二层双向单榀框架，结构跨度为 6m，简化结构两层刚度比例与原结构相同，框架柱的剪跨比、层高、结构构件尺寸均与原结构一致。模型试验的相似系数见表 9.4.1。

相似关系比较　　　　　　　　　　　　　　　　表 9.4.1

相似量	几何尺寸	弹性模量	加速度	相对密度	时间周期	质量
相似系数	1：4	1：1	2：1	2：1	0.353：1	1：32

试验模型为两层框架结构，框架模型在振动台激励方向及其垂直方向各为一榀框架，框架模型一层层高 1.325m，二层层高 2.125m。框架模型主要控制常数：加速度相似常数 2：1，几何相似常数 1：4，实配细石混凝土强度 C30，有阻尼框架模型总阻尼比为 24%（表 9.4.2）。

模型框架基本参数　　　　　　　　　　　　　　　　表 9.4.2

杆件	截面	配筋
一层柱	200×200	4ϕ10
二层柱	160×160	4ϕ8
一层梁	75×200	梁底 2ϕ6 梁顶 2Φ6
二层梁	75×250	梁底 2ϕ6 梁顶 2Φ6
地梁	300×350	梁底 2ϕ16 梁顶 2Φ16
配重	每层配重 1237.5kg，实配每层 1260kg	
混凝土	C30（实测强度 32MPa）	
钢筋	ϕ6、ϕ8、ϕ10：HPB235　ϕ16：HRB335	
阻尼器	C=8000N/(m/s) 0.3　α=0.3	

模型耗能装置由阻尼器和支撑组成，原结构加固支撑刚度满足规范要求，模型试验所采用的支撑与原结构加固所采用支撑几何比例符合模型试验几何相似关系要求，人字支撑选用 4 根 8 号槽钢焊接而成，支撑长细比为 54，支撑刚度满足要求，在支撑节点区由于模型加工难度影响，结构构件截面尺寸相对较小，只能采用预埋件形式，无法采用实际工程的化学锚栓等更强锚固方式。阻尼器为专门定制，本实验中支撑在阻尼力作用下变形可以忽略不计，层间位移即为阻尼器活塞行程（图 9.4.1，图 9.4.2）。

模型试验所采用地震波全部由北京市地震局所提供，为 2 条天然时程波，1 条人工时程波,输入地震波峰值按照《建筑抗震设计规范》GB 50011—2011 及相似关系进行调整确定。

图 9.4.1　无阻尼器模型　　　图 9.4.2　有阻尼器模型

在模型地梁及各层对角布置拉线式位移计及加速度传感器,以测量试验过程中各层相对位移及绝对加速度反应。试验开始前进行单向白噪声扫频,获取结构动力特性信息,之后采用逐级加载方式,共进行 54 组工况试验,对模型结构输入地震时程波直到模型最终破坏,每级加载完成后进行白噪声扫频,了解结构动力特性的改变情况。

2. 试验结果分析

(1) 振动特性

振动台模型试验中模型的刚度不断退化,理论上结构进入弹塑性后就没有固有频率的概念,但是仍可以通过频率的变化推定结构等效刚度退化情况。图 9.4.3 为无阻尼器模型与有阻尼器模型自振频率退化图。

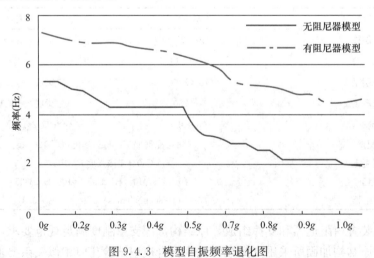

图 9.4.3　模型自振频率退化图

无阻尼器结构刚度退化的速率高于有阻尼结构刚度退化速率,增设黏滞阻尼器延缓结构进入弹塑性阶段,降低结构地震响应。图中显示无阻尼器结构刚度退化的速率高于有阻尼结构刚度退化速率,无阻尼器结构工况遭遇八度设防地震后第一振型频率下降了 20%,而有阻尼器结构遭遇八度设防地震后仅下降了 15%;无阻尼结构遭遇八度罕遇地震后的第一振型频率下降了 58.9%,有阻尼结构工况遭遇八度罕遇地震下降了 32.4%。

（2）位移反应分析

受篇幅所限，仅列出 8 度地震工况下两结构模型的绝对位移反应结果及模型层间位移随输入加速度的变化图（图 9.4.4～图 9.4.8），从图中可以明显看出，增设黏滞阻尼器模型位移响应明显减小，8 度多遇地震组二层位移减小 37％、8 度设防地震组二层位移减小 66％、8 度罕遇地震组二层位移减小 82％。在各个工况中，二层薄弱层的层间位移减小率大于一层层间位移减小率（表 9.4.3）。

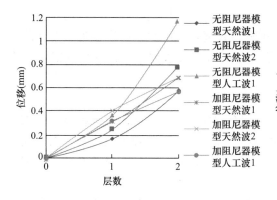

图 9.4.4　8 度多遇地震工况下
模型最大水平位移

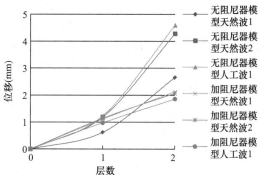

图 9.4.5　8 度设防地震工况下
模型最大水平位移

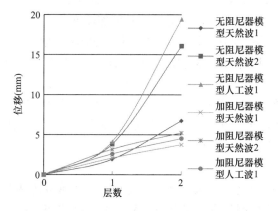

图 9.4.6　8 度罕遇地震工况下模型最大水平位移

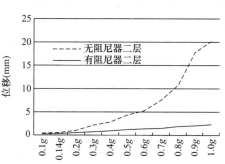

图 9.4.7　模型二层层间位移随输入变化图

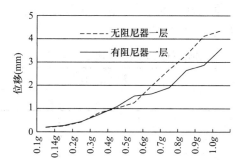

图 9.4.8　模型一层层间位移随输入变化图

工况	楼层	无阻尼器模型层间位移平均值（mm）	有阻尼器模型层间位移平均值（mm）	平均减震率
8 度	2	0.585	0.367	37%
多遇地震	1	0.253	0.271	−6.9%
8 度	2	2.833	0.944	66%
设防地震	1	1.014	1.078	−6.4%
8 度	2	10.761	1.884	82%
罕遇地震	1	3.323	2.645	20%

两模型试验中，模型均于 0.4g 工况时出现首条裂缝，裂缝出现时间接近，在最终试验完成后，无阻尼结构出现了不可恢复的变形（约 42mm）。表明，增设液体黏滞阻尼器在地震作用下可以有效减小结构的位移反应。

（3）加速度反应分析

在试验中通过记录加速度反应时程曲线，发现在试验开始阶段无阻尼器模型各层加速度反应同时达到峰值，随着试验进行，模型损伤逐步积累，二层加速度反应与一层及输入加速度产生相位差，表明模型进入弹塑性耗能阶段，而有阻尼器模型在试验开始阶段就观测到相位差现象，表明粘滞阻尼器发挥耗能作用。

加速度输入采用逐级加载、输入工况较多，无阻尼器模型由于损伤积累，模型二层刚度下降较快，较早进入弹塑性阶段，故仅对属于弹性阶段的模型加速度进行比较。

在初始工况（加速度输入峰值为 0.1g）中，无阻尼器模型二层加速度放大系数为 3.15，有阻尼器模型放大系数为 2.37，在弹性阶段增设阻尼器后模型加速度反应减小。由于模型两层刚度相差较大，可视为模型二层嵌固与一层顶部，故将模型两层加速度响应进行比较发现：初始工况中，无阻尼器模型二层与一层加速度反应最大值比值为 2.24，有阻尼器模型仅为 1.47；在 8 度多遇地震工况下，无阻尼器模型二层与一层加速度反应最大值比值为 1.76，有阻尼器模型仅为 1.45；在 8 度设防地震工况下，无阻尼器模型二层与一层加速度反应最大值比值为 1.30，有阻尼器模型为 1.55。表明随着损伤的积累，无阻尼模型二层刚度迅速下降，而有阻尼器模型刚度变化较小。

（4）应变分析

试验中在模型框架梁、柱端部埋设钢筋应变片，表 9.4.4、表 9.4.5 为模型构件在各工况下应变绝对值比较，通过比较无阻尼器模型与有阻尼器模型构件的钢筋应变可以发现二层框架及一层框架梁端钢筋应变明显减小，表明构件弯矩减小，二层框架梁在罕遇地震作用下钢筋应变减小仅一层框架柱应变增大。按照框架节点弯矩平衡分析认为，一层框架柱弯矩减小，钢筋应变增大为轴力改变造成。

模型框架柱应变绝对值比较（单位：$\mu\varepsilon$） 表 9.4.4

工况		无阻尼器模型		有阻尼器模型	
		柱底	柱顶	柱底	柱顶
8 度多遇地震	一层	28	28	78	41
	二层	163	228	72	119
8 度设防地震	一层	135	32	371	138
	二层	646	1584	183	907

工况		无阻尼器模型		有阻尼器模型	
		柱底	柱顶	柱底	柱顶
8度罕遇地震	一层	735	112	1347	555
	二层	935	2409 *	477	949

注：* 表示钢筋已进入屈服阶段。

模型框架梁应变绝对值比较（单位：$\mu\varepsilon$）　　　　表 9.4.5

工况	无阻尼器模型		有阻尼器模型	
	一层梁端	二层梁端	一层梁端	二层梁端
8度多遇地震	89	69	86	61
8度设防地震	1041	196	293	205
8度罕遇地震	1538 *	664	657	405

注：* 表示钢筋已进入屈服阶段。

（5）模型破损情况

两模型均于地震输入加速度为 0.4g 工况下出现首条可目测裂缝，无阻尼器模型在输入地震加速度为 0.5g 时开始出现大量裂缝，在输入地震加速度为 0.6g 工况下裂缝宽度迅速发展，并在节点处出现纵向裂缝，在输入地震加速度为 0.7g 工况下首次测出模型的残余变形，输入地震加速度为 0.9g 时，顶层节点破碎，多处混凝土碎裂脱落，一层节点出现 1.3mm 宽裂缝，输入 1.0g 工况后，模型二层残余位移角约为 1/50，模型破损严重。

有阻尼器模型在输入加速度为 0.8g 工况下，产生大量裂缝，在锚固节点锚筋处裂缝发展，在输入加速度为 1.0g 后，仅锚固处混凝土由于应力集中出现脱落，其余部分裂缝最宽值约为 0.7mm，多数裂缝仅细微可见，不足 0.05mm。表明模型增设黏滞阻尼器后可以减轻结构破损状况。

3. 研究结论

（1）动力分析表明有阻尼器框架的刚度退化速率明显小于无阻尼器框架结构刚度退化速率，增设黏滞阻尼器可以有效延缓结构的破坏。

（2）薄弱层增设黏滞阻尼器有效的减小了各楼层的层间位移响应，特别是罕遇地震作用下的层间位移减小更为显著，且二层薄弱层的层间位移减小率大于一层层间位移减小率，有阻尼器框架的破损延迟，并且最终破损程度远小于无阻尼器情况。

（3）有阻尼器结构阻尼器在小震作用下就开始发挥耗能作用，并且减小模型的加速度响应。

（4）通过对应变分析表明，有阻尼器结构的弯矩减小，但是增设黏滞阻尼器相邻层轴力改变，在设计中应引起重视。

（5）增设黏滞阻尼器后可以减轻结构破损程度。

9.4.2　防屈曲支撑消能减振技术

防屈曲支撑（Buckling-Restrained Brace，BRB）作为一种新型消能减震装置，在芯材屈服后支撑整体不发生屈曲变形，可继续为主体结构提供稳定刚度与阻尼，避免主体结构发生大的不可逆变形。国内外学者在 BRB 工程应用方面已取得较多研究成果文献，形成较成熟的 BRB 消能减震技术。

多高层框排架-支撑结构是由多层或高层框架、局部排架和支撑共同组成的结构体系，可为工业生产提供较大的工作空间、安放大型工业及动力设施。我国在高烈度抗震设防区建造大型火电厂主厂房的首选结构型式即为多高层框排架结构。其虽然具有较高的结构抗侧刚度，但普通钢支撑在强震下受压易产生屈曲现象，可能造成支撑本身及连接部件的破坏或失效，降低结构整体抗震性能。而由于生产设计的客观条件，主厂房还存在平面、空间布置不规则，质量刚度分布不均匀，局部荷载过大，薄弱部位多生等问题，难以达到国家标准所要求的多道抗震防线及性态化设计的要求。有学者曾对钢筋混凝土及钢结构火电厂主厂房子结构进行了拟动力及拟静力试验，试验结果表明，钢筋混凝土主厂房耗能效果较差，在高烈度抗震设防地区宜采用消能减震措施。钢结构主厂房整体抗震性能较好，但底部梁柱及支撑过早地进入塑性屈服使得整体结构的位移延性、耗能能力未能得以充分发挥。

以下以某火力发电厂主厂房为背景工程，通过有限元非线性分析得出最优的方案及支撑布置方式，为多高层框排架-支撑消能减震的研究与设计提供参考。

1. 工程背景

某火力发电厂框排架-支撑钢结构主厂房（包含汽机跨、除氧间及煤仓间），结构平面图及横向立面图如图 9.4.9、图 9.4.10 所示，其中主梁、次梁、A～B 轴柱为工字形截面，C、D 轴柱为箱形截面，钢结构材料采用 Q345，楼板采用 C20 混凝土。厂房最高处标高 61.05m，建筑设防类别乙类，抗震设防烈度 8 度，场地类别Ⅳ类，设计地震分组一组，特征周期 0.65s。其中纵向布置支撑 153 根，横向布置支撑 151 根。

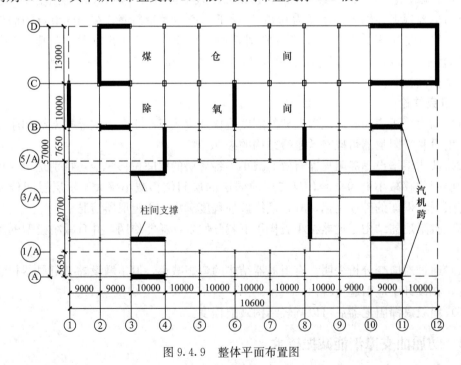

图 9.4.9　整体平面布置图

2. 原结构抗震性能分析

采用有限元分析软件 SAP2000 建立主厂房结构非线性 3D 模型。楼板采用壳单元，梁、普通支撑及柱采用三维空间框架单元模拟。钢材本构关系为多线性随动强化模型，整

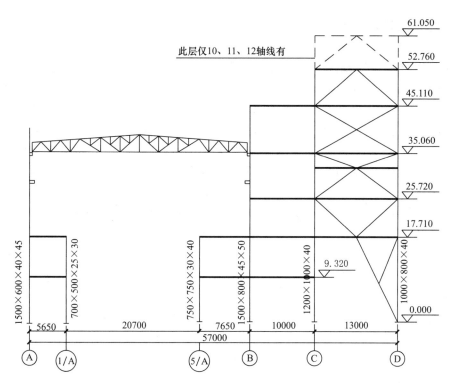

图 9.4.10　横向立面图

体结构阻尼比取 0.035。结构构件屈服后的性能可通过离散铰进行模拟，框架梁、柱的塑性铰分别定义为弯矩铰（M3）及耦合铰（PMM），普通支撑采用修正后的轴力铰。

对规范谱（c-s）、El centro、New-hall、Taft、Hachinohe、Tianjin 及人工（Arti）地震波进行波谱分析，结果如图 9.4.11 所示，结构前三阶周期分别为 1.221s、1.051s、0.937s，选取 Tianjin，New-hall 及人工（Arti）地震波进行非线性时程分析。由于结构纵向为常见框架结构，主要针对结构横向进行抗震性能分析与消能减震设计。

图 9.4.12 为罕遇烈度地震下主厂房横向结构各层的层间位移角包络图，可以看出结构第 6 层为薄弱层；天津波作用下的结构地震响应最大，天津波和 New-hall 波的最大层间位移角分别为 1/36、1/49，均不满足抗震规范要求，需采取措施减小结构响应。

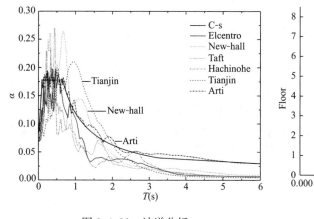

图 9.4.11　波谱分析

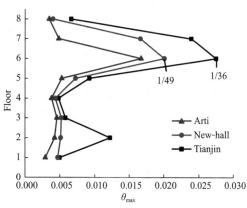

图 9.4.12　层间位移角包络图

3. 减震方案设计分析

（1）防屈曲支撑设计原则

根据防屈曲支撑消能结构的设计思想，消能支撑应在主体结构进入塑性之前产生屈服，即BRB屈服位移小于主体结构的屈服位移。为了保证防屈曲支撑较好地发挥振动控制和耗能减震作用，布置支撑时通常还需考虑支撑与主体结构刚度的匹配性。有学者对不同刚度比（防屈曲支撑抗侧刚度与主体结构各层层间刚度的比值）的结构进行了非线性时程分析，结果表明刚度比达到4后，继续增大它对结构性能的影响逐渐减弱。但文中所研究的是层高及各层层间刚度一致的较规则形式结构。而框排架-支撑结构通常应用于结构受力复杂、层高及层间刚度不等的工业建筑，此时无法依据统一的刚度比作为防屈曲支撑的设计原则。

以下综合考虑框排架-支撑结构受力特点和地震响应的复杂性，设计基于原刚度、基于层间剪力及降刚度分配BRB三种减震方案。

（2）减震方案

框排架消能减震结构设计流程如图9.4.13所示。基于原刚度方案中支撑刚度设计值采用原结构支撑考虑受压稳定性后所得轴向刚度值。该方案便于传统框排架结构设计师熟悉与应用；基于层间剪力方案是在通过计算得到结构在等效地震作用下各层层间剪力的基础上，调整BRB布局分配，使结构层间位移角、扭转响应更趋于合理；降刚度方案基于上述方案，进一步降低BRB刚度，以充分发挥BRB在设防地震和罕遇地震下耗能减震的优势，取得一定的经济效益。

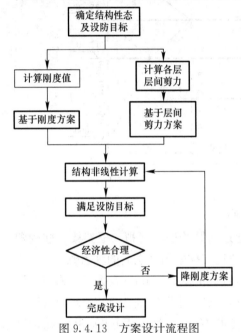

图9.4.13 方案设计流程图

防屈曲支撑轴向刚度、抗侧刚度、工作段钢芯截面积之间满足下式：

$$k_b = \frac{EA_b \cos^2\varphi}{l_t k\left(\chi + \dfrac{1-\chi}{\eta}\right)} \tag{9.4.1}$$

式中，k_b、E、A_b、φ、l_t、k、χ、η分别表示防屈曲支撑层间刚度、弹性模量、工作段钢芯截面积、支撑倾角、连接支撑的梁柱截面中心间距、扣除构件及节点板尺寸长度系数、工作段长度系数、连接段放大系数。

为比较三种方案的耗能减震效果，在设计背景工程基于原刚度（P1）与基于层间剪力（P2）方案时令所有防屈曲支撑工作段截面面积之和相同，降刚度方案（P3）基于P2方案设计。最终各方案每层防屈曲支撑内核工作段截面面积如表9.4.6所示。

三种方案各层支撑内核截面面积之和   表9.4.6

层数	截面面积之和（m²）		
	P1	P2	P3
1	0.456	0.336	0.235
2	0.598	0.485	0.339
3	0.512	0.499	0.349

层数	截面面积之和（m²）		
	P1	P2	P3
4	0.437	0.495	0.346
5	0.193	0.399	0.279
6	0.178	0.196	0.137
7	0.178	0.146	0.102
8	0.049	0.017	0.012

（3）方案分析

模型中 BRB 采用连接单元模拟，力学本构关系采用 Wen 塑性模型，屈服后刚度比为 0.05。

1）模态分析

主厂房原结构（Orig）及三种减震方案的前三阶周期结果对比如表 9.4.7 所示，四种结构的振型均依次为一阶纵向平动、二阶横向平动、三阶整体扭转。

周期对比 表 9.4.7

周期阶数	周期（s）			
	Orig	P1	P2	P3
1	1.221	1.209	1.215	1.234
2	1.051	1.024	1.037	1.169
3	0.937	0.921	0.938	1.008

由于减震方案仅替换横向普通支撑，故结构纵向一阶周期基本无变化，P3 方案降低了横向支撑刚度，故二阶周期较原结构增大 11.2%，其余两方案变化较小，结果与方案的刚度变化一致（表 9.4.7）。

2）动力非线性时程分析

同样选取 Tianjin，New-hall 及人工（Arti）地震波对减震结构进行非线性时程分析，主要讨论罕遇地震作用下的计算结果，输入地震加速度幅值为 400cm/s²。原结构（Orig）及减震方案在各地震波下的顶点位移时程曲线如图 9.4.14 所示，基底剪力及顶点位移最大值见图 9.4.8。可以看出，各减震方案的基底剪力及顶点位移相比于原结构均显著减小，证明 BRB 可有效降低结构地震响应（表 9.4.8）。由于减小了支撑刚度，P3 方案中的顶点侧移稍大于 P1、P2 方案，但基底剪力显著降低，利于主体梁柱构件的进一步优化。

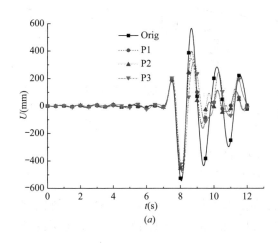

(a)

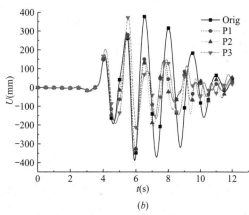

(b)

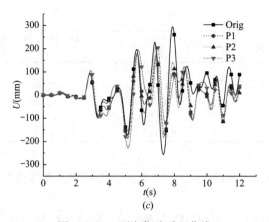

(c)

图 9.4.14　顶点位移时程曲线

(a) Tianjin；(b) New-hall；(c) Arti

结构基底剪力与顶点最大位移　　　　　　　　　　　　表 9.4.8

地震波	原结构（Orig）		P1		P2		P3	
	基底剪力（kN）	顶点位移（mm）	基底剪力（kN）	顶点位移（mm）	基底剪力（kN）	顶点位移（mm）	基底剪力（kN）	顶点位移（mm）
Tianjin	261083	566.4	216601	476.9	214778	459.1	178322	495.6
New-hall	214230	389.1	187079	336.2	184634	349	162612	373.3
Arti	177924	294.9	139661	209.8	137476	216.1	119087	228

　　如图 9.4.15 所示，在三条地震波作用下，原结构的第 6 层层间位移角均较大，这是由于该层为电厂煤斗所在处，施加于结构的荷载极大，在地震加速度作用下产生较大响应，且本层层高达 10.5m，普通支撑易进入屈服，产生较大屈曲塑性变形，进而形成结构薄弱层。P1 方案中结构地震响应有所减小，结构薄弱层抗震能力显著提高，但各层层间位移角差别依然较大，P2、P3 层间位移角分布较合理，说明减震方案有效地调节了结构抗侧刚度，使之变化均匀，考虑经济效益，P3 为较优方案。

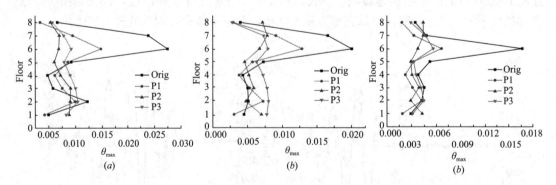

图 9.4.15　层间位移角包络图

(a) Tianjin；(b) New-hall；(c) Arti

　　观察 Tianjin 波罕遇地震作用下同一结构部位塑性铰的分布及出现顺序，研究结构的破坏机制，如图 9.4.16 所示（数字为塑性铰出现顺序）。可以看出，原结构塑性铰首先出现在底层及薄弱层支撑处，底层梁柱开始屈服并产生 B 铰后，结构变形逐渐集中于薄弱层，该层支撑最终进入 E 铰即完全破坏阶段。各减震方案的塑性铰发展趋势基本一致，表现为底层 BRB 首先进入塑性耗能状态，随着地震波加速度的不断增大，上层结构 BRB 逐步开始屈服耗能，底层梁柱亦出现 B 铰，而原薄弱层处的梁柱无塑性铰产生。图 9.4.16 说明了减震方案可有效调整结构抗侧刚度及内力分布，使结构塑性铰分布更趋于合理。

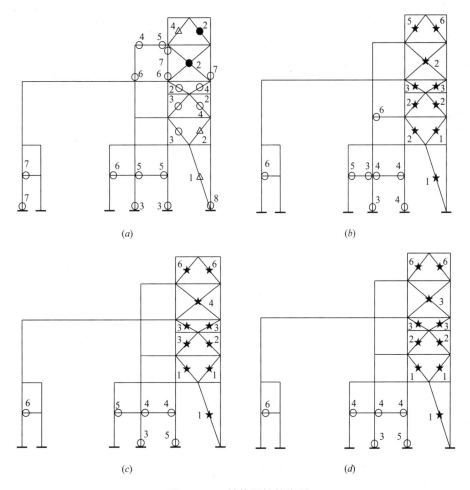

图 9.4.16　结构塑性铰发展

注：塑性铰发展程度：○(B)→△(LS)→●(E)→★(BRB屈服)

（a）orig；（b）P1；（c）P2；（d）P3

4. 研究结论

（1）研究提出的基于原刚度、基于层间剪力及降刚度分配 BRB 三种减震方案均可有效提高结构抗震能力，比较结构各层地震响应及经济效益，降刚度方案为较优方案。

（2）传统框排架-支撑结构各层支撑及薄弱层处在罕遇地震下的塑性变形较大，减震方案结构的塑性变形集中于防屈曲支撑及结构底层，符合规范抗震设防体系的思路。

（3）多高层框排架-支撑结构在层高较高，荷载较大的结构层易出现薄弱层，需采取措施降低结构响应。建议采用防屈曲支撑对传统框排架-支撑结构进行减震设计，可保证在结构承载力的前提下，较好地调节刚度分布，避免结构出现薄弱层。

9.4.3 质量可调 TMD 减震技术

图 9.4.17 三维有限元计算模型

TMD（调频质量减震阻尼器）减震系统由固体质量、弹簧和阻尼元件组成，它将阻尼器系统自身的振动频率调整到结构振动的主要频率附近，通过 TMD 与主体结构的互相作用，实现能量从主体结构向调频阻尼器转移。以储仓位代表的工业构筑物，不仅具有高耸、柔性特点，还具有荷重比大、荷载幅变宽、设备结构耦联等专属特征，单纯应用 TMD 技术难以实现其减震性能最优化，以下以某焦炭塔框架结构减震设计阐述质量可调 TMD 减震技术（图 9.4.17）。

1. 工程概况

某焦炭塔框架结构形式为上部钢结构＋下部混凝土结构的组合结构，双焦炭塔设计，混凝土框架顶标高为 25.700m，钢框架标高为 25.700～114.407m，电梯位于框架西侧，从地面至标高 66.000m 处，通过水平梁与钢框架相连，由于工艺及设备专业要求，钢结构在 72.000m 标高处进行变截面设计，塔体直径约 10m，高度约 31m，通过 48 根 φ64 的螺栓与混凝土框架顶连接。

焦炭塔上部与油气管线连接，管线通过阻尼器及悬挂装置与钢框架相连，底部通过螺栓与混凝土框架顶连接，钢框架通过螺栓连接在混凝土框架顶部。投产以来，焦炭塔在生产弹丸焦时，塔体、管线、框架及电梯振动明显，使操作人员感到恐慌。

2. 动力计算分析

采用 MIDAS/Gen 有限元分析软件建立有限元模型，分以下两种工况：

工况一：一个塔空载，另一个塔满载（物料达到塔体 2/3 高度时为满载）。塔满载质量为 3600t，（包括塔体自身质量约 700t，塔内物料约 2900t）。

工况二：两个塔内物料均为 1450t（满载的一半，物料达到塔体约 1/3 高度时为满载的一半）。

模态频率及振型描述见表 9.4.9～表 9.4.12。

工况一：按一个塔空载，另一个塔满载考虑。

焦炭塔前 6 阶模态频率与振型描述 表 9.4.9

模态号	频率（Hz）	振型描述
1	1.466	框架横向（Y向）弯曲
2	1.701	框架纵向（X向）弯曲
3	1.950	塔体及框架整体横向弯曲及绕 X 轴转动
4	2.080	塔体及框架整体纵向弯曲及绕 Y 轴转动
5	3.146	主要是框架横向弯曲及整体绕 Z 轴转动
6	3.257	主要是框架纵向弯曲

焦炭塔前 6 阶振型方向因子　　　　　　　　　　　　　　　　　　表 9.4.10

模态号	TRAN-X	TRAN-Y	TRAN-Z	ROTN-X	ROTN-Y	ROTN-Z
1	0.0019	78.5707	0	20.7024	0	0.725
2	80.7914	0.0489	0	0.1218	18.9987	0.0392
3	0.0004	37.8595	0	49.9959	0.0069	12.1373
4	42.7259	0.0637	0	0.0233	57.1166	0.0706
5	1.3915	21.8664	0	0.1168	0.1038	76.5214
6	84.3939	1.0994	0	0.011	13.2429	1.2528

工况二：两个塔内物料均按 1450t（满载的一半）考虑。

焦炭塔前 6 阶模态频率与振型描述　　　　　　　　　　　　　　表 9.4.11

模态号	频率（Hz）	振型描述
1	1.472	框架横向（Y 向）弯曲
2	1.712	框架纵向（X 向）弯曲
3	2.222	塔体及框架整体横向弯曲及绕 X 轴转动
4	2.363	塔体及框架整体纵向弯曲及绕 Y 轴转动
5	2.627	塔体及框架整体绕 Z 轴扭转
6	2.855	塔体绕 X 轴转动

焦炭塔前 6 阶振型方向因子　　　　　　　　　　　　　　　　　　表 9.4.12

模态号	TRAN-X	TRAN-Y	TRAN-Z	ROTN-X	ROTN-Y	ROTN-Z
1	0	84.2857	0	15.7143	0	0
2	88.3917	0	0	0	11.5703	0.038
3	0	56.6994	0	43.3006	0	0
4	63.0703	0	0	0	36.8839	0.0457
5	0.9422	0	0	0	0.1845	98.8734
6	0.0016	0.0609	0	99.9372	0	0.0003

通过两种工况下结构自振特性的分析，得到以下结论：

（1）从第 1、2 阶振型情况看，最大位移位置在框架顶部，塔变形的相对于框架很小，塔体顶部位移不足框架顶部位移的 1/10。结合 1、2 阶振型图及振型方向因子，可以确定第 1、2 阶振型为框架横向、纵向平动振型。

（2）两种不同工况下，模型的前两阶模态频率基本不变（工况一：1.466Hz/1.701Hz；工况二：1.472Hz/1.712Hz），分别为框架结构横向、纵向的平动振型频率。在整个生焦过程中，框架结构横向、纵向的平动振型频率实测值亦较稳定，分别为1.05Hz/1.43Hz。虽然计算模型与实际结构的自振频率存在难以避免的误差，但通过对比，可以从一定程度上互相验证实测结果和计算模型的准确性。

（3）生产弹丸焦时直接激起的应是第 3、4 阶模态的振动响应。原因如下：①第 3、4阶模态不仅包含框架的侧向弯曲，同时也包括塔的侧向弯曲，最大位移位置仍是框架顶部，但框架顶部的最大位移仅为塔体顶部最大位移的 2 倍左右；而实测结果是框架顶部最大加速度约为塔体顶部的 3～4 倍，考虑到实测值为多阶振型叠加结果，与单阶振型位移相比会存在一定差异，但可以认为计算与实际测试结果比较匹配。②两种工况下第 3、4

阶模态频率计算值分别为：工况一为 1.950Hz/2.080Hz；工况二为 2.222Hz/2.363Hz；两种工况下第 3、4 阶模态频率计算值均比较接近，且不同工况下，相应模态频率相差仅为 0.3Hz 左右；而在整个生焦过程中，塔体横向及纵向振动频率实测值亦非常接近，均在 1.63～1.88Hz 之间波动，波动幅度约 0.25Hz；计算模态频率及其特点与实际测试结果接近。综上分析，考虑到理论计算模型与实际测量的误差，可以确定生产弹丸焦时直接激起的是结构整体的第 3、4 阶模态的振动响应。

（4）两种工况下，第 5、6 阶振型主要是塔体或框架绕 Z 轴或 X 轴方向的转动振型，计算振型与实际测试结果明显不符，可以确定生产弹丸焦时直接激起的不是第 5、6 阶模态的振动响应。

3. 动力模拟及减振效果分析

焦炭塔进料生产弹丸焦时，进料至约 10m 位置（距支座）振动开始加剧，至约 22m（距支座）位置为满载。焦炭塔因弹丸焦无规律撞击塔壁引起结构振动，该激振荷载随机性太大难以模拟。考虑最不利荷载，对生产弹丸焦的塔沿竖向施加频率与结构固有频率（第 3 阶或 4 阶模态频率）相同的正弦荷载激起塔体共振，分析该工况时结构的动力响应。荷载模型为：

$$P_H = p_0 \sin(2\pi f_s t) \tag{9.4.2}$$

式中，该荷载模型最大值 p_0 的选取以塔体标高 52.2m 处加速度响应实测值为依据；f_s 为正弦荷载频率，与第 3 阶或 4 阶模态频率一致。

焦炭塔在动力荷载作用下各部位最大加速度响应值　　　　表 9.4.13

工况	动力荷载施加方向	动力荷载作用下各部位最大加速度计算值（m/s²）			
		塔体标高 52.2m	塔顶部	钢框架顶部	混凝土框架顶部
工况一	横向（Y 向）	0.158	0.199	0.279	0.027
	纵向（X 向）	0.191	0.246	0.342	0.035
工况二	横向（Y 向）	0.158	0.195	0.303	0.048
	纵向（X 向）	0.191	0.242	0.362	0.065
实测值	横向（Y 向）	0.158	—	0.592	0.082
	纵向（X 向）	0.191	—	0.662	0.042

从表 9.4.13 可以看出：加速度响应值实测结果较计算结果略大，但基本上不超过计算值的 2 倍。考虑到计算模型及动力荷载较实际情况存在偏差，可以认为在此假定的激励荷载作用下，计算得到的结构动力响应已与实际动力响应比较接近。

4. TMD 减振效果分析

生产弹丸焦工况下，在生焦过程中塔内物料（主要是弹丸焦）及气流对焦炭塔筒壁产生较大激励，引起塔体晃动，塔体晃动带动上部大油气管线晃动，并在塔体支座位置产生激励，激励传给混凝土框架，引起整个框架晃动。

Midas Gen 模态分析结果得到的振型是振型正交归一化后的振型，即得到的模态质量为 1，$M_n = \{\bar{\phi}\}_n^T [M] \{\bar{\phi}\}_n = 1$，根据 MIDAS/Gen 模型单位制，得到模态质量单位为 t。而在焦炭塔顶部安装 TMD 减振器以实现对整个结构的激励响应减振时，根据结构动力学原理需对振型进行归一化处理，$\{\bar{\phi}\}_n = \alpha \{\phi\}_n$，$\alpha$ 为振型分量。

加入 TMD 后的振型为 3 阶或 4 阶振型中焦炭塔塔顶部振型分量归一化后的振型。

工况一：第 3 阶、4 阶振型按塔体顶部振型分量归一化之后的模态质量如下：

$$M_3 = \frac{1}{\alpha} \{\bar{\phi}\}_3^{\mathrm{T}} [M] \frac{1}{\alpha} \{\bar{\phi}\}_3 = \frac{1}{\alpha^2} = 1222.5\mathrm{t} \quad (振型分量 \alpha = 0.0286)$$

$$M_4 = \frac{1}{\alpha} \{\bar{\phi}\}_4^{\mathrm{T}} [M] \frac{1}{\alpha} \{\bar{\phi}\}_4 = \frac{1}{\alpha^2} = 1189\mathrm{t} \quad (振型分量 \alpha = 0.0290)$$

工况二：第 3 阶、4 阶振型按塔体顶部振型分量归一化之后的模态质量如下：

$$M_3 = \frac{1}{\alpha} \{\bar{\phi}\}_3^{\mathrm{T}} [M] \frac{1}{\alpha} \{\bar{\phi}\}_3 = \frac{1}{\alpha^2} = 1826\mathrm{t} \quad (振型分量 \alpha = 0.0234)$$

$$M_4 = \frac{1}{\alpha} \{\bar{\phi}\}_4^{\mathrm{T}} [M] \frac{1}{\alpha} \{\bar{\phi}\}_4 = \frac{1}{\alpha^2} = 2268\mathrm{t} \quad (振型分量 \alpha = 0.0210)$$

工况一时（一个塔满载、一个塔空载），第 3 阶、第 4 阶的模态频率、振型参与质量都很接近，仅仅是振动方向不同。当单个塔体顶部的 TMD 减振器的有效质量为 37t 时，结构及塔体的减振率可达 70％以上。在该工况下满载塔的响应明显大于空载塔的响应，两塔顶部应都安装有效质量为 37t 的 TMD 减振器。

工况二时（两塔均为半载），针对第 3 阶模态（2.22Hz）减振分析，TMD 总有效质量为 55t 时，结构及塔体的减振率才能达到为 70％以上。而针对第 4 阶模态（2.36Hz）减振分析，TMD 总有效质量为 68t 时，结构及塔体的减振率才能达到 70％以上。该工况时，两塔的振型相同，TMD 安装于两塔引起的响应是相同的，因此对于该工况可考虑将 TMD 质量均分安装于 1 号、2 号塔顶部。

两种工况下，当质量比达到 3％时，塔体、钢框架及混凝土框架减振率均已经达到 70％以上。而继续增大质量比（增加 TMD 有效质量）减振率已经提高不明显，或者说再增加 TMD 有效质量对减振效果提升不大，却会带来较大的成本，且塔体需要承受更大的荷载。

5. 减振方案

减振目标：塔顶安装 TMD 之后，实际减振率在 60％～80％之间，基本接近正常生产工况下的振动程度。

减振方案：在每个塔顶部安装 TMD，每个塔 TMD 质量控制在 40t 左右。

在每个塔顶部安装 TMD，每个塔 TMD 质量控制在 40t 左右。考虑到塔体不能直接施焊，建议在焦炭塔顶部设置钢箍，在钢箍上放置 TMD。考虑到钢箍不能直接套在塔体上，建议将钢箍分段拼装。并将每个塔上 40t 左右的 TMD，均分成 8 个左右的小型 TMD，小型 TMD 应沿塔体环形均匀分布。图 9.4.18、图 9.4.19 为加钢箍及 TMD 后效果图，钢箍详细设计尺寸，需设计院深化设计后最终确定。

6. 钢箍及 TMD 设计

（1）钢箍设计注意事项

1）钢箍应进行分段拼装，与塔体紧贴的钢板连接位置应设计肋板，肋板上设置螺栓孔，安装后将螺栓拧紧。放置 TMD 的悬挑板之间应设置温度缝，以保证其在温度作用下自由变形，释放应力。

2）加钢箍时需要将保温整体拆除，钢箍施工完毕之后，保温被钢箍的悬挑板分割成两大部分，无法作为一个整体布置在整个焦炭塔上。悬挑板下部的保温可通过在悬挑板上采取措施固定。

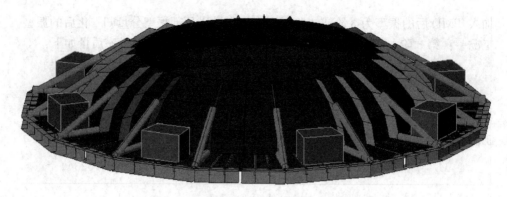

图 9.4.18 "钢箍" + TMD 质量块整体效果图

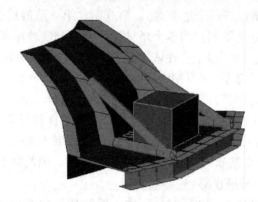

图 9.4.19 每段"钢箍"上放置小型 TMD 效果图

（2）TMD 设计注意事项

1）塔体实测振动频率在 1.63~1.88Hz 之间波动，这就对 TMD 振动频率有一定的带宽要求，至少应保证激励在 $(1-10\%)f\sim(1+10\%)f$ 的频率范围内变化时，TMD 对焦炭塔的减振率均能保证在 60% 以上。

2）塔体的振动包含各个方向，TMD 的布置应沿焦炭塔环向均匀布置（建议每个塔的 TMD 均分成 8 个小型 TMD），且每个小型 TMD 应能满足在各个方向自由振动，各个方向的振动均能充分发挥其质量作用。

3）TMD 应能满足现场调频的要求，调频区间不应小于 0.5Hz，应在生产弹丸焦工况下安装 TMD，安装过程中应不断调试，保证焦炭塔的振动能够充分转移到 TMD 系统。

参 考 文 献

［1］　中华人民共和国国家标准. 建筑抗震设计规范 GBJ 11—89. 北京：中国建筑工业出版社，1989

［2］　中华人民共和国国家标准. 建筑抗震设计规范 GB 50011—2001. 北京：中国建筑工业出版社，2001

［3］　中华人民共和国国家标准. 建筑抗震设计规范 GB 50011—2010. 北京：中国建筑工业出版社，2016

［4］　中华人民共和国国家标准. 混凝土结构设计规范 GB 50010—2010. 北京：中国建筑工业出版社，2011

［5］　中华人民共和国国家标准. 构筑物抗震设计规范 GB 50191—2012. 北京：中国计划出版社，2012

［6］　中华人民共和国国家标准. 建筑抗震鉴定标准 GB 50023—2009. 北京：中国建筑工业出版社，2009

［7］　中华人民共和国国家标准. 钢结构设计规范 GB 50009—2003. 北京：中国计划出版社，2003

［8］　中华人民共和国国家标准. 砌体结构设计规范 GB 50003—2011. 北京：中国建筑工业出版社，2011

［9］　中华人民共和国国家标准. 工业建筑可靠性鉴定标准 GB 50144—2008. 北京：中国计划出版社，2008

［10］　中华人民共和国国家标准. 建筑地基基础设计规范 GB 50007—2011. 北京：中国建筑工业出版社，2011

［11］　中华人民共和国国家标准. 建筑结构加固工程施工质量验收规范 GB 50550—2010. 北京：中国建筑工业出版社，2010

［12］　中华人民共和国行业标准. 建筑抗震加固技术规程 JGJ 116—2009. 北京：中国建筑工业出版社，2009

［13］　中华人民共和国行业标准. 机械工厂单层厂房抗震设计规程 JBJ 12—93. 北京：机械工业出版社，1994

［14］　中华人民共和国行业标准. 高层建筑混凝土结构技术规程 JGJ 3—2010. 北京：中国建筑工业出版社，2011

［15］　中国工程建设协会标准. 建筑结构抗倒塌设计规范 CECS 392：2014. 北京：中国计划出版社，2015

［16］　FEMA 350. Recommended seismic design criteria for new steel moment-frame buildings ［S］. Washington：Federal Emergency Management Agency，2010

［17］　ASCE/SEI31-03 Seismic Evaluation of Existing Buildings ［S］. Virginia：American Society of Civil Engineers，2003

［18］　ASCE/SEI41-06 Seismic Rehabilitation of Existing Buildings ［S］. Virginia：American Society of Civil Engineers，2006

［19］　UFC 4-023 03 Design of Structures to Resist Progressive Collapse ［S］. 2005：5-42

［20］　GSA 2003 Progressive Collapse Analysis and Design Guidelines for new federal office buildings and major modernization Project. 2003：8-38

［21］　EN 1991-1-7：2006 Eurocode l-Actions on structures-Part 1-7：General actions-Accidental actions ［S］. 2006：15-48

［22］　ISO 2394—2015. General principles on reliability for structures ［S］. Switzerland：International Organization for Standardization，2015

［23］　ASCE/SEI 7-05，Minimum design loads for buildings and other structures ［S］. Virginia：American

Society of Civil Engineers，2005

[24] UBC97. Uniform Building Code. California：International Conference of Building Officials，1997

[25] IBC2000. International building code. USA：International Code Council，2000

[26] ［ASCE/SEI 7-05，Minimum design loads for buildings and other structures. Virginia：American Society of Civil Engineers，2005

[27] ASCE/SEI 7-10，Minimum design loads for buildings and other structures. Virginia：American Society of Civil Engineers，2010

[28] FEMA P-750. NEHRP recommended seismic provisions for new buildings and other structures. Washington DC：Federal Emergency Management Agency，2009

[29] EN 1998-1：2004，Eurocode 8-part1：Design of structures for earthquake resistance. London：European Committee for Standardization，2004

[30] 徐建. 工业建筑抗震设计指南. 北京：中国建筑工业出版社，2013

[31] 徐建，裴民川，刘大海，武仁岱. 单层工业厂房抗震设计［M］地震出版社，2004

[32] 罗开海，毋剑平. 建筑工程常用抗震规范应用详解. 北京：中国建筑工业出版社，2014. 11

[33] 罗开海. 建筑抗震设防思想发展动态及展望［J］. 工程抗震与加固改造，2017，39（S1）：99-105

[34] 罗开海. 建筑抗震设防标准和性能设计方法研究—中美欧抗震设计规范比较分析［D］. 北京：中国建筑科学研究院工程抗震研究所，2005

[35] 罗开海，刘培. 新一代地震区划图调整统计及抗震规范局部修订简介［J］. 城市与减灾，2016（3）：43-48

[36] 罗开海，王亚勇. 中美欧抗震设计规范地震动参数换算关系的研究. 建筑结构，2006，36（8）：103～107

[37] 罗开海，王亚勇. 中美欧抗震设计规范地震动参数换算关系的研究. 建筑结构，2006，36（8）：103～107

[38] 赵洪涛，罗开海，焦赞等. 建筑抗震冗余度理论的研究与实践进展综述. 工程抗震与加固改造，2018，40（2）：43-49

[39] 毋剑平，焦赞，罗开海. 基于冗余度理论的建筑抗震设计方法研究. 工程抗震与加固改造，2018，40（2）：50-54

[40] 罗开海. RC框架结构冗余度设计与抗震性能分析. 工程抗震与加固改造，2018，40（2）：55-61

[41] 罗开海，左琼，保海娥等. 基于冗余度理论设计RC框架结构振动台试验研究. 工程抗震与加固改造，2018，40（2）：62-70

[42] 李永录，耿树江，张文革，席向东，朱丽华. 从汶川地震震害看如何提高工业建筑抗震能力［J］. 工业建筑，2009，39（1）：16-19

[43] 陈炯，姚忠. 钢结构单层厂房横向刚架抗震设计的若干问题及其分析和建议［J］. 钢结构，2008，23（2）：30-34

[44] 陈炯，路志浩. 论地震作用和钢框架板件宽厚比限值的对应关系（上）——我国规范与国际主流规范的地震作用比较［J］. 钢结构，2008，23（5）：38-44

[45] 陈炯，路志浩. 论地震作用和钢框架板件宽厚比限值的对应关系（下）——截面等级及宽厚比限值的界定［J］. 钢结构，2008，23（6）：51-58

[46] 陈炯. 对抗震钢框架板件宽厚比限值与相应的地震作用设计取值的细化和完善［J］. 钢结构，2008，23（12）：44-49

[47] 白雪霜，程绍革. 现有建筑抗震鉴定地震动参数取值研究［J］. 建筑科学，2014，30（05）：1-5

[48] 刘培，姚志华，马学坤，程绍革，黄世敏. 不同性能要求下的框架结构综合抗震能力控制指标［J］. 工程抗震与加固改造，2017，39（S1）：39-43

［49］ 张家启，李国胜，惠云玲. 建筑结构检测鉴定与加固设计［M］. 北京：中国建筑工业出版社，2011

［50］ 程绍革. 建筑抗震鉴定技术手册［M］. 北京：中国建筑工业出版社，2012

［51］ 程绍革，史铁花，陆加国. 多层砌体房屋抗震鉴定方法的改进［J］. 建筑结构，2015，45（09）：1-6

［52］ 程绍革. 建筑抗震鉴定技术标准的历史与发展［J］. 建筑科学，2013，29（11）：57-61

［53］ 程绍革，史铁花，戴国莹. 现有建筑抗震鉴定的基本规定［J］. 建筑结构，2010，40（05）：1-3＋7

［54］ 程绍革.《建筑抗震鉴定标准》GB 50023 修订介绍［J］. 工程抗震与加固改造，2010，32（01）：117-121

［55］ 程绍革，王亚勇. 中国建筑抗震三十年回顾与展望［J］. 工程建设与设计，2006（08）：4-7